Industrial and
Applied
Mathematics
Series

数値線形代数の数理とHPC

日本応用数理学会 監修

櫻井鉄也・松尾宇泰・片桐孝洋 編

共立出版

本シリーズの刊行にあたって

日本応用数理学会は数理的な考え方，技術を駆使している研究者・技術者，またそのような思考，方法そのものの研究や教育に携わっている人の学術的交流の場として 1990 年に設立された学会である．本シリーズは，日本応用数理学会がこれまで蓄積してきた知的財産を，数理的な取り扱いを行っている技術者・研究者，またそれらを学んでいる人に提供することを目的に企画された．応用数理分野のさまざまなトピックを紹介し，この分野の研究や応用の発展を図ることも刊行の意図である．

数学は科学を語る言葉といわれる．自然科学だけでなく，社会科学，人文科学においても数学の言葉としての役割がますます増加してきた．そのことが初等から高等までの教育において数学教育に多くの時間が割かれる理由でもある．数学は，20 世紀中頃までは主に物理学を初めとする自然科学に対してさまざまな形で応用され，科学技術ひいては社会の発展に大きく貢献してきた．20 世紀中頃以降，コンピュータが実用化されるようになると，数学は単なる言葉だけにとどまらず，幅広い分野の発展に必要不可欠な手段へと立場を変えてきた．すなわち，大規模な計算を基礎として，さまざまな工学，情報科学，生命科学，化学，経済学，心理学等の分野で数理的な取り扱いが発展してきている．

今後，コンピュータを用いた研究の可能性はさらに大きく展開し，そのための数理的手法の多様化も進むと考えられる．さらに，数理モデルの重要性が幅広い分野で認識され，これまで以上新しい切り口が見出されることが期待できる．そして，そうした切り口から異分野の統合を促す研究が生まれると同時に，さらに数理的研究の必要性が高まっていくと思われる．たとえば，生命現象，新機能素材，環境問題，エネルギーなどの学際的な対象や社会的問題解決のための研究においては，これまでの要素還元的な科学的方法や技術では解決できず，大規模データや複雑なシステムをどう取り扱うかといった新しい課題が生じており，こうしたテーマの解決に対して，数理的なものの見方は欠かせないものである．

また，コンピュータは，情報処理に関して，産業を含む社会の隅々まで高度の知的作業を人間に代わって受け持つようになってきており，幅広いシステムの数理的取り扱いの重要性も著しく増してきている．そのため，ソフトウェアを始め数理的な技術の重要性も増してきているといってよい．

先端技術では技術の壁を打ち破るために，常に新しい発想とそれを実現させるための「何か」が要求されている．そして，その「何か」として，これまでの枠組みを超えた新しい数理的発想に大きな期待が寄せられている．また，異なる分野で独自に考案され採用されている手法が，じつはいろいろな分野に共通する要素を潜在的に含んでいる場合も極めて多い．もしもこのような方法を発掘して相互に活用できれば技術全体に寄与するところは絶大である．その際，異なる分野間であればあるほど，数学は技術交換のためのほとんど唯一の共通言語となる．さらに，応用をまったく意識することなく何世代にも渡り研究が行われていた分野で，突然大きな応用が見出されたりすることがしばしば起こっている．言い換えると，これまで実用と無縁であると思われていた高度な数学的内容が最先端の技術に応用されるようになってきているのである．そのため，数理科学の研究においては研究の多様性が重要であり，時間スケールの長い着実な研究が必要であることは言うまでもない．

本シリーズは，これまで述べてきた応用数理の重要性を意識しながら，さまざまな分野の応用数理のテーマを，できるだけわかりやすく，その分野の第一人者によって紹介しようと試みたものである．冒頭で述べたように，本シリーズが応用数理を学ぼうとする学生，実際に数理的取り扱いに携わっている技術者・研究者にとって，役に立つものとなることを期待するとともに，応用数理分野の研究の発展に寄与することを望むところである．

日本応用数理学会 元会長　薩摩 順吉

まえがき

行列は理工系大学の数学の基礎科目において学び，現在の科学技術計算とは不可分な関係にある．また，データ解析やニューラルネットワーク計算などにおいても行列が重要な役割を果たす．一方で，多くの用語が現れ，行列と行列の積の計算などの演算操作を覚えるだけでそれ以上の理解が進まない場合も多い．また，応用においてはコンピュータを用いた数値計算が用いられ，扱う問題の規模も大きくなることから，計算の誤差や安定性，演算量などを理解して，効率的な計算を行うことが求められる．

本書は，行列による数値計算において現れる各種の計算手法について紹介すると共にその有用性を伝えることを目指し，日本応用数理学会「行列・固有値問題の解法とその応用」研究部会が中心となって企画をした．

「行列・固有値問題の解法とその応用」研究部会は，主査：櫻井鉄也（筑波大学），幹事：速水謙（国立情報学研究所），張紹良（名古屋大学），片桐孝洋（名古屋大学），直野健（日立製作所）によって2004年に設立された．分野横断型学会である日本応用数理学会の特長を生かし，連立一次方程式，固有値問題，特異値問題などの各種解法やその並列化，計算機実装などの研究者と，これらの方法を利用する幅広い応用分野の研究者が互いに交流することで新しい問題解決手法を見つけることを目的としている．

この研究部会の活動を反映し，本書は応用数理分野の基礎となる連立一次方程式や固有値問題などの線形計算の理論からスーパーコンピュータ上で理論を実用化する並列化手法や計算機実装までをカバーし，当該分野の第一線の研究者を中心として基礎から最新の研究までを解説している．このように，線形計算の理論だけでなく，スーパーコンピュータのための並列化手法や実装も1冊の本にまとめているところが本書の大きな特徴である．

本書の内容は大きく分けて，第1章から第4章までの行列による問題の数値計算手法について説明する部分と，第 5 章から第 7 章までの高性能計算における計算手法や実装方法などを説明する部分に分けられる．

第 1 章において連立一次方程式の数値解法について説明する．密行列と疎行列のための直接法，大規模な問題に対する反復解法や前処理法などについて述べる．第 2 章では行列の固有値問題および特異値問題の数値解法について説明する．ここでは，dqds 法などの行列の変換に基づいた解法やランチョス法などの部分空間を求める方法について解説する．第 3 章は，最小二乗問題の数値解法を扱う．ここでは，固有値問題との関係や反復による方法なども示す．第 4 章では，行列関数の数値解法について説明する．

第 5 章では，連立一次方程式の解法において，スーパーコンピュータを利用する上で必要となるデータ分散や解法の並列化について説明する．また，反復解法の並列化や前処理について述べる．第 6 章では，固有値や特異値の計算において，並列計算をするための並列化や通信量を削減して性能を向上させる方法などについて説明する．第 7 章では，高性能計算に関連して，行列の演算における演算加速器やメニーコア CPU での実装方法について説明する．また，ソフトウェアにおいて性能を発揮するための各種のパラメータなどを自動でチューニングする技術について説明する．将来の計算環境として想定されるエクサフロップスマシンへの展望についても述べる．

本書を執筆・編集するにあたり，多くの方々のご援助をいただいた．特に，共立出版株式会社の大越隆道氏には出版に際して多大な尽力をいただいた．感謝の意を示したい．

2018 年 5 月

櫻井 鉄也，松尾 宇泰，片桐 孝洋

編者・著者一覧

【編者】

櫻井鉄也　筑波大学人工知能科学センター

松尾宇泰　東京大学大学院情報理工学系研究科

片桐孝洋　名古屋大学情報基盤センター

【著者】

第１章　山本有作　電気通信大学大学院情報理工学研究科

多田野寛人　筑波大学計算科学研究センター

今倉　暁　筑波大学大学院システム情報工学研究科

第２章　相島健助　法政大学情報科学部

宮田考史　福岡工業大学大学院工学研究科

櫻井鉄也　筑波大学人工知能科学センター

中村佳正　京都大学大学院情報学研究科

第３章　相島健助　法政大学情報科学部

保國惠一　筑波大学大学院システム情報工学研究科

第４章　曽我部知広　名古屋大学大学院工学研究科

第５章　片桐孝洋　名古屋大学情報基盤センター

中島研吾　東京大学情報基盤センター

第６章　深谷　猛　北海道大学情報基盤センター

二村保徳　筑波大学大学院システム情報工学研究科

第７章　片桐孝洋　名古屋大学情報基盤センター

大島聡史　九州大学情報基盤研究開発センター

目　次

第6章　固有値・特異値問題における並列計算　229

第 1 章
連立一次方程式の数値解法

連立一次方程式 $A\boldsymbol{x} = \boldsymbol{b}$ の求解は最も基本的な線形計算の一つであり，差分法や有限要素法による偏微分方程式の求解，ニュートン法による非線形方程式の求解，関数の補間など，科学技術計算の幅広い分野で用いられる．本章では，連立一次方程式の数値解法を扱う．連立一次方程式は，問題によって様々な特徴を持つ．例えば，係数行列におけるゼロでない要素の割合によって，密行列と疎行列という分類がある．また，方程式の解きにくさにより，悪条件と良条件という分類がある．偏微分方程式の時間発展問題などでは，係数行列 A が同じで右辺ベクトル $\boldsymbol{b}$ のみが異なる複数の方程式を解く場合があり，これも重要な特徴となる．連立一次方程式を安定・高速・高精度に解くには，これらの特徴を考慮して最適な解法を選ぶことが重要である．

連立一次方程式の解法には，大別して直接法と反復法がある．直接法はいわゆる消去法であり，悪条件の問題にも適用できる頑健さを持つ．また，係数行列の非ゼロ要素のパターンから演算量を算出できるため，計算時間を事前に予測できる．その反面，係数行列が疎行列であっても変数消去によって行列の非ゼロ要素が増加していくため，必要な記憶容量と演算量が反復法に比べて多くなりがちである．なお，LU 分解と呼ばれる技法を用いることで，係数行列が同じで右辺ベクトルのみが異なる連立一次方程式群を効率的に解くことができ，これも直接法の重要な特徴である．

一方，反復法は近似解を逐次的に改良してゆく方法である．消去法と違って係数行列の変形を行わないため，記憶容量は基本的に係数行列と何本かの補助ベクトルの分のみでよい．また，行列が良条件ならば，少ない反復回数で高精度な近似解が得られ，直接法よりずっと計算時間が短くて済む場合も多い．その反面，悪条件の問題では，非常に多くの反復が必要となる場合や収束しない場合もある．よく使われる反復法としては，定常反復法とクリロフ部分空間反復法がある．定常反復法は，アルゴリズムは単純であるが，収束は一次収束と呼ばれる比較的遅い収束になる．クリロフ部分空間反復法は，与えられた連立一次方程式をクリロフ部分空間と呼ばれる部分空間に射影して解く方法であり，様々な変種が開発されている．収束を加速／安定化するための前処理と呼ばれる技術と組み合わせることで，多くの問題に対して非常に効率的な求解が可能となる．なお，前処理においては，直接法や定常反復法の技術が有効に活用される．

本章では，1.1 節で直接法を扱い，1.2 節で反復法と前処理を扱う．

1.1 直接法

本節では，連立一次方程式 $A\boldsymbol{x} = \boldsymbol{b}$ に対する直接法を扱う．直接法とは，変数を順々に消去していくことで，元の方程式を変数が 1 個の一次方程式に帰着させ，それを解き，その結果を逆順に代入していくことで，解の全要素を求める方法である．基本的には高校数学で習うガウスの消去法そのものであり，難しいことは何もない．ところが，計算機の黎明期から現在に至るまで，直接法の研究は数値線形代数や HPC の一大テーマであり，今もなお多くの論文が発表されている．これはなぜだろうか．

これにはいくつかの理由が挙げられる．第一は，解くべき行列が巨大であり，応用分野からの要求や計算機の発展によって，ますます大きくなり続けていることである．そのため，アルゴリズムの工夫により，少しでも演算量やメモリを削減する必要がある．一般に，応用上現れる行列は，要素の大部分がゼロである**疎行列**であったり，**対称正定値**，**対角優位**などの特別な性質を持つことが多い．そこで，計算の効率化に役立つ行列の性質をうまく同定し，それを活用したアルゴリズムを構築する必要がある．

第二は，計算機上での演算の精度が有限であり，その影響を考慮する必要があることである．計算機上では，実数データは 64 ビットなど決められた数のビットで表現され，演算を行うたびに結果が丸められて誤差が生じる．アルゴリズムによっては，この誤差が計算とともに拡大され，数値解が真の解から大きくずれる恐れがある．そこで，このような現象の解析や，誤差の拡大を防ぐための**アルゴリズムの安定化**が重要な研究テーマとなる．また，行列や右辺ベクトルなどの入力データは一般に誤差を含み，解はそれによっても摂動を受ける．これについても，その影響を評価する必要がある．

第三に，進化する高性能計算機のアーキテクチャに合わせて，アルゴリズムを**最適化**する必要があることである．最近の高性能計算機はすべて**並列計算機**となっており，100 万個オーダーのコアを持つ計算機も実用化されている．このような計算機の性能を引き出すには，高い並列性を持つアルゴリズムが不可欠である．また，最近では，計算機におけるメモリ階層間のデータ移動やプロセッサ間の通信が性能ボトルネックの主要因となることが指摘されており，数値線形代数のアルゴリズムにおいても，**データ移動の削減**が重要な課題となっている．

以上のような課題に対処するため，直接法のアルゴリズムの開発・解析においては，線形代数の理論に加えて，行列の摂動理論や誤差解析の理論など，より進んだ理論も活用される．また，疎行列向けの最適化では，グラフ理論をはじめとする離散数学も活用される．

以下では，まずガウスの消去法の基本的なアルゴリズムを述べた上で，直接法の中心となる LU 分解の概念を導入し，その数学的・数値的性質を紹介する．次に，特別な性質を持つ行列に対して LU 分解がどのように簡単化・効率化されるかを示すとともに，疎行列向けに最適化された解法について紹介する．最後に，QR 分解や逆行列のトレースの計算など，直接法に関連するいくつかの話題を紹介する．

以下では行列，ベクトル，スカラーをそれぞれ A, $\boldsymbol{b}$, c のように大文字，小文字の斜体太字，小文字の斜体で表す．行列やベクトルの要素は a_{ij}, b_i のように対応する小文字の斜体で表す．また，行列 A の第 i_1 行～第 i_2 行，第 j_1 列～第 j_2 列からなる部分行列を $A_{i_1:i_2,\, j_1:j_2}$ と表す．一方の添字が行あるいは列全体にわたる場合は，$A_{*,\, j_1:j_2}$, $A_{i_1:i_2,\, *}$ のように $*$ を用いて表記する．ベクトル $\boldsymbol{v} \in \mathbb{R}^n$ について，その 1 ノルム，2 ノルム（ユークリッドノルム），無限大ノルムを

$$\|\boldsymbol{v}\|_1 \equiv \sum_{i=1}^{n} |v_i|, \tag{1.1}$$

$$\|\boldsymbol{v}\|_2 \equiv \sqrt{\sum_{i=1}^{n} |v_i|^2}, \tag{1.2}$$

$$\|\boldsymbol{v}\|_\infty \equiv \max_{1 \leqq i \leqq n} |v_i| \tag{1.3}$$

で定義する．また，行列 $A \in \mathbb{R}^{n \times n}$ について，その行列式を $\det(A)$ と表し，トレース $\sum_{i=1}^{n} a_{ii}$ を $\mathrm{Tr}(A)$ と表記する．

1.1.1　ガウスの消去法と LU 分解

(1)　ガウスの消去法

基本的なアルゴリズム　$A \in \mathbb{R}^{n \times n}$ を正則な行列，$\boldsymbol{b}, \boldsymbol{x} \in \mathbb{R}^n$ をベクトルとし，連立一次方程式 $A\boldsymbol{x} = \boldsymbol{b}$ を解くことを考える．この方程式を要素で書くと次のようになる．

$$\left\{\begin{array}{l} a_{11}x_1 + a_{12}x_2 + a_{13}x_3 + \cdots + a_{1n}x_n = b_1 \\ a_{21}x_1 + a_{22}x_2 + a_{23}x_3 + \cdots + a_{2n}x_n = b_2 \\ a_{31}x_1 + a_{32}x_2 + a_{33}x_3 + \cdots + a_{3n}x_n = b_3 \\ \qquad\qquad\qquad\qquad\qquad\vdots \\ a_{n1}x_1 + a_{n2}x_2 + a_{n3}x_3 + \cdots + a_{nn}x_n = b_n. \end{array}\right. \tag{1.4}$$

いま，$a_{11} \neq 0$ と仮定する．ガウスの消去法の第1段では，$i = 2, 3, \ldots, n$ について，式 (1.4) の第1式の a_{i1}/a_{11} 倍を第 i 式から差し引く．これにより，第2式～第 n 式では x_1 の係数が消去され，そのほかの係数と右辺が更新されて，次の式が得られる．

$$\left\{\begin{array}{l} a_{11}x_1 + a_{12}x_2 + a_{13}x_3 + \cdots + a_{1n}x_n = b_1 \\ \qquad\quad a_{22}^{(2)}x_2 + a_{23}^{(2)}x_3 + \cdots + a_{2n}^{(2)}x_n = b_2^{(2)} \\ \qquad\quad a_{32}^{(2)}x_2 + a_{33}^{(2)}x_3 + \cdots + a_{3n}^{(2)}x_n = b_3^{(2)} \\ \qquad\qquad\qquad\qquad\qquad\vdots \\ \qquad\quad a_{n2}^{(2)}x_2 + a_{n3}^{(2)}x_3 + \cdots + a_{nn}^{(2)}x_n = b_n^{(2)}. \end{array}\right. \tag{1.5}$$

ただし，更新後の係数を $a_{22}^{(2)}$ のように上付き添字で表した．式 (1.5) において第 2 式〜第 n 式のみを抜き出すと，これは変数 $x_2, \ldots, x_n$ に関する連立一次方程式になっており，消去によって連立一次方程式の元数が一つ小さくなったことがわかる．$a_{22}^{(2)} \neq 0$ ならば，この $n-1$ 元連立一次方程式に対して同様の操作を行うことができ，さらに $a_{kk}^{(k)} \neq 0$ $(k = 1, 2, \ldots, n-1)$ ならば，この操作を繰り返すことにより，最終的に方程式を次の形に変形できる[1]．

$$\begin{cases} a_{11}^{(1)} x_1 + a_{12}^{(1)} x_2 + a_{13}^{(1)} x_3 + \cdots + a_{1n}^{(1)} x_n = b_1^{(1)} \\ \qquad\qquad a_{22}^{(2)} x_2 + a_{23}^{(2)} x_3 + \cdots + a_{2n}^{(2)} x_n = b_2^{(2)} \\ \qquad\qquad\qquad\qquad a_{33}^{(3)} x_3 + \cdots + a_{3n}^{(3)} x_n = b_3^{(3)} \\ \qquad\qquad\qquad\qquad\qquad\qquad \vdots \\ \qquad\qquad\qquad\qquad\qquad\qquad a_{nn}^{(n)} x_n = b_n^{(n)}. \end{cases} \tag{1.6}$$

このように，係数行列の要素を消去して上三角行列に変形することを，**上三角化**と呼ぶ．また，それに伴う右辺ベクトルの更新を**前進消去**と呼ぶ．方程式 (1.6) では，n 番目の式より，$x_n = b_n^{(n)}/a_{nn}^{(n)}$ と x_n が直ちに求まる．これを $n-1$ 番目の式に代入することで x_{n-1} が求まり，以下，$x_{n-2}, \ldots, x_2, x_1$ を同様に求めることができて，方程式が解ける．このように解を逆順に求めていく操作を**後退代入**と呼ぶ．以上がガウスの消去法の基本形である．ガウスの消去法の第 k 段において，要素 $a_{kk}^{(k)}$ を**ピボット**または**ピボット要素**と呼び，横ベクトル $(\boldsymbol{c}^{(k)})^\top \equiv [a_{kk}^{(k)}, \ldots, a_{kn}^{(k)}]$ を**ピボット行**，縦ベクトル $\boldsymbol{d}^{(k)} \equiv [a_{kk}^{(k)}, \ldots, a_{nk}^{(k)}]^\top$ を**ピボット列**と呼ぶ．

ガウスの消去法のアルゴリズムを Algorithm 1 に示す．第 1 行〜第 8 行が係数行列の上三角化とそれに伴う前進消去であり，第 9 行〜第 14 行が後退代入である．なお，$a_{ij}^{(k)}$ は $a_{ij}^{(k+1)}$ で上書きされるため，両者を同じ変数 a_{ij} で表している．右辺ベクトルについても同様である．実際のプログラムでは，第 i 行に対する**乗数** a_{ik}/a_{kk} を第 3 行の手前で計算しておき，計算量を節約する．また，a_{kk} による割り算も，a_{ik}/a_{kk} と b_k/a_{kk} の 2 回必要なので，あらかじめ逆数を計算して除算の回数を減らす．

ガウスの消去法は i, k, j に関する 3 重ループからなるが，Algorithm 1 はルー

[1] 以下では，a_{ij}, b_i をそれぞれ $a_{ij}^{(1)}, b_i^{(1)}$ と書くことにする．

Algorithm 1 ガウスの消去法（KIJ 形式）

```
 1: for k = 1, n do
 2:     for i = k + 1, n do
 3:         for j = k + 1, n do
 4:             a_ij := a_ij − a_kj * a_ik / a_kk
 5:         end for
 6:         b_i := b_i − b_k * a_ik / a_kk
 7:     end for
 8: end for
 9: for k = n, 1, −1 do
10:     for j = k + 1, n do
11:         b_k := b_k − a_kj * b_j
12:     end for
13:     b_k := b_k / a_kk
14: end for
```

プが外側から k, i, j の順になっているため，**KIJ 形式**のガウスの消去法と呼ばれる．また，内側の2重ループである第2行〜第7行（第6行を除く）が部分行列 $A^{(k)}_{k:n,k:n}$ からピボット列とピボット行の外積 $(1/a^{(k)}_{kk})\boldsymbol{d}^{(k)}(\boldsymbol{c}^{(k)})^{\top}$ を差し引く操作に相当するため，**外積形式**のガウスの消去法とも呼ばれる．

演算量　Algorithm 1の演算量を算出する．まず係数行列の上三角化については，第 k 段において，a_{ik}/a_{kk} の計算に $n-k$ 回，その結果を使った $a_{ij}-a_{kj}*(a_{ik}/a_{kk})$ の計算に $2(n-k)^2$ 回の四則演算が必要である．よって，全体での演算量は，

$$\sum_{k=1}^{n-1}\{(n-k)+2(n-k)^2\} = \frac{1}{6}n(n-1)(4n+1) \simeq \frac{2}{3}n^3 \tag{1.7}$$

となる．また，前進消去，後退代入については，それぞれ第 k 段で $2(n-k)$ 回，$(n-k)+1$ 回の演算が必要なため，全体を通した計算量はそれぞれ $n(n-1)$，n^2 となる．ガウスの消去法全体の演算量は，これら三つの合計より，$\frac{1}{6}n(n-1)(4n+1)+n(n-1)+n^2$ となる．

(2)　ピボット選択

ピボット選択の必要性　前項で述べたガウスの消去法では，各段においてピボット要素 $a^{(k)}_{kk}$ がゼロでないことを仮定していた．しかし，A が正則であっても，$a^{(k)}_{kk}=0$ となることはあり，その場合，このアルゴリズムでは $a^{(k)}_{ik}/a^{(k)}_{kk}$ が計算できずに処理が破綻してしまう．

そこで，$a_{kk}^{(k)}=0$ の場合は，ピボット列の要素 $a_{k+1,k}^{(k)},\ldots,a_{nk}^{(k)}$ の中からゼロでない要素 $a_{k'k}^{(k)}$ を探し，方程式の第 k 行と第 k' 行とを入れ替えるという操作を行う．これによりピボット要素がゼロでなくなり，第 k 段での消去が行えるようになる．この操作を**ピボット選択**または**軸選択**と呼ぶ[2)]．数学的には，$a_{k'k}^{(k)}$ はゼロでない要素ならば何でもよいが，精度面での考慮から，ピボット列の中で絶対値最大の要素を $a_{k'k}^{(k)}$ として選ぶことが多い（(4) 項参照）．

ピボット選択付きガウス消去法の数学的性質　ピボット選択付きのガウス消去法については，次の定理が成り立つ．

定理 1.1　行列 A が正則ならば，ピボット選択付きのガウス消去法は破綻なしに最後まで実行でき，$A\boldsymbol{x}=\boldsymbol{b}$ の解が求められる．

証明. 対偶，すなわち，ピボット選択付きのガウス消去法のある段でピボット要素の候補がすべてゼロになるならば，A は特異であることを示す．いま，第 k 段でこの状況が生じたとすると，$a_{kk}^{(k)}=a_{k+1,k}^{(k)}=\cdots=a_{nk}^{(k)}$ である．さらに，$A_{k:n,1:k-1}^{(k)}$ は既に消去されてゼロであるから，$A_{k:n,*}^{(k)}$ の最初の k 列はすべてゼロである．したがって，$A_{k:n,*}^{(k)}$ の $n-k+1$ 本の行ベクトルはすべてある $n-k$ 次元部分空間に属する．ところが，$n-k$ 次元部分空間では最大 $n-k$ 本しか線形独立なベクトルが存在しないので，これら $n-k+1$ 本の行ベクトルは線形従属である．したがって，$A^{(k)}$ の n 本の行ベクトルも線形従属であり，$\det(A^{(k)})=0$．ここで，A から $A^{(k)}$ への変形は行基本変形の繰り返しであり，行列式の絶対値を変えないから，これは $\det(A)=0$ を意味する．よって A は特異である．□

本定理より，数学的には，ガウスの消去法は任意の連立一次方程式を解ける万能のアルゴリズムだと言える．しかし，実際の計算機上での有限精度の演算では，正則行列であってもピボットがゼロに極めて近い値になって計算の続行が不可能になったり，入力行列の誤差や計算途中の丸め誤差により解の精度が大きく劣化することがある．これについては (4) 項で述べる．

---

2) より詳しくは，ピボット列（またはピボット行）の中から新たなピボット候補を探す方法は，**部分ピボット選択**または**部分軸選択**と呼ぶ．これに対して，部分行列 $A_{k:n,k:n}^{(k)}$ 全体から新たなピボット候補を探す方法もあり，これを**完全軸選択**と呼ぶ．

(3) LU 分解

ガウスの消去法の行列表現と LU 分解 ピボット選択なしのガウスの消去法では，第 k 段において，第 k 行の $a_{ik}^{(k)}/a_{kk}^{(k)}$ 倍を第 i 行 $(i=k+1,\ldots,n)$ から差し引く．乗数を $l_{ik}=a_{ik}^{(k)}/a_{kk}^{(k)}$ とおくと，これは次の下三角行列 L_k を左から $A^{(k)}$ に掛けることと等価である．

$$L_k = \begin{bmatrix} 1 & & & & & & & \\ 0 & 1 & & & & & & \\ 0 & 0 & \ddots & & & & & \\ \vdots & \vdots & & 1 & & & & \\ \vdots & \vdots & & -l_{k+1,k} & 1 & & & \\ \vdots & \vdots & & -l_{k+2,k} & 0 & \ddots & & \\ \vdots & \vdots & & \vdots & \vdots & & 1 & \\ 0 & 0 & \cdots & -l_{n,k} & 0 & \cdots & 0 & 1 \end{bmatrix} \tag{1.8}$$

すなわち，

$$A^{(k+1)} = L_k A^{(k)}. \tag{1.9}$$

$A^{(n)}$ は上三角行列であるから，これを U とおくと，式 (1.9) を繰り返し使って，

$$U = L_{n-1}A^{(n-1)} = L_{n-1}L_{n-2}A^{(n-2)} = \cdots = L_{n-1}L_{n-2}\cdots L_1 A. \tag{1.10}$$

これより，$L = L_1^{-1}L_2^{-1}\cdots L_{n-1}$ とおくと，次の式が成り立つ．

$$A = LU. \tag{1.11}$$

ここで，L_k^{-1} は式 (1.8) の L_k において $-l_{i,k}$ の符号をすべて $+$ に変えることにより得られる．また，L は対角要素がすべて 1 の下三角行列 L_k^{-1} の積であるから，やはり対角要素がすべて 1 の下三角行列であり，その第 k 列は L_k^{-1} の第 k 列に等しい[3]．以上をまとめると，次の定理が得られる．

---

[3] $L_1^{-1}L_2^{-1}\cdots L_k^{-1}$ は，第 j 列 $(1 \leqq j \leqq k)$ が L_j^{-1} の第 j 列に等しく，第 $k+1$ 列以降が単位行列に等しい行列である．このことは，L_k^{-1} を右から掛けると行列の第 k 列のみが更新されることを使って帰納法により証明できる．

定理 1.2　ピボット選択なしのガウスの消去法において，どのピボットもゼロとならずに計算が完了したとする．このとき，乗数 $l_{ik} = a_{ik}^{(k)}/a_{kk}^{(k)}$ を並べてできる対角要素が 1 の下三角行列を L とし，$A^{(n)}$ を U とおくと，$A = LU$ が成り立つ．

すなわち，ピボット選択なしのガウスの消去法は，行列 A を対角要素が 1 の下三角行列 L と上三角行列 U の積に分解していることに相当する．このような分解を **LU 分解**という．さらに，LU 分解については一意性が成り立つ．

定理 1.3　正則な行列 A が LU 分解可能とする．このとき，下三角因子 L と上三角因子 U は一意に定まる．

証明．$A = LU = L'U'$ と 2 通りの LU 分解が可能とすると，各三角因子は正則であるから，$UU'^{-1} = L^{-1}L'$ が成り立つ．ここで，左辺は上三角行列，右辺は対角要素が 1 の下三角行列であるから，両辺は単位行列でなければならない．よって，$L = L', U = U'$．□

なお，ピボット選択付きのガウス消去法では，各段において行の入れ替えを行うが，これは，ある置換行列 P_k を左から $A^{(k)}$ に掛けることに相当する．このことを使うと，ピボット選択付きのガウス消去法では，ある置換行列 P に対して，$PA = LU$ という分解を行っていることが示せる．

右辺ベクトルのみが異なる複数の連立一次方程式の解法　$L_1, L_2, \ldots, L_{n-1}$ を使うと，係数行列の変形 (1.10) と同様，右辺ベクトルの変形は次のように書ける．

$$\boldsymbol{b}^{(n)} = L_{n-1}L_{n-2}\cdots L_1\boldsymbol{b}. \tag{1.12}$$

ただし，L_k を掛ける操作は，ベクトルの第 i 要素 $(i = k+1, \ldots, n)$ から第 k 要素の l_{ik} 倍を差し引くことにより行う．これより，ガウスの消去法による連立一次方程式の求解は，次の三つのステップにより実行できることがわかる．

(i)　A を上三角行列 U に変形し，同時に乗数 $l_{ik} = a_{ik}^{(k)}/a_{kk}^{(k)}$ より下三角行列 L を作成する．
(ii)　$\boldsymbol{b}^{(n)} = L_{n-1}L_{n-2}\cdots L_1\boldsymbol{b}$ を計算する．
(iii)　$U\boldsymbol{x} = \boldsymbol{b}^{(n)}$ を解いて解 $\boldsymbol{x}$ を求める．

ステップ (i)，(ii)，(iii) はそれぞれ第 (1) 項で述べた上三角化，前進消去，後退代入に対応する．これらのうち，ステップ (i) は行列 A のみに関係し，右辺ベクトル $\boldsymbol{b}$ には関係しない．したがって，もし係数行列が同じで右辺ベクトルのみが異なる m 組の方程式 $A\boldsymbol{x}_i = \boldsymbol{b}_i$ $(i = 1, 2, \ldots, m)$ を解きたい場合，ステップ (i) は 1 回だけ実行し，ステップ (ii)，(iii) のみを m 回実行すればよい．ステップ (i) の演算量は約 $\frac{2}{3}n^3$，ステップ (ii)，(iii) の演算量はそれぞれ約 n^2 であるから，この工夫により，単にガウスの消去法全体を m 回実行するのに比べて，大幅な演算量削減が達成できる．

LU 分解因子の行列式表示　正則行列 A が LU 分解可能であるとき，$A = LU$ の両辺の $k \times k$ 首座小行列 $(1 \leqq k \leqq n)$ を考えると，

$$A_{1:k,1:k} = L_{1:k,1:k} U_{1:k,1:k} \tag{1.13}$$

が成り立つ．L は対角要素が 1 の下三角行列であり，$U = A^{(n)}$ であることに注意して，両辺の行列式をとると，

$$\det(A_{1:k,1:k}) = a_{11}^{(1)} a_{22}^{(2)} \cdots a_{kk}^{(k)}. \tag{1.14}$$

A が正則かつ LU 分解可能であることより，式 (1.14) の右辺は $k = 1, 2, \ldots, n$ に対して非ゼロであるから，k に対する式を $k-1$ に対する式で辺々割って次の式を得る．

$$a_{kk}^{(k)} = \frac{\det(A_{1:k,1:k})}{\det(A_{1:k-1,1:k-1})}. \tag{1.15}$$

ただし，$\det(A_{1:0,1:0}) = 1$ と定義する．したがって，ピボット要素は A の首座小行列式の比で表される．逆に，$\det(A_{1:k,1:k}) \neq 0$ $(1 \leqq k \leqq n)$ ならば，第 k ステップにおけるピボット要素は式 (1.15) より非ゼロであるから，LU 分解は破綻なしに最後まで完了する．以上より，次の定理が成り立つ．

定理 1.4　$n \times n$ 正則行列 A が LU 分解可能であるための必要十分条件は，$\det(A_{1:k,1:k}) \neq 0$ $(1 \leqq k \leqq n)$ が成り立つことである．

なお，L と U の非対角要素についても A の小行列式を用いた表示が知られており [229]，LU 分解を利用した様々なアルゴリズムの理論的解析に有用である．

(4)　条件数と解の精度

以上では，入力データ $A, \boldsymbol{b}$ に誤差がなく，かつ，途中の計算でも誤差が生じないと想定してきた．本項では，これらの誤差が解にもたらす影響について考察する．

入力データに含まれる誤差の影響　まず，入力データ $A, \boldsymbol{b}$ が誤差を含むが，演算は誤差なしに行われる場合を考える．準備として，ベクトルのノルムを2ノルム，無限大ノルムなど一つ定め，$\|\cdot\|$ で表すことにする．これを用いて，任意の $A \in \mathbb{R}^{m\times n}$ のノルムを，

$$\|A\| = \max_{\boldsymbol{z}\neq\boldsymbol{0}} \frac{\|A\boldsymbol{z}\|}{\|\boldsymbol{z}\|} \tag{1.16}$$

と定義する．これを，**ベクトルノルムから導かれる行列ノルム**という．基になるベクトルノルムを明示する場合は，$\|A\|_p\ (p=1,2,\infty)$ のように表す．行列ノルムについては，定義より，任意の $A, B \in \mathbb{R}^{m\times n}$, $\boldsymbol{z} \in \mathbb{R}^n$ に対して，

$$\|A\boldsymbol{z}\| \leqq \|A\|\,\|\boldsymbol{z}\|, \tag{1.17}$$

$$\|A+B\| \leqq \|A\| + \|B\|, \tag{1.18}$$

$$\|AB\| \leqq \|A\|\,\|B\| \tag{1.19}$$

などが成り立つ．

さて，連立一次方程式 $A\boldsymbol{z} = \boldsymbol{b}$ において，右辺ベクトル $\boldsymbol{b}$ が誤差により $\boldsymbol{b}+\delta\boldsymbol{b}$ に変化した場合を考える．このときの解を $\boldsymbol{x}+\delta\boldsymbol{x}$ とすると，

$$A(\boldsymbol{x}+\delta\boldsymbol{x}) = \boldsymbol{b}+\delta\boldsymbol{b}. \tag{1.20}$$

ここで，真の解 $\boldsymbol{x}$ は $A\boldsymbol{x} = \boldsymbol{b}$ を満たすから，これを辺々差し引くと，

$$A\delta\boldsymbol{x} = \delta\boldsymbol{b}. \tag{1.21}$$

すなわち，$\delta\boldsymbol{x} = A^{-1}\delta\boldsymbol{b}$ となる．両辺のノルムをとると，

$$\|\delta\boldsymbol{x}\| \leqq \|A^{-1}\|\,\|\delta\boldsymbol{b}\|. \tag{1.22}$$

一方，$A\boldsymbol{x} = \boldsymbol{b}$ より $\|A\|\,\|\boldsymbol{x}\| \geqq \|\boldsymbol{b}\|$，すなわち $1/\|\boldsymbol{x}\| \leqq \|A\|/\|\boldsymbol{b}\|$ であるから，これを上式に辺々掛けると，

$$\frac{\|\delta\boldsymbol{x}\|}{\|\boldsymbol{x}\|} \leqq \|A\|\,\|A^{-1}\|\,\frac{\|\delta\boldsymbol{b}\|}{\|\boldsymbol{b}\|} \tag{1.23}$$

この式は，解の相対誤差が，右辺ベクトルの相対誤差の $\|A\|\,\|A^{-1}\|$ 倍で押さえられることを表している．この値

$$\kappa(A) \equiv \|A\|\,\|A^{-1}\| \tag{1.24}$$

を A の**条件数**と呼ぶ．A の条件数が大きい場合は，右辺ベクトルの微小な誤差が解の大きな誤差をもたらす**悪条件**な問題となる．

係数行列 A が誤差により $A+\delta A$ に変化した場合も，同様にして，

$$\frac{\|\delta \boldsymbol{x}\|}{\|\boldsymbol{x}+\delta \boldsymbol{x}\|} \leqq \kappa(A) \cdot \frac{\|\delta A\|}{\|A\|} \tag{1.25}$$

と条件数 $\kappa(A)$ を用いた相対誤差の上界が得られる．

丸め誤差の影響　実際の計算機上では，**浮動小数点演算**を用いて実数の演算を行う．この場合，LU 分解，前進消去，後退代入の各ステップにおいて，四則演算を 1 回行うたびに**丸め誤差**が混入する．ここでは，その影響について考える．簡単のため，入力データ $A, \boldsymbol{b}$ は誤差を含まないとする．

いま，x, y を二つの浮動小数点数とし，浮動小数点による四則演算 $x \odot y$ $(\odot\ =\ +,-,*,/)$ を行うとする．$x \odot y$ は一般に浮動小数点数では表せないので，最も近い浮動小数点数に丸めを行う[4]．この結果を $fl(x \odot y)$ と書く．これにより丸め誤差が発生し，$x \odot y$ と $fl(x \odot y)$ との関係は，

$$fl(x \odot y) = (x \odot y)(1+\delta), \quad |\delta| \leqq \mathbf{u} \tag{1.26}$$

と書ける．ただし，$\mathbf{u}$ は丸め誤差の単位である．数値計算アルゴリズムの誤差解析を行うには，原理的には，1 演算ごとに生じる誤差を式 (1.26) により求め，その伝搬と累積を評価すればよい．これにより，例えば浮動小数点演算による LU 分解の結果が $\hat{L} = L + \Delta L, \hat{U} = U + \Delta U$ と誤差を含む形で求められる．このような誤差の評価法を**前進誤差解析**と呼ぶ．しかし，多くの行列計算アルゴリズムでは，前進誤差解析による丸め誤差の上界は行列サイズ n とともに指数関数的に増加し，使い物にならないことがわかっている．

そこで行列計算では，**後退誤差解析**という手法が標準的に使われる．いま，乗算 $\hat{z} = fl(x * y)$ を例にとって考えると，前進誤差解析では，式 (1.26) を

---

[4] これを最近接丸めという．ほかにも，切り上げ，切り下げなどの丸め方法がある．

$\hat{z} = (x * y) + \delta(x * y)$ のように変形し，$\hat{z}$ が真の解 $x * y$ との誤差 $\delta(x * y)$ を持つと考える．これに対して後退誤差解析では，式 (1.26) を $\hat{z} = ((1+\delta)x) * y$ と変形し，$\hat{z}$ は**摂動された入力データ** $(1+\delta)x$ **と** y **に対する正確な乗算の結果であると**解釈する．このような誤差評価を，対象とするアルゴリズム，例えばLU 分解のすべての計算過程について出力から遡って行い，誤差を累積することにより，最終的に，計算過程で生じるすべての丸め誤差を入力行列 A の摂動によるものとして解釈する．LU 分解の後退誤差解析の結果は次のように書かれる [74].

$$\hat{L}\hat{U} = A + \Delta A_1, \quad |\Delta A_1| \leqq \gamma_n |\hat{L}|\,|\hat{U}|. \tag{1.27}$$

すなわち，浮動小数点演算によって得られた結果 $\hat{L}, \hat{U}$ は，A に対して摂動を与えた行列 $A + \Delta A_1$ に対する正確な LU 分解の結果となっており，その摂動の大きさは式 (1.27) の第 2 式で評価される．ここで，$\gamma_n = n\mathbf{u}/(1 - n\mathbf{u})$ であり，$|A|$ は $|a_{ij}|$ を要素とする行列，式 (1.27) の第 2 式の不等式は行列のすべての要素について不等式が成り立つことを表す．さらに，前進消去，後退代入についても後退誤差解析を行うことができ，その結果，浮動小数点演算により得られる解 $\hat{\boldsymbol{x}}$ は,

$$(A + \Delta A_2)\hat{\boldsymbol{x}} = \boldsymbol{b}, \quad |\Delta A_2| \leqq \gamma_{3n} |\hat{L}|\,|\hat{U}| \tag{1.28}$$

を満たすことが示される．すなわち，浮動小数点演算でのガウスの消去法により得られる解 $\hat{\boldsymbol{x}}$ は，摂動された行列 $A + \Delta A_2$ を係数とする連立 1 次方程式の正確な解となっている．摂動 $|\Delta A_2|$ の上界は計算結果の行列 $\hat{L}, \hat{U}$ に依存する形で与えられるので，これは**事後誤差評価**となっている．(2) 項で述べた部分ピボット選択において，ピボット列中の絶対値最大の要素をピボットに選んだ場合，$\hat{L}$ の要素はすべて絶対値が 1 以下となる．このことから，部分ピボット選択は精度面でも有効であることがわかる．一方，$\hat{U}$ の要素の上界を求めるのは難しく，理論的には n について指数関数的に増大する可能性を排除できない．しかし，経験的には，ほとんどの場合，$\hat{U}$ の絶対値最大の要素は A の絶対値最大の要素の高々定数倍（10 倍程度）にしかならないことが知られている [74][5].この意味で，ピボット選択付きのガウス消去法は，事実上，数値的に安定なア

[5] この現象を解明するために，確率的な誤差評価も行われている [220].

ルゴリズムと見なされている.

もちろん，多くの場合，興味があるのは（仮想的な）摂動 $|\Delta A_2|$ の大きさそのものではなく，式 (1.28) の解 $\hat{\boldsymbol{x}}$ と $A\boldsymbol{x}=\boldsymbol{b}$ の解 $\boldsymbol{x}$ との間のずれである．これは，式 (1.28) における $|\Delta A_2|$ の上界を式 (1.25) の δA に代入することにより見積もることができる．このように，後退誤差解析と摂動論とを組み合わせて解の誤差を得ることが，行列計算の誤差解析の標準的な手法である.

(5)　計算順序の自由度とアルゴリズムの変種

計算順序の自由度　ピボット選択なしのガウスの消去法では，Algorithm 1 の第 4 行目の演算

$$a_{ij}^{(k+1)} = a_{ij}^{(k)} - \frac{a_{ik}^{(k)} * a_{kj}^{(k)}}{a_{kk}^{(k)}} \tag{1.29}$$

に対する 3 重ループとしてアルゴリズムが記述される．上三角部分の要素 $a_{ij}^{(k)}$ は上付き添字が $k=i$ になるまで更新され，そこから U の要素 $u_{ij}=a_{ij}^{(i)}$ $(i \leqq j)$ が得られる．一方，下三角部分の要素は上付き添字が j になるまで更新され，そこから乗数 $l_{ij}=a_{ij}^{(j)}/a_{jj}^{(j)}$ $(i>j)$ が得られる．このことに注意して，式 (1.29) を繰り返し使って $a_{ij}^{(1)}=a_{ij}$ から直接 $a_{ij}^{(i)}$ あるいは $a_{ij}^{(j)}$ を求める形に変形し，変数を a_{ij}, l_{ij}, u_{ij} で書き直すと次の漸化式が得られる[6)].

$$u_{ij} = a_{ij} - \sum_{k=1}^{i-1} l_{ik}u_{kj}, \quad (i \leqq j) \tag{1.30}$$

$$l_{ij} = \left(a_{ij} - \sum_{k=1}^{j-1} l_{ik}u_{kj}\right) / u_{jj} \quad (i>j). \tag{1.31}$$

ガウスの消去法あるいは LU 分解は，これらの l_{ij}, u_{ij} を，式 (1.30)，(1.31) の右辺に現れる変数が左辺に現れる変数よりも先に計算されるような順序で求めていく処理だと見なせる．したがって計算の順序には大きな自由度がある.

まず添字 i,j に関する自由度について考える．式 (1.30)，(1.31) を繰り返し使って依存関係を調べると，次のことがわかる.

(A)　u_{ij} $(i \leqq j)$ の計算には，$1 \leqq i' \leqq i$, $1 \leqq j' \leqq i-1$ の範囲の L, U の要

---

6) これらの漸化式は，$A=LU$ の第 (i,j) 成分を書き下して直接得ることもできる.

素[7)]と $u_{i'j}$ $(1 \leqq i' \leqq i-1)$ が求まっていればよい.

(B) l_{ij} $(i > j)$ の計算には, $1 \leqq i' \leqq j, 1 \leqq j' \leqq j$ の範囲の L, U の要素と $l_{ij'}$ $(1 \leqq j' \leqq j-1)$ が求まっていればよい.

この条件さえ満たせば, l_{ij}, u_{ij} の計算順序は自由である. さらに, 式 (1.30), (1.31) 右辺における総和の計算順序にも自由度がある.

一方, ピボット選択付きのLU分解では, ピボット要素を選ぶためにピボット列全体を計算する必要があることから, 依存関係は次のようになる.

(A′) u_{ij} $(i \leqq j)$ の計算には, $1 \leqq i' \leqq n, 1 \leqq j' \leqq i$ の範囲の L, U の要素が求まっていればよい.

(B′) l_{ij} $(i > j)$ の計算には, $1 \leqq i' \leqq j, 1 \leqq j' \leqq j$ の範囲の L, U の要素と $j+1 \leqq i' \leqq n, 1 \leqq j' \leqq j-1$ の範囲の L の要素が求まっていればよい.

また, ピボット選択なしの場合と同様, 総和の計算順序にも自由度がある.

アルゴリズムの変種 上記の自由度を利用すると, (1) 項で述べたKIJ形式のほかにも, 様々なアルゴリズムを作ることができる. それらは変数のアクセス順序や計算の途中結果などが異なり, それぞれ応用がある.

IKJ形式 L および U の要素を第1行目から順に1行ずつ計算していく方法である. ピボット選択なしの場合のアルゴリズムを Algorithm 2 に示す. 第 i ステップでは, 第 i 行に対して更新を集中して行い, L と U の第 i 行を計算する. 第3行目で計算される a_{ik} がそのまま l_{ik} $(1 \leqq k \leqq i-1)$ になり, 第4行目〜第6行目のforループ終了後に a_{ij} が u_{ij} $(i \leqq j \leqq n)$ になる. IKJ形式は疎行列の格納形式である**CRS形式** [59] と親和性が高く, 疎行列の**不完全LU分解** (「前処理技術」の項を参照) などでよく使われる.

外積形式ブロックガウス法 ピボット選択なしのLU分解のアルゴリズムである. 行列 A を大きさ $L \times L$ のブロックに分割し, ブロック単位で外積形式のガウス消去法を行う. アルゴリズムを Algorithm 3 に示す. ここで, A_{IJ} は第 (I, J)

[7)] L についてはこの範囲内の狭義下三角部分にある要素, U については広義上三角部分にある要素という意味である. 以下も同様.

Algorithm 2 LU 分解（IKJ 形式）

1: **for** $i = 1, n$ **do**
2: **for** $k = 1, i-1$ **do**
3: $a_{ik} := a_{ik}/a_{kk}$
4: **for** $j = k+1, n$ **do**
5: $a_{ij} := a_{ij} - a_{ik} * a_{kj}$
6: **end for**
7: **end for**
8: **end for**

Algorithm 3 ブロックガウス法（外積形式）

1: **for** $K = 1, N$ **do**
2: $A_{KK} = L_{KK}U_{KK}$ （A_{KK} の LU 分解）
3: **for** $I = K+1, N$ **do**
4: $A_{IK} := A_{IK}U_{KK}^{-1}$,　$A_{KI} := L_{KK}^{-1}A_{KI}$
5: **end for**
6: **for** $I = K+1, N$ **do**
7: **for** $J = K+1, N$ **do**
8: $A_{IJ} := A_{IJ} - A_{IK}A_{KJ}$
9: **end for**
10: **end for**
11: **end for**

番目のブロックであり，$N = n/L$ である．本アルゴリズムではすべての演算がブロック単位で行われるため，各演算で使うブロック（第8行目であれば A_{IJ}, A_{IK}, A_{KJ} の3個）がキャッシュメモリに収まるように L を選ぶことで，**データ参照の局所化**ができ，キャッシュ利用効率が向上する．

縦ブロックガウス法（パネル分解法）　ピボット選択付きの LU 分解のアルゴリズムである．行列 A を幅 L の列集合（パネル）に分割し，左のパネルから順に，パネル内部でピボット選択を行いながら L, U の要素を計算する．この処理を**パネル分解**と呼ぶ．パネル分解が終了するごとに，その結果を用いて，残りのパネルについても行の入れ替えと更新を行う．更新は行列乗算となるため，ブロック化によりキャッシュ利用効率を向上できる．縦ブロックガウス法は，LU 分解の並列化を行うのにも利用される．

本手法の短所として，パネル分解の部分ではピボット選択のためにピボット列全体を参照する必要があり，$L \times L$ のブロック単位の計算ができないことが挙げられる．そのため，パネルがキャッシュに収まらないような大規模行列ではデータ参照の局所性が低下する．また，行列を水平方向に分割して並列化する場合は，ピボット選択のためのプロセッサ間通信が多発する．そこで，局所性低下の問題を緩和するため，**再帰的 LU 分解**という手法が提案され [62]，広く使われている．また最近では，局所性向上と通信削減を同時に実現するため，ブロック単位でピボット選択を行った後で結果を総合する**トーナメント・ピボッティング**という新しい手法が提案されている [60].

1.1.2　特殊な行列に対する LU 分解

前項で述べた通り，一般の行列に対する LU 分解では，ピボット選択が必要であり，また，n^2 の記憶領域と $\frac{2}{3}n^3$ の演算量が必要である．これに対して，行列を特殊なクラスに限ると，ピボット選択が不要になる，記憶領域と演算量を削減できるなど，アルゴリズムの簡単化・効率化が可能となる．本項では，そのようなクラスの例として，対称正定値行列と帯行列について述べる．

(1)　対称正定値行列

対称正定値行列に対するガウスの消去法　$n \times n$ 行列 A に対するガウスの消去法の最初のステップ

$$A = \begin{bmatrix} a_{11} & \boldsymbol{c}^\top \\ \boldsymbol{d} & F \end{bmatrix} \quad \Rightarrow \quad A^{(1)} = \begin{bmatrix} a_{11} & \boldsymbol{c}^\top \\ \boldsymbol{0} & F' \end{bmatrix} \tag{1.32}$$

において，$F' = F - \frac{1}{a_{11}}\boldsymbol{d}\boldsymbol{c}^\top$ を A の**シューア補行列**と呼ぶ．シューア補行列は行列 A の様々な性質を引き継ぐことが知られている．特に，対称正定値行列，すなわち $\forall \boldsymbol{x} \neq \boldsymbol{0}, \boldsymbol{x}^\top A\boldsymbol{x} > 0$ なる対称行列 A については次が成り立つ．

補題 1.5　A が対称正定値ならば，そのシューア補行列も対称正定値である．

証明.　A の対称性より $\boldsymbol{d} = \boldsymbol{c}$ だから，F' の対称性は明らかである．次に正定値性を示す．任意の $\boldsymbol{z} \in \mathbb{R}^{n-1}$ に対して，

$$
\begin{aligned}
\boldsymbol{z}^\top F'\boldsymbol{z} &= \boldsymbol{z}^\top (F - \frac{1}{a_{11}}\boldsymbol{c}\boldsymbol{c}^\top)\boldsymbol{z} \\
&= [-\boldsymbol{c}^\top \boldsymbol{z}/a_{11}\ \ \boldsymbol{z}^\top] \begin{bmatrix} a_{11} & \boldsymbol{c}^\top \\ \boldsymbol{c} & F \end{bmatrix} \begin{bmatrix} -\boldsymbol{c}^\top \boldsymbol{z}/a_{11} \\ \boldsymbol{z} \end{bmatrix} \\
&= \boldsymbol{x}^\top A\boldsymbol{x} > 0 \quad (\boldsymbol{x} \equiv [-\boldsymbol{c}^\top \boldsymbol{z}/a_{11}\ \ \boldsymbol{z}^\top]^\top \neq \boldsymbol{0}).
\end{aligned} \tag{1.33}
$$

□

これを用いて，次の定理が示せる．

定理 1.6 $A \in \mathbb{R}^{n\times n}$ が対称正定値のとき，A に対するガウスの消去法はピボット選択なしに破綻なく実行できる．また $A^{(k)}_{k:n,k:n}$ も対称正定値である．

証明. n に関する数学的帰納法を用いて証明する．$n=1$ のときは明らかである．$n-1$ のときに定理が成り立つと仮定する．A は対称正定値だから $a_{11} > 0$. よってガウスの消去法の第1段はピボット選択なしに実行できる．また，消去により得られるシューア補行列 $A^{(2)}_{2:n,2:n}$ は補題 1.5 より対称正定値であり，帰納法の仮定より，$A^{(2)}_{2:n,2:n}$ に対するガウスの消去法はピボット選択なしに破綻なく実行できる．よって，n のときにも定理が成り立つ．□

途中の行列 $A^{(k)}_{k:n,k:n}$ は常に対称であるから，行列は上三角部分だけを持ち，消去演算を行えばよい．これにより，記憶領域と演算量を半分に削減できる．

コレスキー分解 対称正定値行列 A の LU 分解 $A = LU$ が得られたとする．このとき U の対角要素はすべて正である．いま，U を $U = DU'$ と対角要素が正の対角行列 $D = \mathrm{diag}(d_1, \ldots, d_n)$ と対角要素が1の上三角行列 U' の積に分解してみる．ここで $A = LDU'$ の両辺の転置をとると $A = (U')^\top(DL')$ となるが，これは再び A の LU 分解となっている．よって LU 分解の一意性（定理 1.3）より $U' = L^\top$ であり，$A = LDL^\top$ が成り立つ．これを A の**修正コレスキー分解**と呼ぶ．さらに，$D^{\frac{1}{2}} = \mathrm{diag}(\sqrt{d_1}, \ldots, \sqrt{d_n})$, $\tilde{L} = LD^{\frac{1}{2}}$ とおくと，$A = \tilde{L}\tilde{L}^\top$ となる．これを A の**コレスキー分解**と呼ぶ．以上を定理にまとめる．

定理 1.7 対称正定値行列 A は $A = \tilde{L}\tilde{L}^\top$ とコレスキー分解できる．

コレスキー分解の数値的安定性 浮動小数点演算で計算したコレスキー因子 $\hat{L}$ は，次の式を満たす [74].

$$\hat{L}\hat{L}^{\mathsf{T}} = A + \Delta A_1, \quad |\Delta A_1| \leqq \gamma_{n+1}|\hat{L}|\,|\hat{L}^{\mathsf{T}}|. \tag{1.34}$$

また，前進消去，後退代入を含めて後退誤差解析を行うと，浮動小数点演算で計算した解 $\hat{\boldsymbol{x}}$ は次の式を満たすことが示せる．

$$(A + \Delta A_2)\hat{\boldsymbol{x}} = \boldsymbol{b}, \quad |\Delta A_2| \leqq \gamma_{3n+1}|\hat{L}|\,|\hat{L}^{\mathsf{T}}|. \tag{1.35}$$

これらは式 (1.27)，(1.28) に対応するが，コレスキー分解の場合は式 (1.35) 右辺の $|\hat{L}|\,|\hat{L}^{\mathsf{T}}|$ のノルムを理論的に評価できる．実際，式 (1.34) の第 1 式より，

$$\|\,|\hat{L}|\,|\hat{L}^{\mathsf{T}}|\,\|_2 = \|\,|\hat{L}|\,\|_2^2 \leqq n\|\hat{L}\|_2^2 \leqq n(\|A\|_2 + \|\Delta A_1\|_2). \tag{1.36}$$

式 (1.34) の第 2 式から得られる $\|\Delta A_1\|_2 \leqq \gamma_{n+1}\|\,|\hat{L}|\,|\hat{L}^{\mathsf{T}}|\,\|_2$ [8] を代入すると，

$$\|\,|\hat{L}|\,|\hat{L}^{\mathsf{T}}|\,\|_2 \leqq \frac{n}{1 - n\gamma_{n+1}}\,\|A\|_2 \tag{1.37}$$

が得られる．したがってコレスキー分解では，$\hat{L}$ の要素が n について指数関数的に増大することは起こり得ず，この意味で数値的に安定であると言える．ただし，小さいことが保証されるのは後退誤差 ΔA_2 であり，$\hat{\boldsymbol{x}}$ と真の解 $\boldsymbol{x}$ とのずれは，条件数 $\kappa(A)$ に依存することに注意すべきである．

なお，本項で述べたことは正定値エルミート行列に対してもほぼそのまま成り立つ．ピボット選択なしで LU 分解が安定に行える行列のクラスとしては，ほかにも対角優位行列 [207]，$A + iB$（ただし，A, B は正定値エルミート）の形の行列 [73]，Totally Nonnegative 行列（TN 行列；すべての小行列式が非負である行列）[54][116] などがある．

(2) 帯行列

ある整数 n_L, n_U $(0 \leqq n_L, n_U \leqq n-1)$ が存在して，$i - j > n_L$ または $i - j < n_U$ ならば $a_{ij} = 0$ であるとき，A を**帯行列**という．n_L, n_U をそれぞれ**下帯幅**，**上帯幅**と呼ぶ．

帯行列に対するピボット選択なしのガウスの消去法　帯行列に対するピボット選択なしのガウス消去法では，帯の内部のみで消去演算を行えばよい．実際，

[8] ΔA_1 の対称性に注意し，$\|\Delta A_1\|_2 \leqq \|\,|\Delta A_1|\,\|_2$ [225, Th. 2.21] および非負行列のペロン・フロベニウス根（対称行列では 2 ノルムに等しい）の行列要素に関する単調性 [17] を用いる．

Algorithm 1 において，第1段の消去を考えると，$a_{i1} = 0$ $(i > n_L+1)$，$a_{1j} = 0$ $(j > n_U+1)$ であるから，第2行，第3行の for ループは，それぞれ $2 \leqq i \leqq n_L+1$，$2 \leqq j \leqq n_U+1$ の範囲のみ実行すればよい．このとき，容易にわかるように，更新される範囲は帯の内部のみになるので，帯の外側に新たに非ゼロ要素が生じることはない．したがって，シューア補行列 $A^{(2)}_{2:n,2:n}$ も同じ下帯幅・上帯幅を持つ帯行列であり，以下も帯構造を保ったままガウスの消去法を実行できる．

このとき，各段での消去対象の要素数は（端の部分を除いて）$n_L \times n_U$ であるから，LU 分解の演算量は約 $2n_L n_U n$ となり，$n_L, n_U \ll n$ ならば，一般的な行列に対する $\frac{2}{3}n^3$ に比べて大きく削減される．前進消去，後退代入の演算量はそれぞれ約 $2n_L n$, $2n_U n$ となる．記憶領域は，帯の内部のみを格納すればよいので，$(n_L + n_U)n$ である．

帯行列に対するピボット選択付きのガウスの消去法　ピボット選択付きの場合，同様に第1段の消去を考えると，第2行の for ループの範囲は $2 \leqq i \leqq n_L+1$ である．一方，第3行の for ループの範囲は，ピボット行としてどの行が選ばれるかによって異なる．最も長くなるのは，第 n_L+1 行がピボット行として選ばれた場合であり，この行は第 n_L+n_U+1 列目まで非ゼロ要素を持つから，ループ範囲は $2 \leqq j \leqq n_L+n_U+1$ となる．この結果，シューア補行列 $A^{(2)}_{2:n,2:n}$ は，下帯幅 n_L，上帯幅 n_U の帯行列において，左上の $n_L \times (n_L+n_U)$ 小行列を非ゼロとしたような $(n-1) \times (n-1)$ 行列になる．この行列に対してさらにピボット選択付きの消去を行うと，再び同じ構造を持つ $(n-2) \times (n-2)$ 行列ができ，以下，この構造を保ったままガウスの消去法を実行できることがわかる．

このとき，各段での消去対象の要素数は $n_L \times (n_L+n_U)$ であるから，LU 分解の演算量は約 $2n_L(n_L+n_U)n$ となる．前進消去，後退代入の演算量はそれぞれ約 $2n_L n$, $2(n_L+n_U)n$ となる．記憶領域は $(2n_L+n_U)n$ である．

1.1.3　疎行列用の解法

偏微分方程式の離散化など，応用分野で現れる行列は，要素のほとんどがゼロである疎行列の場合が多い．この場合，疎行列の構造を利用することで，演算量と記憶領域の大幅な削減が可能となる．本項では，対称正定値行列の場合について，疎行列向けの直接法の基本的なアルゴリズムを述べる．また，実際の疎行列直接法ソルバでは，高速化・並列化のために様々な技法が用いられる．ここではそのうち，広く使われている技法であるマルチフロンタル法，スーパーノード，消去木に基づく並列化の三つをとりあげて紹介する[9]．

(1) 基本的なアルゴリズム

対称正定値行列を係数とする方程式 $A\boldsymbol{x} = \boldsymbol{b}$ を直接法で解くには，まず $A = LL^\top$ とコレスキー分解を行い[10]，次に $L\boldsymbol{y} = \boldsymbol{b}$, $L^\top\boldsymbol{x} = \boldsymbol{y}$ を順に解く．A が疎行列の場合，非ゼロ要素のみを記憶し，演算することで，演算量と記憶領域を節約できる．ただし，分解の過程で，もともとゼロであった要素が非ゼロになる場合（**フィルイン**）があり，これが演算量・所要記憶領域の増大をもたらす．そこで，疎行列用直接法では，フィルインがなるべく少なくなるよう，コレスキー分解前に行列の行・列の同時置換を行い，演算量と記憶領域の削減を図る．これを**オーダリング**と呼ぶ．また，フィルインの位置をあらかじめ算定し，それを格納するためのデータ構造を準備しておく．これを**シンボリック分解**と呼ぶ．疎行列用の直接法は，オーダリング，シンボリック分解，コレスキー分解，前進後退代入という四つの処理を順に行うことにより実行される．以下，この四つの処理を説明する．

オーダリング　オーダリングとは，適当な置換行列 P を用いて A の行と列の同時置換 $\tilde{A} \equiv PAP^\top$ を行い，与えられた方程式を $\tilde{A}\tilde{\boldsymbol{x}} = \tilde{\boldsymbol{b}}$（ただし $\tilde{\boldsymbol{x}} = P\boldsymbol{x}$, $\tilde{\boldsymbol{b}} = P\boldsymbol{b}$）に変換することである．一般の行列の場合，$P$ は数値的安定性を保証するよう選ぶ必要があるが，対称正定値行列の場合には，どのように P を選んでも $\tilde{A}$ は対称正定値のままであるから，1.1.2 項 (1) で述べたようにコレスキー分解の安定性は数学的に保証されている．したがって，フィルインを少なくするという観点のみから P を選ぶことができる．

オーダリングの手法としては，**Minimum Degree (MD) 法**と **Nested Dissection (ND) 法**とがよく用いられる [55][28]．MD 法は一種の貪欲算法 (greedy algorithm) であり，分解の各ステップで生じるフィルインを最小化するよう P を選ぶ．MD 法の演算量を削減した**近似的 MD (Approximate Minimum Degree; AMD) 法** [28] も広く使われている．

---

[9] 本項の内容は，[234] に基づき加筆したものである．
[10] (1) 項では LU 分解との区別のためコレスキー因子を $\tilde{L}$ で表したが，本項では L で表す．

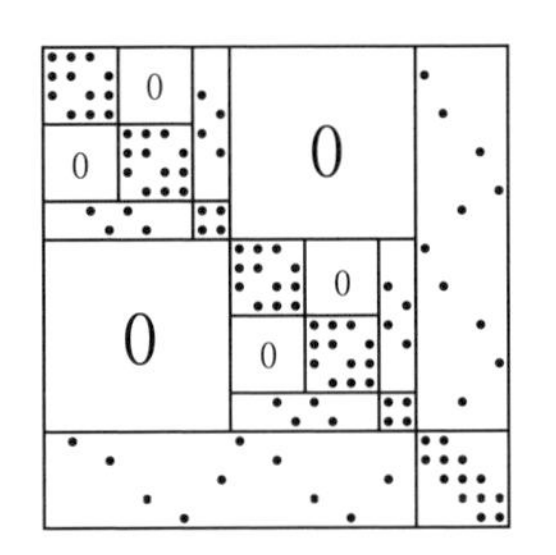

図 1.1 ND 法によりオーダリングした行列

ND 法は，もともと有限要素法や差分法から生じる行列向けに提案された手法であり，メッシュの分割に基づく．最も簡単な場合として，2 次元の有限要素法で三角形 1 次要素を用いてポアソン方程式を解く場合を例にとって説明する．ND 法では，メッシュにおける節点の集合を領域 $\mathcal{A}$，領域 $\mathcal{B}$，**セパレータ** $\mathcal{S}$ の三つの部分集合に分割する．ただし分割は，$\mathcal{A}$ に属する節点と $\mathcal{B}$ に属する節点とが同一の三角形要素に属することがないように行う．分割後，$\mathcal{A}$ に属する節点，$\mathcal{B}$ に属する節点，$\mathcal{S}$ に属する節点の順に番号を付け直す（行と列の同時置換に相当）．すると，分割の条件より，$\mathcal{A}$ に属する行・$\mathcal{B}$ に属する列を持つ行列要素はゼロであり，$\mathcal{B}$ に属する行・$\mathcal{A}$ に属する列を持つ行列要素もゼロであるから，置換後の行列は**縁付きブロック対角行列**となる．非対角部分に現れるゼロのブロックはコレスキー分解を行っても保存されるため，これによりフィルインを削減できる．以上では 1 段階の分割を考えたが，ND 法では，各部分領域に対して再帰的な分割を行うことで，対角ブロックの中にさらにゼロのブロックを導入していく．ND 法によりオーダリングした**再帰的縁付きブロック対角行列**の例を図 1.1 に示す．

ND 法で得られた再帰的縁付きブロック対角行列では，各対角ブロックを独立に分解できる．そのため，ND 法は並列向きのオーダリング手法として使われる．この場合，効率の良い並列化には，対角ブロックの大きさが揃っており，かつ縁の部分の幅が狭い分割が望ましい．これは，メッシュで言うと，$\mathcal{A}$ と $\mathcal{B}$ に含まれる節点数がなるべく等しく，かつセパレータに含まれる節点数がなるべく少ない分割を求めることに相当し，この目的のために，**スペクトル ND 法**，**マルチレベル ND 法** [99] など様々な手法が提案されている．

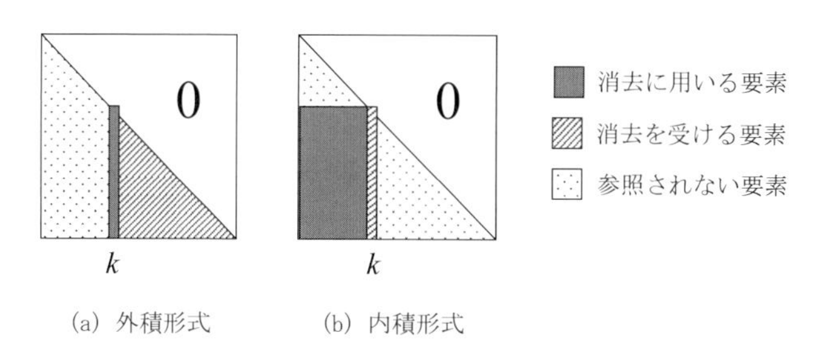

(a) 外積形式　　(b) 内積形式

図 1.2 外積形式と内積形式の第 k 段における消去演算

シンボリック分解　シンボリック分解では，非ゼロパターンのみに着目してコレスキー分解をシミュレーションし，分解後の非ゼロ要素の位置を求める．これにより，コレスキー分解に必要なメモリ量と演算量を算出する．また，分解後の非ゼロ要素を格納するための記憶領域を確保し，非ゼロ要素をアクセスするためのインデックスリストを作成する．

なお，コレスキー分解に必要なメモリ量と演算量を算出するだけであれば，シンボリック分解は，A の非ゼロ要素数のオーダーのメモリ量と L の非ゼロ要素数のオーダーの演算量で実行できる．

コレスキー分解　コレスキー分解では分解 $\tilde{A} = LL^{\top}$ を計算する．ただし，シンボリック分解で作成したデータ構造を用いて，非ゼロ要素のみについて記憶・演算を行う．

コレスキー分解のアルゴリズムには，大きく分けて外積形式と内積形式がある．**外積形式**はガウスの消去法の外積形式（KIJ 形式）と同じであり，第 k 段 $(1 \leqq k \leqq n)$ において第 k 列をピボット列とし，これを用いて行列の第 $k+1$ 列以降を消去する（図 1.2(a)）．ただし，対称性を利用し，消去演算は行列の下半分のみについて行う．一方，**内積形式**はガウスの消去法の IKJ 形式に相当し，第 k 段において第 1 列〜第 $k-1$ 列を用い，第 k 列に対する消去演算を行う（図 1.2(b)）．消去演算における参照のパターンから，外積形式，内積形式はそれぞれ **right-looking アルゴリズム**，**left-looking アルゴリズム**とも呼ばれる．

実際の疎行列直接解法では，外積形式の変形であるマルチフロンタル法（(3) 項で説明）と内積形式とがよく使われる．

前進後退代入　前進消去では，逐次代入により，下三角行列を係数とする方程

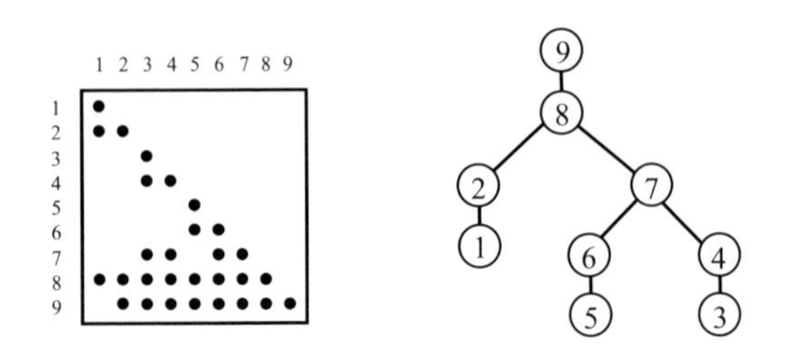

図 1.3　コレスキー因子 L の非ゼロ構造と対応する消去木

式 $L\boldsymbol{y} = \tilde{\boldsymbol{b}}$ を解く．また，後退代入では，同様にして $L^{\top}\tilde{\boldsymbol{x}} = \boldsymbol{y}$ を解く．この後，要素の入れ替え $\boldsymbol{x} = P^{\top}\tilde{\boldsymbol{x}}$ により最終的な解を求める．

(2)　消去木と消去演算間の依存関係

密行列に対するコレスキー分解では，消去演算は第1列目から第 n 列目まで順番に行う必要がある．これに対して疎行列用の直接法では，コレスキー因子 L が疎であることにより，消去の順番に自由度が生まれる．これを表現するのが**消去木**である．

消去木とは，n 個の節点を持つ（グラフ理論の意味での）木であり，各節点が行列 L の列に対応する．そして，2個の節点 i, j $(i > j)$ に対し，$i = \min\{k > j | L_{kj} \neq 0\}$ であるとき，i を j の親であると定義する．コレスキー因子 L の非ゼロ構造とそれに対応する消去木の例を図1.3に示す．丸の中の数字が列の番号である．

消去木の性質として，「行列の第 j 列による更新が第 i 列に影響を及ぼすのは，消去木において節点 i が節点 j の祖先であるときに限る」ということが成り立つ [68]．したがって，外積形式によるコレスキー分解では，列 i の子孫に対する消去演算がすべて終了していれば，ほかの節点に対する消去演算が終了しているか否かにかかわらず，列 i による消去演算を実行できる．同様に，内積形式では，ある列 i の子孫に対する消去演算がすべて終了していれば，ほかの節点に対する消去演算が終了しているか否かにかかわらず，列 i に対する消去演算を実行できる．これらの性質は，後に述べるマルチフロンタル法や並列化手法で利用される．

なお，定義より明らかなように，消去木は L の非ゼロ構造が決まれば定まる．

したがって，マルチフロンタル法や並列版の疎行列直接解法では，シンボリック分解の際に消去木も作成するのが普通である．

(3)　マルチフロンタル法

本稿では，高性能な疎行列直接法で広く採用されているアルゴリズムである**マルチフロンタル法**について説明する．マルチフロンタル法は，外積形式によるコレスキー分解の変形であり，(a) 行列の第 1 列目から順に消去演算を行うのではなく，消去木の深さ優先探索の順番に従って消去演算を行うこと，(b) ピボット列による消去演算を行列そのものに対しては行わずにフロンタル行列と呼ばれる非ゼロ要素のみを圧縮した密行列に対して行い，その結果得られるアップデート行列と呼ばれる行列を消去木に沿って下から上へと順次送りつつ，各段での消去演算の寄与を蓄積していくこと，の 2 点を特徴とする．消去の順番を (a) のように変更してよいことは，(2) 項で述べた消去演算間の依存関係から保証される．マルチフロンタル法の主な利点は，以下に示すように，インデックスリストによる間接参照を消去演算から分離することで，後者に対して様々な最適化手法の適用が容易になることである．

図 1.3 の行列にマルチフロンタル法を適用する場合，まず第 1 列をピボット列とする消去を行う．対称性よりピボット行はピボット列の転置となる．第 1 列は第 1, 2, 8 行に非ゼロ要素を持つため，この消去により影響を受ける要素は，行番号が 1, 2, 8，列番号が 1, 2, 8 の要素である．そこで，これらの行・列インデックスを持つ空の密行列を作成し，その第 1 列に元の行列 A の第 1 列の要素を格納する（図 1.4 左）．これが第 1 列に対応する**フロンタル行列** F_1 である．次に，F_1 の内部で，第 1 列をピボット列とする外積形式の消去演算を 1 段分行う（図 1.4 中央）．消去演算が終了したら，ピボット列はもう演算に使わないので，L の第 1 列として格納する．F_1 の第 2 列目以降には第 1 列による消去演算の寄与が蓄積されており，これが**アップデート行列** U_1 となる（図 1.4 右）．この U_1 を，消去木における親の節点に受け渡す．

第 1 列の親に当たる第 2 列による消去では，同様に，L の非ゼロ要素にあたる第 2, 8, 9 行（および列）をインデックスとして持つ空の密行列を作成し，その第 1 列に A の第 2 列を格納する．この行列に，子から受け渡されたアップデート行列 U_1 を足し込むことにより，フロンタル行列 F_2 を作る．ただし，一

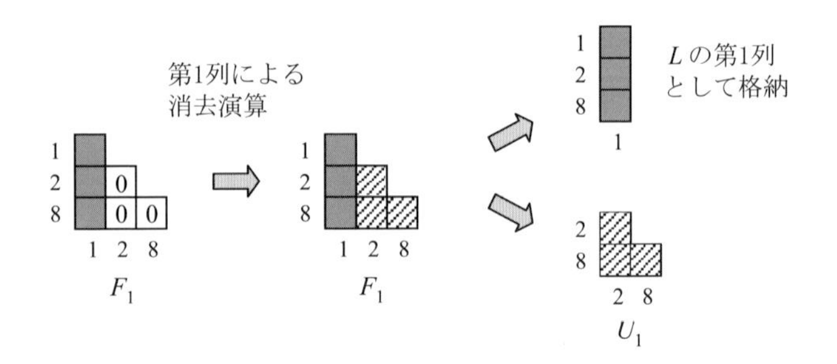

図 1.4 フロンタル行列と消去演算

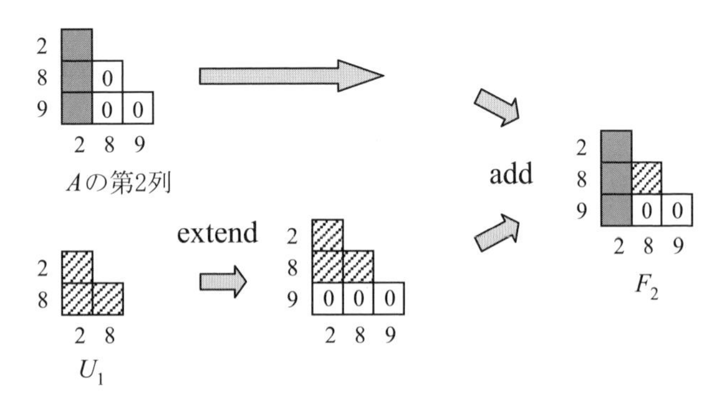

図 1.5 extend-add 演算

般にはこの二つの行列の L における行・列インデックスは一致しないので，両方の行・列インデックスの和集合をとって行列を拡大してからたしこみを行う必要がある．これを **extend-add 演算**と呼ぶ (図 1.5)．F_2 を作った後，F_1 の場合と同様，F_2 内で第 1 列による消去演算を行う．これにより，A の第 1 列と第 2 列の消去による寄与が F_2 に蓄積される．このようにしてアップデート行列を受け渡しつつ，各列に対する処理を消去木を下から上に辿りつつ繰り返していくことで，コレスキー分解が完了する．なお，子が 2 個ある場合は，左側の子のアップデート行列ができた段階でこれをスタックに保存しておき，右側の子のアップデート行列ができたら，両方のアップデート行列を用いて順に extend-add 演算を行う．

以上からわかるように，マルチフロンタル法では，extend-add 演算でのみ間接参照が必要であり，消去演算は密行列に対して行える．このため，ループ展開など様々な最適化手法が適用でき，高速化が可能となる．特に，次項で述べるスーパーノードと組み合わせると，効果が大きい．その反面，フロンタル行列とスタック用に余分な記憶領域が必要なため，メモリの制限が問題となるような大規模問題では内積形式に比べてやや不利となる．

なお，最近の動向としては，フロンタル行列の格納・更新における記憶領域・演算量を軽減するため，フロンタル行列をブロックに分割し，非対角ブロックを**低ランク近似**する手法が使われるようになってきている [7]．ただし，この場合，得られる分解は近似的な分解になるため，これを前処理として使い，GMRES 法などの反復法を用いて解を求める方法が主流である．

(4)　スーパーノード

L において，連続する列 $i, i+1, \ldots, i+m-1$ の対角ブロックが下三角密行列であり，第 $i+m-1$ 行以下が同一の非ゼロ構造を持つとき，この m 本の列は次数 m の**スーパーノード**をなすと言う．図 1.3 の行列では，第 3・4 列が次数 2 のスーパーノード，第 6〜9 列が次数 4 のスーパーノードである．

マルチフロンタル法においては，親と子の節点が同一のスーパーノードに属する場合，親の列の非ゼロ構造と子のアップデート行列の非ゼロ構造とが同一となり，extend-add 演算は単なる密行列どうしの加算になる．このため，間接参照が不要となる．さらに，スーパーノードに属する複数のピボット列による消去をまとめて行う（**多段消去**）ことにより，消去演算を行列乗算に帰着させることができ，キャッシュメモリの有効利用により大幅な性能向上が可能となる．このため，非ゼロ構造の違いがある程度小さければ，ゼロ要素を非ゼロ要素と見なしてスーパーノードを形成する方が有利な場合もある．これは**緩和型スーパーノード**と呼ばれ，形成のアルゴリズムや違いの許容範囲の最適な設定法などが研究されている．

なお，内積形式においても，スーパーノードにより間接参照を削減し，高速化を図ることが可能である．

(5)　消去木に基づく並列化手法

(3) 項での説明から明らかなように，マルチフロンタル法では，節点を共有しない複数の部分木に対するフロンタル行列の計算は並列に行える．例えば図 1.3 の行列では，第 1・2 列，第 3・4 列，第 5・6 列に対する計算は並列に実行できる．この性質を利用して，異なる部分木を異なるプロセッサに割り当てる並列化方式が提案され，広く利用されている．これを **subtree-to-subcube 割り当て**と呼ぶ．

内積形式の場合でも，(2) 項で述べた消去演算間の依存関係より，異なる部分木に対する消去演算は並列に実行できる．したがって，subtree-to-subcube 割り当てによる並列化が可能である．

なお，消去木の定義より，ND 法でオーダリングした再帰的縁付きブロック対角行列では，各対角ブロックが消去木上の部分木に対応することがわかる．これらの部分木は並列に計算できるから，ND 法は並列化に適したオーダリング手法であると言える．

1.1.4 LU 分解・コレスキー分解の応用

本節では，連立一次方程式に対するガウスの消去法に基づき LU 分解を導入し，さらに対称正定値行列に対するコレスキー分解を導出した．これらの分解は，連立一次方程式の解法を超えて，ほかの行列計算，あるいは数理科学のほかの分野においても多くの応用を持つ．本項ではそのいくつかを紹介する．

(1) 固有値・特異値計算への応用

A を $n\times n$ 行列とする．$A^{(0)} \equiv A$ を $A^{(0)} = L^{(0)}R^{(0)}$ と LU 分解し[11)]，その結果を逆順に掛けて $A^{(1)} \equiv R^{(0)}L^{(0)}$ とする．さらに，$A^{(1)} = L^{(1)}R^{(1)}$ と分解し，その結果を逆順に掛けて $A^{(2)} \equiv R^{(1)}L^{(1)}$ を作る．このようにして行列の列 $A^{(0)}$, $A^{(1)}, A^{(2)}, \ldots$ を計算していくアルゴリズムを **LR 法**と呼ぶ [229]．ある条件の下で，LR 法により生成される $A^{(k)}$ は，A の固有値を対角要素とする上三角行列に収束することが知られている．

LR 法は固有値計算の手法として提案されたが，一般の行列に対してはピボット選択なしの LU 分解は不安定であり，より安定な QR 法にとって代わられた．しかし，対称正定値 3 重対角行列，ある種の Totally Nonnegative 行列など，対象とする行列のクラスを限れば，LR 法は数値的に安定である．さらに，変数変換などアルゴリズム上の工夫により，相対誤差の意味での高精度性（微小な固有値を高精度に計算可能）という優れた特徴も持つようにできる．LR 法と等

11) LR 法では，伝統的に，上三角因子として U の代わりに R という記号を用いる．

価なアルゴリズムである **dqds 法** [183] は，現在，2 重対角行列向けの高速・高精度な特異値計算法[12)]として広く使われている．また，TN 行列向けの固有値計算法である **dhToda アルゴリズム** [50] も，数学的には LR 法と等価である．

(2) 可積分系とのつながり

離散力学系の中には，解を具体的に書き下すことができる**離散可積分系**と呼ばれるクラスがある [162][163]．多くの離散可積分系では，変数変換により，時刻 t から $t+1$ への時間発展を，対角要素が 1 の下三角行列 $L^{(t)}$ と上三角行列 $R^{(t)}$ により，

$$L^{(t+1)}R^{(t+1)} = R^{(t)}L^{(t)} \tag{1.38}$$

と書くことができる．これを**ラックス表示**と呼ぶ．ラックス表示は，離散力学系の時間発展がある行列に対する LR 法と等価であることを示している．

このことを使うと，可積分系の理論を用いて LR 法の収束性を解析したり，逆に LU 分解の性質を用いて可積分系に対する知見を得ることが可能となる．例えば [49] では，LU 分解の一意性を利用して，2 種類の離散可積分系である離散ハングリー戸田方程式と離散ハングリーロトカ・ボルテラ系との間にベックルンド変換（二つの力学系の解の間の対応関係）を与えている．

(3) QR 分解への応用

$A \in \mathbb{R}^{m\times n}$ $(m \geqq n)$ を列フルランクの行列とし，QR 分解 $A = QR$ $(Q \in \mathbb{R}^{m\times n}, R \in \mathbb{R}^{n\times n})$ を求めることを考える．このための手法としてはハウスホルダー法，グラム・シュミット法などが有名であるが，**コレスキー QR 法**という手法もある．これは，$C \equiv A^\top A$ を計算し，$C = LL^\top$ とコレスキー分解を行い，$R = L^\top, Q = AR^{-1}$ により Q と R を求める方法である．

コレスキー QR 法は得られる Q の直交性が悪いため，長らく顧みられてこなかったが，最近，A の条件数が $\mathrm{O}(\mathbf{u}^{-\frac{1}{2}})$（$\mathbf{u}$ は丸め誤差の単位）よりも小さければ，コレスキー QR 法を 2 回繰り返す**コレスキー QR2 法**により，直交性の高い Q を計算できることが理論的に示された [236]．また，条件数がそれより大きい場合でも，C に微小なシフトを加えることで，直交性の高い Q を計算できることが示されている [241]．コレスキー QR2 法は高性能計算の観点から見

12) 数学的には対称正定値 3 重対角行列の固有値計算と等価である．

て優れた解法であることから，今後，広く使われることが期待される．

(4) $\mathrm{Tr}(\boldsymbol{A}^{-1})$ の計算

逆行列のトレース $\mathrm{Tr}(A^{-1})$ は，様々な数値計算で有用な量である．例えば，固有値・特異値の下界の導出 [237]，複素平面上のある領域内にある固有値数の計算 [51]，統計学における Generalized Cross Validation [57] などの応用がある．また，複素変数 z に関する正則な行列関数 $A(z)$ について，$\mathrm{Tr}\left(A^{-1}(z)\frac{dA(z)}{dz}\right)$ が計算できれば，非線形固有値問題 $A(z)\boldsymbol{x} = \boldsymbol{0}$ を解くのに役立つ [235]．逆行列を含む行列の積のトレースは，非平衡グリーン関数を用いた量子伝導計算でも現れる [22]．

疎行列 A の LU 分解が与えられて $\mathrm{Tr}(A^{-1})$ を求める場合，素朴な方法としては，A^{-1} を計算してその対角要素を足し合わせることが考えられる．いま，L の第 j 列の非ゼロ要素の行番号の集合，U の第 i 行の非ゼロ要素の列番号の集合をそれぞれ $\mathrm{Str}(L_{*,j})$, $\mathrm{Str}(U_{i,*})$ で表すと，A^{-1} の計算には前進消去・後退代入を n 回繰り返す必要があるから，この方法での演算量は，

$$2n\sum_{i=1}^{n}(|\,\mathrm{Str}(L_{*,i})| + |\,\mathrm{Str}(U_{i,*})| \tag{1.39}$$

となる．これに対して Erisman と Tinney は，逆行列の要素の間に成り立つ漸化式を利用することで，計算量が

$$4\sum_{i=1}^{n}\{|\,\mathrm{Str}(L_{*,i})|\,|\,\mathrm{Str}(U_{i,*})|\} \tag{1.40}$$

のアルゴリズムを提案した [39][13]．疎行列の場合，式 (1.40) の値は式 (1.39) に比べてずっと小さい．また，このアルゴリズムの拡張として，同じオーダーの計算量で $\mathrm{Tr}\left(A^{-1}(z)\frac{dA(z)}{dz}\right)$ を求めるアルゴリズムも提案されている [235]．

(5) 特殊な連立二次方程式に対する消去法

ある数列 $c_0, c_1, \ldots$ が与えられたとき，$(N+1)\times(N+1)$ 行列 $H_{N,m}$ を $(H_{N,m})_{ij} = c_{i+j+m-2}$ で定義する．このとき $\bar{\boldsymbol{x}} = (x_N, \ldots, x_1, 1)^\top$ とおくと，

$$\bar{\boldsymbol{x}}^\top H_{N,m}\bar{\boldsymbol{x}} = 0 \quad (m = 0, 1, \ldots, 2N-1) \tag{1.41}$$

---

[13] このアルゴリズムでは，上記の演算量で，A^{-1} の要素のうち $L^\top + U^\top$ の非ゼロ要素に対応する位置の要素をすべて計算できる．

は $x_1, \ldots, x_N$ に関する連立二次方程式となる[14]．このような方程式は電気双極子および四重極子の位置を推定する問題で現れる．奈良はこの問題に対し，消去法を用いたアルゴリズムを提案している [165].

$H_{N,m}$ は反対角線に沿って同じ要素を持つ行列（**ハンケル行列**）であるが，

$$H_{N,m}^{(1)} \equiv c_{m+1} H_{N,m} - c_m H_{N,m+1} \quad (m = 0, 1, \ldots, 2N-2) \tag{1.42}$$

とおくと，$2N-1$ 本の新しい方程式 $\bar{\boldsymbol{x}}^\top H_{N,m}^{(1)} \bar{\boldsymbol{x}} = 0$ $(m = 0, 1, \ldots, 2N-2)$ ができる．これらの係数行列 $H_{N,m}^{(1)}$ は $(1,1)$ 要素（すなわち第 1 の反対角線）が 0 のハンケル行列となる．さらに，$H_{N,m}^{(2)} \equiv c_{m+2}^{(1)} H_{N,m}^{(1)} - c_{m+1}^{(1)} H_{N,m+1}^{(1)}$ $(m = 0, 1, \ldots, 2N-3)$ とおくと，第 1，第 2 の反対角線が 0 のハンケル行列を係数に持つ新しい連立二次方程式 $\bar{\boldsymbol{x}}^\top H_{N,m}^{(2)} \bar{\boldsymbol{x}} = 0$ $(m = 0, 1, \ldots, 2N-3)$ ができる．同様に続けていくと，反対角線を 1 本ずつ消去するとともに方程式の本数を一つずつ減らすことができ，最終的に x_1 のみに関する連立**一次**方程式ができる．あとは後退代入により $x_2, \ldots, x_N$ を順に求めればよい．

本アルゴリズムは，消去法の高次方程式への興味深い拡張となっている[15]．ただし，数値的安定性については検討が必要である．なお，[166] では，本手法の一般化として，ハンケルテンソルを係数とする高次連立方程式に対する消去法が提案されている．また，この消去法が，ある拡大行列に対する通常のガウスの消去法と等価であることも論じられている．

1.2 反復法

本節では，連立一次方程式：

$$A\boldsymbol{x} = \boldsymbol{b}, \ \boldsymbol{x} \in \mathbb{R}^n, \ \boldsymbol{b} \in \mathbb{R}^n \tag{1.43}$$

の数値解法である反復法を扱う．前節で扱われた直接法は，有限回の演算で連立一次方程式の解が得られる強力な手法であるが，係数行列 A の変形，または分解を必要とする．問題サイズが小さい場合は直接法の適用が可能であるが，超大規模問題に対しては，演算量と記憶容量の面から直接法の適用は困難である．

---

[14] 変数の個数が N であるのに対し，方程式の個数は $2N$ なので，これが解を持つためには $\{c_i\}$ が特別な数列である必要がある．詳細は [165] を参照.

[15] ただし，1 本の方程式でほかのすべての方程式に対して消去を行うのではなく，隣り合う方程式間で消去を行うので，ガウスの消去法よりむしろ**ネヴィルの消去法** [54][116] の拡張と言える.

反復法で必要となる主な演算は，(i) 係数行列 A とベクトルの積，(ii) ベクトルの定数倍と加算，(iii) ベクトル同士の内積である．この中で最も演算量を要するのは係数行列 A とベクトルの積であるが，反復法では係数行列の変形を伴わないため，行列の疎性を利用することができる．応用問題で現れる連立一次方程式の係数行列は疎行列であることが多く，上記の理由から超大規模問題に対しても反復法の適用が可能である．反復法は，**定常反復法**と**クリロフ部分空間反復法**に大別される．定常反復法は，反復過程で用いられる情報が変化しないが，クリロフ部分空間反復法では，計算に必要となる情報が反復ごとに変化する．

以下では，定常反復法とクリロフ部分空間反復法について述べたあと，前処理技術に触れる．前処理とは，与えられた問題に対して何らかの変形を施し，反復法で解きやすい問題に変形することである．

1.2.1　定常反復法

係数行列 A を $A = M - N$ とし，反復式：

$$M\boldsymbol{x}_{k+1} = N\boldsymbol{x}_k + \boldsymbol{b} \tag{1.44}$$

で，連立一次方程式 (1.43) の近似解 $\boldsymbol{x}_{k+1}$ を更新する．ここで，行列 M は正則であるとする．式 (1.44) の左側から M^{-1} を掛けると，

$$\boldsymbol{x}_{k+1} = M^{-1}N\boldsymbol{x}_k + M^{-1}\boldsymbol{b}. \tag{1.45}$$

が得られる．反復式 (1.45) で連立一次方程式 (1.43) の近似解を更新する方法を，**定常反復法**と呼ぶ．行列 M，N の与え方によって，様々な解法が導出できる．

(1)　ヤコビ法

係数行列 A を $A = A_{\mathrm{D}} + A_{\mathrm{L}} + A_{\mathrm{U}}$ と表す．ここで，行列 A_{D}, A_{L}, および A_{U} はそれぞれ，行列 A の対角部分，狭義下三角部分，および狭義上三角部分を表す．行列 M, N をそれぞれ $M = A_{\mathrm{D}}$, $N = A_{\mathrm{D}} - A$ とおくと，

$$A_{\mathrm{D}}\boldsymbol{x}_{k+1} = -(A_{\mathrm{L}} + A_{\mathrm{U}})\boldsymbol{x}_k + \boldsymbol{b} \tag{1.46}$$

が得られる．この反復式は**ヤコビ法**と呼ばれる．

行列 A, およびベクトル $\boldsymbol{x}_k, \boldsymbol{b}$ をそれぞれ $A = [a_{ij}], \boldsymbol{x}_k = \left[x_1^{(k)}, x_2^{(k)}, \ldots, x_n^{(k)}\right]^\top$, $\boldsymbol{b} = [b_1, b_2, \ldots, b_n]^\top$ と表す．式 (1.46) を成分ごとに書き下すと，

$$x_i^{(k+1)} = \frac{1}{a_{ii}}\left(b_i - \sum_{j=1}^{i-1} a_{ij}x_j^{(k)} - \sum_{j=i+1}^{n} a_{ij}x_j^{(k)}\right), \quad i = 1, 2, \ldots, n \tag{1.47}$$

と表される．

(2) ガウス・ザイデル法

ヤコビ法では，式 (1.47) によって近似解 $\boldsymbol{x}_{k+1}$ の成分 $x_i^{(k+1)}$ が更新される．式 (1.47) において，$x_i^{(k+1)}$ を計算する時点で $x_1^{(k+1)}, x_2^{(k+1)}, \ldots, x_{i-1}^{(k+1)}$ は既に得られていることがわかる．そこで，既に得られている $x_1^{(k+1)}, x_2^{(k+1)}, \ldots,$ $x_{i-1}^{(k+1)}$ を用いて $x_i^{(k+1)}$ を更新すると，

$$x_i^{(k+1)} = \frac{1}{a_{ii}}\left(b_i - \sum_{j=1}^{i-1} a_{ij}x_j^{(k+1)} - \sum_{j=i+1}^{n} a_{ij}x_j^{(k)}\right), \quad i = 1, 2, \ldots, n$$

となる．このように近似解を更新する方法を，**ガウス・ザイデル法**と呼ぶ．

ガウス・ザイデル法は行列 M, N をそれぞれ，$M = A_{\mathrm{D}} + A_{\mathrm{L}}, N = -A_{\mathrm{U}}$ で与えたものに対応する．このとき，近似解 $\boldsymbol{x}_{k+1}$ についての反復式は

$$(A_{\mathrm{D}} + A_{\mathrm{L}})\boldsymbol{x}_{k+1} = -A_{\mathrm{U}}\boldsymbol{x}_k + \boldsymbol{b}$$

と表される．

(3) SOR 法

ω をスカラーパラメータとし，行列 M, N をそれぞれ $M = (A_{\mathrm{D}} + \omega A_{\mathrm{L}})/\omega$, $N = [(1-\omega)A_{\mathrm{D}} - \omega A_{\mathrm{U}}]/\omega$ とする．このとき，以下の反復式が得られる．

$$(A_{\mathrm{D}} + \omega A_{\mathrm{L}})\boldsymbol{x}_{k+1} = [(1-\omega)A_{\mathrm{D}} - \omega A_{\mathrm{U}}]\,\boldsymbol{x}_k + \omega\boldsymbol{b}.$$

この反復式で近似解を更新する方法を **SOR 法**と呼ぶ．スカラー ω は**緩和係数**と呼ばれ，$\omega = 1$ のときはガウス・ザイデル法に帰着する．

(4)　定常反復法の収束性

連立一次方程式 $A\boldsymbol{x}=\boldsymbol{b}$ の真の解を $\boldsymbol{x}^*$ とする．また，近似解 $\boldsymbol{x}_k$ の誤差 $\boldsymbol{e}_k$ を $\boldsymbol{e}_k \equiv \boldsymbol{x}_k - \boldsymbol{x}^*$ とする．このとき，誤差 $\boldsymbol{e}_k$ は以下のように表される．

$$\boldsymbol{e}_k = \boldsymbol{x}_k - \boldsymbol{x}^* = M^{-1}N\boldsymbol{e}_{k-1} = \cdots = (M^{-1}N)^k\boldsymbol{e}_0.$$

$\|\boldsymbol{e}_k\| = \|(M^{-1}N)^k\boldsymbol{e}_0\| \leqq \|M^{-1}N\|^k \cdot \|\boldsymbol{e}_0\|$ であるから，$\|M^{-1}N\| < 1$ ならば $\boldsymbol{e}_k \to \boldsymbol{0}$ となる．定常反復法の収束性について，以下の定理がある．

定理 1.8　反復式 (1.45) によって生成される近似解 $\boldsymbol{x}_k$ が真の解 $\boldsymbol{x}^*$ に収束するための必要十分条件は，行列 $M^{-1}N$ のすべての固有値の絶対値が 1 未満であることである．

定理 1.8 より，定常反復法の収束性は行列 $M^{-1}N$ の固有値に依存する．SOR 法の緩和係数 ω は行列 $M^{-1}N$ の固有値に影響を与える．最適な ω の与え方については，[141] を参照されたい．

1.2.2　クリロフ部分空間反復法

本項では，連立一次方程式 (1.43) の反復法の一つである，**クリロフ部分空間反復法**について述べる．**クリロフ部分空間**とは，行列 A と非ゼロベクトル $\boldsymbol{u}$ によって生成される部分空間：

$$\mathcal{K}_k(A;\boldsymbol{u}) \equiv \mathrm{span}(\boldsymbol{u}, A\boldsymbol{u}, \ldots, A^{k-1}\boldsymbol{u}) \tag{1.48}$$

のことを指す．クリロフ部分空間反復法では，連立一次方程式 (1.43) の近似解 $\boldsymbol{x}_k$ を，条件：

$$\boldsymbol{x}_k - \boldsymbol{x}_0 \in \mathcal{K}_k(A;\boldsymbol{r}_0) \tag{1.49}$$

を満たすように生成する．ここで，ベクトル $\boldsymbol{r}_0$ は初期解 $\boldsymbol{x}_0$ に対応する初期残差ベクトル $\boldsymbol{r}_0 = \boldsymbol{b} - A\boldsymbol{x}_0$ である．ベクトル $\boldsymbol{x}_k - \boldsymbol{x}_0$ はベクトル $\boldsymbol{r}_0, A\boldsymbol{r}_0, \ldots,$ $A^{k-1}\boldsymbol{r}_0$ の線形結合で表されるから，近似解 $\boldsymbol{x}_k$ は

$$\boldsymbol{x}_k = \boldsymbol{x}_0 + S_{k-1}(A)\boldsymbol{r}_0$$

と書ける．ここで，$S_{k-1}(z)$ は $(k-1)$ 次多項式である．また，近似解 $\boldsymbol{x}_k$ に対応する残差ベクトル $\boldsymbol{r}_k$ は

$$\boldsymbol{r}_k = \boldsymbol{b} - A\boldsymbol{x}_k = R_k(A)\boldsymbol{r}_0, \quad R_k(z) \equiv 1 - zS_{k-1}(z) \tag{1.50}$$

と書ける．よって，残差ベクトル $\boldsymbol{r}_k$ は，定数項が単位行列の k 次多項式 $R_k(A)$ と初期残差ベクトル $\boldsymbol{r}_0$ の積で表される．

しかしながら，条件 (1.49) を課すだけでは，近似解 $\boldsymbol{x}_k$ を一意に決定することができない．近似解を一意に定めるには，残差ベクトルに対しても何らかの条件を課す必要がある．「クリロフ部分空間反復法」という名称は，連立一次方程式の反復法の一つのカテゴリであり，このカテゴリに属する解法は，係数行列の種類，および残差ベクトルに課す条件によって，多岐にわたる．

本項では，まずクリロフ部分空間反復法において重要な概念である**アーノルディ過程**，**ランチョス過程**，および**一般化ランチョス過程**をとりあげる．その後，クリロフ部分空間反復法に属する解法について述べる．

(1)　クリロフ部分空間の基底生成法

クリロフ部分空間は，行列 A のべき乗とベクトルの積によって生成されるベクトルによって張られる．しかしながら，このように生成されるベクトルは行列 A の絶対値最大固有値に対する固有ベクトルに収束していくため，部分空間の次元が上がらなくなる．以下では，クリロフ部分空間の正規直交基底を生成するアルゴリズムである**アーノルディ過程**と**ランチョス過程**について述べる．また，行列 A が非対称の場合に，互いに双直交する二つのベクトル列を生成するアルゴリズムである**一般化ランチョス過程**についても述べる．

アーノルディ過程　非対称行列 A と非ゼロベクトル $\boldsymbol{u}$ で張られるクリロフ部分空間 $\mathcal{K}_{k+1}(A;\boldsymbol{u}) = \mathrm{span}(\boldsymbol{u}, A\boldsymbol{u}, \ldots, A^k\boldsymbol{u})$ の正規直交系 $\{\boldsymbol{v}_1, \boldsymbol{v}_2, \ldots, \boldsymbol{v}_{k+1}\}$ を生成するプロセスを，**アーノルディ過程** [187] と呼ぶ．まず，ベクトル $\boldsymbol{v}_1$ を $\boldsymbol{v}_1 = \boldsymbol{u}/\|\boldsymbol{u}\|$ とおく．次に，ベクトル $\hat{\boldsymbol{v}}_{k+1}$ を

$$\hat{\boldsymbol{v}}_{k+1} = A\boldsymbol{v}_k - \sum_{j=1}^{k} h_{j,k}\boldsymbol{v}_j \tag{1.51}$$

とおく．ベクトル $\boldsymbol{v}_i$ $(1 \leqq i \leqq k)$ と $\hat{\boldsymbol{v}}_{k+1}$ の内積をとり，内積が 0 となるように $h_{i,k}$ を決めると，$h_{i,k} = (\boldsymbol{v}_i, A\boldsymbol{v}_k)$ が得られる．ベクトル $\boldsymbol{v}_{k+1}$ は，

$$\boldsymbol{v}_{k+1} = \hat{\boldsymbol{v}}_{k+1}/h_{k+1,k}, \quad h_{k+1,k} = \|\hat{\boldsymbol{v}}_{k+1}\| \tag{1.52}$$

で求められる．

式(1.51), (1.52)より，ベクトル $A\boldsymbol{v}_i$ は $\boldsymbol{v}_1, \boldsymbol{v}_2, \ldots, \boldsymbol{v}_{i+1}$ の線形結合：

$$A\boldsymbol{v}_i = \sum_{j=1}^{i+1} h_{j,i}\boldsymbol{v}_j \tag{1.53}$$

と表される．これらをまとめると，

$$AV_k = V_k H_k + h_{k+1,k}\boldsymbol{v}_{k+1}\boldsymbol{e}_k^\top = V_{k+1}\hat{H}_k \tag{1.54}$$

と書ける．ここで，行列 $V_k \in \mathbb{R}^{n\times k}$ は $V_k \equiv [\boldsymbol{v}_1, \boldsymbol{v}_2, \ldots, \boldsymbol{v}_k]$，行列 $H_k \in \mathbb{R}^{k\times k}$ は上ヘッセンベルグ行列：

$$H_k \equiv \begin{bmatrix} h_{1,1} & \cdots & h_{1,k-1} & h_{1,k} \\ h_{2,1} & \cdots & h_{2,k-1} & h_{2,k} \\ & \ddots & \vdots & \vdots \\ \text{\Large 0} & & h_{k,k-1} & h_{k,k} \end{bmatrix}$$

であり，$\boldsymbol{e}_k = [0, 0, \ldots, 0, 1]^\top \in \mathbb{R}^k$ である．また，行列 $\hat{H}_k \in \mathbb{R}^{(k+1)\times k}$ は

$$\hat{H}_k \equiv \left[\begin{array}{c} H_k \\ \hline \boldsymbol{0}^\top \end{array}\right] + h_{k+1,k}\boldsymbol{e}_{k+1}\boldsymbol{e}_k^\top$$

である．式(1.54)の左から行列 $V_k^\top$ を掛けると，行列 H_k は

$$H_k = V_k^\top A V_k \tag{1.55}$$

で表される．

ランチョス過程 アーノルディ過程において，行列 A が対称行列である場合を考える．行列 A が対称であるから，$h_{i,k} = (\boldsymbol{v}_i, A\boldsymbol{v}_k) = (A\boldsymbol{v}_i, \boldsymbol{v}_k)$ となる．式(1.53)より，ベクトル $A\boldsymbol{v}_i$ は $\boldsymbol{v}_1, \boldsymbol{v}_2, \ldots, \boldsymbol{v}_{i+1}$ の線形結合で表されるから，

$$h_{i,k} = (\boldsymbol{v}_i, A\boldsymbol{v}_k) = (A\boldsymbol{v}_i, \boldsymbol{v}_k) = 0, \quad i \leqq k-2$$

となる．したがって，上ヘッセンベルグ行列は三重対角行列となり，ベクトル $\boldsymbol{v}_{k+1}$ は3項漸化式：

$$\boldsymbol{v}_{k+1} = \frac{A\boldsymbol{v}_k - h_{k-1,k}\boldsymbol{v}_{k-1} - h_{k,k}\boldsymbol{v}_k}{h_{k+1,k}} \tag{1.56}$$

で求められる．ここで，$h_{k+1,k} = \|A\boldsymbol{v}_k - h_{k-1,k}\boldsymbol{v}_{k-1} - h_{k,k}\boldsymbol{v}_k\|$ である．行列 A が対称である場合のアーノルディ過程を，**ランチョス過程** [187] と呼ぶ．ランチョス過程は，連立一次方程式の反復法である共役勾配法や，固有値解法の一つであるランチョス法などの基礎になっている．

一般化ランチョス過程　行列 A が対称の場合は，3項漸化式を用いて正規直交系を求めることができるが，A が非対称の場合はこれまで計算したすべてのベクトルが必要となるため，多くの演算量と記憶容量を要する．そこで，もう一つのクリロフ部分空間 $\mathcal{K}_{k+1}(A^\top; \widetilde{\boldsymbol{u}})$ の基底 $\{\widetilde{\boldsymbol{v}}_i\}$ を生成し，クリロフ部分空間 $\mathcal{K}_{k+1}(A; \boldsymbol{u})$ の基底 $\{\boldsymbol{v}_i\}$ と双直交するように計算することを考える．

まず，ベクトル $\boldsymbol{v}_1$ と $\widetilde{\boldsymbol{v}}_1$ は $(\widetilde{\boldsymbol{v}}_1, \boldsymbol{v}_1) = 1$ を満たすように選ぶ．ベクトル $\boldsymbol{v}_{k+1}$，および $\widetilde{\boldsymbol{v}}_{k+1}$ は，以下の漸化式で求められる．

$$\boldsymbol{v}_{k+1} = \xi_k \left[\sum_{i=1}^{k} (\widetilde{\boldsymbol{v}}_i, A\boldsymbol{v}_k)\boldsymbol{v}_i - A\boldsymbol{v}_k \right], \tag{1.57}$$

$$\widetilde{\boldsymbol{v}}_{k+1} = \xi_k \left[\sum_{i=1}^{k} (\boldsymbol{v}_i, A^\top\widetilde{\boldsymbol{v}}_k)\widetilde{\boldsymbol{v}}_i - A^\top\widetilde{\boldsymbol{v}}_k \right]. \tag{1.58}$$

ここで，ξ_k は $(\widetilde{\boldsymbol{v}}_{k+1}, \boldsymbol{v}_{k+1}) = 1$ を満たすように決められる係数である．

式 (1.57) の内積に注目すると，$(\widetilde{\boldsymbol{v}}_i, A\boldsymbol{v}_k) = (A^\top\widetilde{\boldsymbol{v}}_i, \boldsymbol{v}_k)$ である．式 (1.58) より，ベクトル $A^\top\widetilde{\boldsymbol{v}}_i$ は $\widetilde{\boldsymbol{v}}_1, \widetilde{\boldsymbol{v}}_2, \ldots, \widetilde{\boldsymbol{v}}_{k+1}$ の線形結合で表されるから，

$$(\widetilde{\boldsymbol{v}}_i, A\boldsymbol{v}_k) = (A^\top\widetilde{\boldsymbol{v}}_i, \boldsymbol{v}_k) = 0, \quad i \leqq k-2.$$

同様にして，

$$(\boldsymbol{v}_i, A^\top\widetilde{\boldsymbol{v}}_k) = (A\boldsymbol{v}_i, \widetilde{\boldsymbol{v}}_k) = 0, \quad i \leqq k-2$$

となる．以上よりベクトル $\boldsymbol{v}_{k+1}, \widetilde{\boldsymbol{v}}_{k+1}$ は下記の3項漸化式：

$$\boldsymbol{v}_{k+1} = \xi_k \left[(\widetilde{\boldsymbol{v}}_{k-1}, A\boldsymbol{v}_k)\boldsymbol{v}_{k-1} + (\widetilde{\boldsymbol{v}}_k, A\boldsymbol{v}_k)\boldsymbol{v}_k - A\boldsymbol{v}_k \right],$$

$$\widetilde{\boldsymbol{v}}_{k+1} = \xi_k \left[(\boldsymbol{v}_{k-1}, A^\top\widetilde{\boldsymbol{v}}_k)\widetilde{\boldsymbol{v}}_{k-1} + (\boldsymbol{v}_k, A^\top\widetilde{\boldsymbol{v}}_k)\widetilde{\boldsymbol{v}}_k - A^\top\widetilde{\boldsymbol{v}}_k \right]$$

で求められる．行列 A が非対称の場合の，双直交基底 $\{\boldsymbol{v}_i\}, \{\widetilde{\boldsymbol{v}}_i\}$ を求める計算法を**一般化ランチョス過程** [187] と呼ぶ．一般化ランチョス過程は，非対称行列用の反復法である双共役勾配法 (Bi-Conjugate Gradient method: BiCG 法) などの基礎となっている．

(2)　共役勾配法

ここでは，行列 A は正定値対称行列であるとする．**共役勾配法 (Conjugate Gradient method: CG 法)** [71] は正定値対称行列を持つ連立一次方程式の代表的な解法である．条件 (1.49) より，ベクトル $\boldsymbol{x}_{k+1} - \boldsymbol{x}_0$ は正規直交基底 $\boldsymbol{v}_1, \boldsymbol{v}_2, \ldots, \boldsymbol{v}_{k+1}$ の線形結合で表されるから，近似解 $\boldsymbol{x}_{k+1}$ は

$$\boldsymbol{x}_{k+1} = \boldsymbol{x}_0 + V_{k+1}\boldsymbol{y}_{k+1}$$

と書ける．ここで，$V_{k+1} \equiv [\boldsymbol{v}_1, \boldsymbol{v}_2, \ldots, \boldsymbol{v}_{k+1}] \in \mathbb{R}^{n \times (k+1)}$, $\boldsymbol{y}_{k+1} \in \mathbb{R}^{k+1}$ である．対応する残差ベクトル $\boldsymbol{r}_{k+1}$ は

$$\boldsymbol{r}_{k+1} = \boldsymbol{b} - A\boldsymbol{x}_{k+1} = \boldsymbol{r}_0 - AV_{k+1}\boldsymbol{y}_{k+1} \in \mathcal{K}_{k+2}(A; \boldsymbol{r}_0) \tag{1.59}$$

となる．共役勾配法では，残差ベクトル $\boldsymbol{r}_{k+1}$ に対して直交条件：

$$\boldsymbol{r}_{k+1} \perp \mathcal{K}_{k+1}(A; \boldsymbol{r}_0) \tag{1.60}$$

を課す．このとき，条件 (1.60)，および式 (1.55) より，

$$\boldsymbol{0} = V_{k+1}^{\mathsf{T}}\boldsymbol{r}_{k+1} = V_{k+1}^{\mathsf{T}}\boldsymbol{r}_0 - V_{k+1}^{\mathsf{T}}AV_{k+1}\boldsymbol{y}_{k+1} = \|\boldsymbol{r}_0\|\boldsymbol{e}_1 - H_{k+1}\boldsymbol{y}_{k+1}$$

となるから，ベクトル $\boldsymbol{y}_{k+1}$ は $\boldsymbol{y}_{k+1} = \|\boldsymbol{r}_0\|H_{k+1}^{-1}\boldsymbol{e}_1$ で与えられる．ここで，$\boldsymbol{e}_1 = [1, 0, \ldots, 0]^{\mathsf{T}} \in \mathbb{R}^{k+1}$ である．ベクトル $\boldsymbol{y}_{k+1}$ を式 (1.59) に代入し，式 (1.54) を用いて整理すると，残差ベクトル $\boldsymbol{r}_{k+1}$ は

$$\begin{aligned} \boldsymbol{r}_{k+1} &= \boldsymbol{r}_0 - AV_{k+1}\boldsymbol{y}_{k+1} = \boldsymbol{r}_0 - (V_{k+1}H_{k+1} + h_{k+2,k+1}\boldsymbol{v}_{k+2}\boldsymbol{e}_{k+1}^{\mathsf{T}})\boldsymbol{y}_{k+1} \\ &= -h_{k+2,k+1}(\boldsymbol{e}_{k+1}, \boldsymbol{y}_{k+1})\boldsymbol{v}_{k+2} \end{aligned} \tag{1.61}$$

となる．残差ベクトル $\boldsymbol{r}_{k+1}$ がベクトル $\boldsymbol{v}_{k+2}$ の定数倍で表されていることからも，残差ベクトル列 $\boldsymbol{r}_0, \boldsymbol{r}_1, \ldots, \boldsymbol{r}_{k+1}$ は互いに直交していることがわかる．式 (1.61) を式 (1.56) に代入して整理すると，以下の式が得られる．

$$\boldsymbol{r}_{k+1} = -\alpha_k A\boldsymbol{r}_k + \mu_k\boldsymbol{r}_k + \nu_k\boldsymbol{r}_{k-1}. \tag{1.62}$$

ここでα_k, μ_k, およびν_kは, $\alpha_k \equiv -\dfrac{(\boldsymbol{e}_{k+1}, \boldsymbol{y}_{k+1})}{h_{k+1,k}(\boldsymbol{e}_k, \boldsymbol{y}_k)}$, $\mu_k \equiv -\dfrac{h_{k+1,k+1}(\boldsymbol{e}_{k+1}, \boldsymbol{y}_{k+1})}{h_{k+1,k}(\boldsymbol{e}_k, \boldsymbol{y}_k)}$, および$\nu_k \equiv -\dfrac{h_{k,k+1}(\boldsymbol{e}_{k+1}, \boldsymbol{y}_{k+1})}{h_{k,k-1}(\boldsymbol{e}_{k-1}, \boldsymbol{y}_{k-1})}$で定義される.

式(1.62), および式(1.50)より, $(k+1)$次多項式$R_{k+1}(z)$は,

$$R_{k+1}(z) = -\alpha_k z R_k(z) + \mu_k R_k(z) + \nu_k R_{k-1}(z). \tag{1.63}$$

と表される. また, 式(1.50)で示すように, $R_{k+1}(z)$の定数項は1であるから, $\mu_k + \nu_k = 1$となる. この関係式を式(1.63)に代入すると, $R_{k+1}(z)$は

$$R_{k+1}(z) = (1 - \nu_k - \alpha_k z)R_k(z) + \nu_k R_{k-1}(z)$$

と書ける. ここで, $P_k(z) \equiv \dfrac{R_k(z) - R_{k+1}(z)}{\alpha_k z}$, および$\beta_{k-1} \equiv -\dfrac{\nu_k \alpha_{k-1}}{\alpha_k}$と定義すると, 以下の漸化式が得られる. ただし, $\nu_0 = 0$とする.

$$R_0(z) = 1,\ P_0(z) = 1,$$

$$R_{k+1}(z) = R_k(z) - \alpha_k z P_k(z), \tag{1.64}$$

$$P_{k+1}(z) = R_{k+1}(z) + \beta_k P_k(z). \tag{1.65}$$

このように計算される多項式$R_{k+1}(z)$は, ランチョス多項式と呼ばれる.

ベクトル$\boldsymbol{p}_k$を$\boldsymbol{p}_k \equiv P_k(A)\boldsymbol{r}_0 \in \mathcal{K}_{k+1}(A; \boldsymbol{r}_0)$と定義すると, 式(1.50), (1.64), (1.65)より, 残差ベクトル$\boldsymbol{r}_{k+1}$とベクトル$\boldsymbol{p}_{k+1}$に関する漸化式:

$$\boldsymbol{r}_{k+1} = \boldsymbol{r}_k - \alpha_k A\boldsymbol{p}_k, \tag{1.66}$$

$$\boldsymbol{p}_{k+1} = \boldsymbol{r}_{k+1} + \beta_k \boldsymbol{p}_k$$

を得る. また近似解$\boldsymbol{x}_{k+1}$は, 式(1.59), (1.66)より

$$\boldsymbol{x}_{k+1} = \boldsymbol{x}_k + \alpha_k \boldsymbol{p}_k$$

で求められる.

次にパラメータα_kとβ_kを求める. 直交条件(1.60)より, 残差ベクトル$\boldsymbol{r}_{k+1}$はベクトル$\boldsymbol{p}_k$と直交すること, および関係式$(\boldsymbol{p}_k, \boldsymbol{r}_k) = (\boldsymbol{r}_k, \boldsymbol{r}_k)$が成り立つことを用いると, α_kは

$$\alpha_k = \frac{(\boldsymbol{r}_k, \boldsymbol{r}_k)}{(\boldsymbol{p}_k, A\boldsymbol{p}_k)}. \tag{1.67}$$

Algorithm 4 共役勾配法

1: Set an initial guess $\boldsymbol{x}_0$
2: Compute $\boldsymbol{r}_0 = \boldsymbol{b} - A\boldsymbol{x}_0$
3: Set $\boldsymbol{p}_0 = \boldsymbol{r}_0$
4: **for** $k = 0, 1, \ldots,$ **do**
5: $\quad \alpha_k = (\boldsymbol{r}_k, \boldsymbol{r}_k)/(\boldsymbol{p}_k, A\boldsymbol{p}_k)$
6: $\quad \boldsymbol{x}_{k+1} = \boldsymbol{x}_k + \alpha_k \boldsymbol{p}_k$
7: $\quad \boldsymbol{r}_{k+1} = \boldsymbol{r}_k - \alpha_k A\boldsymbol{p}_k$
8: $\quad$ **if** $\|\boldsymbol{r}_{k+1}\|/\|\boldsymbol{b}\| \leqq \varepsilon$ **then**
9: $\qquad$ stop
10: $\quad$ **end if**
11: $\quad \beta_k = (\boldsymbol{r}_{k+1}, \boldsymbol{r}_{k+1})/(\boldsymbol{r}_k, \boldsymbol{r}_k)$
12: $\quad \boldsymbol{p}_{k+1} = \boldsymbol{r}_{k+1} + \beta_k \boldsymbol{p}_k$
13: **end for**

となる．次に β_k を求める．式 (1.66) より，ベクトル $A\boldsymbol{p}_{k+1}$ は $\boldsymbol{r}_{k+1}$ と $\boldsymbol{r}_{k+2}$ の線形結合で表されるから，直交条件 (1.60) より，

$$A\boldsymbol{p}_{k+1} \perp \mathcal{K}_{k+1}(A; \boldsymbol{r}_0)$$

を満たす．これよりベクトル $\boldsymbol{p}_k$ と $A\boldsymbol{p}_{k+1}$ は互いに直交し，式 (1.66), (1.67) を用いることで，β_k は

$$\beta_k = \frac{(\boldsymbol{r}_{k+1}, \boldsymbol{r}_{k+1})}{(\boldsymbol{r}_k, \boldsymbol{r}_k)}$$

で求められる．以上をまとめると，アルゴリズム 4 に示す共役勾配法のアルゴリズムが得られる．

共役勾配法の収束性について，以下の定理が成り立つ [187].

定理 1.9 連立一次方程式 (1.43) の真の解を $\boldsymbol{x}^*$ とし，誤差ベクトル $\boldsymbol{e}_k$ を $\boldsymbol{e}_k \equiv \boldsymbol{x}^* - \boldsymbol{x}_k$ とする．また，ベクトル $\boldsymbol{u}$ の A ノルムを $\|\boldsymbol{u}\|_A \equiv \sqrt{(\boldsymbol{u}, A\boldsymbol{u})}$ と定義する．このとき，以下が成り立つ．

$$\|\boldsymbol{e}_k\|_A \leqq 2 \left[\frac{\sqrt{\kappa} - 1}{\sqrt{\kappa} + 1} \right]^k \|\boldsymbol{e}_0\|_A.$$

ここで，κ は行列 A の条件数 $\kappa \equiv \|A\|_2 \cdot \|A^{-1}\|_2$ である．

定理 1.9 は，条件数 κ が 1 に近い場合は少ない反復回数で $\|\boldsymbol{e}_k\|_A$ が減少し，κ が大きい場合は多くの反復が必要となる可能性があることを示している．

(3) 双共役勾配法

ここでは行列 A は非対称行列であるとする．非対称行列を持つ連立一次方程式の代表的な解法として，**双共役勾配法 (Bi-Conjugate Gradient method: BiCG 法)** [40] がある．双共役勾配法は一般化ランチョス過程を基にした解法であり，短い漸化式で計算が可能である．

連立一次方程式 (1.43) の近似解 $\boldsymbol{x}_{k+1}$ は条件 (1.49) を満たすように計算する．残差ベクトル $\boldsymbol{r}_{k+1}$ に対して，直交条件 (1.60) の代わりに双直交条件：

$$\boldsymbol{r}_{k+1} \perp \mathcal{K}_{k+1}(A^\top; \widetilde{\boldsymbol{r}}_0) \tag{1.68}$$

を課す．共役勾配法と同じように，残差ベクトル $\boldsymbol{r}_k$ とベクトル $\boldsymbol{p}_k$ はそれぞれ，$\boldsymbol{r}_k = R_k(A)\boldsymbol{r}_0, \boldsymbol{p}_k = P_k(A)\boldsymbol{r}_0$ と表される．多項式 $R_{k+1}(z), P_{k+1}(z)$ は共役勾配法と同じく，式 (1.64), (1.65) で与えられる．以上より，残差ベクトル $\boldsymbol{r}_{k+1}$，補助ベクトル $\boldsymbol{p}_{k+1}$，および近似解 $\boldsymbol{x}_{k+1}$ は次の漸化式で求められる．

$$\begin{aligned}
\boldsymbol{r}_{k+1} &= \boldsymbol{r}_k - \alpha_k A\boldsymbol{p}_k, \\
\boldsymbol{p}_{k+1} &= \boldsymbol{r}_{k+1} + \beta_k \boldsymbol{p}_k, \\
\boldsymbol{x}_{k+1} &= \boldsymbol{x}_k + \alpha_k \boldsymbol{p}_k.
\end{aligned}$$

双共役勾配法では，連立一次方程式 (1.43) のほかに，双対系：

$$A^\top \widetilde{\boldsymbol{x}} = \widetilde{\boldsymbol{b}}, \quad \widetilde{\boldsymbol{x}} \in \mathbb{R}^n, \ \widetilde{\boldsymbol{b}} \in \mathbb{R}^n$$

に対する漸化式：

$$\begin{aligned}
\widetilde{\boldsymbol{r}}_{k+1} &= \widetilde{\boldsymbol{r}}_k - \alpha_k A^\top \widetilde{\boldsymbol{p}}_k, \\
\widetilde{\boldsymbol{p}}_{k+1} &= \widetilde{\boldsymbol{r}}_{k+1} + \beta_k \widetilde{\boldsymbol{p}}_k
\end{aligned} \tag{1.69}$$

も併せて計算される．ここで，ベクトル $\widetilde{\boldsymbol{r}}_k, \widetilde{\boldsymbol{p}}_k$ はそれぞれ，$\widetilde{\boldsymbol{r}}_k \equiv R_k(A^\top)\widetilde{\boldsymbol{r}}_0 \in \mathcal{K}_{k+1}(A^\top; \widetilde{\boldsymbol{r}}_0), \widetilde{\boldsymbol{p}}_k \equiv P_k(A^\top)\widetilde{\boldsymbol{r}}_0 \in \mathcal{K}_{k+1}(A^\top; \widetilde{\boldsymbol{r}}_0)$ と定義される．

次にパラメータ α_k, β_k を求める．双直交条件 (1.68) より，残差ベクトル $\boldsymbol{r}_{k+1}$ と $\widetilde{\boldsymbol{p}}_k$ が直交すること，および関係式 $(\widetilde{\boldsymbol{p}}_k, \boldsymbol{r}_k) = (\widetilde{\boldsymbol{r}}_k, \boldsymbol{r}_k)$ が成り立つことを用いると，α_k は

$$\alpha_k = \frac{(\widetilde{\boldsymbol{r}}_k, \boldsymbol{r}_k)}{(\widetilde{\boldsymbol{p}}_k, A\boldsymbol{p}_k)} \tag{1.70}$$

Algorithm 5 双共役勾配法

1: Set an initial guess $\boldsymbol{x}_0$
2: Compute $\boldsymbol{r}_0 = \boldsymbol{b} - A\boldsymbol{x}_0$
3: Set an arbitrary vector $\widetilde{\boldsymbol{r}}_0$ s.t. $(\widetilde{\boldsymbol{r}}_0, \boldsymbol{r}_0) \neq 0$
4: Set $\boldsymbol{p}_0 = \boldsymbol{r}_0$, $\widetilde{\boldsymbol{p}}_0 = \widetilde{\boldsymbol{r}}_0$
5: **for** $k = 0, 1, \ldots,$ **do**
6: $\quad \alpha_k = (\widetilde{\boldsymbol{r}}_k, \boldsymbol{r}_k)/(\widetilde{\boldsymbol{p}}_k, A\boldsymbol{p}_k)$
7: $\quad \boldsymbol{x}_{k+1} = \boldsymbol{x}_k + \alpha_k \boldsymbol{p}_k$
8: $\quad \boldsymbol{r}_{k+1} = \boldsymbol{r}_k - \alpha_k A\boldsymbol{p}_k$, $\widetilde{\boldsymbol{r}}_{k+1} = \widetilde{\boldsymbol{r}}_k - \alpha_k A^{\mathsf{T}} \widetilde{\boldsymbol{p}}_k$
9: $\quad$ **if** $\|\boldsymbol{r}_{k+1}\|/\|\boldsymbol{b}\| \leqq \varepsilon$ **then**
10: $\quad\quad$ stop
11: $\quad$ **end if**
12: $\quad \beta_k = (\widetilde{\boldsymbol{r}}_{k+1}, \boldsymbol{r}_{k+1})/(\widetilde{\boldsymbol{r}}_k, \boldsymbol{r}_k)$
13: $\quad p_{k+1} = \boldsymbol{r}_{k+1} + \beta_k \boldsymbol{p}_k$, $\widetilde{\boldsymbol{p}}_{k+1} = \widetilde{\boldsymbol{r}}_{k+1} + \beta_k \widetilde{\boldsymbol{p}}_k$
14: **end for**

で求められる．また，ベクトル $A\boldsymbol{p}_{k+1}$ は双直交条件 (1.68) より，

$$A\boldsymbol{p}_{k+1} \perp \mathcal{K}_{k+1}(A^{\mathsf{T}}; \widetilde{\boldsymbol{r}}_0) \tag{1.71}$$

を満たす．これより，ベクトル $\widetilde{\boldsymbol{p}}_k$ と $A\boldsymbol{p}_{k+1}$ は互いに直交し，式 (1.69), (1.70) を用いて整理すると，β_k は

$$\beta_k = \frac{(\widetilde{\boldsymbol{r}}_{k+1}, \boldsymbol{r}_{k+1})}{(\widetilde{\boldsymbol{r}}_k, \boldsymbol{r}_k)}$$

で与えられる．以上をまとめると，アルゴリズム 5 の双共役勾配法のアルゴリズムが得られる．

(4)　積型反復解法

今まで述べた双共役勾配法は，非対称行列を持つ連立一次方程式の近似解を短い漸化式で求めることができるが，残差の収束性が不安定であることが多い．そこで，残差の収束性の加速・安定化を図る解法が多く提案されている．

連立一次方程式 (1.43) の残差ベクトル $\boldsymbol{r}_{k+1}$ を

$$\boldsymbol{r}_{k+1} = \boldsymbol{b} - A\boldsymbol{x}_{k+1} \equiv H_{k+1}(A)R_{k+1}(A)\boldsymbol{r}_0 \tag{1.72}$$

で定義する．ここで，$H_{k+1}(z)$ は $(k+1)$ 次多項式である．残差ベクトル $\boldsymbol{r}_{k+1}$ が $(k+1)$ 次多項式 $H_{k+1}(A)$ と双共役勾配法の残差ベクトル $R_{k+1}(A)\boldsymbol{r}_0$ の

積で表されていることから，このカテゴリに属する解法は**積型反復解法**と呼ばれる．積型反復解法に属する解法として，**CGS (Conjugate Gradient Squared) 法** [204]，**BiCGSTAB (Bi-Conjugate Gradient Stabilized) 法** [226]，**GPBiCG (Generalized Product Bi-Conjugate Gradient) 法** [244] や **BiCGSTAB(ℓ) 法** [200] などがある．

CGS 法　双共役勾配法で現れるパラメータ α_k, β_k は，

$$\alpha_k = \frac{(R_k(A^\top)\widetilde{\boldsymbol{r}}_0, R_k(A)\boldsymbol{r}_0)}{(P_k(A^\top)\widetilde{\boldsymbol{r}}_0, AP_k(A)\boldsymbol{r}_0)} = \frac{(\widetilde{\boldsymbol{r}}_0, R_k(A)R_k(A)\boldsymbol{r}_0)}{(\widetilde{\boldsymbol{r}}_0, AP_k(A)P_k(A)\boldsymbol{r}_0)},$$
$$\beta_k = \frac{(R_{k+1}(A^\top)\widetilde{\boldsymbol{r}}_0, R_{k+1}(A)\boldsymbol{r}_0)}{(R_k(A^\top)\boldsymbol{r}_0, R_k(A)\boldsymbol{r}_0)} = \frac{(\widetilde{\boldsymbol{r}}_0, R_{k+1}(A)R_{k+1}(A)\boldsymbol{r}_0)}{(\widetilde{\boldsymbol{r}}_0, R_k(A)R_k(A)\boldsymbol{r}_0)}$$

と書き直すことができる．したがって，ベクトル $R_k(A)R_k(A)\boldsymbol{r}_0$，および $P_k(A)P_k(A)\boldsymbol{r}_0$ を漸化式で計算することができれば，ベクトル列 $\{\widetilde{\boldsymbol{r}}_k\}$, $\{\widetilde{\boldsymbol{p}}_k\}$ の計算は不要となる．そこで新たに，残差ベクトル $\boldsymbol{r}_k$ と補助ベクトル $\boldsymbol{p}_k$ を

$$\boldsymbol{r}_k = \boldsymbol{b} - A\boldsymbol{x}_k \equiv R_k(A)R_k(A)\boldsymbol{r}_0, \tag{1.73}$$
$$\boldsymbol{p}_k \equiv P_k(A)P_k(A)\boldsymbol{r}_0$$

と定義する．残差ベクトルが式 (1.73) で表される解法を **CGS (Conjugate Gradient Squared) 法** [204] という．CGS 法では，多項式 $H_{k+1}(z)$ が $H_{k+1}(z) = R_{k+1}(z)$ で与えられた解法といえる．

CGS 法では，残差ベクトル $\boldsymbol{r}_{k+1}$ は以下の漸化式で求められる．ここで，補助ベクトル $\boldsymbol{u}_k$，および $\boldsymbol{y}_k$ は，$\boldsymbol{u}_k \equiv P_k(A)R_k(A)\boldsymbol{r}_0$，および $\boldsymbol{y}_k \equiv P_k(A)R_{k+1}(A)\boldsymbol{r}_0$ と定義する．

$$\boldsymbol{r}_{k+1} = \boldsymbol{r}_k - \alpha_k A(\boldsymbol{u}_k + \boldsymbol{y}_k), \tag{1.74}$$
$$\boldsymbol{u}_k = \boldsymbol{r}_k + \beta_{k-1}\boldsymbol{y}_{k-1},$$
$$\boldsymbol{y}_k = \boldsymbol{u}_k - \alpha_k A\boldsymbol{p}_k,$$
$$\boldsymbol{p}_{k+1} = \boldsymbol{u}_{k+1} + \beta_k(\boldsymbol{y}_k + \beta_k\boldsymbol{p}_k).$$

また，近似解 $\boldsymbol{x}_{k+1}$ は式 (1.73), (1.74) より，

$$\boldsymbol{x}_{k+1} = \boldsymbol{x}_k + \alpha_k(\boldsymbol{u}_k + \boldsymbol{y}_k)$$

で求められる．

BiCGSTAB 法 CGS 法では，残差ベクトルをランチョス多項式の二乗と初期残差の積で表すことにより，ベクトル列 $\{R_k(A^\top)\widetilde{\boldsymbol{r}}_0\}, \{P_k(A^\top)\widetilde{\boldsymbol{r}}_0\}$ の計算が不要となった．しかしながら，CGS 法の残差ノルムは急激に増加したり停滞する場合が多いことから，収束性を改善するために，残差ベクトルを構成するランチョス多項式の一方を別の多項式で置き換えた **BiCGSTAB (Bi-Conjugate Gradient Stabilized) 法** [226] が提案された．

BiCGSTAB 法では，残差ベクトル $\boldsymbol{r}_{k+1}$ を

$$\boldsymbol{r}_{k+1} = \boldsymbol{b} - A\boldsymbol{x}_{k+1} \equiv Q_{k+1}(A)R_{k+1}(A)\boldsymbol{r}_0 \tag{1.75}$$

と定義する．ここで $Q_{k+1}(z)$ は $(k+1)$ 次の安定化多項式と呼ばれ，

$$Q_{k+1}(z) = (1-\omega_k z)Q_k(z), \quad Q_0(z) = 1,\ \omega_k \in \mathbb{R}$$

で与えられる．

補助ベクトル $\boldsymbol{s}_k$，および $\boldsymbol{p}_k$ を，$\boldsymbol{s}_k \equiv Q_k(A)R_{k+1}(A)\boldsymbol{r}_0$，および $\boldsymbol{p}_k \equiv Q_k(A)P_k(A)\boldsymbol{r}_0$ と定義すると，BiCGSTAB 法の残差ベクトル $\boldsymbol{r}_{k+1}$ は以下の漸化式で求められる．

$$\boldsymbol{r}_{k+1} = \boldsymbol{s}_k - \omega_k A\boldsymbol{s}_k, \tag{1.76}$$

$$\boldsymbol{s}_k = \boldsymbol{r}_k - \alpha_k A\boldsymbol{p}_k, \tag{1.77}$$

$$\boldsymbol{p}_{k+1} = \boldsymbol{r}_{k+1} + \beta_k(\boldsymbol{p}_k - \omega_k A\boldsymbol{p}_k).$$

また，近似解 $\boldsymbol{x}_{k+1}$ の漸化式は式 (1.75), (1.76), および (1.77) より

$$\boldsymbol{x}_{k+1} = \boldsymbol{x}_k + \alpha_k\boldsymbol{p}_k + \omega_k\boldsymbol{s}_k$$

で求められる．

次に，スカラーパラメータ $\alpha_k, \beta_k, \omega_k$ を求める．α_k, β_k は双直交条件 (1.68), (1.71) を満たすように計算される．α_k と β_k の計算で必要となる内積 $(R_k(A^\top)\widetilde{\boldsymbol{r}}_0, R_k(A)\boldsymbol{r}_0)$，および $(P_k(A^\top)\widetilde{\boldsymbol{r}}_0, AP_k(A)\boldsymbol{r}_0)$ は，

$$(R_k(A^\top)\widetilde{\boldsymbol{r}}_0, R_k(A)\boldsymbol{r}_0) = \phi_k((A^\top)^k\widetilde{\boldsymbol{r}}_0, R_k(A)\boldsymbol{r}_0), \tag{1.78}$$

$$(P_k(A^\top)\widetilde{\boldsymbol{r}}_0, AP_k(A)\boldsymbol{r}_0) = \phi_k((A^\top)^k\widetilde{\boldsymbol{r}}_0, AP_k(A)\boldsymbol{r}_0) \tag{1.79}$$

と書ける．ここで，ϕ_k は多項式 $R_k(z)$, $P_k(z)$ の最高次係数で $\phi_k \equiv (-1)^k \prod_{j=0}^{k-1} \alpha_j$ である．一方，内積 $(\widetilde{\boldsymbol{r}}_0, \boldsymbol{r}_k)$, および $(\widetilde{\boldsymbol{r}}_0, A\boldsymbol{p}_k)$ は

$$(\widetilde{\boldsymbol{r}}_0, \boldsymbol{r}_k) = (Q_k(A^\top)\widetilde{\boldsymbol{r}}_0, R_k(A)\boldsymbol{r}_0) = \psi_k((A^\top)^k\widetilde{\boldsymbol{r}}_0, R_k(A)\boldsymbol{r}_0), \tag{1.80}$$

$$(\widetilde{\boldsymbol{r}}_0, A\boldsymbol{p}_k) = (Q_k(A^\top)\widetilde{\boldsymbol{r}}_0, AP_k(A)\boldsymbol{r}_0) = \psi_k((A^\top)^k\widetilde{\boldsymbol{r}}_0, AP_k(A)\boldsymbol{r}_0) \tag{1.81}$$

と表される．ここで，ψ_k は多項式 $Q_k(z)$ の最高次係数で $\psi_k \equiv (-1)^k \prod_{j=0}^{k-1} \omega_j$ である．式 (1.78) と (1.80)，および式 (1.79) と (1.81) をそれぞれ比較すると，

$$(R_k(A^\top)\widetilde{\boldsymbol{r}}_0, R_k(A)\boldsymbol{r}_0) = \frac{\phi_k}{\psi_k}(\widetilde{\boldsymbol{r}}_0, \boldsymbol{r}_k),$$
$$(P_k(A^\top)\widetilde{\boldsymbol{r}}_0, AP_k(A)\boldsymbol{r}_0) = \frac{\phi_k}{\psi_k}(\widetilde{\boldsymbol{r}}_0, A\boldsymbol{p}_k)$$

が得られる．これよりパラメータ α_k, β_k はそれぞれ，

$$\alpha_k = \frac{(R_k(A^\top)\widetilde{\boldsymbol{r}}_0, R_k(A)\boldsymbol{r}_0)}{(P_k(A^\top)\widetilde{\boldsymbol{r}}_0, AP_k(A)\boldsymbol{r}_0)} = \frac{(\widetilde{\boldsymbol{r}}_0, \boldsymbol{r}_k)}{(\widetilde{\boldsymbol{r}}_0, A\boldsymbol{p}_k)},$$
$$\beta_k = \frac{(R_{k+1}(A^\top)\widetilde{\boldsymbol{r}}_0, R_{k+1}(A)\boldsymbol{r}_0)}{(R_k(A^\top)\widetilde{\boldsymbol{r}}_0, R_k(A)\boldsymbol{r}_0)} = \frac{\alpha_k}{\omega_k} \cdot \frac{(\widetilde{\boldsymbol{r}}_0, \boldsymbol{r}_{k+1})}{(\widetilde{\boldsymbol{r}}_0, \boldsymbol{r}_k)}$$

で与えられる．また，安定化多項式 $Q_{k+1}(z)$ のパラメータ ω_k は残差ノルム $\|\boldsymbol{r}_{k+1}\|_2$ を最小にするように決定され，以下で与えられる．

$$\omega_k = \frac{(A\boldsymbol{s}_k, \boldsymbol{s}_k)}{(A\boldsymbol{s}_k, A\boldsymbol{s}_k)}$$

以上より，アルゴリズム 6 に示す BiCGSTAB 法のアルゴリズムが得られる．

GPBiCG 法　BiCGSTAB 法では，多項式 $Q_{k+1}(z)$ は一つのパラメータを持ち，残差ノルムが最小になるようにパラメータを決定した．**GPBiCG (General Product Bi-Conjugate Gradient) 法** [244] では，残差ベクトル $\boldsymbol{r}_{k+1}$ を構成する安定化多項式 $H_{k+1}(z)$ を以下の漸化式で与える．

$$H_0(z) = 1,\ G_0(z) = \omega_0,$$
$$H_{k+1}(z) = H_k(z) - zG_k(z),$$
$$G_{k+1}(z) = \omega_{k+1}H_{k+1}(z) + \eta_{k+1}G_k(z).$$

Algorithm 6 BiCGSTAB 法

1: Set an initial guess $\boldsymbol{x}_0$
2: Compute $\boldsymbol{r}_0 = \boldsymbol{b} - A\boldsymbol{x}_0$
3: Set an arbitrary vector $\widetilde{\boldsymbol{r}}_0$ s.t. $(\widetilde{\boldsymbol{r}}_0, \boldsymbol{r}_0) \neq 0$
4: Set $\boldsymbol{p}_0 = \boldsymbol{r}_0$
5: **for** $k = 0, 1, \ldots,$ **do**
6: $\quad \alpha_k = (\widetilde{\boldsymbol{r}}_0, \boldsymbol{r}_k)/(\widetilde{\boldsymbol{r}}_0, A\boldsymbol{p}_k)$
7: $\quad \boldsymbol{s}_k = \boldsymbol{r}_k - \alpha_k A\boldsymbol{p}_k$
8: $\quad \omega_k = (A\boldsymbol{s}_k, \boldsymbol{s}_k)/(A\boldsymbol{s}_k, A\boldsymbol{s}_k)$
9: $\quad \boldsymbol{x}_{k+1} = \boldsymbol{x}_k + \alpha_k \boldsymbol{p}_k + \omega_k \boldsymbol{s}_k$
10: $\quad \boldsymbol{r}_{k+1} = \boldsymbol{r}_k - \omega_k A\boldsymbol{s}_k$
11: $\quad$ **if** $\|\boldsymbol{r}_{k+1}\|/\|\boldsymbol{b}\| \leqq \varepsilon$ **then**
12: $\qquad$ stop
13: $\quad$ **end if**
14: $\quad \beta_k = (\alpha_k/\omega_k) \cdot (\widetilde{\boldsymbol{r}}_0, \boldsymbol{r}_{k+1})/(\widetilde{\boldsymbol{r}}_0, \boldsymbol{r}_k)$
15: $\quad \boldsymbol{p}_{k+1} = \boldsymbol{r}_{k+1} + \beta_k(\boldsymbol{p}_k - \omega_k A\boldsymbol{p}_k)$
16: **end for**

ここで, $G_{k+1}(z)$ は k 次補助多項式, ω_k, η_k はスカラーパラメータであり, $\omega_k \neq 0$, $\eta_0 = 0$ とする.

GPBiCG 法では, 残差ベクトル $\boldsymbol{r}_{k+1}$ は以下の漸化式で計算される. ここで, 6 本の補助ベクトルをそれぞれ, $\boldsymbol{s}_k \equiv H_k(A)R_{k+1}(A)\boldsymbol{r}_0$, $\boldsymbol{y}_k \equiv AG_{k-1}(A)R_{k+1}(A)\boldsymbol{r}_0$, $\boldsymbol{z}_k \equiv G_k(A)R_{k+1}(A)\boldsymbol{r}_0$, $\boldsymbol{p}_k \equiv H_k(A)P_k(A)\boldsymbol{r}_0$, $\boldsymbol{w}_k \equiv AH_k(A)P_{k+1}(A)\boldsymbol{r}_0$, および $\boldsymbol{u}_k \equiv AG_k(A)P_k(A)\boldsymbol{r}_0$ と定義する.

$$\boldsymbol{r}_{k+1} = \boldsymbol{s}_k - \eta_k \boldsymbol{y}_k - \omega_k A\boldsymbol{s}_k \tag{1.82}$$

$$= \boldsymbol{r}_k - \alpha_k A\boldsymbol{p}_k - A\boldsymbol{z}_k, \tag{1.83}$$

$$\boldsymbol{s}_k = \boldsymbol{r}_k - \alpha_k A\boldsymbol{p}_k,$$

$$\boldsymbol{y}_k = \boldsymbol{s}_{k-1} - \boldsymbol{r}_k - \alpha_k \boldsymbol{w}_{k-1} + \alpha_k A\boldsymbol{p}_k,$$

$$\boldsymbol{p}_k = \boldsymbol{r}_k + \beta_{k-1}(\boldsymbol{p}_{k-1} - \boldsymbol{u}_{k-1}),$$

$$\boldsymbol{z}_k = \omega_k \boldsymbol{r}_k + \eta_k \boldsymbol{z}_{k-1} - \alpha_k \boldsymbol{u}_k,$$

$$\boldsymbol{w}_k = A\boldsymbol{s}_k + \beta_k A\boldsymbol{p}_k,$$

$$\boldsymbol{u}_k = \omega_k A\boldsymbol{p}_k + \eta_k(\boldsymbol{s}_{k-1} - \boldsymbol{r}_k + \beta_{k-1}\boldsymbol{u}_{k-1}).$$

また, 式 (1.72), (1.83) より, 近似解 $\boldsymbol{x}_{k+1}$ の漸化式は以下で与えられる.

$$\boldsymbol{x}_{k+1} = \boldsymbol{x}_k + \alpha_k \boldsymbol{p}_k + \boldsymbol{z}_k.$$

パラメータ α_k, β_k は，BiCGSTAB 法と同様に双直交条件 (1.68), (1.71) を満たすように計算され，

$$\alpha_k = \frac{(\widetilde{\boldsymbol{r}}_0, \boldsymbol{r}_k)}{(\widetilde{\boldsymbol{r}}_0, A\boldsymbol{p}_k)}, \quad \beta_k = \frac{\alpha_k}{\omega_k} \cdot \frac{(\widetilde{\boldsymbol{r}}_0, \boldsymbol{r}_{k+1})}{(\widetilde{\boldsymbol{r}}_0, \boldsymbol{r}_k)}$$

で与えられる．また，多項式 $H_{k+1}(z)$ のパラメータ ω_k, η_k は，式 (1.82) の残差ベクトル $\boldsymbol{r}_{k+1}$ のノルムが最小になるように決められる．

安定化多項式 $H_{k+1}(z)$ の二つのパラメータを $H_{k+1}(z) = R_{k+1}(z)$ となるように決めると，CGS 法に帰着する．また，$\eta_k = 0$ とし，ω_k は残差ノルム $\|\boldsymbol{r}_{k+1}\|_2$ が最小になるように与えると，BiCGSTAB 法に帰着する．

(5) IDR(s) 法

これまで述べてきた一般化ランチョス原理に基づく反復法は，理論的には高々 $2n$ 回の行列･ベクトル積で残差が収束する．一方, **IDR (Induced Dimension Reduction) 定理**に基づく **IDR(s) 法** [205] は，理論的には高々 $n + n/s$ 回の行列・ベクトル積で残差が収束する．したがって，パラメータ s が $s > 1$ の場合，一般化ランチョス原理に基づく反復法よりも速く残差が収束する．

IDR(s) 法は，以下に示す IDR 定理を基礎としている．

定理 1.10 行列 A を $A \in \mathbb{R}^{n \times n}$, $\boldsymbol{u} \in \mathbb{R}^n$ を任意の非ゼロベクトルとする．$\mathcal{G}_0$ を完全クリロフ空間 $\mathcal{G}_0 = \mathcal{K}_n(A; \boldsymbol{u})$ とする．また，空間 $\mathcal{S} \subset \mathbb{R}^n$ は，$\mathcal{G}_0 \cap \mathcal{S}$ が A の固有ベクトルを含まないものとし，$\mathcal{G}_j$ を

$$\mathcal{G}_j \equiv (I - \omega_j A)(\mathcal{G}_{j-1} \cap \mathcal{S})$$

と定義する．ただし，$\omega_j \neq 0$ とする．このとき，以下が成り立つ．

(i) $\mathcal{G}_j \subset \mathcal{G}_{j-1} \quad \forall j > 0.$
(ii) $\mathcal{G}_j = \{\boldsymbol{0}\}$ for some $j \leqq n.$

残差ベクトル $\boldsymbol{r}_{k+1}$ を

$$\boldsymbol{r}_{k+1} = (I - \omega_{j+1} A)\boldsymbol{u}_k, \quad \boldsymbol{u}_k \in \mathcal{G}_j \cap \mathcal{S}$$

とすると，$\boldsymbol{r}_{k+1} \in \mathcal{G}_{j+1}$ となる．ベクトル $\boldsymbol{u}_k$ は

$$\boldsymbol{u}_k = \boldsymbol{r}_k - \sum_{l=1}^{s} \gamma_l \Delta \boldsymbol{r}_{k-l}$$

で計算する．ここで，$\gamma_l \in \mathbb{R}$, $\Delta \boldsymbol{r}_i \equiv \boldsymbol{r}_{i+1} - \boldsymbol{r}_i$ である．したがって，残差ベクトル $\boldsymbol{r}_{k+1}$ と近似解 $\boldsymbol{x}_{k+1}$ はそれぞれ，

$$\boldsymbol{r}_{k+1} = \boldsymbol{r}_k - \omega_{j+1} A \boldsymbol{u}_k - \sum_{l=1}^{s} \gamma_l \Delta \boldsymbol{r}_{k-l},$$

$$\boldsymbol{x}_{k+1} = \boldsymbol{x}_k + \omega_{j+1} \boldsymbol{u}_k - \sum_{l=1}^{s} \gamma_l \Delta \boldsymbol{x}_{k-l}$$

と書ける．ここで，$\Delta \boldsymbol{x}_i \equiv \boldsymbol{x}_{i+1} - \boldsymbol{x}_i$ である．

次に，係数 γ_l を計算する．行列 P を $P = [\boldsymbol{p}_1, \boldsymbol{p}_2, \ldots, \boldsymbol{p}_s] \in \mathbb{R}^{n \times s}$ とし，空間 $\mathcal{S}$ を $\mathcal{S} = \mathcal{N}(P^\top)$ とする．ここで，$\mathcal{N}(\cdot)$ は零空間を表す．このとき，ベクトル $\boldsymbol{u}_k$ は $\mathcal{S}$ に属しているから，

$$P^\top \boldsymbol{u}_k = \boldsymbol{0}$$

が成り立つ．したがって，係数 γ_l は $s \times s$ の係数行列を持つ連立一次方程式を解くことで求められる．パラメータ ω_{j+1} の与え方は任意であるが，多くの場合は残差ノルム $\|\boldsymbol{r}_{k+1}\|_2$ を最小にするように選ばれる．

IDR(s) 法では，漸化式で計算した残差ノルム $\|\boldsymbol{r}_k\|$ と，得られた近似解 $\boldsymbol{x}_k$ から計算した真の残差ノルム $\|\boldsymbol{b} - A\boldsymbol{x}_k\|$ が乖離する**偽収束**と呼ばれる現象が発生することがある．IDR(s) 法の偽収束を回避する手法として，[194] などが提案されている．

また，IDR(s) 法は係数行列が歪対称 ($A^\top = -A$) に近い場合は，収束性が悪いことが報告されている．係数行列が歪対称に近い問題の収束性を改善する手法として，GBiCGSTAB(s,ℓ) 法 [214] などが提案されている．

(6)　GMRES 法

GMRES (Generalized Minimal Residual) 法 [188] は，非対称行列用のアーノルディ過程に基づく解法である．条件 (1.49) を満たすように近似解 $\boldsymbol{x}_k$ を求めると，$\boldsymbol{x}_k$ は

$$\boldsymbol{x}_k = \boldsymbol{x}_0 + V_k \boldsymbol{y}_k$$

と書ける．近似解 $\boldsymbol{x}_k$ に対応する残差ベクトル $\boldsymbol{r}_k$ は，式 (1.54) より

$$\boldsymbol{r}_k = \boldsymbol{b} - A\boldsymbol{x}_k = \boldsymbol{r}_0 - AV_k\boldsymbol{y}_k = \boldsymbol{r}_0 - V_{k+1}\hat{H}_k\boldsymbol{y}_k = V_{k+1}(\|\boldsymbol{r}_0\|\boldsymbol{e}_1 - \hat{H}_k\boldsymbol{y}_k)$$

となる．GMRES 法では，残差ノルム $\|\boldsymbol{r}_k\|_2$ がクリロフ部分空間 $\mathcal{K}_{k+1}(A;\boldsymbol{r}_0)$ 上で最小になるように決定する．残差ノルム $\|\boldsymbol{r}_k\|_2$ は V_{k+1} が列直交行列であるから，

$$\|\boldsymbol{r}_k\|_2 = \left\|V_{k+1}(\|\boldsymbol{r}_0\|\boldsymbol{e}_1 - \hat{H}_k\boldsymbol{y}_k)\right\|_2 = \left\|\|\boldsymbol{r}_0\|\boldsymbol{e}_1 - \hat{H}_k\boldsymbol{y}_k\right\|_2$$

と表せる．ここでベクトル $\boldsymbol{y}_k$ は残差ノルム $\|\boldsymbol{r}_k\|_2$ を最小にするように

$$\boldsymbol{y}_k = \arg\min_{\boldsymbol{y}} \left\|\|\boldsymbol{r}_0\|_2\boldsymbol{e}_1 - \hat{H}_k\boldsymbol{y}\right\|_2$$

と決定する．ベクトル $\boldsymbol{y}_k$ は最小二乗問題 $\left\|\|\boldsymbol{r}_0\|_2\boldsymbol{e}_1 - \hat{H}_k\boldsymbol{y}\right\|_2$ を解くことで得られる．この最小二乗問題は，ギブンス回転行列を用いて上ヘッセンベルグ行列 $\hat{H}_k$ を上三角行列に変形することで解くことができる．

GMRES 法はアーノルディ過程に基づく解法であるため，過去に計算された正規直交基底 $\boldsymbol{v}_1, \boldsymbol{v}_2, \ldots, \boldsymbol{v}_{k+1}$ すべてが必要となる．しかしながら，反復回数 k が増大するにしたがって，正規直交基底の演算量，および記憶容量も増大する．この演算量，記憶容量を減少させるため，リスタートと呼ばれる手法が用いられる．リスタートとは，事前に GMRES 法の最大反復回数 m を設定し，m 反復で反復の停止条件が満たされなかった場合は，その時点で得られた近似解 $\boldsymbol{x}_m$ を初期解 $\boldsymbol{x}_0$ に設定して，再び GMRES 法を適用する手法である．一般にリスタートを行うと残差の収束性は悪化するが，収束性を改善する Look Back 技術 [88] が提案されている．

(7)　そのほかのクリロフ部分空間反復法

シフト連立一次方程式に対するクリロフ部分空間反復法　シフト連立一次方程式とは，

$$(A + \sigma I)\boldsymbol{x}^{(\sigma)} = \boldsymbol{b}, \quad \boldsymbol{x}^{(\sigma)} \in \mathbb{R}^n,\ \boldsymbol{b} \in \mathbb{R}^n \tag{1.84}$$

を指す．ここで $\sigma \in \mathbb{R}$ はシフトパラメータである．シフト連立一次方程式 (1.84) は，電子状態計算や素粒子物理学の格子量子色力学計算などで現れる．

シフト連立一次方程式 (1.84) に対する反復法として，クリロフ部分空間の**シフト不変性**を用いた解法が提案されている．クリロフ部分空間のシフト不変性とは,

$$\mathcal{K}_k(A;\boldsymbol{b}) = \mathcal{K}_k(A+\sigma I;\boldsymbol{b})$$

のことを指す．この性質を利用することにより，連立一次方程式 (1.43) を解く過程で，シフト連立一次方程式 (1.84) の近似解を行列・ベクトル積なしで更新することができる．シフト連立一次方程式に対するクリロフ部分空間反復法については，文献 [203] で詳しく述べられている．

複数右辺ベクトルを持つ連立一次方程式に対するクリロフ部分空間反復法　L 本の右辺ベクトルを持つ連立一次方程式：

$$AX = B, \quad X \in \mathbb{R}^{n\times L},\ B \in \mathbb{R}^{n\times L} \tag{1.85}$$

を考える．このような連立一次方程式は，格子量子色力学計算の物理量計算や，周回積分に基づく固有値解法である Sakurai-Sugiura 法などで現れる．

複数右辺ベクトルを持つ連立一次方程式に対する反復法として，**ブロッククリロフ部分空間反復法**が提案されている．ブロッククリロフ部分空間は,

$$\mathcal{B}_k^{\square}(A;U) \equiv \left\{ \sum_{j=0}^{k-1} A^j U \xi_j \;\middle|\; \xi_j \in \mathbb{R}^{L\times L}\ (j=1,2,\ldots,k-1) \right\}$$

で定義される．ここで $U \in \mathbb{R}^{n\times L}$ である．式 (1.85) の近似解 X_k は条件：

$$X_k \in X_0 + \mathcal{B}_k^{\square}(A;R_0)$$

を満たすように生成される．ここで R_0 は初期解 X_0 に対応する初期残差 $R_0 = B - AX_0$ である．ブロッククリロフ部分空間反復法については，文献 [211] で詳しく述べられている．

ブロッククリロフ部分空間反復法の特長として，連立一次方程式をクリロフ部分空間反復法で 1 本ずつ解いた場合よりも反復回数が減少する可能性がある点があげられる．しかしながら，ブロッククリロフ部分空間反復法においても，偽収束が発生することがある．偽収束を回避するブロッククリロフ部分空間反復法として，[210, 154, 189] などが提案されている．

1.2.3　前処理技術

定常反復法の収束性は反復行列のスペクトル半径に，またクリロフ部分空間法の収束性は一般に係数行列 A の固有値分布に依存する．これらの行列の性質を改善し，反復法の収束性を改善する手法を**前処理技術**と呼ぶ．

本項では，n 次の実行列を係数に持つ連立一次方程式 $A\boldsymbol{x} = \boldsymbol{b}$ (1.43) に対する反復法の前処理技術について記す．正則な $n \times n$ 行列 K_1 および K_2 を用いて得られる連立一次方程式

$$K_1^{-1}AK_2^{-1}\boldsymbol{y} = K_1^{-1}\boldsymbol{b}, \quad \boldsymbol{x} = K_2^{-1}\boldsymbol{y} \tag{1.86}$$

は対象の連立一次方程式 (1.43) と異なる係数行列 $K_1^{-1}AK_2^{-1}$ を持つものの，等しい解 $\boldsymbol{x} = A^{-1}\boldsymbol{b}$ を持つ．通常このような前処理を**分離前処理**と呼ぶ．また，$K_1 = I$ の場合

$$AK^{-1}\boldsymbol{y} = \boldsymbol{b}, \quad \boldsymbol{x} = K^{-1}\boldsymbol{y} \tag{1.87}$$

を**右前処理**，$K_2 = I$ の場合

$$K^{-1}A\boldsymbol{x} = K^{-1}\boldsymbol{b} \tag{1.88}$$

を**左前処理**と呼ぶ．ここで，行列 $K = K_1K_2$ を**前処理行列**と呼ぶ．ただし，$P = K^{-1}$ を陽に構築する前処理技術においては K ではなく P を前処理行列と呼ぶことが一般的である．

以下では，定常反復法とクリロフ部分空間法に対する前処理技術の概要について述べ，それぞれ代表的な手法の適用例について紹介する．

(1)　定常反復法に対する前処理技術

定常反復法の収束性改善（反復行列のスペクトル半径の縮小）を目的とした前処理技術として，係数行列が M 行列である連立一次方程式に対する様々な前処理技術が提案され，その収束性の解析が行われている．ここで，M 行列は以下のように定義される．

定義 1.11　すべての非対角成分が 0 以下である行列を **Z 行列**と呼ぶ．また，正則で逆行列が非負である Z 行列を **M 行列**と呼ぶ．

ここでは，係数行列 A が M 行列であるとする．また，一般性を失わないことから，議論を簡単にするため係数行列 A が $A = I + A_{\mathrm{L}} + A_{\mathrm{U}}$ のように，単位行列 I および狭義下三角行列 A_{L}，狭義上三角行列 A_{U} に分離できると仮定する．

通常，定常反復法に対しては，左前処理 (1.88) が用いられる．最も代表的な前処理は，前処理行列 $P = K^{-1}$ を

$$P = (I + S), \quad S = [s_{i,j}] = \begin{cases} -a_{i,i+1} & (1 \leqq i \leqq n-1) \\ 0 & (\text{otherwise}) \end{cases} \tag{1.89}$$

とおく前処理法で，現在，I + S **前処理**と呼ばれる [61].

行列 S の定義より，I + S 前処理適用後の係数行列 $A_S := (I + S)A$ は上副対角成分がすべて 0 となり，後述するように反復行列のスペクトル半径が縮小する．一方で，係数行列 A の第 n 行目に対しては前処理の効果が現れない．これに対し，係数行列 A の第 n 行目に対しても前処理を適用する手法として，

$$P = (I + S + R), \quad R = [r_{i,j}] = \begin{cases} -a_{n,j} & (1 \leqq j \leqq n-1) \\ 0 & (\text{otherwise}) \end{cases} \tag{1.90}$$

とする I + S + R **前処理**が提案されている．

係数行列 A および I+S 前処理，I+S+R 前処理後の係数行列 $A_S := (I+S)A$，$A_R := (I + S + R)A$ に対するガウス・ザイデル法の反復行列を，それぞれ，T，T_S, T_R とおく．このとき，係数行列 A が M 行列であるとすると，各前処理付きガウス・ザイデル法の収束性に関し以下の不等式が成り立つ [168].

$$\rho(T_R) \leqq \rho(T_S) \leqq \rho(T) < 1. \tag{1.91}$$

このほかにも，係数行列 A の各行の狭義上三角部の絶対値最大値を利用する $\mathrm{I} + \mathrm{S}_{\max}$ **前処理**や，複数の前処理法を組み合わせる**多段階前処理**など様々な前処理技術およびその収束性解析に関する研究が進められている [117, 168].

(2)　定常反復法に対する前処理技術の適用例

前処理付きガウス・ザイデル法の適用例を，乱数で生成した M 行列

$$A = \begin{bmatrix} 1.0000 & -0.2161 & -0.3272 & -0.3271 \\ -0.2848 & 1.0000 & -0.3034 & -0.1526 \\ -0.0662 & -0.1451 & 1.0000 & -0.4171 \\ -0.2773 & -0.1660 & -0.2946 & 1.0000 \end{bmatrix} \tag{1.92}$$

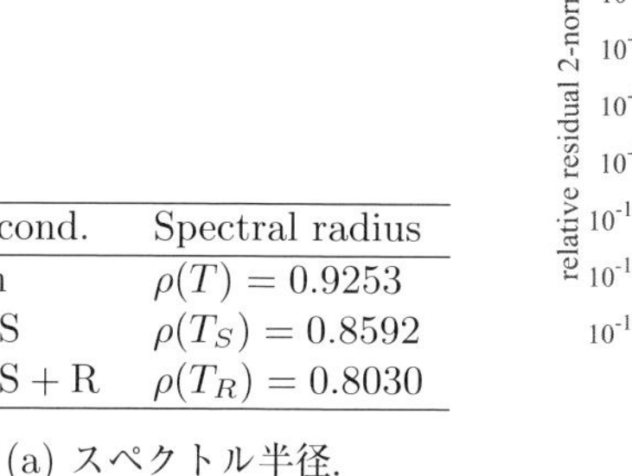

Precond.	Spectral radius
Non	$\rho(T) = 0.9253$
I + S	$\rho(T_S) = 0.8592$
I + S + R	$\rho(T_R) = 0.8030$

(a) スペクトル半径.

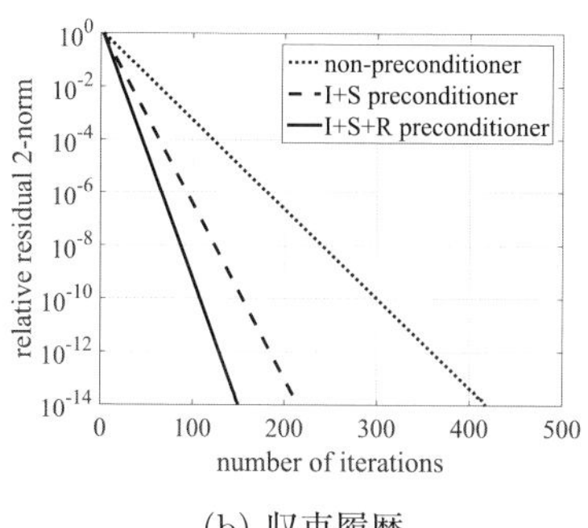

(b) 収束履歴.

図 1.6　前処理付きガウス・ザイデル法の適用例

を例に紹介する．ただし，$\boldsymbol{x}_0 = \boldsymbol{0}$ とし，$\boldsymbol{b}$ は乱数ベクトルとした．図 1.6(a) に示すように，各前処理によってガウス・ザイデル法の反復行列のスペクトル半径が縮小している．その結果として，図 1.6(b) に示すように，前処理によりガウス・ザイデル法の収束性が改善していることがわかる．

(3)　クリロフ部分空間法に対する前処理技術

クリロフ部分空間法に対する前処理では，計算コストと係数行列の疎性を考慮し，前処理後の係数行列 $K_1^{-1}AK_2^{-1}$ を陽的に作らないことが一般的である．代わりに，クリロフ部分空間法の各反復で，係数行列 A に対する行列・ベクトル積に加えて，前処理行列 K に対する連立一次方程式

$$K\boldsymbol{z} = \boldsymbol{v} \tag{1.93}$$

の求解 (または $P = K^{-1}$ の行列・ベクトル積) として処理する．例として，前処理付き CG 法および前処理付き BiCGSTAB 法のアルゴリズムを Algorithm 7, 8 にそれぞれ示す．対称行列向けの CG 法では，対称性を壊さないよう $K_2 = K_1^\top$ とした分離前処理 (1.86) が用いられる．しかし，各種ベクトルの再定義により，見かけ上は前処理行列は分離されない形 $K = K_1K_1^\top$ で漸化式が組まれる．一方，非対称行列向けの BiCGSTAB 法では，前処理の適用により残差の定義が変わらない右前処理 (1.87) が用いられることが多い．

クリロフ部分空間法の収束性は，一般に，係数行列 A の固有値分布に依存する．例えば，正定値対称行列向けの CG 法は係数行列 A の固有値が原点から離

Algorithm 7 前処理付き CG 法

1: Set an initial guess $\boldsymbol{x}_0$
2: Compute $\boldsymbol{r}_0 := \boldsymbol{b} - A\boldsymbol{x}_0$
3: Set $\boldsymbol{p}_0 = K^{-1}\boldsymbol{r}_0$
4: **for** $k = 0, 1, \ldots,$ **do**
5: $\quad \alpha_k = (K^{-1}\boldsymbol{r}_k, \boldsymbol{r}_k)/(\boldsymbol{p}_k, A\boldsymbol{p}_k)$
6: $\quad \boldsymbol{x}_{k+1} = \boldsymbol{x}_k + \alpha_k \boldsymbol{p}_k$
7: $\quad \boldsymbol{r}_{k+1} = \boldsymbol{r}_k - \alpha_k A\boldsymbol{p}_k$
8: $\quad$ **if** $\|\boldsymbol{r}_{k+1}\|/\|\boldsymbol{b}\| \leqq \varepsilon$ **then**
9: $\qquad$ stop
10: $\quad$ **end if**
11: $\quad \beta_k = (K^{-1}\boldsymbol{r}_{k+1}, \boldsymbol{r}_{k+1})/(K^{-1}\boldsymbol{r}_k, \boldsymbol{r}_k)$
12: $\quad \boldsymbol{p}_{k+1} = K^{-1}\boldsymbol{r}_{k+1} + \beta_k \boldsymbol{p}_k$
13: **end for**

Algorithm 8 前処理付き BiCGSTAB 法

1: Set an initial guess $\boldsymbol{x}_0$,
2: Compute $\boldsymbol{r}_0 := \boldsymbol{b} - A\boldsymbol{x}_0$
3: Set an arbitary vector $\widetilde{\boldsymbol{r}}_0$ s.t. $(\widetilde{\boldsymbol{r}}_0, \boldsymbol{r}_0) \neq 0$
4: **for** $k = 0, 1, \ldots,$ **do**
5: $\quad \alpha_k = (\widetilde{\boldsymbol{r}}_0, \boldsymbol{r}_k)/(\widetilde{\boldsymbol{r}}_0, AK^{-1}\boldsymbol{p}_k)$
6: $\quad \boldsymbol{s}_k = \boldsymbol{r}_k - \alpha_k AK^{-1}\boldsymbol{p}_k$
7: $\quad \omega_k = (AK^{-1}\boldsymbol{s}_k, \boldsymbol{s}_k)/(AK^{-1}\boldsymbol{s}_k, AK^{-1}\boldsymbol{s}_k)$
8: $\quad \boldsymbol{x}_{k+1} = \boldsymbol{x}_k + \alpha_k K^{-1}\boldsymbol{p}_k + \omega_k K^{-1}\boldsymbol{s}_k$
9: $\quad \boldsymbol{r}_{k+1} = \boldsymbol{s}_k - \omega_k AK^{-1}\boldsymbol{s}_k$
10: $\quad$ **if** $\|\boldsymbol{r}_{k+1}\|/\|\boldsymbol{b}\| \leqq \varepsilon$ **then**
11: $\qquad$ stop
12: $\quad$ **end if**
13: $\quad \beta_k = \alpha_k/\omega_k \cdot (\widetilde{\boldsymbol{r}}_0, \boldsymbol{r}_{k+1})/(\widetilde{\boldsymbol{r}}_0, \boldsymbol{r}_k)$
14: $\quad \boldsymbol{p}_{k+1} = \boldsymbol{r}_{k+1} + \beta_k(\boldsymbol{p}_k - \omega_k A\boldsymbol{p}_k)$
15: **end for**

れたところで密集している場合に高い収束性を示す[16]．このため，前処理行列 K は，前処理後の方程式の係数行列の固有値が原点から離れたところ（通常は 1）の周りに密集するように何らかの意味で係数行列 A を近似するように構築される．（$A \approx K$ または $K_1^{-1} A K_2^{-1} \approx I$.）

前処理の適用によって，クリロフ部分空間法の反復回数は（時として大幅に）削減される．しかし一方で，前処理行列の構築およびクリロフ部分空間法の各反復での前処理行列のベクトルへの作用 (1.93) に対して，余分な計算を必要とする．このため，連立一次方程式の求解全体に掛かる計算時間を削減する有効な前処理技術としては，単に反復回数の減少のみに着目するのではなく，以下の 2 点を同時に満たすことが重要となる．

- 前処理後のクリロフ部分空間法の収束性が高い．
- 前処理行列の構築およびベクトルへの作用に掛かる計算時間が小さい．

クリロフ部分空間法に対する前処理技法は，構築する前処理行列の性質に基づき，**行列分離型**，**不完全分解型**，**近似逆行列型**，**反復型**などに分類される．以下では，これらの前処理技法の概略について記す．

行列分離型前処理　定常反復法で用いられる行列分離 $A = M - N$ を基に，前処理行列を $K = M$ とおく前処理法を**行列分離型前処理**と呼び，**ヤコビ前処理**[17]，**ブロックヤコビ前処理**，**SOR 前処理**などが広く用いられている．また，対称行列向けには分離前処理 (1.86) として適用する，**SSOR 前処理**などが用いられる．

係数行列が $A = A_{\mathrm{L}} + A_{\mathrm{D}} + A_{\mathrm{U}}$ のように対角行列 A_{D} と狭義下三角行列 A_{L}，狭義上三角行列 A_{U} に分離されているとし，正則な対角行列 D を用いて，前処理行列を

$$K = (A_{\mathrm{L}} + D) D^{-1} (A_{\mathrm{U}} + D) \tag{1.94}$$

と定義する．このような行列分離型前処理に対し，前処理適用後の行列に対する

[16] ただし，BiCGSTAB 法や GMRES 法のような非対称行列向けのクリロフ部分空間法の場合は，固有値分布のみが収束性に依存するわけではない．例えば，対角がすべて 1 の三角行列の固有値はすべて 1 であるが，クリロフ部分空間法は必ずしも 1 反復で収束するとは限らない．

[17] ヤコビ前処理の前処理行列は対角行列であり，前処理後の係数行列の対角成分がすべて 1 となるため，**対角スケーリング**とも呼ばれる．

行列・ベクトル積の計算量の削減手法として，**アイゼンスタットの技法**が知られている [37, 187, 45]．前処理行列 (1.94) を，$K_1 = (A_{\rm L}+D)D^{-1}$, $K_2 = A_{\rm U}+D$ とした分離前処理 (1.86) として適用すると，前処理後の連立一次方程式 $\widetilde{A}\widetilde{\boldsymbol{x}} = \widetilde{\boldsymbol{b}}$ の係数行列 $\widetilde{A}$ は

$$\widetilde{A} = D(A_{\rm L}+D)^{-1}A(A_{\rm U}+D)^{-1} \tag{1.95}$$

と書くことができる．また，$\widetilde{\boldsymbol{x}} = (A_{\rm U}+D)\boldsymbol{x}$, $\widetilde{\boldsymbol{b}} = D(A_{\rm L}+D)^{-1}\boldsymbol{b}$ である．ここで，$A = A_{\rm L}+A_{\rm D}+A_{\rm U}$ より，行列 $\widetilde{A}$ は

$$\begin{aligned}\widetilde{A} &= D(A_{\rm L}+D)^{-1}[(A_{\rm L}+D)+(A_{\rm U}+D)+(A_{\rm D}-2D)](A_{\rm U}+D)^{-1}\\ &= D\{(A_{\rm U}+D)^{-1}+(A_{\rm L}+D)^{-1}[I+(A_{\rm D}-2D)(A_{\rm U}+D)^{-1}]\}\end{aligned}$$

と変形でき，行列・ベクトル積 $\widetilde{A}\boldsymbol{v}$ は以下のステップにより計算される．

1. $\boldsymbol{s} = (A_{\rm U}+D)^{-1}\boldsymbol{v}$
2. $\boldsymbol{t} = \boldsymbol{v}+(A_{\rm D}-2D)\boldsymbol{s}$
3. $\widetilde{A}\boldsymbol{v} = D[\boldsymbol{s}+(A_{\rm L}+D)^{-1}\boldsymbol{t}]$

行列 $\widetilde{A}$ の行列・ベクトル積を (1.95) に基づき計算すると，行列 A の行列・ベクトル積 1 回，三角行列の前進・後退代入各 1 回および，対角行列・ベクトル積 1 回必要である．一方，上記のアイゼンスタットの技法を利用すると，三角行列の前進・後退代入各 1 回，対角行列・ベクトル積 2 回およびベクトルの足し算 2 回で計算可能であり，特に行列の非零要素数が多いときに計算量が削減される．

不完全分解型前処理　連立一次方程式 (1.93) の求解が容易となる前処理行列 $K \approx A$ を LU 分解などの行列分解を近似的に行うことで，陽的に構築する前処理技法を**不完全分解型前処理**と呼ぶ．

最も代表的な不完全分解型前処理は**不完全 LU 分解**に基づく前処理法である．行列 A が疎行列であったとしても，一般に，LU 分解 $A = LU$ により得られた上三角行列 U および下三角行列 L は**フィルイン**（零要素の非零化）が発生し，非零要素数が大幅に増大する．不完全 LU 分解は LU 分解で発生するフィルインを抑制することで近似的な（不完全な）LU 分解

$$A \approx \widetilde{L}\widetilde{U} \tag{1.96}$$

Algorithm 9 不完全 LU 分解前処理（IKJ 形式）

1: **for** $i = 2, 3, \ldots, n$ **do**
2: 　**for** $k = 1, 2, \ldots, i-1$ and for $(i,k) \in \mathcal{S}^{\mathrm{ILU}}$ **do**
3: 　　Compute $a_{ik} = a_{ik}/a_{kk}$
4: 　　**for** $j = k+1, k+2, \ldots, n$ and for $(i,j) \in \mathcal{S}^{\mathrm{ILU}}$ **do**
5: 　　　Compute $a_{ij} = a_{ij} - a_{ik}a_{kj}$
6: 　　**end for**
7: 　**end for**
8: **end for**

を計算し，前処理行列を $K = \widetilde{L}\widetilde{U}$ とする手法である．不完全 LU 分解 (1.96) に基づき，クリロフ部分空間法の各反復で現れる方程式 (1.93) は $\widetilde{L}, \widetilde{U}$ が疎な三角行列であることから，前進・後退代入を用いて容易に計算できる．

あらかじめ決められた前処理行列の非零要素のインデックス集合を $\mathcal{S}^{\mathrm{ILU}}$ とする．一般的には，対角要素と $a_{i,j} \neq 0$ となるすべての (i,j) および許容するフィルインの要素を含むように設定される．このとき，不完全 LU 分解 (1.96) は Algorithm 9 のように書かれる．前処理行列の非零構造として，係数行列 A と等しい構造 $\mathcal{S}^{\mathrm{ILU}} = \{(i,j) \,|\, a_{i,j} \neq 0\}$ を設定する方法を特に，**ILU(0) 前処理**と呼ぶ [130]．また，$\mathcal{S}^{\mathrm{ILU}}$ の設定として A の構造からフィルインを一部許容することでより高精度化を可能とする方法として，**ILU(p) 前処理**や **ILUT(p, τ) 前処理**など様々な前処理法が提案されている [187]．係数行列 A が正定値対称行列である場合は LU 分解に代わりコレスキー分解が用いられ，**不完全コレスキー分解前処理（IC 前処理）**と呼び，**IC(0) 前処理付き CG 法（ICCG 法）**は，現在，最も有名なクリロフ部分空間法の一つとして知られている [130]．

係数行列 A がピボット選択なしで LU 分解が可能であったとしても，不完全 LU 分解では破綻を起こす可能性がある点に注意が必要である．ただし，係数行列 A が正定値対称 M 行列である場合に対し IC(0) 分解は破綻なく計算できることが示されている [130]．

ほかの不完全分解型前処理として，行列の非零要素数を削減した近似行列

$$A \approx \widetilde{A}(\theta) = [\widetilde{a}_{ij}], \quad \widetilde{a}_{ij} = \begin{cases} a_{ij} & (|a_{ij}| > \theta \times \max_{i,j} |a_{ij}| \text{ or } i = j) \\ 0 & (\text{otherwise}) \end{cases}$$

に対し，疎行列向け直接法を適用する前処理およびそのパラメータ最適化手法が提案され，特に非零要素数が大きい問題に対して有効性が確認されている [240]．

ここで，$0 \leqq \theta \leqq 1$ であり，$\theta = 0$ のとき $A(0) = A$ となり完全 LU 分解，$\theta = 1$ のとき $A(1) = \mathrm{diag}(A)$ となりヤコビ前処理となる．

近似逆行列型前処理　不完全分解型の前処理と異なり，係数行列 A の近似逆行列 $P = K^{-1} \approx A^{-1}$ を陽的に構築する前処理法を**近似逆行列型前処理**と呼ぶ．前処理行列 $P = K^{-1}$ を陽的に構築するため，クリロフ部分空間法の各反復では，$\boldsymbol{z} = P\boldsymbol{v}$ の行列・ベクトル積を行うだけでよく不完全分解型前処理と比べ，一般に高い並列性を持つことが利点として挙げられる．

最も基本的な近似逆行列型前処理はフロベニウスノルムの最小化に基づく **SPAI 前処理**である．その基本的アイディアは，$\mathcal{S}^{\mathrm{SPAI}}$ をあらかじめ決められた非零要素のインデックス集合とし，フロベニウスノルムの最小化問題

$$\min_{P \in \mathbb{R}^{n \times n}} \|AP - I\|_{\mathrm{F}} \quad \text{s.t. } p_{ij} = 0 \text{ for } (i,j) \notin \mathcal{S}^{\mathrm{SPAI}} \tag{1.97}$$

を解くことで疎な前処理行列 P を構築するというものである [15]．最小化問題 (1.97) は行列 P の各列ごとに独立した最小二乗問題として解かれる．各最小二乗問題の求解法については，第3章を参照のこと．上記の最小化問題 (1.97) は右前処理 (1.87) に対応したものであり，左前処理 (1.88) の場合は，$\|A^{\top}P^{\top} - I\|_{\mathrm{F}}$ $(= \|PA - I\|_{\mathrm{F}})$ に対する最小化を同様に行う．

この前処理法の最も重要な点は $\mathcal{S}^{\mathrm{SPAI}}$ の設定である．単純な方法として，ILU(0) 前処理と同様に $\mathcal{S}^{\mathrm{SPAI}} = \{(i,j) \mid a_{i,j} \neq 0\}$ が用いられる．しかしながら，一般には A が疎行列であったとしても A^{-1} は密行列となり必ずしも A の構造で A^{-1} をよく近似できるとは言えない．このような問題点に対する解決法として，対角行列のような単純な構造から始めて，ある閾値 $\epsilon > 0$ を用い，$\|AP - I\|_{\mathrm{F}} \leqq \epsilon$ を満足するまで適応的に $\mathcal{S}^{\mathrm{SPAI}}$ を決定する方法が提案されている [15]．また，Wavelet 変換を用いて A^{-1} の構造を変化させた上で近似逆行列前処理を適用することで，前処理行列の疎性と近似逆行列としての精度を両立させる手法およびその高性能化技術が提案されている [89]．

係数行列 A が正定値対称行列であったとしても (1.97) で得られる近似逆行列 P は一般には対称行列とはならず，前処理後の方程式に対して CG 法が適用できない．このため，係数行列 A のコレスキー因子 $L, A = LL^{\top}$ の近似逆行列 $\widetilde{L} \approx L^{-1}$ を直接構築する **FSAI 前処理**が提案されている [15]．

ほかの近似逆行列型前処理として，行列多項式 $s(A)$ を用いて前処理行列を $P = s(A)$ とする手法を**多項式前処理**と呼ぶ．ここで，$s(A)$ と A が可換 $(s(A)A = As(A))$ であるため，左前処理 (1.88) と右前処理 (1.87) の前処理後の係数行列は等しい．前処理として用いられる多項式 $s(A)$ としては，ノイマン多項式，チェビシェフ多項式，最小二乗多項式などが用いられる [187]．一般に，前処理行列 $P = s(A)$ は陽には構築せず，多項式の形でベクトルに作用される．このため，多項式前処理は後述する反復型前処理の一種とも考えられる．

反復型前処理　不完全分解型前処理は，$K \approx A$ となる前処理行列 K を構築し，クリロフ部分空間法の各反復において前処理行列 K に対する連立一次方程式 (1.93) の求解を行う．これに対し，$K \approx A$ である点に着目し，前処理行列 K を陽的に構築せず，クリロフ部分空間法の各反復において

$$A\boldsymbol{z} = \boldsymbol{v} \tag{1.98}$$

を反復法を用いて粗く解く方法を**反復型前処理**と呼ぶ．

方程式 $A\boldsymbol{x} = \boldsymbol{b}$ を解くためのクリロフ部分空間法の反復を**外部反復**，方程式 (1.98) を解くための反復を**内部反復**と呼ぶ．内部反復において，固定反復回数 ℓ の定常反復法を用いる場合，定常反復法の行列分離 $A = M - N$ および反復行列 $T = M^{-1}N$ を用いて，前処理行列 P は

$$P = \sum_{i=0}^{\ell-1} T^i M^{-1} \tag{1.99}$$

と陽に書き下すことができ，近似逆行列型前処理（特に多項式前処理）との関連が強いことがわかる．また，反復回数を $\ell = 1$ とおくと行列分離型前処理と等しくなるため，反復型前処理は行列分離型前処理の拡張であると言える．

一方，内部反復に対してクリロフ部分空間法を用いたり，また反復回数を外部反復ごとに変更する場合，外部反復ごとに前処理行列が変化することになる．このような前処理法を特に**可変的前処理**と呼ぶ [1]．可変的前処理では，外部反復で生成される部分空間がクリロフ部分空間と異なるものとなるため，すべてのクリロフ部分空間法に適用できるわけではなく，適用に際しては注意が必要である．

通常，内部反復では方程式 (1.98) の残差ノルムや最大反復回数などの停止条

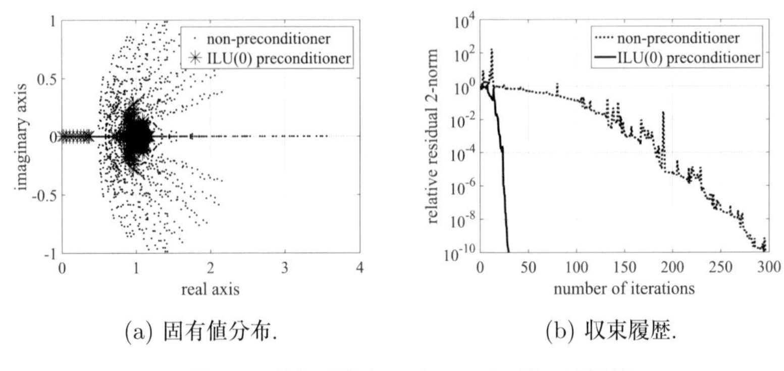

(a) 固有値分布.　(b) 収束履歴.

図 1.7　前処理付き BiCGSTAB 法の適用例

件を課す．内部反復で用いる反復法としてはガウス・ザイデル法や SOR 法などの定常反復法や GMRES 法や CGNR 法などのクリロフ部分空間法など様々な解法の適用が試みられている [123, 1]．また，**マルチグリッド前処理** [207, 187] についてもマルチグリッド法を方程式 (1.98) に対して近似適用する反復型前処理として分類できる．

そのほかの前処理技術　そのほかの前処理技術として，近似固有ベクトルを利用しクリロフ部分空間法の収束に悪影響を及ぼす絶対値最小固有値の影響を排除する**デフレーション型の前処理**について様々な研究が進められている [38, 142]．また，前処理行列の構築および適用を単精度計算で行うことで高速化を図る**単精度前処理**が，特に演算加速器と組み合わせた際に有効である事例が報告されている [209]．

(4)　クリロフ部分空間法に対する前処理技術の適用例

ILU(0) 前処理付き BiCGSTAB 法の適用例を，実非対称行列 **raefsky1**（分野：計算流体力学，行列サイズ：3,242，非零要素数：293,409）[216] を例に紹介する．ただし，$\boldsymbol{x}_0 = \boldsymbol{0}$ とし，$\boldsymbol{b}$ は乱数ベクトルとした．図 1.7(a) に示すように，ILU(0) 前処理を適用することにより，固有値分布が 1 近傍に密集している．その結果として，図 1.7(b) に示すように，BiCGSTAB 法の収束性が改善する結果が得られている．

第2章

固有値・特異値問題の数値解法

固有値問題とは行列 $A \in \mathbb{R}^{n\times n}$ に対して $A\boldsymbol{x} = \lambda\boldsymbol{x}$ となる固有値 λ と固有ベクトル $\boldsymbol{x} \neq \boldsymbol{0}$ を求める問題である．複素行列も同様である．固有値問題の数値解法において特に重要なのが**シューア分解**である．これは A に対して適切なユニタリ行列 U と上三角行列 R による $A = URU^{\mathsf{H}}$ という分解であり，R の対角に固有値が並ぶ．シューア分解の存在および固有値問題の解の存在は数学的に保証されているが，一般には有限回の四則演算と平方根演算では計算できないことが証明されているため，数値計算には反復計算を行う[1)]．本章の前半の 2.1 節では固有値問題の数値解法について述べる．まず最初の 2.1.1 項にて，本章で扱う解法の基盤となる古典的な研究について概観し，その後の項で現代の重要な固有値計算アルゴリズムについて順に述べる．

本章の後半の 2.2 節で扱う特異値問題は，標準的な線形代数の教科書で言及されることは少ないものの，その数値解法は最小二乗問題やデータマイニングなどに用いられる実用上重要な行列計算である．与えられた行列 A に対する特異値問題は，$A^{\top}A$ に対する固有値問題に帰着されるため，特異値問題の解法には対称固有値問題に対応するものが利用できる．2.2.1 項では上の標準的なアプローチから得られる特異値問題の数値解法について簡単に説明する．さらに，後半の 2.2.2 項では，**直交多項式**の変形理論に基づき mdLVs 法を導出する．

2.1 固有値問題の数値解法

一般的に，固有値問題の数値解法は以下のように二つに分類される：

(a) すべての固有値を計算することを目的にシューア分解および固有値分解を

1) ある種の行列分解に基づく固有値問題の解法を直接法 (direct methods) と総称することがある [14, 31].

直接的に求めるもの

(b) 大規模疎行列に対し，いくつかの固有値を求めるために反復的に低次元部分空間を生成し，射影により問題サイズを小さくする技術（いわゆる**射影法**）

本節では，上の分類に対応して (a) に相当する解法を 2.1.2 項と 2.1.3 項で説明し，後半の 2.1.4 項と 2.1.5 項にて (b) の射影法について述べる．

上の分類について補足すると，(a) に相当する解法は反復法ではあるものの，長年の研究の蓄積によりかなり洗練されたものであり経験的にほとんどの場合に解に収束し，しかも反復回数も非常に少ないことが多い．この点に着目して，文献によっては (a) に相当する解法を直接法と呼び，これとの対比により (b) の方を反復法と呼ぶこともある [14, 31].

上のように分類すると両解法は別の技術のように思えるが，研究の歴史としては両者は密接な関係がある．具体的には，(a) の解法の代表例は歴史的に見ても **QR 法**と言えるが，その発見は固有値問題を有理関数の極推定に帰着してそれを解く **qd (quotient difference) 法**の研究が基盤となっている．その当時 1960 年頃の**ルティスハウザー**の研究は，(b) に相当する**ランチョス法**や**モーメント**に基づく解法などを含む現在の有力な射影法とも複雑に絡み合っており，さらには 2.2 節で述べる特異値計算法にも直接的に対応するため，当時の qd 法の導出過程についてまず簡単に述べたい．可読性のため省略する部分も多いが，詳細は [63, 70] などで確認されたい．

2.1.1 固有値計算と有理関数の極推定

本項では簡単のため基本的に実行列 $A \in \mathbb{R}^{n \times n}$ について考える．さらに, 固有値はすべて分離すると仮定すると, $(\lambda, \boldsymbol{x})$ は n 通り存在するので, $A\boldsymbol{x}_i = \lambda_i \boldsymbol{x}_i$ $(i = 1, \ldots, n)$ とおき

$$\Lambda := \mathrm{diag}(\lambda_1, \ldots, \lambda_n), \quad X := [\boldsymbol{x}_1, \ldots, \boldsymbol{x}_n] \tag{2.1}$$

とすると，固有値問題は $AX = X\Lambda$ を満たす X, Λ を求める問題と表現できる．固有ベクトルからなる行列 X は正則であるため以下では $Y = X^{-\mathsf{H}}$ とおく．このとき $Y = [\boldsymbol{y}_1, \ldots, \boldsymbol{y}_n]$ は A^{H} の固有ベクトルからなる行列であり，$\boldsymbol{y}_i^{\mathsf{H}}$ を左固有ベクトルと呼ぶ．上の定義から $\boldsymbol{y}_j^{\mathsf{H}} \boldsymbol{x}_i = \delta_{ij}$ であり双直交系をなす．ただし

δ_{ij} は $\delta_{ij}=0$ $(i\neq j)$ および $\delta_{ii}=1$ で定義される**クロネッカーのデルタ**である．また，

$$\boldsymbol{y}_j^{\mathsf{H}}A\boldsymbol{x}_i=0\ (1\leqq i,j\leqq n; i\neq j);\quad \boldsymbol{y}_i^{\mathsf{H}}A\boldsymbol{x}_i=\lambda_i\ (1\leqq i\leqq n) \tag{2.2}$$

という直交性も成り立つことにも注意されたい．

行列 A の固有値を求めるためにまずベクトル $\boldsymbol{u},\boldsymbol{v}\in\mathbb{R}^n$ を用いて

$$f(z)=\boldsymbol{v}^{\mathsf{T}}(zI-A)^{-1}\boldsymbol{u},\quad z\in\mathbb{C} \tag{2.3}$$

を準備し，$\boldsymbol{u},\boldsymbol{v}$ をそれぞれ右固有ベクトルと左固有ベクトルで

$$\boldsymbol{u}=\sum_{i=1}^{n}\mu_i\boldsymbol{x}_i,\quad \boldsymbol{v}=\sum_{i=1}^{n}\nu_i\boldsymbol{y}_i \tag{2.4}$$

のように展開する．以下の議論では簡単のため $\mu_i\nu_i\neq 0$ $(i=1,\ldots,n)$ と仮定すると，f の極は A の固有値になる．また A の固有値はすべて実数で絶対値も相異なると仮定し $|\lambda_1|>\cdots>|\lambda_n|$ とおく．

本筋から逸れるが，基本であり関連する部分もあるので**べき乗法**について少し述べる．A のべき乗を $\boldsymbol{u}$ に掛けると

$$A^k\boldsymbol{u}=\sum_{i=1}^{n}\mu_i{\lambda_i}^k\boldsymbol{x}_i \tag{2.5}$$

より $A^k\boldsymbol{u}$ は $\boldsymbol{x}_1$ の方向に漸近し，その収束率は $|\lambda_2|/|\lambda_1|$ である．これが固有値問題の解法として最も基本となるべき乗法である．この議論でわかるように，とにかくベクトルをまず固有ベクトルで表現するのが基本である．

ではいよいよ f による固有値計算を考えると，(2.2) を考慮して

$$f(z)=\sum_{i=1}^{n}\frac{\mu_i\nu_i}{z-\lambda_i} \tag{2.6}$$

と表現する．f は $|z|>|\lambda_1|$ で正則なので $f(z)=(1/z)\cdot\boldsymbol{u}^{\mathsf{T}}(I-(1/z)\cdot A)^{-1}\boldsymbol{v}$ と見なして $1/z$ についての**ノイマン級数展開**

$$f(z)=\sum_{k=0}^{\infty}\frac{c_k}{z^{k+1}} \tag{2.7}$$

を考える．今，関数形が (2.3) なので (2.6) にも注意すると係数 c_k は

$$c_k = \boldsymbol{v}^\top A^k \boldsymbol{u} \quad (k = 0, 1, \ldots) \tag{2.8}$$

により計算できるので，(2.2) より $c_k = \sum_{i=1}^{n} \mu_i \nu_i {\lambda_i}^k$ であることに着目して

$$\lim_{k \to \infty} \frac{c_{k+1}}{c_k} = \lambda_1, \quad \frac{c_{k+1}}{c_k} = \lambda_1 + \mathrm{O}\left(\left|\frac{\lambda_2}{\lambda_1}\right|^k\right) \tag{2.9}$$

である．すべての極を求めるには c_k を並べた**ハンケル行列**

$$H_j^{(k)} = \begin{pmatrix} c_k & c_{k+1} & \cdots & c_{k+j-1} \\ c_{k+1} & c_{k+2} & \cdots & c_{k+j} \\ & & \cdots & \\ c_{k+j-1} & c_{k+j} & \cdots & c_{k+2j-2} \end{pmatrix} \tag{2.10}$$

を考える．最も素朴な計算法は，**ケイリー・ハミルトンの定理**に基づき固有多項式の係数を求める方法であろう．つまり固有多項式を $p(z) := \sum_{i=0}^{n-1} \xi_i z^i + z^n$ とおくと，$p(A)$ が零行列なので，任意の $k = 0, 1, \ldots$ に対して $\boldsymbol{u}^\top A^{k+j} p(A) \boldsymbol{v} = 0$ $(j = 0, \ldots, n-1)$ を制約式とする線形方程式

$$\boldsymbol{b}_j^{(k)} = (c_{k+j}, c_{k+j+1}, \ldots, c_{k+2j-1})^\top, \quad H_n^{(k)} \boldsymbol{\xi} = -\boldsymbol{b}_n^{(k)} \tag{2.11}$$

は解が一意に存在し，$\boldsymbol{\xi}$ の成分を $\xi_0, \ldots, \xi_{n-1}$ とすると目的の固有多項式 $p(z) := \sum_{i=0}^{n-1} \xi_i z^i + z^n$ が得られる．この計算は行列式から固有多項式を求めるより格段に軽いものの，(2.8) のように行列のべき乗とベクトルの積を陽に計算する方法では計算精度が悪化するため何かしら工夫を要する．

実はハンケル行列式と有理関数の極との間には

$$\lim_{k \to \infty} \frac{\det H_j^{(k+1)}}{\det H_j^{(k)}} = \prod_{i=1}^{j} \lambda_i \quad (j = 1, \ldots, n) \tag{2.12}$$

という関係式が成り立つため，便宜上 $\det H_0^{(k)} = 1$ と定義すると

$$\lambda_j = \lim_{k \to \infty} \frac{\det H_j^{(k+1)} \det H_{j-1}^{(k)}}{\det H_j^{(k)} \det H_{j-1}^{(k+1)}} \quad (j = 1, \ldots, n) \tag{2.13}$$

である．右辺を近似的に求めることで極が計算されるが，qd 法の導出において重要なのが次の**ヤコビの恒等式** [70] などと呼ばれる 3 項間漸化式

$$(\det H_j^{(k)})^2 + \det H_{j+1}^{(k-1)} \det H_{j-1}^{(k+1)} = \det H_j^{(k-1)} \det H_j^{(k+1)} \tag{2.14}$$

である．これにより，$\det H_0^{(k)} = 1$, $\det H_1^{(k)} = c_k$ $(k = 0, 1, \ldots)$ と初期設定して，すべてのハンケル行列式 $\det H_j^{(k)}$ を計算できる．ただし，実際に計算したいのは $\det H_j^{(k)}$ ではなく，(2.13) の右辺の値なので，

$$q_j^{(k)} = \frac{\det H_j^{(k+1)} \det H_{j-1}^{(k)}}{\det H_j^{(k)} \det H_{j-1}^{(k+1)}} \quad (j = 1, \ldots, n) \tag{2.15}$$

と定義し，$q_j^{(k)}$ を直接計算することを考える．ここで新たに変数

$$e_j^{(k)} = \frac{\det H_{j-1}^{(k+1)} \det H_{j+1}^{(k)}}{\det H_j^{(k)} \det H_j^{(k+1)}} \quad (j = 1, \ldots, n-1) \tag{2.16}$$

を導入すると，(2.14) の 3 項間漸化式は，変数 $q_j^{(k)}$, $e_j^{(k)}$ の漸化式

$$q_{j+1}^{(k)} = q_j^{(k+1)} e_j^{(k+1)} / e_j^{(k)} \tag{2.17}$$

$$e_{j+1}^{(k)} = q_{j+1}^{(k+1)} - q_{j+1}^{(k)} + e_j^{(k+1)} \tag{2.18}$$

で表現できる．この漸化式と元の (2.14) との対応は簡単ではないが単純な計算で確認できるものなのでここでは省略する．証明は [63, 70] にある．初期値 $\det H_0^{(k)} = 1$, $\det H_1^{(k)} = c_k$ $(k = 0, 1, \ldots)$ に対応して

$$q_1^{(k)} = c_{k+1}/c_k \quad (k = 0, 1, \ldots) \tag{2.19}$$

$$e_1^{(k)} = q_1^{(k+1)} - q_1^{(k)} \quad (k = 0, 1, \ldots) \tag{2.20}$$

とすれば，漸化式 (2.17), (2.18) を $j = 1, 2, \ldots, n-1$ の順に用いて $q_{j+1}^{(k)}$, $e_{j+1}^{(k)}$ をすべて求めることができ，その収束性は

$$\lim_{k\to\infty} q_j^{(k)} = \lambda_j \ (j = 1, \ldots, n); \quad \lim_{k\to\infty} e_j^{(k)} = 0 \ (j = 1, \ldots, n-1) \tag{2.21}$$

である．これがルティスハウザーにより提案された qd 法である．

今，A および $\boldsymbol{u}, \boldsymbol{v}$ に対し，(2.8) により c_k を求め，これにより (2.19) において $q_1^{(k)}$ を初期設定して qd 法を実行するという手順を示したが，実は 1950 年に発見された当初のランチョス法による三重対角化 [121] から，qd 法の初期値を別な形で設定することできる．つまりランチョス法による三重対角行列

$$J = \begin{pmatrix} \alpha_1 & 1 & & \\ \beta_1 & \alpha_2 & \ddots & \\ & \ddots & \ddots & 1 \\ & & \beta_{m-1} & \alpha_n \end{pmatrix} \tag{2.22}$$

に対し qd 法の変数 $q_j^{(0)}$, $e_j^{(0)}$ を以下のように J の LU 分解

$$J = \begin{pmatrix} 1 & & & \\ e_1^{(0)} & 1 & & \\ & \ddots & \ddots & \\ & & e_{n-1}^{(0)} & 1 \end{pmatrix} \begin{pmatrix} q_1^{(0)} & 1 & & \\ & q_2^{(0)} & \ddots & \\ & & \ddots & 1 \\ & & & q_n^{(0)} \end{pmatrix} \tag{2.23}$$

で与えることにする．固有値計算においては上の分解は **LR 分解**と呼ばれることが多い．右辺の各変数は J の成分を左上から見ていくことで，$q_1^{(0)} = \alpha_1$, $e_1^{(0)} = \beta_1/\alpha_1$, $q_2^{(0)} = \alpha_2 - \beta_1/\alpha_1$, ... の順に簡単に計算できる．今，

$$q_j^{(k+1)} = q_j^{(k)} - e_{j-1}^{(k+1)} + e_j^{(k)}, \tag{2.24}$$

$$e_j^{(k+1)} = e_j^{(k)} q_{j+1}^{(k)} / q_j^{(k+1)}, \tag{2.25}$$

$$e_0^{(k)} = e_n^{(k)} = 0 \quad (k = 0, 1, \ldots) \tag{2.26}$$

のように (2.17), (2.18) を変形し，便宜上境界条件 (2.26) を導入して $j = 1, 2, \ldots, n$ の順に $q_j^{(k)}, e_j^{(k)}$ から $q_j^{(k+1)}, e_j^{(k+1)}$ を反復計算していく．こうすると実は (2.8) を用いる漸化式 (2.17), (2.18) で得られるすべての $q_j^{(k)}, e_j^{(k)}$ と完全に一致する．漸化式の表現の差は変数を図 2.1 のように並べると理解しやすく，(2.24), (2.25) では矢印の方向に変数が更新される．一方，(2.17), (2.18) では図 2.1 の縦の列が先に与えられ，右隣の変数を求めている．

さらに興味深いことに，上の漸化式 (2.24), (2.25) は後に議論する **LR 法**の計算に完全に一致し，この手順での qd 法の実行を特別視して **pqd (progressive**

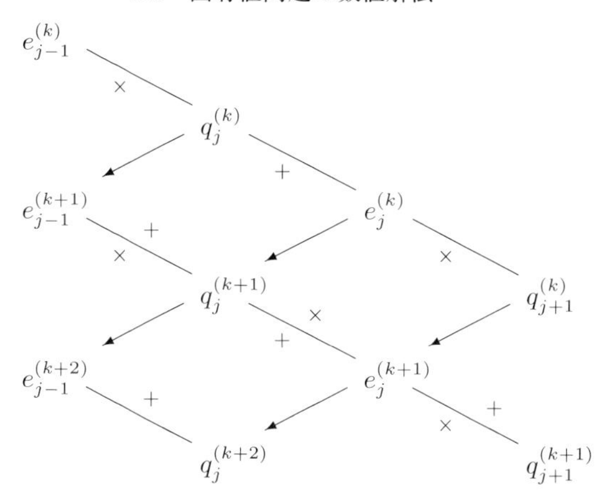

図 2.1　pqd 法に対応するロンバス則

qd) 法と呼ぶ．これは現在特異値計算において有用な **dqds (differential qd with shifts) 法**の原型であり詳細は後で述べる．以上の qd 法から LR 分解の発見の議論を追うのはさほど難しくないが，歴史的にはかなり込み入った議論から一般の行列に対する LR 法を導出し，最終的に QR 法の発見につながっている．LR 法とは初期行列 A_0 に対して

$$A_k =: L_{k+1}R_{k+1}, \quad A_{k+1} := R_{k+1}L_{k+1} \tag{2.27}$$

の反復を計算する手法であり，最初の式は LR 分解，つまり L_{k+1} は単位下三角行列，R_{k+1} は上三角行列である．このとき $A_{k+1} = {L_{k+1}}^{-1}A_kL_{k+1}$ なので，この反復で固有値が不変なのは明らかだが，ある種の条件下で上三角行列に収束し対角に固有値が並ぶ [228]．

上の議論において興味深いのは，ノイマン展開の係数に着目して得られた qd 法が，ランチョス法と直接対応していること，そして LR 法のような行列分解に基づくアルゴリズムを導出する点であろう．そしてもう一つ，近年注目されているモーメントに基づく解法とも密接な関係がある．複素平面上の領域 Ω が f の極すべてを含むとすると

$$c_k = \frac{1}{2\pi \mathrm{i}}\oint_{\partial\Omega} z^k f(z)\,\mathrm{d}z \tag{2.28}$$

が留数定理よりわかる．既に述べたとおり Ω が極をすべて含む場合に上式は式 (2.8) により計算可能であるが，ある指定領域内の一部の極を推定したい場合も

右辺を数値積分で近似的に与えることで指定領域内の極すべてを回収できる．詳細は 2.1.5 項の櫻井・杉浦法を参照されたい．

2.1.2　ヘッセンベルク化と QR 法

前項にて A を三重対角行列に変換した場合の pqd 法による固有値計算を説明したが，数値安定性のため相似変換に用いる行列は直交行列に限定するのが原則で，A が非対称だと直交行列による三重対角化は実現できない．ただし，直交行列 Q により $Q^{\mathsf{T}}AQ := H$, $H_{ij} = 0\ (i \geqq j+2)$ という変換は可能で，この H を**ヘッセンベルク行列**と呼ぶ．視覚に訴えるような表記をすれば

$$H = \begin{pmatrix} * & \cdots & \cdots & \cdots & * \\ * & * & \ddots & \vdots & \vdots \\ 0 & * & \ddots & \vdots & \vdots \\ \vdots & \ddots & \ddots & \vdots & \vdots \\ 0 & \cdots & 0 & * & * \end{pmatrix} \tag{2.29}$$

である．非対称行列 A に対しては，まずヘッセンベルク行列 H に変換し，H に対して QR 法を実行するのが標準的である．ヘッセンベルク化は**ハウスホルダー変換**で行うのが精度の面で好ましいが，ここではその計算手順は割愛する．詳細は [59] などを参照するか，第 3 章にて QR 分解や上二重対角化の計算手順を述べるのでそちらを参考にされたい．

ヘッセンベルク行列 H の固有値計算には QR 法を用いる．QR 法とは初期行列 H_0 に対して以下の反復

$$H_k =: Q_{k+1}R_{k+1}, \quad H_{k+1} := R_{k+1}Q_{k+1} \tag{2.30}$$

を行うアルゴリズムであり，最初の式は **QR 分解**であり Q_{k+1} は直交行列，R_{k+1} は対角成分が正である上三角行列である．先に述べた LR 法 (2.27) と同様の条件下で H_k は上三角行列に収束し対角に固有値が並ぶ．直交変換に基づく安定な実装が可能なため現在標準的に用いられる解法である．

今，反復行列を H_k で表現したが，実は H_0 がヘッセンベルク行列ならすべての k で H_k はヘッセンベルク行列である．そしてヘッセンベルク行列の QR

分解は $\mathrm{O}(n^2)$ で計算でき，一般の行列 A に対する QR 分解が $\mathrm{O}(n^3)$ であるため計算量の面で大きなメリットがある．これが最初にヘッセンベルク化を施す理由である．H_k がヘッセンベルク行列であることは**QR 分解の一意性**と**ギブンス回転**による実際の計算で確認できるので以下で説明する．

まずギブンス回転とは，ベクトルに対し指定した (i,j) 成分を回転角 θ で回転させる変換であり，行列 $G_n(i,j,\theta) \in \mathbb{R}^{n\times n}$ を

$$G_n(i,j,\theta) = \begin{pmatrix} 1 & \cdots & 0 & \cdots & 0 & \cdots & 0 \\ \vdots & \ddots & \vdots & & \vdots & & \vdots \\ 0 & \cdots & \cos(\theta) & \cdots & \sin(\theta) & \cdots & 0 \\ \vdots & & \vdots & \ddots & \vdots & & \vdots \\ 0 & \cdots & -\sin(\theta) & \cdots & \cos(\theta) & \cdots & 0 \\ \vdots & & \vdots & & \vdots & \ddots & \vdots \\ 0 & \cdots & 0 & \cdots & 0 & \cdots & 1 \end{pmatrix} \tag{2.31}$$

とする．このとき任意の $\boldsymbol{x} = (x_1, x_2)^\top \neq \mathbf{0}$ に対して $r = \|\boldsymbol{x}\|_2$, $\tan(\theta) = -x_2/x_1$ とすると $G_2(1,2,\theta)\boldsymbol{x} = (r,0)^\top$ となり回転であることが確認できる．この変換に倣い上の H_k に対し左上から順に副対角成分を 0 に変換するギブンス回転を作用させると最終的に上三角行列 R_{k+1} に変換され

$$G_n(n-1,n,\theta_{n-1})\cdots G_n(2,3,\theta_2)G_n(1,2,\theta_1)H_k = R_{k+1} \tag{2.32}$$

となる．QR 分解の一意性から (2.30) の R_{k+1} と上式のものは一致し，さらに $G_n(n-1,n,\theta_{n-1})\cdots G_n(1,2,\theta_1) = Q_{k+1}^\top$ である．そして (2.30) から

$$H_{k+1} = R_{k+1}Q_{k+1} = R_{k+1}G_n(1,2,\theta_1)^\top \cdots G_n(n-1,n,\theta_{n-1})^\top$$

なので右辺の R_{k+1} が上三角行列であることに注意して行列積を左から順に計算すると，第 $(i+1,i)$ 成分について $i = 1,\ldots,n-1$ の順に非零成分が埋まっていき，最終的に H_{k+1} がヘッセンベルク形になることが確認できる．

したがって H_{k+1} の第 $(i+1,i)$ 成分 $h_{i+1,i}^{(k)}$ $(i = 1,\ldots,n-1)$ が 0 に収束すれば対角に固有値が並ぶが，一般的な条件下で収束速度は固有値の比

$$\lim_{n\to\infty} \frac{|h_{i+1,i}^{(k+1)}|}{|h_{i+1,i}^{(n)}|} = \left|\frac{\lambda_{i+1}}{\lambda_i}\right| \quad (i = 1,\ldots,n-1) \tag{2.33}$$

である．この収束速度の証明は省略するが，QR 法はべき乗法を拡張した**同時反復法**とある意味同一視できることから説明されることが多い [207, 219, 228]. したがって，高速化のためシフトを導入し

$$H_k - s^{(k)}I =: Q_{k+1}R_{k+1}, \quad H_{k+1} := R_{k+1}Q_{k+1} + s^{(k)}I \tag{2.34}$$

とする．上式から，ある程度反復が進んだ段階でシフト $s^{(k)}$ を絶対値最小の固有値 λ_n の近似値に設定できれば，局所的に

$$\frac{|h_{n,n-1}^{(k+1)}|}{|h_{n,n-1}^{(k)}|} \approx \left| \frac{\lambda_n - s^{(k)}}{\lambda_{n-1} - s^{(k)}} \right| \approx 0 \tag{2.35}$$

となり収束が加速されることになり，**レイリー商シフト** $s^{(k)} = h_{n,n}^{(k)}$ を用いれば二次収束である [228]. $h_{n,n-1}^{(k)}$ が十分小さくなった段階で残りの固有値 $\lambda_1, \ldots, \lambda_{n-1}$ は H_k の $(n-1) \times (n-1)$ 首座小行列に帰着され，この帰着の操作を**減次**などと呼ぶ．減次によりすべての固有値を高速に計算できる．

複素固有値がある場合は，共役ペア $s^{(k)}, \bar{s}^{(k)}$ に対して

$$(H_k - s^{(k)}I)(H_k - \bar{s}^{(k)}I) =: Q_{k+1}R_{k+1} \tag{2.36}$$

$$H_{k+1} := Q_{k+1}{}^{\mathsf{T}} H_k Q_{k+1} \tag{2.37}$$

を計算する．上式の左辺は展開すれば実数計算が可能なことがわかる．したがってこの場合も H_{k+1} は実行列であり，実は H_k に対してシフトを $s^{(k)}, \bar{s}^{(k)}$ でシフト付き QR 法を 2 反復して得られるヘッセンベルク行列と数学的に一致する．この性質に着目し並列化には複数のシフトを用いる**マルチシフト QR 法**が利用される [233].

2.1.3 対称三重対角行列に対する反復法

行列 A が対称の場合はハウスホルダー変換により対称三重対角行列 T に変換できる．これはヘッセンベルク化と対称性 $A = A^{\mathsf{T}}$ の帰結である．

QR 法は対称三重対角行列に対しても有効であり，この場合対称性から生成される行列が三重対角になるため 1 反復の計算量が $\mathrm{O}(n)$ となる．収束に関しては**ウィルキンソンシフト**を用いることで大域的収束と一般的な条件下での三

次収束が理論保証されている [182]．マルチシフト QR 法も同様に適用可能で，近年ウィルキンソン型のシフト戦略が提案され，この場合大域的収束が証明されている [4]．マルチシフト QR 法の詳細は [233] などを参照されたい．

対称固有値問題においてはQR 法以外にも有力な反復解法がいくつかあるので以下で説明したい．中でも**分割統治法**，**MRRR 法**はこの分野の歴史を思えばかなり新しいもので，[31, 232] などにてわかりやすく説明されている．

(1)　二分法・逆反復法

最も単純な方法は，**シルベスターの慣性律**に従い**二分法**で固有値の存在範囲を追い込み，**逆反復法**により固有ベクトルを求める方法である．シルベスターの慣性律とは，まず一般の対称行列 A の固有値のうち，正，0，負のものの個数を $a(A)$, $b(A), c(A)$ とおくと，任意の正則行列 S に対して，

$$a(A) = a(S^\top AS), \quad b(A) = b(S^\top AS), \quad c(A) = c(S^\top AS) \tag{2.38}$$

が成り立つことを指す．三重対角行列 T の固有値を計算するにあたっては，任意の実数 s に対して，**LDL$^\top$ 分解** $LDL^\top = T - sI$ を求め，$D = L^{-1}(T - sI)L^{-\top}$ に注意すると，シルベスターの慣性律から D の符号を見ることで $T - sI$ の正，0，負の固有値の個数がわかる．したがって s を変えて LDL$^\top$ 分解を行うことで固有値の存在範囲を特定でき，s は二分探索で変更することが多いのでこの解法は二分法と呼ばれる．この算法においても最初に三重対角化してあれば LDL$^\top$ 分解が O(n) の計算量で得られることに注意されたい．

固有値を指定した近似精度 $\widehat{\lambda}_i$ で得られた後は，正規化された初期ベクトル $\boldsymbol{x}_0$ ($\|\boldsymbol{x}_0\|_2 = 1$) を用いた逆反復法，つまり $(T - \widehat{\lambda}_i I)^{-1}$ に対するべき乗法

$$\widehat{\boldsymbol{x}}_{k+1} = (T - \widehat{\lambda}_i I)^{-1}\boldsymbol{x}_k, \quad \boldsymbol{x}_{k+1} = \widehat{\boldsymbol{x}}_{k+1}/\|\widehat{\boldsymbol{x}}_{k+1}\|_2 \tag{2.39}$$

により固有ベクトルが得られる．$\widehat{\lambda}_i$ の近似精度がよいほど収束は速い．

(2)　分割統治法

T を二つの行列に分割しそれぞれの固有値問題を解き，その解を基にニュートン法で元の T の固有値を計算することができる．この操作を再帰的に行う方法を分割統治法と言う．説明のため T を $2m \times 2m$ とし各成分を

$$T = \begin{pmatrix} \alpha_1 & \beta_1 & & \\ \beta_1 & \alpha_2 & \ddots & \\ & \ddots & \ddots & \beta_{2m-1} \\ & & \beta_{2m-1} & \alpha_{2m} \end{pmatrix} \tag{2.40}$$

とおく．このとき適切な $m \times m$ 対称三重対角行列 T_1, T_2 と第 m 成分と第 $m+1$ 成分のみ 1 の $2m$ 次元ベクトル $\boldsymbol{v}^\top = (0, \ldots, 1, 1, 0, \ldots, 0)$ を用いて

$$T = \begin{pmatrix} T_1 & 0 \\ 0 & T_2 \end{pmatrix} + \beta_m \boldsymbol{v}\boldsymbol{v}^\top \tag{2.41}$$

と書ける．以下の議論では $\boldsymbol{v}\boldsymbol{v}^\top$ が外積形式で表現されたランク 1 の行列であることが本質的である．今，直交行列を用いた固有値分解 $T_1 = Q_1 D_1 Q_1^\top$, $T_2 = Q_2 D_2 Q_2^\top$ が得られているとして，

$$Q = \begin{pmatrix} Q_1 & 0 \\ 0 & Q_2 \end{pmatrix}, \quad \boldsymbol{w} = Q^\top \boldsymbol{v}, \quad D = \begin{pmatrix} D_1 & 0 \\ 0 & D_2 \end{pmatrix} \tag{2.42}$$

とおくと容易にわかるように

$$Q^\top T Q = D + \beta_m \boldsymbol{w}\boldsymbol{w}^\top \tag{2.43}$$

である．したがって $\det(D + \beta_m \boldsymbol{w}\boldsymbol{w}^\top - \lambda I) = 0$ を解けばよいが，既約性から $\det(D - \lambda I) \neq 0$ であることに着目して行列式の公式を用いることで

$$\begin{aligned} \det(D + \beta_m \boldsymbol{w}\boldsymbol{w}^\top - \lambda I) &= \det(D - \lambda I) \det(I + (D - \lambda I)^{-1} \beta_m \boldsymbol{w}\boldsymbol{w}^\top) \\ &= \det(D - \lambda I)(1 + \beta_m \boldsymbol{w}^\top (D - \lambda I)^{-1} \boldsymbol{w}) \end{aligned} \tag{2.44}$$

と変形する．したがって

$$f(\lambda) = 1 + \beta_m \boldsymbol{w}^\top (D - \lambda I)^{-1} \boldsymbol{w} \tag{2.45}$$

に対し $f(\lambda) = 0$ に対するニュートン法により固有値が得られる．ただし数値計算の際は $f(\lambda)$ の関数形の特殊性および安定化，高速化のために様々な工夫を要する．詳細は [31, 59] などを参照されたい．

(3)　MRRR 法

ここで述べる MRRR (Multiple Relatively Robust Representations) 法の特徴は，T を直接保持せず，まず適当なシフト s により $T+sI$ を正定値対称行列にし，LDL^{T} 分解 $LDL^{\mathsf{T}} := T+sI$ を求め，すべての計算を L, D に対して行うことで，相対的摂動に強いアルゴリズムを設計している点である．ここで摂動に関する理論を紹介することはできないためアルゴリズムのみ説明したい．この手法では dqds 法（あるいは LDL^{T} 表現に基づく二分法）により高精度な近似特異値を先に計算する．dqds 法については後で述べることにし，ベクトル計算のための**ツイスト分解**を用いた逆反復法について述べる．

ツイスト分解の説明には，次の二つの行列分解

$$L_+D_+L_+^{\mathsf{T}} := LDL^{\mathsf{T}} - \widehat{\lambda}_i I, \quad U_-D_-U_-^{\mathsf{T}} := LDL^{\mathsf{T}} - \widehat{\lambda}_i I \tag{2.46}$$

を要する．L_+ が単位下三角行列，U_- が単位上三角行列である．ここで最初に LDL^{T} 分解した $T+sI$ の対角成分を左上から α_j $(j=1,\ldots,n)$ として，D_+, D_- の対角成分も同様に d_j^+, d_j^- $(j=1,\ldots,n)$ とおき，

$$\gamma_j = d_j^+ + d_j^- - \alpha_j \tag{2.47}$$

として $|\gamma_j|$ が最小となる添え字 j^* を求める．そして L_+, U_- の副対角成分も同様に l_j^+, u_j^- $(j=1,\ldots,n-1)$ とおき，以下の行列

$$N_{j^*} = \begin{pmatrix} 1 & & & & & & \\ l_1^+ & \ddots & & & & & \\ & \ddots & 1 & & & & \\ & & l_{j^*-1}^+ & 1 & u_{j^*+1}^- & & \\ & & & & 1 & \ddots & \\ & & & & & \ddots & u_{m-1}^- \\ & & & & & & 1 \end{pmatrix} \tag{2.48}$$

を構成する．ツイスト分解とは上の行列を用いて

$$N_{j^*}D_{j^*}N_{j^*}^{\mathsf{T}} := LDL^{\mathsf{T}} - \widehat{\lambda}_i I \tag{2.49}$$

を計算することである．上の D_{j^*} は

$$D_{j^*} = \mathrm{diag}(d_1^+, \ldots, d_{j^*}^+, \gamma_{j^*}, d_{j^*+1}^-, \ldots, d_n^+) \tag{2.50}$$

である．このツイスト分解を用いて，単位ベクトル $\boldsymbol{e}_{j^*}$ に対して

$$(LDL^\mathsf{T} - \widehat{\lambda}_i I)^{-1}\boldsymbol{e}_{j^*} = (N_{j^*} D_{j^*} N_{j^*}^\mathsf{T})^{-1}\boldsymbol{e}_{j^*} \tag{2.51}$$

という逆反復法を1反復を実行するとき，疎構造に着目すると $N_{j^*}^{-\mathsf{T}}\boldsymbol{e}_{j^*}$ を求めればよいので第 j^* 成分を中心に上下両方向に向かって乗算のみで計算できる．この計算だけで高精度固有ベクトルが得られるのは条件の良いときのみであり，条件が悪いときは様々な LDL^T 表現を利用することになりこれが名前の由来にもなっている．詳細は [232] などで確認されたい．

2.1.4　アーノルディ法とランチョス法およびヤコビ・デビッドソン法

本項では，少数の固有値とそれらに対応する固有ベクトルの計算を扱う．正方行列 $A \in \mathbb{C}^{n\times n}$ の標準固有値問題は，

$$A\boldsymbol{x} = \lambda\boldsymbol{x}, \quad \boldsymbol{x} \neq \boldsymbol{0} \tag{2.52}$$

を満たす固有値 $\lambda \in \mathbb{C}$ と対応する固有ベクトル $\boldsymbol{x} \in \mathbb{C}^n$ の組（固有対と呼ばれる）を求める問題である．本項においては，特に断らない限り，A を非エルミート行列 ($A^\mathsf{H} \neq A$) とする．大規模な A に対して QR 法などを適用し，すべての固有対を求めることは通常困難である．一方，実用的にはいくつかの固有対にのみ関心がある場合が多い [13]．このような問題に対しては，必要な固有対を選択的に求め，不要な固有対の計算を避けることが望ましいため，**射影法**が用いられる．

射影法は，大まかに二つの部分に分かれる．まず，小規模な部分空間が与えられたとして，この空間を利用することで必要な固有対の近似を求める．次に，近似が不十分な場合は，より良い近似固有対を得るために部分空間を拡大する．以上の手順を繰り返すため，射影法は，**反復射影法**や**反復法**とも呼ばれる．射影法は部分空間の生成方法によって様々である [14]．

以下では，まず射影法の共通部分として，(1) で近似固有対の構築を述べる．

次に，射影法における部分空間の生成方法に着目して，(2) でアーノルディ法 [9] とランチョス法 [121]，(3) でヤコビ・デビッドソン法 [201] を述べる．

(1)　近似固有対

ここでは，与えられた小規模な部分空間を用いて，固有対の近似を求める．

リッツ対　与えられた k $(\ll n)$ 次元の部分空間を $\mathcal{V}_k$ とする．この部分空間の正規直交基底を $\boldsymbol{v}_1, \ldots, \boldsymbol{v}_k \in \mathbb{C}^n$ とし，$V_k = [\boldsymbol{v}_1, \ldots, \boldsymbol{v}_k]$ とおく．また，固有値の近似を θ，固有ベクトルの近似を $\boldsymbol{u}$ と記す．

部分空間の中で近似固有ベクトルを構築すると，$\boldsymbol{u} \in \mathcal{V}_k$ より，$\boldsymbol{u} = V_k \boldsymbol{y}$ と表される．ここで，$\boldsymbol{y}$ は，長さ k のベクトルである．よって，$\boldsymbol{y}$ および θ を決定すればよいため，残差 $A\boldsymbol{u} - \theta\boldsymbol{u}$ に対して，何らかの条件を課す必要がある．ここでは，残差に対して**ガレルキン条件**

$$A\boldsymbol{u} - \theta\boldsymbol{u} \perp \mathcal{V}_k \tag{2.53}$$

を課す．つまり，残差の $\mathcal{V}_k$ への直交射影が $\boldsymbol{0}$ となる条件を課すと，

$$V_k^{\mathsf{H}}(A\boldsymbol{u} - \theta\boldsymbol{u}) = V_k^{\mathsf{H}}(AV_k\boldsymbol{y} - \theta V_k\boldsymbol{y}) = \boldsymbol{0}$$

より，

$$(V_k^{\mathsf{H}} A V_k)\boldsymbol{y} = \theta \boldsymbol{y} \tag{2.54}$$

に帰着する．式 (2.54) より，$(\theta, \boldsymbol{y})$ は小さな k 次正方行列 $V_k^{\mathsf{H}} A V_k$ の固有対であり，元の問題 (2.52) よりも容易に解くことが可能である．そこで，式 (2.54) の小規模問題を QR 法 [43, 44, 119] などにより解き，θ を A の近似固有値，$\boldsymbol{u} = V_k y$ を A の近似固有ベクトルとして用いる．例えば，A の絶対値最大の固有値とその固有ベクトルを求める場合は，式 (2.54) の固有値の中で絶対値が最大のものを θ に選び，対応する固有ベクトルを $\boldsymbol{y}$ に選ぶことにより $\boldsymbol{u}$ を求める．ここで，$\boldsymbol{y}$ を $\|\boldsymbol{y}\|_2 = 1$ となるように選ぶと，$\|\boldsymbol{u}\|_2 = 1$ となるため，

$$\boldsymbol{u}^{\mathsf{H}} A \boldsymbol{u} = \theta \tag{2.55}$$

が成り立つ．また，得られた $\boldsymbol{u}$ を用いて残差ノルムの最小化

$$\min_{\alpha \in \mathbb{C}} \|A\boldsymbol{u} - \alpha\boldsymbol{u}\|_2 \tag{2.56}$$

を考えると，$\boldsymbol{u} \in \mathcal{V}_k$ より，

$$A\boldsymbol{u} - \alpha\boldsymbol{u} \perp \mathcal{V}_k$$

のとき最小となる．これは，式 (2.53) より，$\alpha = \theta$ のときに成り立つ．したがって，（先に決定された $\boldsymbol{u}$ に対して）θ は残差最小化の意味で最良の近似固有値である．θ は**リッツ値**，$\boldsymbol{u}$ は**リッツベクトル**と呼ばれる．

調和リッツ対　上記のリッツ対は，その計算を部分空間の拡大と併せて繰り返すことで，絶対値が大きな固有値とその固有ベクトルに対して良い近似を与えることが多い．そのため，与えられた点 $\tau \in \mathbb{C}$ $(\tau \neq \lambda)$ 近傍の固有値とその固有ベクトルを求めるには，A の代わりに $(A - \tau I)^{-1}$ に対してリッツ対の計算手順を適用することが考えられる [201]．なお，I は n 次単位行列を表す．例えば，絶対値最小の固有値を求めるには，$\tau = 0$ とする．このようなもう一つの手順を以下で述べる．

k 次元の部分空間 $\mathcal{W}_k$ が与えられたとする．この部分空間の基底（直交性を想定しない）を $\boldsymbol{w}_1, \ldots, \boldsymbol{w}_k \in \mathbb{C}^n$ とし，$W_k = [\boldsymbol{w}_1, \ldots, \boldsymbol{w}_k]$ とおく．また，$(\widetilde{\theta} - \tau)^{-1}$ と $\widetilde{\boldsymbol{u}}$ を用いて，$(A - \tau I)^{-1}$ の近似固有値と近似固有ベクトルを表す．$\widetilde{\boldsymbol{u}} \in \mathcal{W}_k$ とすると，長さ k のベクトル $\boldsymbol{y}$ を用いて，$\widetilde{\boldsymbol{u}} = W_k\boldsymbol{y}$ と表される．この $\boldsymbol{y}$ および $(\widetilde{\theta} - \tau)^{-1}$ を決定するため，残差に対してガレルキン条件

$$(A - \tau I)^{-1}\widetilde{\boldsymbol{u}} - (\widetilde{\theta} - \tau)^{-1}\widetilde{\boldsymbol{u}} \perp \mathcal{W}_k$$

を課すと，

$$(W_k^{\mathsf{H}}(A - \tau I)^{-1}W_k)\boldsymbol{y} = (\widetilde{\theta} - \tau)^{-1}(W_k^{\mathsf{H}}W_k)\boldsymbol{y}$$

に帰着する．ここで，逆行列 $(A - \tau I)^{-1}$ を扱うことを避けるため，W_k を $W_k = (A - \tau I)V_k$ となるように選ぶと，

$$(V_k^{\mathsf{H}}(A - \tau I)^{\mathsf{H}}(A - \tau I)V_k)\,\boldsymbol{y} = (\widetilde{\theta} - \tau)\,(V_k^{\mathsf{H}}(A - \tau I)^{\mathsf{H}}V_k)\,\boldsymbol{y} \tag{2.57}$$

となる．式 (2.57) は，小さな k 次正方行列の一般化固有値問題である．そのため，QZ 法 [139] などを用いることで，元の問題 (2.52) よりも容易に解くことが可能である．ここで，式 (2.57) は，$(A - \tau I)^{-1}$ の近似固有対を求める手順から得られたが，一方，A の近似固有対を求める観点からは，（$A - \tau I$ に付随した）

残差に対して**ペトロフ・ガレルキン条件**

$$(A - \tau I)(V_k \boldsymbol{y}) - (\widetilde{\theta} - \tau)(V_k \boldsymbol{y}) \perp \mathcal{W}_k \tag{2.58}$$

を課して得られた結果である．したがって，$\widetilde{\theta} - \tau$ は $A - \tau I$ の近似固有値である．つまり，$\widetilde{\theta}$ が A の近似固有値である．また，$\widetilde{\theta}$ に対応する近似固有ベクトルは，式 (2.58) より $\boldsymbol{u} = V_k \boldsymbol{y}$ である．よって，A の固有値の中で τ に近い固有値とその固有ベクトルを求める場合，式 (2.57) の固有値の中で絶対値が最小の固有値を選び，対応する固有ベクトルを $\boldsymbol{y}$ に選ぶ．この最小固有値に τ を足すことで $\widetilde{\theta}$ が求まり，$\boldsymbol{y}$ から $\boldsymbol{u}$ が求まる．$\widetilde{\theta}$ は**調和リッツ値**，$\boldsymbol{u}$ は**調和リッツベクトル**と呼ばれる．

$\boldsymbol{y}$ を $\|\boldsymbol{y}\|_2 = 1$ となるように選ぶと，$\|\boldsymbol{u}\|_2 = 1$ となるため，調和リッツベクトルのレイリー商も式 (2.55) の θ で表される．この θ は，式 (2.56) の残差を最小化する．そのため，通常は $\widetilde{\theta}$ の代わりに θ を近似固有値として用いる [202].

まとめ　A の外部または内部の固有値計算では，小規模問題 (2.54) または (2.57) を解き，規格化された近似固有ベクトル $\boldsymbol{u} = V_k \boldsymbol{y}$ を求める．また，そのレイリー商 θ を固有値の近似として用いる（式 (2.55) 参照)．得られた近似固有対 $(\theta, \boldsymbol{u})$ を用いて，残差を

$$\boldsymbol{r} = A\boldsymbol{u} - \theta \boldsymbol{u} \tag{2.59}$$

とすると，$\|\boldsymbol{r}\|_2$ が十分小さい場合は $(\theta, \boldsymbol{u})$ を近似固有対として採用し，計算を終了する．近似が不十分な場合は，より良い近似固有対を得るため，部分空間 $\mathcal{V}_k$ を拡大する．

部分空間の生成方法によって，射影法は様々である．(2) では，クリロフ部分空間を用いたアーノルディ法とランチョス法を述べる．(3) では，ヤコビの直交成分修正法 [98] を用いた部分空間の生成に触れ，本手法に基づくヤコビ・デビッドソン法を述べる．

(2)　アーノルディ法とランチョス法

アーノルディ法は，**クリロフ部分空間** $\mathcal{K}_k(A; \boldsymbol{b})$ を用いて近似固有対を求める．すなわち，非零ベクトル $\boldsymbol{b}$ から始まる**クリロフ列**

$$\boldsymbol{b}, A\boldsymbol{b}, \ldots, A^{k-1}\boldsymbol{b}$$

の張る部分空間を用いる．ただし，$k \ll n$ とする．以下，クリロフ部分空間の直交基底について，その行列表現を示した後，具体的な計算方法を述べる．次に，(1) の内容を踏まえ，クリロフ部分空間を用いた近似固有対の計算を述べる．最後に，エルミート行列に対するアーノルディ法として，ランチョス法を述べる．

アーノルディ分解　まず，アーノルディ法における基底の行列表現を示す．一次独立なクリロフ列から定まる $n \times k$ 行列を

$$K_k = [\boldsymbol{b}, A\boldsymbol{b}, \ldots, A^{k-1}\boldsymbol{b}] \tag{2.60}$$

とし，その QR 分解を

$$K_k = V_k R_k \tag{2.61}$$

とおく．(1) で述べたように，V_k は列直交な $n \times k$ 行列 $V_k = [\boldsymbol{v}_1, \ldots, \boldsymbol{v}_k]$ である．また，R_k は $k \times k$ 上三角行列である．式 (2.60), (2.61) より，

$$\begin{aligned} AV_k &= AK_k R_k^{-1} \\ &= K_{k+1} \begin{bmatrix} \mathbf{0}^\top \\ I_k \end{bmatrix} R_k^{-1} \\ &= V_{k+1} R_{k+1} \begin{bmatrix} \mathbf{0}^\top \\ I_k \end{bmatrix} R_k^{-1} \end{aligned} \tag{2.62}$$

となる．ここで，I_k は k 次単位行列である（ただし，I_n は単に I と記す）．式 (2.62) の右辺について，R_{k+1} が上三角のため，$R_{k+1}[\mathbf{0}, I_k]^\top$ はヘッセンベルク形の $(k+1) \times k$ 行列となる．また，R_k が上三角より，R_k^{-1} も上三角となるため，前述のヘッセンベルク行列と掛け合わせた結果は，ヘッセンベルク形の $(k+1) \times k$ 行列となる．このヘッセンベルク行列を

$$H_{k+1,k} = R_{k+1} \begin{bmatrix} \mathbf{0}^\top \\ I_k \end{bmatrix} R_k^{-1} \tag{2.63}$$

とおいて式 (2.62) へ代入すると，

$$AV_k = V_{k+1} H_{k+1,k} \tag{2.64}$$

となる．ここで，

$$H_{k+1,k} = \begin{bmatrix} h_{11} & & \cdots & h_{1k} \\ h_{21} & h_{22} & & \\ & \ddots & \ddots & \vdots \\ & & h_{k,k-1} & h_{kk} \\ & & & h_{k+1,k} \end{bmatrix} = \begin{bmatrix} H_k \\ h_{k+1,k}\boldsymbol{e}_k^\top \end{bmatrix} \tag{2.65}$$

とおくと，式 (2.64) は，

$$AV_k = V_k H_k + h_{k+1,k}\boldsymbol{v}_{k+1}\boldsymbol{e}_k^\top \tag{2.66}$$

と表される．ただし，$\boldsymbol{e}_k$ は I_k の k 番目の列ベクトルである．式 (2.64) や (2.66) は，アーノルディ法における基底の行列表現であり，**アーノルディ分解**と呼ばれる．式 (2.66) を用いると，式 (2.59) の残差は，

$$\begin{aligned} \boldsymbol{r} &= AV_k\boldsymbol{y} - \theta V_k\boldsymbol{y} \\ &= V_k(H_k\boldsymbol{y} - \theta\boldsymbol{y}) + h_{k+1,k}\, y_k\, \boldsymbol{v}_{k+1} \end{aligned} \tag{2.67}$$

となる．ただし，y_k は $\boldsymbol{y}$ の k 番目の成分である．式 (2.67) より，

$$\begin{aligned} \mathcal{V}_{k+1} &= \mathrm{span}\{\boldsymbol{v}_1, \ldots, \boldsymbol{v}_k, \boldsymbol{v}_{k+1}\} \\ &= \mathrm{span}\{\boldsymbol{v}_1, \ldots, \boldsymbol{v}_k, \boldsymbol{r}\} \end{aligned} \tag{2.68}$$

となるため，アーノルディ法は残差を用いて部分空間を拡大すると見なせる．

アーノルディ分解のアルゴリズム　アーノルディ分解を求めるには，式 (2.60) の K_k を陽的に計算する必要はなく，以下で述べるように，修正グラム・シュミットの直交化を繰り返し用いる．また，この過程で式 (2.65) の $H_{k+1,k}$ を求めることが可能であり，式 (2.63) の右辺を計算する必要はない．

ここでは，$\boldsymbol{v}_1, \ldots, \boldsymbol{v}_j$ $(j \leqq k)$ を既知とし，$\boldsymbol{v}_{j+1}$ の計算を例に挙げて，アーノルディ分解の計算方法を述べる．式 (2.64) の両辺からそれぞれ j 列目をとり出すと，

$$A\boldsymbol{v}_j = h_{1j}\boldsymbol{v}_1 + h_{2j}\boldsymbol{v}_2 + \cdots + h_{jj}\boldsymbol{v}_j + h_{j+1,j}\boldsymbol{v}_{j+1} \tag{2.69}$$

が成り立つ．したがって，$A\boldsymbol{v}_j$ を $\boldsymbol{v}_1, \ldots, \boldsymbol{v}_j$ に対して正規直交化することにより，$\boldsymbol{v}_{j+1}$ が得られる．また，この計算過程で $h_{1j}, \ldots, h_{j+1,j}$ が求まる．まず，

$$\boldsymbol{t}_1 := A\boldsymbol{v}_j \tag{2.70}$$

とする（:= は右辺から左辺への代入を表す）．式 (2.69), (2.70) より，

$$\boldsymbol{v}_1^{\mathsf{H}}\boldsymbol{t}_1 = h_{1j} \tag{2.71}$$

が成り立つため，$\boldsymbol{t}_1$ と $\boldsymbol{v}_1$ の内積から h_{1j} が得られる．この係数を用いて，

$$\boldsymbol{t}_2 := \boldsymbol{t}_1 - h_{1j}\boldsymbol{v}_1 \tag{2.72}$$

を求めると，式 (2.69)–(2.72) より，

$$\boldsymbol{t}_2 = h_{2j}\boldsymbol{v}_2 + \cdots + h_{jj}\boldsymbol{v}_j + h_{j+1,j}\boldsymbol{v}_{j+1} \tag{2.73}$$

が成り立つ．式 (2.73) より，$\boldsymbol{t}_2$ は $\boldsymbol{v}_1$ と直交する．同様に，

$$h_{ij} := \boldsymbol{v}_i^{\mathsf{H}}\boldsymbol{t}_i,$$
$$\boldsymbol{t}_{i+1} := \boldsymbol{t}_i - h_{ij}\boldsymbol{v}_i$$

を $i = 1, \ldots, j$ まで計算すると，最後に得られる $\boldsymbol{t}_{j+1}$ には，

$$\boldsymbol{t}_{j+1} = h_{j+1,j}\boldsymbol{v}_{j+1}$$

が成り立つ．よって，

$$h_{j+1,j} := \|\boldsymbol{t}_{j+1}\|_2, \tag{2.74}$$
$$\boldsymbol{v}_{j+1} := \boldsymbol{t}_{j+1}/h_{j+1,j}$$

を計算し，$\boldsymbol{v}_{j+1}$ を求める．以上の操作を $j = 1, \ldots, k$ まで実行すると，クリロフ部分空間の正規直交基底 $\boldsymbol{v}_1, \ldots, \boldsymbol{v}_k$ およびヘッセンベルク行列 $H_{k+1,k}$ が得られる．アーノルディ分解のアルゴリズムを Algorithm 10 に示す．なお，$\boldsymbol{t}_j$ は，反復ごとに上書きするため，添え字を省く．

Algorithm 10 アーノルディ分解

1: $A, \boldsymbol{b}, k$ を入力
2: $\boldsymbol{v}_1 := \boldsymbol{b}/\|\boldsymbol{b}\|_2$
3: **for** $j = 1, \ldots, k$ **do**
4: $\quad \boldsymbol{t} := A\boldsymbol{v}_j$
5: $\quad$ **for** $i = 1, \ldots, j$ **do**
6: $\quad\quad h_{ij} := \boldsymbol{v}_i^{\mathsf{H}}\boldsymbol{t}$
7: $\quad\quad \boldsymbol{t} := \boldsymbol{t} - h_{ij}\boldsymbol{v}_i$
8: $\quad$ **end for**
9: $\quad h_{j+1,j} := \|\boldsymbol{t}\|_2$
10: $\quad \boldsymbol{v}_{j+1} := \boldsymbol{t}/h_{j+1,j}$
11: **end for**
12: $V_{k+1}, H_{k+1,k}$ を出力

アーノルディ分解の利用　**アーノルディ法**は，アーノルディ分解の結果を利用して，A の近似固有対を求める．式 (2.66) の両辺に左から V_k^{H} を掛けると，

$$V_k^{\mathsf{H}} A V_k = H_k \tag{2.75}$$

となるため，式 (2.54) より，$k \times k$ ヘッセンベルク行列の固有値問題

$$H_k \boldsymbol{y} = \theta \boldsymbol{y} \tag{2.76}$$

が得られる．そのため，QR 法を用いて式 (2.76) を解く場合，前処理（ヘッセンベルク化）が不要である．アーノルディ法では，H_k の固有対 $(\theta, \boldsymbol{y})$ を求めることで，A の近似固有値を θ，近似固有ベクトルを $\boldsymbol{u} = V_k\boldsymbol{y}$ とする（(1) 参照）．残差は，式 (2.67), (2.76) より，

$$\boldsymbol{r} = h_{k+1,k}\, y_k\, \boldsymbol{v}_{k+1}$$

となるが，式 (2.74) より，$h_{k+1,k} > 0$ であるため，

$$\|\boldsymbol{r}\|_2 = h_{k+1,k}|y_k| \tag{2.77}$$

となる．よって，式 (2.77) を用いることで，効率的に収束の判定が可能である．一方，式 (2.57) を解く場合，その係数行列は次のようになる．まず，式 (2.66) より，

$$(A - \tau I)V_k = V_k(H_k - \tau I_k) + h_{k+1,k}\boldsymbol{v}_{k+1}\boldsymbol{e}_k^{\mathsf{T}}$$

となる．この式を用いると，式 (2.57) の係数行列は

$$\begin{aligned} V_k^{\mathsf{H}}(A-\tau I)^{\mathsf{H}}(A-\tau I)V_k &= (H_k-\tau I_k)^{\mathsf{H}}(H_k-\tau I_k) + h_{k+1,k}^2 \boldsymbol{e}_k \boldsymbol{e}_k^{\mathsf{T}}, \\ V_k^{\mathsf{H}}(A-\tau I)^{\mathsf{H}} V_k &= (H_k-\tau I_k)^{\mathsf{H}} \end{aligned}$$

となり，アーノルディ分解のヘッセンベルク行列を利用することで求まる．よって，$k \times k$ 行列の一般化固有値問題

$$((H_k-\tau I_k)^{\mathsf{H}}(H_k-\tau I_k) + h_{k+1,k}^2 \boldsymbol{e}_k \boldsymbol{e}_k^{\mathsf{T}})\boldsymbol{y} = (\widetilde{\theta}-\tau)(H_k-\tau I_k)^{\mathsf{H}}\boldsymbol{y}$$

を解いて，A の近似固有対を求める．

ランチョス法　ここでは A をエルミート行列 $(A^{\mathsf{H}} = A)$ とする．エルミート行列に対するアーノルディ法は，**ランチョス法**と呼ばれる．

ヘッセンベルク形の H_k は，式 (2.75) よりエルミート行列となるため，三重対角の形となる．さらに，式 (2.74) より，非対角成分は正のため，H_k は実対称三重対角行列である．ここで，H_k を改めて T_k と記し，その成分を $\alpha_j = h_{jj}$，$\beta_j = h_{j+1,j} = h_{j,j+1}$ とおくと，

$$T_k = \begin{bmatrix} \alpha_1 & \beta_1 & & \\ \beta_1 & \alpha_2 & \ddots & \\ & \ddots & \ddots & \beta_{k-1} \\ & & \beta_{k-1} & \alpha_k \end{bmatrix} \tag{2.78}$$

となる．式 (2.76) において $H_k = T_k$ となるため，小規模な実対称三重対角行列の固有対を求めればよい．また，式 (2.66) は，

$$AV_k = V_k T_k + \beta_k \boldsymbol{v}_{k+1} \boldsymbol{e}_k^{\mathsf{T}} \tag{2.79}$$

となり，

$$T_{k+1,k} = \begin{bmatrix} T_k \\ \beta_k \boldsymbol{e}_k^{\mathsf{T}} \end{bmatrix} \tag{2.80}$$

とおくと，式 (2.79) は，

$$AV_k = V_k T_{k+1,k} \tag{2.81}$$

Algorithm 11 ランチョス分解

1: $A, \boldsymbol{b}, k$ を入力
2: $\beta_0 := 0,\ \boldsymbol{v}_0 := \boldsymbol{0},\ \boldsymbol{v}_1 := \boldsymbol{b}/\|\boldsymbol{b}\|_2$
3: **for** $j = 1, \ldots, k$ **do**
4: $\quad \boldsymbol{t} := A\boldsymbol{v}_j$
5: $\quad \alpha_j := \boldsymbol{v}_j^{\mathrm{H}}\boldsymbol{t}$
6: $\quad \boldsymbol{t} := \boldsymbol{t} - \beta_{j-1}\boldsymbol{v}_{j-1} - \alpha_j\boldsymbol{v}_j$
7: $\quad \beta_j := \|\boldsymbol{t}\|_2$
8: $\quad \boldsymbol{v}_{j+1} := \boldsymbol{t}/\beta_j$
9: **end for**
10: $V_{k+1}, T_{k+1,k}$ を出力

となる．式 (2.79) や (2.81) は，**ランチョス分解**と呼ばれる．式 (2.81) の両辺からそれぞれ j 列目をとり出すと，

$$A\boldsymbol{v}_j = \beta_{j-1}\boldsymbol{v}_{j-1} + \alpha_j\boldsymbol{v}_j + \beta_j\boldsymbol{v}_{j+1} \tag{2.82}$$

が成り立つ．ただし，$\beta_0 = 0, \boldsymbol{v}_0 = \boldsymbol{0}$ とおく．式 (2.82) より，$A\boldsymbol{v}_j$ を $\boldsymbol{v}_{j-1}$ と $\boldsymbol{v}_j$ に対して正規直交化すれば，$\boldsymbol{v}_{j+1}$ が得られる．ランチョス分解のアルゴリズムを Algorithm 11 に示す．

ランチョス法は，$H_{k+1,k}$ の代わりに $T_{k+1,k}$ を保存すればよいため，アーノルディ法よりも記憶容量が少なく済む（式 (2.65), (2.78), (2.80) 参照）．また，式 (2.69), (2.82) より，直交化が必要なベクトルの数を比較すると，アーノルディ法はすべての基底ベクトルだが，ランチョス法は直前に求めた二つの基底ベクトルで済む．ただし，数値誤差の影響を考慮すると，再直交化が必要となる [14]．

(3) ヤコビ・デビッドソン法

ヤコビ・デビッドソン法の特徴は，修正方程式と呼ばれる線形方程式であり，この方程式を（近似的に）解くことによって部分空間を生成する．以下，修正方程式を示した後，その解き方に触れるとともに，(2) のアーノルディ法との関連性を述べる．

修正方程式　(1) で述べたように，部分空間 $\mathcal{V}_k$ を用いて，固有対 $(\lambda, \boldsymbol{x})$ の近似 $(\theta, \boldsymbol{u})$ を求めたとする．ここでは，より良い近似固有対を得るため，部分空間 $\mathcal{V}_k$ を拡大する方法を述べる．

ヤコビ・デビッドソン法は，ヤコビの直交成分修正法 [98] に基づき，近似解 $\boldsymbol{u}$ から厳密解 $\boldsymbol{x}$ への**修正量**

$$\boldsymbol{v} = \boldsymbol{x} - \boldsymbol{u} \tag{2.83}$$

を探索する．ただし，固有ベクトルは定数倍の任意性があるため，$\boldsymbol{v}$ は直交条件

$$\boldsymbol{v} \perp \boldsymbol{u} \tag{2.84}$$

を満たす．この $\boldsymbol{v}$ を用いて部分空間を $\mathcal{V}_k + \mathrm{span}\{\boldsymbol{v}\}$ へ拡大すれば，この空間から固有ベクトル $\boldsymbol{x}$ が見つかる．そのため，ヤコビ・デビッドソン法は，部分空間を拡大するために修正ベクトルを探索する．

式 (2.52), (2.83) より，$\boldsymbol{v}$ は，

$$A(\boldsymbol{u} + \boldsymbol{v}) = \lambda(\boldsymbol{u} + \boldsymbol{v}) \tag{2.85}$$

を満たす．式 (2.85) より，

$$(A - \lambda I)\boldsymbol{v} = -A\boldsymbol{u} + \lambda\boldsymbol{u} \tag{2.86}$$

となる．ここで，$\boldsymbol{u}$ の補空間への直交射影演算子を P と記すと，$\|\boldsymbol{u}\|_2 = 1$ より，

$$P = I - \boldsymbol{u}\boldsymbol{u}^{\mathsf{H}} \tag{2.87}$$

である．式 (2.84), (2.87) より，

$$P\boldsymbol{v} = \boldsymbol{v}, \quad P\boldsymbol{u} = \boldsymbol{0} \tag{2.88}$$

が成り立つ．また，式 (2.55), (2.59), (2.87) より，

$$PA\boldsymbol{u} = \boldsymbol{r} \tag{2.89}$$

となる．式 (2.86) の両辺に左から P を掛けると，式 (2.88), (2.89) より，

$$P(A - \lambda I)P\boldsymbol{v} = -\boldsymbol{r} \tag{2.90}$$

となる．式 (2.90) は未知数 λ を含むため，これを既知の近似固有値 θ で置き換えた式

$$P(A - \theta I)P\boldsymbol{t} = -\boldsymbol{r} \tag{2.91}$$

Algorithm 12 ヤコビ・デビッドソン法

1: $A, \boldsymbol{v}_1$ を入力 ($\|\boldsymbol{v}_1\|_2 = 1$)
2: **for** $k = 1, 2, \ldots,$ **do**
3: $\quad V_k := [\boldsymbol{v}_1, \ldots, \boldsymbol{v}_k]$
4: $\quad \boldsymbol{w}_k := A\boldsymbol{v}_k$
5: $\quad W_k := [\boldsymbol{w}_1, \ldots, \boldsymbol{w}_k]$
6: $\quad$**for** $i = 1, \ldots, k-1$ **do**
7: $\quad\quad s_{ik} := \boldsymbol{v}_i^{\mathsf{H}} \boldsymbol{w}_k$
8: $\quad\quad s_{ki} := \boldsymbol{v}_k^{\mathsf{H}} \boldsymbol{w}_i$
9: $\quad$**end for**
10: $\quad s_{kk} := \boldsymbol{v}_k^{\mathsf{H}} \boldsymbol{w}_k$
11: $\quad S$ の絶対値最大の固有値 θ と固有ベクトル $\boldsymbol{y}$ を計算 ($\|\boldsymbol{y}\|_2 = 1$)
12: $\quad \boldsymbol{u} := V_k \boldsymbol{y}$
13: $\quad \boldsymbol{r} := W_k \boldsymbol{y} - \theta \boldsymbol{u}$
14: $\quad \|\boldsymbol{r}\|_2$ が十分小さければ，近似固有対 $(\theta, \boldsymbol{u})$ を出力して停止
15: $\quad$修正方程式 (2.91) の近似解 $\widetilde{\boldsymbol{t}}$ を計算 ($\widetilde{\boldsymbol{t}} \perp \boldsymbol{u}$)
16: $\quad$**for** $j = 1, \ldots, k$ **do**
17: $\quad\quad \widetilde{\boldsymbol{t}} := \widetilde{\boldsymbol{t}} - (\boldsymbol{v}_j^{\mathsf{H}} \widetilde{\boldsymbol{t}}) \boldsymbol{v}_j$
18: $\quad$**end for**
19: $\quad \boldsymbol{v}_{k+1} := \widetilde{\boldsymbol{t}} / \|\widetilde{\boldsymbol{t}}\|_2$
20: **end for**

を代わりに考え，式 (2.91) の解として修正量を求める．ただし，$\boldsymbol{t} \perp \boldsymbol{u}$ とする．

ヤコビ・デビッドソン法では，**修正方程式** (2.91) を近似的に解くことにより，修正量の近似を求める [201]．近似解の計算には，GMRES 法 [188] などのクリロフ部分空間法を数回反復させる方法が用いられる．式 (2.91) の近似解を $\widetilde{\boldsymbol{t}}$ (ただし，$\widetilde{\boldsymbol{t}} \perp \boldsymbol{u}$ を満たす）とすると，$\widetilde{\boldsymbol{t}}$ を基底 $\boldsymbol{v}_1, \ldots, \boldsymbol{v}_k$ に対して正規直交化し，得られたベクトルを基底に加えて部分空間を拡大する．

ヤコビ・デビッドソン法のアルゴリズムを Algorithm 12 に示す．なお，絶対値最大の固有値とその固有ベクトルの計算を想定し，各反復で式 (2.54) を解く．

Algorithm 12 の 6–10 行目では，$S = V_k^{\mathsf{H}} A V_k$ を求める．ただし，S の成分 s_{ij} のうち，各反復で計算する必要があるのは，S の k 列目および k 行目の成分である．11 行目で S の固有対を QR 法などにより求め，A の近似固有値 θ を得る．さらに，12 行目で A の近似固有ベクトル $\boldsymbol{u}$ を計算する．15 行目で修正方程式の近似解 $\widetilde{\boldsymbol{t}}$ を求めた後，16–19 行目で $\widetilde{\boldsymbol{t}}$ を $\boldsymbol{v}_1, \ldots, \boldsymbol{v}_k$ に対して正規直交化し，新しい基底ベクトル $\boldsymbol{v}_{k+1}$ を求める．

修正方程式の解法　ヤコビ・デビッドソン法では，反復ごとに修正方程式 (2.91) の近似解を求める必要がある．ここでは，線形方程式に対するクリロフ部分空間法 [187, 207] の利用を考える．

式 (2.91) の係数行列の一部 $A-\theta I$ について，不完全 LU 分解などを用いて前処理行列 $M \simeq A-\theta I$ が与えられたとする．ここで，θ は反復ごとに値が更新される．一方，M は，その更新に要する演算量を考慮して，通常固定された M が用いられる．例えば，指定された点 τ 近傍の固有値を求める場合，$A-\tau I$ に対する前処理行列 M を構築し，同じ M をすべての反復で使用する [14, 41]．このような M を用いると，修正方程式 (2.91) の係数行列

$$P(A-\theta I)P$$

に対して，

$$\widetilde{M} = PMP \tag{2.92}$$

を前処理行列とする．ただし，以下で述べるように，$\widetilde{M}$ を陽的に計算する必要はない．

クリロフ部分空間法の内部では，式 (2.92) の前処理行列を係数とする線形方程式

$$\widetilde{M}\boldsymbol{z} = \boldsymbol{s} \tag{2.93}$$

を複数回解く必要がある．ただし，$\boldsymbol{s}$ はクリロフ部分空間法の中で与えられる入力ベクトルであり，$\boldsymbol{s} \perp \boldsymbol{u}$ である．ここでは，直交条件 $\boldsymbol{z} \perp \boldsymbol{u}$ を満たす解を考える．式 (2.92) と $\boldsymbol{z} \perp \boldsymbol{u}$ より，式 (2.93) は

$$PM\boldsymbol{z} = \boldsymbol{s}$$

となる．さらに，$\boldsymbol{s} \perp \boldsymbol{u}$ より，$\alpha \in \mathbb{C}$ を用いて

$$M\boldsymbol{z} = \boldsymbol{s} - \alpha\boldsymbol{u}$$

であるため，

$$\boldsymbol{z} = M^{-1}\boldsymbol{s} - \alpha M^{-1}\boldsymbol{u} \tag{2.94}$$

となる．ここで α を定めるため，式 (2.94) の両辺に $\boldsymbol{u}$ と内積をとると，$\boldsymbol{z} \perp \boldsymbol{u}$ より，

$$\alpha = \frac{\boldsymbol{u}^{\mathsf{H}} M^{-1}\boldsymbol{s}}{\boldsymbol{u}^{\mathsf{H}} M^{-1}\boldsymbol{u}} \tag{2.95}$$

となる．式 (2.94), (2.95) より，式 (2.93) の解は

$$\boldsymbol{z} = \left(I - \frac{M^{-1}\boldsymbol{u}\boldsymbol{u}^{\mathsf{H}}}{\boldsymbol{u}^{\mathsf{H}}M^{-1}\boldsymbol{u}} \right) M^{-1}\boldsymbol{s} \tag{2.96}$$

となる．

式 (2.96) の計算手順は，以下のようになる．まず，M（与えられた前処理行列）を係数とする線形方程式

$$M\widehat{\boldsymbol{s}} = \boldsymbol{s}, \tag{2.97}$$

$$M\widehat{\boldsymbol{u}} = \boldsymbol{u} \tag{2.98}$$

を解く．また，

$$\beta = \boldsymbol{u}^{\mathsf{H}}\widehat{\boldsymbol{u}} \tag{2.99}$$

とおくと，式 (2.95), (2.97)–(2.99) より，

$$\alpha = \frac{\boldsymbol{u}^{\mathsf{H}}\widehat{\boldsymbol{s}}}{\beta} \tag{2.100}$$

となる．式 (2.97)–(2.100) を用いると，式 (2.94) より，

$$\boldsymbol{z} = \widehat{\boldsymbol{s}} - \frac{\boldsymbol{u}^{\mathsf{H}}\widehat{\boldsymbol{s}}}{\beta}\widehat{\boldsymbol{u}} \tag{2.101}$$

となる．以上のように，式 (2.92) の $\widetilde{M}$ を陽的に生成することなく，式 (2.93) の解 $\boldsymbol{z}$ を計算可能である．また，式 (2.98), (2.99) より，$\widehat{\boldsymbol{u}}, \beta$ は $\boldsymbol{s}$ に依存しない．そのため，複数の入力 $\boldsymbol{s}$ に対して，それぞれ式 (2.101) の $\boldsymbol{z}$ を求める際，$\widehat{\boldsymbol{u}}$, β の計算は一度だけ行えばよい．

本項の最後に，アーノルディ法とヤコビ・デビッドソン法の関係を述べる．修正方程式 (2.91) の近似解として，$\widetilde{\boldsymbol{t}} = -\boldsymbol{r}$ の場合を考える．これは，初期近似解を $\mathbf{0}$ とし，前処理なしクリロフ部分空間法の 1 次元での近似解に対応する．この場合，残差を用いて部分空間を拡大するが，これはアーノルディ法である（式 (2.68) 参照）．つまり，上記のように修正方程式を粗く解いた場合，ヤコビ・デビッドソン法はアーノルディ法に帰着する．そのため，アーノルディ法と比べてヤコビ・デビッドソン法は，より精度良く修正量を計算して部分空間を生成する解法と見なすことができる．実際，修正量の計算方法によって生成される部分空間が異なり，ヤコビ・デビッドソン法の収束の速さが左右されるため，修正方程式を解くための様々な工夫が行われている [41, 135, 202].

2.1.5 櫻井・杉浦法

本項では与えられた領域内の固有値を求める解法である**櫻井・杉浦法** [195, 190] について説明する．この方法は，行列の固有値を有理関数の極と見なし，周回積分を用いることで与えられた領域内の固有値を求めている．

複素平面上のジョルダン曲線を Γ とし，Γ 内部の固有値と対応する固有ベクトルを求めることを考える．行列 $A \in \mathbb{C}^{n\times n}$ の固有値を $\lambda_1, \lambda_2, \ldots, \lambda_n$ とする．説明を簡単にするために，ここでは λ_i はすべて相異なるとする．Γ 内に m 個の固有値 $\lambda_1, \lambda_2, \ldots, \lambda_m$ があるとする．ほかの固有値は Γ の外部にあるとし，Γ 上には固有値はないものとする．

固有値 $\lambda_1, \lambda_2, \ldots, \lambda_n$ に対応する右固有ベクトルを $\boldsymbol{x}_1, \boldsymbol{x}_2, \ldots, \boldsymbol{x}_n$ とすると

$$A\boldsymbol{x}_i = \lambda_i \boldsymbol{x}_i, \quad i = 1, 2, \ldots, n \tag{2.102}$$

の関係がある．右固有ベクトルを単に固有ベクトルと表記することがある．左固有ベクトルを $\boldsymbol{y}_1, \boldsymbol{y}_2, \ldots, \boldsymbol{y}_n$ とすると

$$\boldsymbol{y}_i^{\mathsf{H}} A = \lambda_i \boldsymbol{y}_i^{\mathsf{H}}, \quad i = 1, 2, \ldots, n \tag{2.103}$$

と表される．

固有値および固有ベクトルを用いて行列 X, Y, Λ を

$$\begin{aligned} X &:= [\boldsymbol{x}_1, \boldsymbol{x}_2, \ldots, \boldsymbol{x}_n], \\ Y &:= [\boldsymbol{y}_1, \boldsymbol{y}_2, \ldots, \boldsymbol{y}_n], \\ \Lambda &:= \mathrm{diag}(\lambda_1, \lambda_2, \ldots, \lambda_n) \end{aligned}$$

とおくと，式 (2.102)，式 (2.103) はそれぞれ

$$AX = X\Lambda,$$

および

$$Y^{\mathsf{H}} A = \Lambda Y^{\mathsf{H}}$$

と表される．X は正則であるとする．$X^{-1} = Y^{\mathsf{H}}$ の関係から，A は

$$A = X\Lambda Y^{\mathsf{H}} \tag{2.104}$$

と表される．式 (2.104) から A は

$$A = \sum_{i=1}^{n} \lambda_i \boldsymbol{x}_i \boldsymbol{y}_i^{\mathsf{H}} \tag{2.105}$$

と表すことができる．これは A の**スペクトル分解 (spectral decomposition)** と呼ばれる．

スカラー $z \in \mathbb{C}$ について $(zI - A)^{-1}$ を考える．式 (2.104) より

$$(zI - A)^{-1} = \left(X(zI - \Lambda)Y^{\mathsf{H}}\right)^{-1} = X(zI - \Lambda)^{-1}Y^{\mathsf{H}}$$

である．これより，

$$\begin{aligned}(zI - A)^{-1} &= (\boldsymbol{x}_1, \boldsymbol{x}_2, \ldots, \boldsymbol{x}_n) \begin{pmatrix} \frac{1}{z-\lambda_1} & & & \\ & \frac{1}{z-\lambda_2} & & \\ & & \ddots & \\ & & & \frac{1}{z-\lambda_n} \end{pmatrix} \begin{pmatrix} \boldsymbol{y}_1^{\mathsf{H}} \\ \boldsymbol{y}_2^{\mathsf{H}} \\ \vdots \\ \boldsymbol{y}_n^{\mathsf{H}} \end{pmatrix} \\ &= \sum_{i=1}^{n} \frac{\boldsymbol{x}_i \boldsymbol{y}_i^{\mathsf{H}}}{z - \lambda_i} \end{aligned} \tag{2.106}$$

を得る．これは行列 $(zI - A)^{-1}$ のスペクトル分解である．

ここで，任意の零でないベクトル $\boldsymbol{u}, \boldsymbol{v} \in \mathbb{C}^n$ に対して関数 $f(z)$ を

$$f(z) := \boldsymbol{u}^{\mathsf{H}}(zI - A)^{-1}\boldsymbol{v} \tag{2.107}$$

とおく．式 (2.106) より $f(z)$ は

$$f(z) = \sum_{i=1}^{n} \frac{\boldsymbol{u}^{\mathsf{H}}\boldsymbol{x}_i \boldsymbol{y}_i^{\mathsf{H}}\boldsymbol{v}}{z - \lambda_i} = \sum_{i=1}^{n} \frac{\nu_i}{z - \lambda_i} \tag{2.108}$$

と表される．ここで，$\nu_i := \boldsymbol{u}^{\mathsf{H}}\boldsymbol{x}_i \boldsymbol{y}_i^{\mathsf{H}}\boldsymbol{v}$ $(i = 1, \ldots, n)$ とした．以後，ν_i $(i = 1, \ldots, n)$ は 0 でないとする．これより，関数 $f(z)$ は固有値 λ_i $(i = 1, \ldots, n)$ を極にもつ有理式であることがわかる．

m 次で最高次の係数が 1 の多項式 $q(z)$ を

$$q(z) := \xi_0 + \xi_1 z + \cdots + \xi_{m-1} z^{m-1} + z^m$$

とする．最高次の係数が1の多項式は**モニック**であるという．$q(z)$ の零点が Γ 内の $f(z)$ の極と一致するとき，$q(z)f(z)$ は零点と極が打ち消されて Γ 内で正則となる．そのため，

$$\frac{1}{2\pi \mathrm{i}}\int_{\Gamma} z^k q(z)f(z)\,\mathrm{d}z = 0, \quad k=0,1,\ldots \tag{2.109}$$

の関係がある．このような条件を満たす多項式を見つけることができれば，その多項式の零点が Γ 内部の極となる．

ここで，

$$\mu_k := \frac{1}{2\pi \mathrm{i}}\int_{\Gamma} z^k f(z)\,\mathrm{d}z, \quad k=0,1,\ldots \tag{2.110}$$

とおく．このとき，**留数定理**より

$$\mu_k = \frac{1}{2\pi \mathrm{i}}\int_{\Gamma}\sum_{i=1}^{n}\frac{\nu_i z^k}{z-\lambda_i}\,\mathrm{d}z = \sum_{i=1}^{m}\nu_i\lambda_i^k \tag{2.111}$$

となる．式 (2.109) について，以下のようになる．

$$\begin{aligned}
&\frac{1}{2\pi \mathrm{i}}\int_{\Gamma} z^k q(z)f(z)\,\mathrm{d}z \\
&\quad = \frac{1}{2\pi \mathrm{i}}\int_{\Gamma}(\xi_0 z^k + \xi_1 z^{k+1} + \cdots + \xi_{m-1}z^{k+m-1} + z^{k+m})f(z)\,\mathrm{d}z \\
&\quad = \xi_0\frac{1}{2\pi \mathrm{i}}\int_{\Gamma} z^k f(z)\,\mathrm{d}z + \xi_1\frac{1}{2\pi \mathrm{i}}\int_{\Gamma} z^{k+1} f(z)\,\mathrm{d}z \\
&\qquad + \cdots + \xi_{m-1}\frac{1}{2\pi \mathrm{i}}\int_{\Gamma} z^{k+m-1} f(z)\,\mathrm{d}z + \frac{1}{2\pi \mathrm{i}}\int_{\Gamma} z^{k+m} f(z)\,\mathrm{d}z \\
&\quad = \xi_0\mu_k + \xi_1\mu_{k+1} + \cdots + \xi_{m-1}\mu_{k+m-1} + \mu_{k+m}.
\end{aligned}$$

したがって，多項式 $q(z)$ の零点が Γ 内の固有値と一致するとき，$\mu_0, \mu_1, \ldots$ と多項式 $q(z)$ の係数 $\xi_0, \xi_1, \ldots, \xi_{m-1}$ は

$$\mu_k\xi_0 + \mu_{k+1}\xi_1 + \cdots + \mu_{m-1}\xi_{m-1} + \mu_m = 0, \quad k=0,1,\ldots$$

の関係を満たすことがわかる．この関係を $k=0,1,\ldots,m-1$ について連立一次方程式として表すと

$$\begin{pmatrix} \mu_0 & \mu_1 & \cdots & \mu_{m-1} \\ \mu_1 & \mu_2 & \cdots & \mu_m \\ & & \cdots & \\ \mu_{m-1} & \mu_m & \cdots & \mu_{2m-2} \end{pmatrix} \begin{pmatrix} \xi_0 \\ \xi_1 \\ \vdots \\ \xi_{m-1} \end{pmatrix} = - \begin{pmatrix} \mu_m \\ \mu_{m+1} \\ \vdots \\ \mu_{2m-1} \end{pmatrix}$$

となる．この連立一次方程式を解いて $\xi_0, \xi_1, \ldots, \xi_{m-1}$ を求めることで，多項式 $q(z)$ の係数が得られる．このようにして求めた多項式 $q(z)$ について，$q(z) = 0$ となる点が固有値となる．ただし，このような多項式をいったん求めてからその零点を求めようとすると，数値的には精度よく計算できないことが多い．そのため，以下で示すように**ハンケル行列**に関する固有値問題に帰着させる．

要素が μ_0 から始まるハンケル行列を

$$H_m^{(0)} := \begin{pmatrix} \mu_0 & \mu_1 & \cdots & \mu_{m-1} \\ \mu_1 & \mu_2 & \cdots & \mu_m \\ & & \cdots & \\ \mu_{m-1} & \mu_m & \cdots & \mu_{2m-2} \end{pmatrix}$$

とおく．式 (2.111) より，$H_m^{(0)}$ は

$$H_m^{(0)} = \sum_{i=1}^{m} \nu_i \begin{pmatrix} 1 & \lambda_i & \cdots & \lambda_i^{m-1} \\ \lambda_i & \lambda_i^2 & \cdots & \lambda_i^m \\ \vdots & \vdots & \cdots & \vdots \\ \lambda_i^{m-1} & \lambda_i^m & \cdots & \lambda_i^{2m-2} \end{pmatrix}$$

$$= \sum_{i=1}^{m} \nu_i \begin{pmatrix} 1 \\ \lambda_i \\ \vdots \\ \lambda_i^{m-1} \end{pmatrix} \begin{pmatrix} 1 & \lambda_i & \cdots & \lambda_i^{m-1} \end{pmatrix}$$

と表すことができる．行列 V_m を

$$V_m := \begin{pmatrix} 1 & 1 & \cdots & 1 \\ \lambda_1 & \lambda_2 & \cdots & \lambda_m \\ \vdots & \vdots & \cdots & \vdots \\ \lambda_1^{m-1} & \lambda_2^{m-1} & \cdots & \lambda_m^{m-1} \end{pmatrix}$$

とおき，$D_m = \mathrm{diag}(\nu_1, \nu_2, \ldots, \nu_m)$ とおく．V_m と D_m によって $H_m^{(0)}$ は

$$H_m^{(0)} = V_m D_m V_m^\top \tag{2.112}$$

と表せる．ここで，V_m の要素が複素数の場合であっても転置では共役をとらず，記号 $^\top$ を用いていることに注意する．

要素が μ_1 から始まるハンケル行列 $H_m^{(1)}$ を

$$H_m^{(1)} := \begin{pmatrix} \mu_1 & \mu_2 & \cdots & \mu_m \\ \mu_2 & \mu_3 & \cdots & \mu_{m+1} \\ & & \cdots & \\ \mu_m & \mu_{m+1} & \cdots & \mu_{2m-1} \end{pmatrix}$$

とおく．このとき，$\Lambda_m = \mathrm{diag}(\lambda_1, \lambda_2, \ldots, \lambda_m)$ とおくと

$$H_m^{(1)} = V_m \Lambda_m D_m V_m^\top \tag{2.113}$$

と表される．

式 (2.112), (2.113) より

$$\begin{aligned} H_m^{(1)} - \lambda H_m^{(0)} &= V_m \Lambda_m D_m V_m^\top - \lambda V_m D_m V_m^\top \\ &= V_m(\Lambda_m - \lambda I) D_m V_m^\top \end{aligned} \tag{2.114}$$

となる．$\nu_i \neq 0$ $(i = 1, \ldots, m)$ としたため D_m は正則となる．V_m は

$$\det(V_m) = \prod_{i,j=1,i>j}^{m} (\lambda_i - \lambda_j)$$

であることから，$\lambda_1, \lambda_2, \ldots, \lambda_m$ が相異なるとき $\det(V_m) \neq 0$ であり，V_m は正則となる．これより，**行列束** $H_m^{(1)} - \lambda H_m^{(0)}$ の固有値は対角行列 Λ_m の固有値に一致し，$\lambda_1, \lambda_2, \ldots, \lambda_m$ であることがわかる．このように，行列 A について Γ 内部の固有値 $\lambda_1, \lambda_2, \ldots, \lambda_m$ を求める問題が，ハンケル行列による一般化固有値問題

$$H_m^{(1)} \boldsymbol{p} = \lambda H_m^{(0)} \boldsymbol{p}$$

に帰着する．

次に，Γ 内の固有値に対応する固有ベクトル $\boldsymbol{x}_1, \boldsymbol{x}_2, \ldots, \boldsymbol{x}_m$ の満たす関係を示す．$(zI-A)^{-1}$ をベクトル $\boldsymbol{v} \in \mathbb{C}^n$ に左から掛けると

$$(zI-A)^{-1}\boldsymbol{v} = \sum_{i=1}^{n} \frac{\kappa_i \boldsymbol{x}_i}{z-\lambda_i}$$

となる．ここで，$\kappa_i = \boldsymbol{y}_i^{\mathsf{H}}\boldsymbol{v}$ $(i=1,\ldots,n)$ である．$z^k(zI-A)^{-1}\boldsymbol{v}$ の周回積分を

$$\boldsymbol{s}_k := \frac{1}{2\pi\mathrm{i}} \int_{\Gamma} z^k (zI-A)^{-1}\boldsymbol{v}\,\mathrm{d}z \tag{2.115}$$

とおくと，留数定理より

$$\boldsymbol{s}_k = \sum_{i=1}^{m} \kappa_i \lambda_i^k \boldsymbol{x}_i, \quad k=0,1,\ldots \tag{2.116}$$

を得る．これより，$\boldsymbol{s}_k$ は固有ベクトル $\boldsymbol{x}_1, \boldsymbol{x}_2, \ldots, \boldsymbol{x}_m$ の線形結合になっていることがわかる．

ハンケル行列 $H_m^{(0)}$ と $H_m^{(1)}$ による一般化固有値問題の固有値と固有ベクトルを $\lambda_i, \boldsymbol{p}_i, (i=1,\ldots,m)$ とする．このとき，

$$H_m^{(1)}\boldsymbol{p}_i = \lambda_i H_m^{(0)}\boldsymbol{p}_i, \quad i=1,2,\ldots,m$$

である．これより，式 (2.114) から

$$\Lambda_m D_m V_m^{\mathsf{T}} \boldsymbol{p}_i = \lambda_i D_m V_m^{\mathsf{T}} \boldsymbol{p}_i$$

となる．Λ_m は対角行列であることから，その固有ベクトルは単位行列の第 i 列のベクトル $\boldsymbol{e}_i$ になる．したがって，

$$D_m V_m^{\mathsf{T}} \boldsymbol{p}_i = \boldsymbol{e}_i, \quad i=1,2,\ldots,m$$

となる．これより，

$$\boldsymbol{p}_i = (D_m V_m^{\mathsf{T}})^{-1}\boldsymbol{e}_i, \quad i=1,2,\ldots,m$$

を得る．$\boldsymbol{s}_0, \boldsymbol{s}_1, \ldots, \boldsymbol{s}_{m-1}$ を列ベクトルとする行列を $S := [\boldsymbol{s}_0, \boldsymbol{s}_1, \ldots, \boldsymbol{s}_{m-1}]$ とおく．また，$P_m := [\boldsymbol{p}_1, \boldsymbol{p}_2, \ldots, \boldsymbol{p}_m]$ とする．このとき，

$$S = X_m D_m V_m^{\mathsf{T}}$$

と表されることから

$$X_m = S(D_m V_m^{\mathsf{T}})^{-1} = SP_m$$

となる．したがって，

$$\boldsymbol{x}_i = S\boldsymbol{p}_i, \quad i = 1, 2, \ldots, m \tag{2.117}$$

を得る．ハンケル行列から得られた固有値問題の固有ベクトル $\boldsymbol{p}_i$ を求めたとき，式 (2.117) の関係から行列 S を掛けることで元の固有値問題の固有ベクトル $\boldsymbol{x}_i$ が得られる．

行列 S から固有値と固有ベクトルを求める別の方法として以下に示すような方法がある．式 (2.117) で示したように，Γ 内の固有ベクトル $\boldsymbol{x}_i$ $(i = 1, \ldots, m)$ は行列 S と 0 でないベクトルの積によって表される．そのため，S から正規直交基底を求めることで前項で示したリッツ値とリッツベクトルによって元の行列 A の固有値と固有ベクトルを求めることができる．正規直交基底から固有値と固有ベクトルを求める方法は**レイリー・リッツの手法**と呼ばれている．

$S \in \mathbb{C}^{n\times m}$ から求めた正規直交基底を $Q \in \mathbb{C}^{n\times m}$ とおく．このとき，$Q^{\mathsf{H}}Q = I$ である．Q と $A\boldsymbol{x} - \lambda\boldsymbol{x}$ が直交するとき，

$$Q^{\mathsf{H}}(A\boldsymbol{x} - \lambda\boldsymbol{x}) = \boldsymbol{0}$$

と表される．行列 A の固有値と固有ベクトルをそれぞれ $\lambda, \boldsymbol{x}$ とし，$\boldsymbol{x}$ は Q の列ベクトルの線形結合で表されるとする．このとき，適当なベクトル $\boldsymbol{p}$ によって $\boldsymbol{x} = Q\boldsymbol{p}$ と表される．このとき，

$$Q^{\mathsf{H}}AQ\boldsymbol{p} - \lambda Q^{\mathsf{H}}Q\boldsymbol{p} = \boldsymbol{0}$$

となる．ここで $\hat{A} := Q^{\mathsf{H}}AQ$ とおくと，上式から

$$\hat{A}\boldsymbol{p} = \lambda\boldsymbol{p}$$

を得る．したがって，$\hat{A}$ の固有値は $\lambda_1, \lambda_2, \ldots, \lambda_m$ である．また，対応する $\hat{A}$ の固有ベクトルを $\boldsymbol{p}_1, \boldsymbol{p}_2, \ldots, \boldsymbol{p}_m$ とすると，

$$\boldsymbol{x}_i = Q\boldsymbol{p}_i, \quad i = 1, \ldots, m$$

である．

一般には周回積分はそのままでは計算できないため，数値積分によって近似する．積分点数を N とし，積分点を $z_1, z_2, \ldots, z_N$ とする．$z_1, z_2, \ldots, z_N$ は相異なる点とする．$w_1, w_2, \ldots, w_N$ を積分の重みとする．この積分点と重みを用いて与えられた関数 $F(z)$ の数値積分を

$$I_N = \sum_{j=1}^{N} w_i F(z_i)$$

によって求める．このとき，重みは以下によって与えられる（例えば，文献 [69, p.243]）．

$$w_j = \frac{\prod_{\ell=1}^{N} z_\ell}{\prod_{\ell=1,\ell\neq j}^{N}(z_j - z_\ell)}, \quad j = 1, 2, \ldots, N.$$

このような数値積分では，積分点 z_j において関数値 $F(z_j)$ を求め，その値に積分の重みを掛けて $j = 1$ から N までたし合わせることで数値積分の値を求める．このとき，各積分点における関数値の計算は積分点ごとに独立して行うことができる．この性質は並列計算を行うときに利用できるため，櫻井・杉浦法は並列計算向きの手法とされている．

周回積分

$$\mu_k = \frac{1}{2\pi \mathrm{i}} \int_\Gamma z^k f(z)\, \mathrm{d}z$$

の近似値

$$\tilde{\mu}_k = \sum_{j=1}^{N} w_j z_j^k f(z_j)$$

を数値積分によって求めるとき，k を大きくしていくと，z_j^k は非常に大きな値，あるいは非常に小さな値になる場合がある．このような値が現れると数値計算において精度の悪化を招くため，これを避けるために z_j^k の部分は以下のような変数変換によってなるべく z_j の絶対値が 1 に近くなるようにする．

$$\zeta_j = \frac{z_j - \gamma}{\rho}.$$

ここで γ は Γ 内部の点で，ρ は $|\zeta_j|$ が 1 に近くなるような値とする．Γ が円のときには γ は円の中心，ρ は円の半径とすればよい．このとき，数値積分は

$$\tilde{\mu}_k = \sum_{j=1}^{N} w_j \zeta_j^k f(z_j)$$

とし，得られた固有値 $\hat{\lambda}_i$ より，変数変換によって元の固有値を

$$\lambda_j = \rho \hat{\lambda}_i + \gamma$$

とする．

以下では，Γ は中心が γ，半径が ρ の円とする．z_j を円周上に等間隔に配置するときには

$$z_j = \gamma + \rho \mathrm{e}^{\frac{2\pi \mathrm{i}}{N}(j-\frac{1}{2})}, \quad j = 1, 2, \ldots, N$$

とする．ここで i は虚数単位である．このとき，ζ_j は単位円周上に配置され，

$$\zeta_j = \mathrm{e}^{\frac{2\pi \mathrm{i}}{N}(j-\frac{1}{2})}, \quad j = 1, 2, \ldots, N$$

となる．$j - \frac{1}{2}$ とすることで

$$z_j = \overline{z}_{N-j+1}, \quad j = 1, 2, \ldots, N/2$$

の関係を利用できる．また，z_j は実数にならないため，実軸上にのみ固有値がある場合には，積分点が固有値と一致することがない．

固有値が実軸上にあるとき，ζ_j を楕円上におくことで積分の精度が改善されることがある．このような楕円上の点は以下のようにして与えられる．

$$\zeta_j = \cos\theta_j + \mathrm{i}\,\alpha \sin\theta_j, \quad j = 1, 2, \ldots, N.$$

ここで $\theta_j = (2\pi/N)(j - 1/2), (j = 1, \ldots, N)$ である．このとき，対応する重みは

$$w_j = \frac{1}{N}(\alpha \sin\theta_j + \mathrm{i}\cos\theta_j), \quad j = 1, 2, \ldots, N$$

となる．$\alpha = 1$ のときには円の場合と一致する．

積分点は一般には円や楕円以外でも考えられる．半円などの円弧領域，二つの円で囲まれた円環領域，長方形領域などで櫻井・杉浦法を適用した例がある [124, 133, 172].

ここで，周回積分を数値積分で近似したときの影響について考える．関数 $\varphi(z)$ を

$$\varphi(z) = \frac{1}{2\pi \mathrm{i}} \int_\Gamma \frac{1}{z-\lambda} \, \mathrm{d}z$$

とおく．このとき，

$$\varphi(z) = \begin{cases} 1, & \lambda \text{ は } \Gamma \text{ の内部} \\ 0, & \lambda \text{ は } \Gamma \text{ の外部} \end{cases} \tag{2.118}$$

となる．Γ の内部に $\lambda_1, \lambda_2, \ldots, \lambda_m$ があるため，$\varphi(z)$ を用いて μ_k は

$$\mu_k = \sum_{i=1}^{m} \nu_i \lambda_i^k = \sum_{i=1}^{n} \varphi(\lambda_i) \nu_i \lambda_i^k$$

と表される．同様に $\boldsymbol{s}_k$ は

$$\boldsymbol{s}_k = \sum_{i=1}^{m} \nu_i \lambda_i^k \boldsymbol{x}_i = \sum_{i=1}^{n} \varphi(\lambda_i) \nu_i \lambda_i^k \boldsymbol{x}_i$$

と表される．$(zI - A)^{-1}\boldsymbol{v}$ の周回積分は，ベクトル $\boldsymbol{v}$ に対して Γ 内部にある固有値に対応する固有ベクトル成分のみを通すフィルターと見なすことができる．このとき，フィルターを表す関数が $\varphi(z)$ である．

N 点の数値積分によって近似する場合，フィルターを表す関数 $\varphi_N(\lambda)$ は

$$\varphi_N(\lambda) = \sum_{j=1}^{N} \frac{w_j}{z_j - \lambda}$$

によって与えられる．積分点が単位円周上の等間隔点のとき，

$$\sum_{j=1}^{N} \frac{w_j}{\theta_j - \eta} = \frac{\zeta_j}{1 + \eta^N}$$

の関係がある ([191])．この関係を用いると Γ が半径 ρ の円のとき，

$$\varphi_N(\lambda_i) = \frac{1}{1 + \eta_i^N}$$

と表される．ここで $\eta_i = (\lambda_i - \gamma)/\rho$ であり，円の中心から固有値までの距離と円の半径との比を表している．このことから，もし λ_i が円の内部のときには $|\varphi_N(\lambda_i)|$ はほぼ 1 であり，単位円の外部のときには $|\varphi_N(\lambda_i)|$ は $|(\lambda_i - \gamma)/\rho|^N$

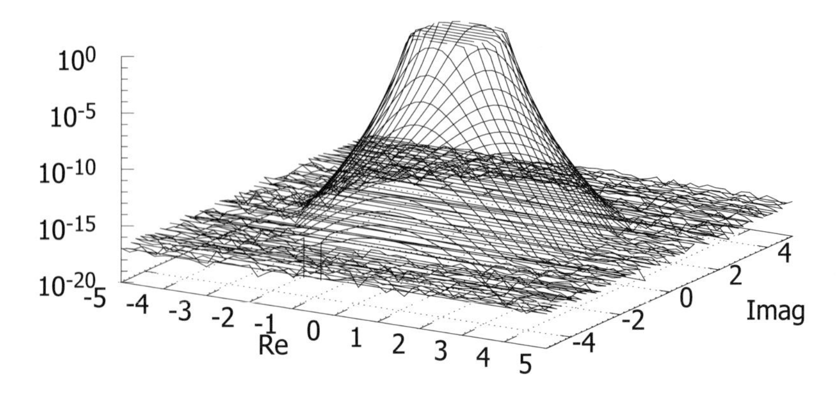

図 2.2　複素平面上での $|\varphi_N(z)|$ の値 $(N = 32)$

で減少することがわかる．数値積分によるフィルターについては文献 [84] で示されている．また，数値積分の影響の解析は文献 [66, 87, 191] などにある．文献 [149, 150] では，$(zB - A)^{-1}$ に対するフィルターによって固有値を求める方法について述べられている．

Γ が単位円の場合に，$N = 32$ として複素平面上でのフイルター関数の値の絶対値 $|\varphi_N(z)|$ をプロットしたグラフを図 2.2 に示す．値は対数スケールである．この図から，単位円の内部では値はほぼ 1 になっており，単位円の外部では円から離れるに従って値が急速に減少している．Γ からある程度離れたところでは $|\varphi_N(z)|$ の値は十分に小さくなっていることがわかる．

λ が実数のときに積分点数 N を変えたときの $\varphi_N(\lambda)$ のグラフを図 2.3 に示す．図において横軸は λ の値，縦軸はフィルタを表す関数の λ における値の絶対値である．$N = 16, 32, 64$ とした．$-1 < \lambda < 1$ の範囲が Γ の内部で，$\lambda < -1$ および $\lambda > 1$ の範囲が Γ の外部になる．図からわかるように，Γ の内部ではフィルター関数の値の絶対値がほぼ 1 になっており，Γ の外部では急速に減衰している．$N = 16$ のとき，$\lambda = 4$ でフィルター関数の値の絶対値は 10^{-10} 程度になっている．$N = 32$ のとき $\lambda = 3$ で 10^{-15} 程度まで小さくなっており，Γ の外部において半径の 3 倍程度の範囲まででフィルター関数は十分に小さくなっている．

このように，数値積分の場合には，得られた結果に対して周回積分のときと比べて積分領域の外部の固有ベクトル成分が含まれる．ただし，積分領域から

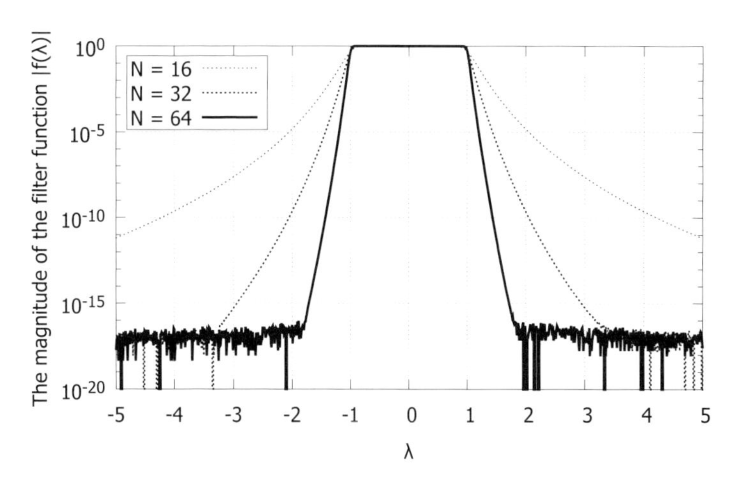

図 2.3　実軸上での $|\varphi_N(\lambda)|$ の値 $(N = 16, 32, 64)$

ある程度離れると固有ベクトル成分は十分に小さいと見なせるため，これを 0 と見なす．

M は上記のような範囲内の固有値の数以上の整数とする．$\tilde{H}_M^{(0)}$, $\tilde{H}_M^{(1)}$ を以下のようにする．

$$\tilde{H}_M^{(0)} = \begin{pmatrix} \tilde{\mu}_0 & \tilde{\mu}_1 & \cdots & \tilde{\mu}_{M-1} \\ \tilde{\mu}_1 & \tilde{\mu}_2 & \cdots & \tilde{\mu}_M \\ & & \cdots & \\ \tilde{\mu}_{M-1} & \tilde{\mu}_M & \cdots & \tilde{\mu}_{2M-2} \end{pmatrix}, \tag{2.119}$$

$$\tilde{H}_M^{(1)} = \begin{pmatrix} \tilde{\mu}_1 & \tilde{\mu}_2 & \cdots & \tilde{\mu}_M \\ \tilde{\mu}_2 & \tilde{\mu}_3 & \cdots & \tilde{\mu}_{M+1} \\ & & \cdots & \\ \tilde{\mu}_M & \tilde{\mu}_{M+1} & \cdots & \tilde{\mu}_{2M-1} \end{pmatrix}. \tag{2.120}$$

$\tilde{H}_M^{(0)}$ の特異値分解を

$$\tilde{H}_M^{(0)} = [U_1, U_2] \begin{pmatrix} \Sigma_1 & O \\ O & \Sigma_2 \end{pmatrix} [W_1, W_2]^\mathsf{T}$$

とする．ここで，Σ_1 の対角成分を $\sigma_1, \ldots, \sigma_{m'}$ とし，すべて δ 以上とする．また，Σ_2 の対角成分を $\sigma_{m'+1}, \ldots, \sigma_M$ とし，すべて δ より小さいとする．得ら

れた固有値と固有ベクトルを $\tilde{\lambda}_i, \tilde{\boldsymbol{p}}_i, (i=1,\ldots,m')$ とする．$\tilde{H}_M^{(0)}$ を $U_1\Sigma_1 W_1^{\mathsf{H}}$ によって近似する．

ハンケル行列による一般化固有値問題に対して，$\tilde{H}_M^{(0)}$ を $U_1\Sigma_1 W_1^{\mathsf{H}}$ で置き換えた以下の固有値問題を考える．

$$\tilde{H}_M^{(1)}\tilde{\boldsymbol{p}} = \tilde{\lambda}(U_1\Sigma_1 W_1^{\mathsf{H}})\tilde{\boldsymbol{p}}.$$

左辺から $\Sigma_1^{-1/2}U_1^{\mathsf{H}}$ を掛けると，$U_1^{\mathsf{H}}U_1 = I$ より，

$$(\Sigma_1^{-1/2}U_1^{\mathsf{H}}\tilde{H}_M^{(1)}W_1\Sigma_1^{-1/2})(\Sigma_1^{1/2}W_1^{\mathsf{H}})\tilde{\boldsymbol{p}} = \tilde{\lambda}(\Sigma_1^{1/2}W_1^{\mathsf{H}})\tilde{\boldsymbol{p}}$$

となる．これより，

$$\tilde{A} := \Sigma_1^{-1/2}U_1^{\mathsf{H}}\tilde{H}^{(1)}W_1\Sigma_1^{-1/2}$$

とし，$\tilde{A}$ の固有値問題を解く．このとき，A の固有値を

$$\lambda_i = \rho\tilde{\lambda}_i + \gamma, \quad i = 1,2,\ldots,m'$$

とする．対応する固有ベクトルは

$$\tilde{\boldsymbol{x}}_i = \tilde{S}(:,1:m')W_1\Sigma_1^{-1/2}\boldsymbol{p}_i, \quad i = 1,2,\ldots,m'$$

とする．ここで，

$$\tilde{S}_k := \sum_{j=1}^{N} w_j\zeta_j^k Y_j, \quad k = 0,1,\ldots,M-1$$

および

$$\tilde{S} = [\tilde{S}_0, \tilde{S}_1, \ldots, \tilde{S}_{M-1}]$$

である．

この方法は周回積分を用いた後にハンケル行列を利用して固有値と固有ベクトルを抽出することから，ハンケル行列を用いた櫻井・杉浦法と呼ばれる．方法を表すときの表記としては頭文字を用いて **SS-H** と表す．なお，一般的に櫻井・杉浦法を表すときには Sakurai-Sugiura method を省略して **SSM** とする．関数 $f(z)$ の極とハンケル行列の関係は文献 [118, 193] に示されている．

固有値と固有ベクトルを抽出する方法としてレイリー・リッツの手法を用いた場合には，以下のようにする．$\tilde{S}$ の特異値分解を

$$\tilde{S} = [U_1, U_2] \begin{pmatrix} \Sigma_1 & O \\ O & \Sigma_2 \end{pmatrix} [W_1, W_2]^{\mathsf{T}}$$

とする．ここで，Σ_1 の対角成分を $\sigma_1, \ldots, \sigma_{m'}$ とし，すべて δ 以上とする．Σ_2 の対角成分を $\sigma_{m'+1}, \ldots, \sigma_M$ とし，すべて δ より小さいとする．U_1 を用いて

$$\tilde{A} := U_1^{\mathsf{H}} A U_1$$

および

$$\tilde{B} := U_1^{\mathsf{H}} U_1$$

とする．ここで $U_1^{\mathsf{H}} U_1$ は理論上は単位行列となるはずであるが，実際の数値計算では誤差のために単位行列にはならない．そのため，$\tilde{A}$ と $\tilde{B}$ による一般化固有値問題

$$\tilde{A}\tilde{\boldsymbol{p}} = \tilde{\lambda}\tilde{B}\tilde{\boldsymbol{p}}$$

を解く．

得られた固有値と固有ベクトルを $\tilde{\lambda}_i, \tilde{\boldsymbol{p}}_i, (i = 1, \ldots, m')$ とする．このとき，A の固有値は $\tilde{\lambda}_1, \tilde{\lambda}_2, \ldots, \tilde{\lambda}_{m'}$ によって近似される．また，固有ベクトルは

$$\tilde{\boldsymbol{x}}_i = U_1 \tilde{p}_i, \quad i = 1, 2, \ldots, m'$$

によって近似される．この方法はレイリー・リッツの手法を用いた櫻井・杉浦法と呼ばれ，省略した表記は **SS-RR** である．

櫻井・杉浦法を一般化固有値問題

$$A\boldsymbol{x} = \lambda B\boldsymbol{x}$$

に適用する場合，$zI - A$ の代わりに $zB - A$ とする．また，入力ベクトルは $\boldsymbol{v}$ の代わりに $B\boldsymbol{v}$ とする．これにより，$\boldsymbol{s}_k$ は

$$\boldsymbol{s}_k = \sum_{j=1}^{N} w_j \zeta_j^k (z_j B - A)^{-1} B\boldsymbol{v}$$

となる．

1本のベクトル $\boldsymbol{v}$ の代わりに複数のベクトルからなる行列 $V \in \mathbb{R}^{n \times L}$ に対してフィルタを適用することで複数の結果を得る．ここで L は適当な正の整数である．入力ベクトル $\boldsymbol{v}_1, \boldsymbol{v}_2, \ldots, \boldsymbol{v}_L$ に対してこれらを右辺ベクトルとする連立一次方程式を解くことになる．$V := [\boldsymbol{v}_1, \boldsymbol{v}_2, \ldots, \boldsymbol{v}_L]$ とおき，

$$(z_j B - A) Y_j = BV$$

を解いて $Y_1, Y_2, \ldots, Y_N$ を求める．この結果を用いて，

$$\tilde{S}_k = \sum_{j=1}^{N} w_j \zeta_j^k Y_j, \quad k = 0, 1, \ldots$$

によって $\tilde{S}_0, \tilde{S}_1, \ldots, \tilde{S}_{M-1}$ を求める．行列 $\tilde{S}$ を

$$\tilde{S} = [\tilde{S}_0, \tilde{S}_1, \ldots, \tilde{S}_{M-1}]$$

とする．ハンケル行列の要素は

$$\tilde{\mu}_k := \sum_{j=1}^{N} w_j \zeta_j^k (BV)^{\mathsf{H}} Y_j$$

とする．このとき $\tilde{\mu}_k$ は $L \times L$ の行列になることに注意する．これより，ブロック構造のハンケル行列を

$$\tilde{H}_M^{(0)} := \begin{pmatrix} \tilde{\mu}_0 & \tilde{\mu}_1 & \cdots & \tilde{\mu}_{M-1} \\ \tilde{\mu}_1 & \tilde{\mu}_2 & \cdots & \tilde{\mu}_M \\ & & \cdots & \\ \tilde{\mu}_{M-1} & \tilde{\mu}_M & \cdots & \tilde{\mu}_{2M-2} \end{pmatrix}$$

および

$$\tilde{H}_M^{(1)} := \begin{pmatrix} \tilde{\mu}_1 & \tilde{\mu}_2 & \cdots & \tilde{\mu}_M \\ \tilde{\mu}_2 & \tilde{\mu}_3 & \cdots & \tilde{\mu}_{M+1} \\ & & \cdots & \\ \tilde{\mu}_M & \tilde{\mu}_{M+1} & \cdots & \tilde{\mu}_{2M-1} \end{pmatrix}$$

とする．このハンケル行列の次元は LM である．

Algorithm 13 数値積分による固有空間の構成

1: A, B, $\{\zeta_j\}_{j=1}^N$, $\{w_j\}_{j=1}^N$, V, γ, ρ, M を与える.
2: $z_j := \rho\zeta_j + \gamma$, $j = 1, 2, \ldots, N$
3: **for** $j = 1, \ldots, N$ **do**
4: 　連立一次方程式 $(z_j B - A)Y_j = BV$ を Y_j について解く
5: **end for**
6: $Y := [Y_1, Y_2, \ldots, Y_N]$
7: **for** $k = 0, \ldots, M-1$ **do**
8: 　$\tilde{S}_k := \sum_{j=1}^N w_j \zeta_j^k Y_j$
9: **end for**
10: $\tilde{S} := [\tilde{S}_0, \tilde{S}_1, \ldots, \tilde{S}_{M-1}]$
11: Y および $\tilde{S}$ を出力

Algorithm 14 ハンケル行列の低ランク近似

1: A, B, $\{\zeta_j\}_{j=1}^N$, $\{w_j\}_{j=1}^N$, V, γ, ρ, M, δ を与える
2: Algorithm 13 によって Y および $\tilde{S}$ を求める
3: **for** $k = 0, \ldots, M-1$ **do**
4: 　$\tilde{\mu}_k := \sum_{j=1}^N w_j \zeta_j^k (BV)^\top Y_j$
5: **end for**
6: $\tilde{H}_M^{(0)} := (\tilde{\mu}_{i+j-2})_{1 \leqq i,j \leqq M}$, $\tilde{H}_M^{(1)} := (\tilde{\mu}_{i+j-1})_{1 \leqq i,j \leqq M}$
7: $\tilde{H}_M^{(0)}$ の特異値分解 $\tilde{H}_M^{(0)} = U\Sigma W^\top$ を行う
8: $\sigma_1, \ldots, \sigma_M$ を Σ の対角要素とする
9: $\sigma_{m'} \geqq \delta$ で $\sigma_{m'+1} < \delta$ となる m' を求める
10: $U_1 := U(:, 1:m')$, $W_1 := W(:, 1:m')$, $\Sigma_1 := \Sigma(1:m', 1:m')$
11: $\tilde{H}_M^{(0)}$, $\tilde{H}_M^{(1)}$, U_1, Σ_1, W_1, m' を出力

Algorithm 15 ハンケル行列を用いた櫻井・杉浦法 (SS-H) のアルゴリズム

1: A, B, $\{\zeta_j\}_{j=1}^N$, $\{w_j\}_{j=1}^N$, V, γ, ρ, M, δ を与える
2: Algorithm 13 によって Y および $\tilde{S}$ を求める
3: Algorithm 14 によってハンケル行列 $\tilde{H}_M^{(0)}$, $\tilde{H}_M^{(1)}$, および低ランク近似 U_1, Σ_1, W_1 を求める
4: $\tilde{A} := \Sigma_1^{-1} U_1^\top \tilde{H}_M^{(1)} W_1$
5: $\tilde{A}$ の固有値と固有ベクトルを求め $(\tilde{\lambda}_i, \tilde{\boldsymbol{p}}_i)$ $(i = 1, \ldots, m')$ とする
6: **for** $i = 1, \ldots, m'$ **do**
7: 　$\lambda_i := \rho\tilde{\lambda}_i + \gamma$
8: 　$\boldsymbol{x}_i := \tilde{S}(:, 1:m') W_1 \Sigma_1^{-1/2} \boldsymbol{p}_i$,
9: **end for**
10: $(\lambda_i, \boldsymbol{x}_i)$, $i = 1, 2, \ldots, m'$ を出力

Algorithm 16 行列 $\tilde{S}$ の低ランク近似

1: $\tilde{S}$, δ を与える
2: $\tilde{S}$ の特異値分解 $\tilde{S} = U\Sigma W^{\mathsf{T}}$ を行う
3: $\sigma_1, \ldots, \sigma_M$ を Σ の対角要素とする
4: $\sigma_{m'} \geqq \delta$ で $\sigma_{m'+1} < \delta$ となる m' を求める
5: $U_1 := U(:, 1 : m')$, $W_1 := W(:, 1 : m')$, $\Sigma_1 := \Sigma(1 : m', 1 : m')$
6: U_1, Σ_1, W_1, m' を出力

Algorithm 17 レイリー・リッツ手法を用いた櫻井・杉浦法 (SS-RR)

1: A, B, $\{\zeta_j\}_{j=1}^N$, $\{w_j\}_{j=1}^N$, V, γ, ρ, M, δ を与える
2: Algorithm 13 によって Y および $\tilde{S}$ を求める
3: Algorithm 16 によって $\tilde{S}$ の低ランク近似を行う
4: $\tilde{A} := U_1^{\mathsf{H}} A U_1$, $\tilde{B} := U_1^{\mathsf{H}} B U_1$
5: 行列則 $\tilde{A} - \lambda\tilde{B}$ の固有値と固有ベクトルを求め $(\tilde{\lambda}, \tilde{\boldsymbol{p}}_i)$ $(i = 1, \ldots, m')$ とする
6: **for** $i = 1, \ldots, m'$ **do**
7: $\lambda_i = \tilde{\lambda}_i$
8: $\boldsymbol{x}_i = U_1(:, 1 : m')\tilde{p}_i$
9: **end for**
10: $(\lambda_i, \boldsymbol{x}_i)$, $i = 1, 2, \ldots, m'$ を出力

このようにして求めた行列 $\tilde{S}$ から Γ 内にある固有値に対応した固有ベクトルが抽出できる．複数の入力ベクトルを用いる方法は入力ベクトルが 1 本の場合と区別するときには**ブロック櫻井・杉浦法**と呼ぶ．ブロック版は重複度が L 以下の重複固有値に対応した固有ベクトルを求めることができる．ブロック版について示した論文として [10, 84, 85, 191] などがある．

固有ベクトルを抽出するとき，ハンケル行列を用いる方法 [84, 195, 197]，レイリー・リッツの手法を用いる方法 [85, 197] 以外にも，アーノルディプロセスを用いる方法 [86] などがある．また，周回積分を用いた一般化固有値問題の解法としてこのほかに [12, 64, 185] などがある．

行列 A および B が与えられたときに一般化固有値問題

$$A\boldsymbol{x} = \lambda B\boldsymbol{x}$$

を解くハンケル行列を用いた櫻井・杉浦法のアルゴリズムを Algorithm 15 に示す．積分点数を N とし，積分点 $z_1, z_2, \ldots, z_N$ を求めたい領域を囲む曲線 Γ 上におく．積分の重みは積分点に対応して決定する．Γ が円の場合には，γ は円

の中心，ρ は円の半径とする．z^k の k の範囲を決めるパラメータ M は，多くの場合 $M = N/4$ または $M = N/2$ とする．

Algorithm 13 によって積分点上で連立一次方程式の解 $Y = [Y_1, Y_2, \ldots, Y_N]$ を求め，数値積分によって $\tilde{S} = [\tilde{S}_0, \tilde{S}_1, \ldots, \tilde{S}_{M-1}]$ を求める．次に Algorithm 14 によってハンケル行列 $\tilde{H}_M^{(0)}$, $\tilde{H}_M^{(1)}$ を求め，$\tilde{H}_M^{(0)}$ の特異値分解により $\tilde{H}_M^{(0)}$ の近似を求める．$\tilde{A}$ の固有値と固有ベクトルから元の固有値問題の固有値および固有ベクトルを求める．

特異値のどの程度小さな値まで用いるかを決めるパラメータ δ については，倍精度計算の場合には $\delta = 10^{-12}$ 程度とするとよい．ただし，δ は問題によっては 10^{-20} 程度まで小さな値を用いた方が結果の精度がいい場合がある．パラメータについては問題に依存するため，ある程度問題ごとにテストをしてよりよい値を探すことになる．

レイリー・リッツの手法を用いるアルゴリズムを Algorithm 17 に示す．この場合にも，積分点や重み，各種のパラメータなどはハンケル行列を用いた方法と同様である．Algorithm 13 によって積分点上で連立一次方程式の解 $Y = [Y_1, Y_2, \ldots, Y_N]$ を求め，数値積分によって $\tilde{S} = [\tilde{S}_0, \tilde{S}_1, \ldots, \tilde{S}_{M-1}]$ を求める．行列 $\tilde{S}$ の特異値分解を行って低ランク近似を求め，これを用いて A および B の射影 $\tilde{A}$ と $\tilde{B}$ を求める．$\tilde{A}$ および $\tilde{B}$ による一般化固有値問題を解き，この結果から元の固有値問題の固有値および固有ベクトルを求める．

これらの計算において最も時間がかかるのは多くの場合 Algorithm 13 中の連立一次方程式を解くところである．この方程式は j について互いに依存しないため，並列に実行することができる．櫻井・杉浦法の並列実装については第 6 章において説明する．並列化に関する文献として [52, 83, 196, 239] などが挙げられる．

数値計算によって固有値を求めたとき，数値の誤差の影響で偽の固有値が得られることがある．そのため，指標を用いて偽の固有値かどうかを調べ，偽と判定された場合には取り除く．この指標は，以下のようにする．

$$\tau_i = \frac{\|\boldsymbol{x}_i\|_2^2}{\|\Sigma_1^{-1/2}\boldsymbol{x}_i\|_2^2}, \quad i = 1, 2, \ldots, m'.$$

ここで，Σ_1 はハンケル行列を用いた方法 (SS-Hankel) の場合には $\tilde{H}_M^{(0)}$ の特異値分解の結果であり，レイリー・リッツを用いた方法 (SS-RR) の場合には Σ_1 として $\tilde{S}$ の特異値分解の結果を用いる．τ_i の値が小さいときには偽の固有値であると判定する．

その要素が変数 z の関数であるような行列を $A(z)$ と表し，**行列値関数**と呼ぶ．例えば，行列 $A_0, A_1, A_2 \in \mathbb{R}^{n\times n}$ に対して

$$A(z) = A_0 + zA_1 + z^2 A_2$$

のとき，A の要素は z についての2次多項式で表される．同様に，

$$A(z) = A_0 + \mathrm{e}^z A_1$$

のように，指数関数で表されるような場合もある．非線形固有値問題は，振動解析において減衰を考える場合や，時間遅れのある微分方程式の解などで現れる．また，境界要素法などでも行列の要素が非線形な関数となる．行列値関数に対して

$$A(\lambda)\boldsymbol{x} = \mathbf{0}$$

となるようなスカラー λ と零でないベクトル $\boldsymbol{x}$ を求める問題は，$A(z)$ が z について非線形のとき，**非線形固有値問題**と呼ぶ．$A(z)$ が

$$A(z) = A_0 + zA_1$$

のときは一般化固有値問題であり，とくに $A_1 = I$ のときは標準固有値問題となる．

非線形固有値問題に対する櫻井・杉浦法は文献 [10, 11, 243] において示されている．周回積分を用いた非線形固有値問題の解法としては [18] もある．以下において非線形固有値問題に対する櫻井・杉浦法について説明する．

櫻井・杉浦法を一般化固有値問題に適用する場合には，$z_j B - A$ を係数行列とする連立一次方程式を解いた．非線形固有値問題の場合には，以下の連立一次方程式を解く．

$$A(z_j)Y_j = V, \quad j = 1, 2, \ldots, N$$

問題によっては右辺は V の代わりに $A(z)$ の微分を用いて $A'(z_j)V$ とする．ハンケル行列を用いた櫻井・杉浦法では，これ以降の計算法は一般化固有値問題

Algorithm 18 固有値数の推定法

1: 積分点と重み $\{z_j\}_{j=1}^N$, $\{w_j\}_{j=1}^N$, およびパラメータ γ, ρ を与える
2: 入力行列 $V := [\boldsymbol{v}_1, \ldots, \boldsymbol{v}_L]$ を与える
3: **for** $j = 1, \ldots, N$ **do**
4: 　連立一次方程式 $(z_j B - A)Y_j = BV$ を Y_j について解く
5: **end for**
6: $m := (1/L)\sum_{j=1}^N w_j \mathrm{tr}((BV)^\mathsf{T} Y_j)$
7: m を出力

のときと同様である．レイリー・リッツの手法を用いる場合には，$U_1^\mathsf{H} A U_1$ および $U_1^\mathsf{H} B U_1$ を求める代わりに

$$\tilde{A}(z) = U_1^\mathsf{H} A(z) U_1$$

とする．このとき得られる射影された行列 $\tilde{A}(z)$ はまた z の関数となる．この $\tilde{A}(z)$ は元の行列 $A(z)$ よりは小規模な行列になる．そのため，$\tilde{A}(z)$ に対して非線形固有値問題の解法を適用して固有値と固有ベクトルを求める．得られた固有値と固有ベクトルから元の行列の固有値と固有ベクトルを求める計算も一般化固有値問題の場合と同様である．

より効率的に方法を適用するためには，領域の設定など方法のパラメータを適切に決めておく必要がある [192]．とくに本方法は高い並列性を得るために，基本的には部分空間の生成において反復修正を行わない．そのため，適切なパラメータの推定が重要となる．広い範囲の固有値分布の情報が得られると適切なパラメータの設定に利用できる．文献 [51, 125, 124] では少ない手間で広い範囲の固有値分布を調べる方法が示されている．

Γ 内部にある固有値の数 m は

$$m = \frac{1}{2\pi\mathrm{i}} \int_\Gamma \mathrm{tr}((zB - A)^{-1} B)\, \mathrm{d}z$$

で与えられる．行列 A, B が大規模な場合には，逆行列のトレースを求めることは容易ではない．そのため，行列のトレースを近似する方法 [80] を適用する．

$$\mathrm{tr}((zB - A)^{-1} B) \approx \frac{1}{L} \sum_{\ell=1}^{L} \boldsymbol{v}_\ell^\mathsf{T} (zB - A)^{-1} B \boldsymbol{v}_\ell.$$

ここで，L は正の整数で，$\boldsymbol{v}_\ell \in \mathbb{R}^n$ はその成分に 1 または -1 が等確率で現れ

るベクトルである．周回積分を N 点積分則で近似することで

$$\begin{aligned} m &\approx \sum_{j=1}^{N} w_j \operatorname{tr}((z_j B - A)^{-1} B) \\ &\approx \sum_{j=1}^{N} w_j \left(\frac{1}{L} \sum_{i=1}^{L} \boldsymbol{v}_i^{\mathrm{T}} (z_j B - A)^{-1} B \boldsymbol{v}_i \right) \end{aligned}$$

を得る．

固有値を求めようとする実軸上の区間や複素平面上の領域において複数の積分領域をおき，それぞれに固有値数の推定値を求める．このとき，連立一次方程式は反復法を少ない反復回数で止めるなどによって低い精度で求めればよい．

櫻井・杉浦法は一部の固有値を選択的に求めることができることから，物性物理などでの特定のエネルギーの近傍や振動解析での特定の振動数の近傍などで固有値問題を解くような場合に有効である．電子状態計算や振動解析などの応用問題において適用した事例として以下の文献が挙げられる [53, 83, 91, 137, 132, 153, 199, 221, 223, 239].

2.2 特異値問題の数値解法

本節では，まず 2.2.1 項にて特異値分解の定義とその標準的な数値計算について述べる．特に，2.1.1 項で述べた qd 法の改良版である dqds 法は，特異値計算において著しい長所を有するため，この dqds 法を中心に説明する．本節の後半の 2.2.2 項では，標準的な数値線形代数の議論とは異なり，直交多項式論から qd 法を再構成し，特異値計算のための mdLVs 法を導出する．

2.2.1 特異値分解とその数値計算

ランク r の行列 $A \in \mathbb{R}^{m \times n}$ に対する $A = U \Sigma V^{\top}$ という行列分解を考える．ここでの $U \in \mathbb{R}^{m \times m}$, $V \in \mathbb{R}^{n \times n}$ は直交行列であり，Σ は

$$\Sigma = \begin{bmatrix} D & O_{r,n-r} \\ O_{m-r,r} & O_{n-r,m-r} \end{bmatrix} \in \mathbb{R}^{m \times n}, \tag{2.121}$$

$$D = \operatorname{diag}(\sigma_1, \ldots, \sigma_r), \quad \sigma_1 \geqq \cdots \geqq \sigma_r > 0 \tag{2.122}$$

とする．この形の行列分解 $A = U\Sigma V^\top$ を A の**特異値分解**，$\sigma_1 \geqq \cdots \geqq \sigma_r$ を**特異値**と呼ぶ．数学的に特異値分解は $A^\top A$ に対する固有値分解に帰着され一意的に存在する．したがって特異値分解の数値計算は対称固有値問題の数値解法に対応する．例えば，2.1.3 項で述べたように対称固有値問題のすべての固有値を計算する際は三重対角化を行うが，これに対応して特異値分解の計算には A の**上二重対角化**を施せばよく，その具体的な算法は第 3 章にて説明する．

近年，上二重対角化を経由しないものとして，**片側ヤコビ法** [59] に基づくものや**極分解を用いる分割統治法** [164] も注目されている．これらは並列計算にも適しているため今後の進展に注目である．

上二重対角行列の特異値計算には，既に述べた対称三重対角行列に対するものが利用できるが，その中で著しい長所を有し現在最も標準的に利用される **dqds (differential qd with shifts)** 法について述べたい．この dqds 法とは冒頭の qd 法に関する議論から導出された pqd 法の改良版である．

議論の整理のため，B を $n \times n$ の上二重対角行列とする．上二重対角化の計算過程から一般性を失わず正方行列としてよい．また，一般性を失わず，上二重対角成分はすべて正とする．このとき特異値は $\sigma_1 > \cdots > \sigma_n > 0$ を満たす．先の pqd 法 (2.24), (2.25) を上二重対角行列 B に対する計算として理解する議論は後の項に譲るが，要するに，(2.22) の J をランチョス法とは無関係の $n \times n$ の三重対角行列と見なし，$\beta_j > 0$ $(j = 1, \ldots, n-1)$ と仮定して相似変形により対称化しコレスキー分解を行えばよい．結果的に

$$B = B_0 = \begin{pmatrix} \sqrt{q_1^{(0)}} & \sqrt{e_1^{(0)}} & & \\ & \sqrt{q_2^{(0)}} & \ddots & \\ & & \ddots & \sqrt{e_{n-1}^{(0)}} \\ & & & \sqrt{q_n^{(0)}} \end{pmatrix} \tag{2.123}$$

を満たすよう $q_j^{(0)}, e_j^{(0)}$ を初期設定して pqd 法を実行すると，J に対する pqd 法 (2.24), (2.25) と同様 (2.21) のように収束し $q_j^{(\infty)} = {\sigma_j}^2$ $(j = 1, \ldots, n)$ である．B_k も (2.123) と同様に定義すると，行列に関する変形として ${B_{k+1}}^\top B_{k+1} = B_k {B_k}^\top$ と明快に記述できる．これに収束加速のためのシフトを導入した

$${B_{k+1}}^\top B_{k+1} = B_k {B_k}^\top - s^{(k)} I \tag{2.124}$$

Algorithm 19 dqds 法

Require: $q_j^{(0)} = (b_{j,j})^2\ (j = 1, \ldots, n);\quad e_j^{(0)} = (b_{j,j+1})^2\ (j = 1, \ldots, n-1)$
1: **for** $k := 0, 1, \ldots$ **do**
2: シフト量 $s^{(k)} (\geqq 0)$ の設定
3: $d_1^{(k+1)} := q_1^{(k)} - s^{(k)}$
4: **for** $j := 1, \ldots, n-1$ **do**
5: $q_j^{(k+1)} := d_j^{(k+1)} + e_j^{(k)}$
6: $e_j^{(k+1)} := e_j^{(k)} q_{j+1}^{(k)} / q_j^{(k+1)}$
7: $d_{j+1}^{(k+1)} := d_j^{(k+1)} q_{j+1}^{(k)} / q_j^{(k+1)} - s^{(k)}$
8: **end for**
9: $q_n^{(k+1)} := d_n^{(k+1)}$
10: **end for**

が pqds (pqd with shifts) 法の行列変形であり，さらに中間変数

$$d_1^{(k+1)} = q_1^{(k)} - s^{(k)};\quad d_j^{(k+1)} = q_j^{(k)} - e_{j-1}^{(k+1)} - s^{(k)}\quad (j = 2, \ldots, n).$$

を導入すると，目標としていた dqds 法が得られる．

このアルゴリズムにおいて，任意の $k = 0, 1, \ldots$ に対して (2.124) の右辺が正定値になるようシフト $s^{(k)}$ を定めれば，任意の $k = 0, 1, \ldots$ に対しすべての変数 $q_j^{(k)}\ (j = 1, \ldots, n)$, $e_j^{(k)}\ (j = 1, \ldots, n-1)$, $d_j^{(k)}\ (j = 1, \ldots, n)$ の正値性が保証され，さらに大域的収束が証明される [2, 3]．またシフトの引き算以外に減算がないため桁落ちを比較的回避できる．さらに重要なのが，浮動小数点演算における特異値の相対精度が理論保証されていることである [31]．以上の長所から標準ライブラリ **LAPACK (Linear Algebra PACKage)** にて実装され広く利用されている．

2.2.2 mdLVs 法

2.1.1 項では行列式に関するヤコビの恒等式から qd 法の漸化式が導出できることを述べ，行列の LR 分解（LU 分解）との関係を示したが，ここでは，直交多項式論に基づいて qd 法を再構成することで特異値計算の mdLVs 法を定式化する．

単項式 $1, x, x^2, \ldots, x^n$ は n 次以下の多項式のなす線形空間 $\mathcal{P}_n$ の基底をなす．最高次数項の係数が 1 である多項式をモニックという．$\mathcal{P}_n$ 上の線形汎関数 σ

を考え，単項式 $\{x^j\}$ についての線形汎関数 σ の値 $c_j := \sigma[x^j]$ $(j = 0, 1, 2, \ldots, \ell)$ を σ の**モーメント**という．多項式 $\pi(x) \in \mathcal{P}_n$ への σ の作用 $\sigma[\pi(x)]$ はモーメントから一意に定まる．以下では特に断りのない限り ℓ は無限とする．

k 次多項式 $P_k(x) \in \mathcal{P}_n$ の集合 $\{P_k(x)\} := \{P_0(x), P_1(x), P_2(x), \ldots\}$ に対して，区間 (a, b) で定義された

$$\sigma[P_k(x)x^j] = 0 \quad (j = 0, 1, \ldots, k-1,\ k = 0, 1, \ldots) \tag{2.125}$$

$$\sigma[P_k(x)x^k] \neq 0 \quad (k = 0, 1, \ldots) \tag{2.126}$$

なる線形汎関数 σ が存在するとき，$\{P_k(x)\}$ を σ に関する**直交多項式**という．直交性条件 (2.125) および非退化条件 (2.126) は，条件

$$\sigma[P_k(x)P_j(x)] = h_k\delta_{k,j}, \quad h_k \neq 0 \quad (k = 0, 1, \ldots) \tag{2.127}$$

と同値である．ここに，h_k は正規化定数と呼ばれる零でない複素数の定数，$\delta_{k,j}$ はクロネッカーのデルタである．

直交多項式については数値線形代数で有用な様々な性質が成り立つ．そのいくつかをここに引用するが，証明については Chihara による標準的な教科書 [26] を引用するにとどめる．

定理 2.1（[26, p.27]）直交多項式 $\{P_k(x)\}$ の零点 $\lambda_{k,\ell}$ $(k = 1, 2, \ldots, \ell = 0, 1, 2, \ldots, k-1)$ はすべて実数かつ単根である．線形汎関数 σ が積分で定義される場合は，零点は σ の直交性を定める区間 (a, b) にあり，

$$\lambda_{k,0} < \lambda_{k-1,0} < \lambda_{k,1} < \lambda_{k-1,1} < \cdots < \lambda_{k-1,k-2} < \lambda_{k,k-1} \tag{2.128}$$

を満たす．また，極限 $\xi := \lim_{k\to\infty} \lambda_{k,0}$, $\eta := \lim_{k\to\infty} \lambda_{k,k-1}$ が存在して

$$\xi < \lambda_{k,0} < \lambda_{k,1} < \cdots < \lambda_{k,k-2} < \lambda_{k,k-1} < \eta \tag{2.129}$$

となり，多項式 $\{P_k(x)\}$ は閉区間 $[\xi, \eta]$ 上で直交する．

モーメント $\{c_j\}$ は線形汎関数 σ を特徴付けるだけでなく，対応する直交多項式をも決定する．2.1.1 項で導入された k 次ハンケル行列 $H_k^{(n)} = [c_{n+i+j}]_{i,j=0,1,\ldots,k-1}$ の行列式（**ハンケル行列式**）のうち，$n = 0, 1$ のときを特に

$$\Delta_k := \det H_k^{(0)}, \quad \Delta_{k,1} := \det H_k^{(1)} \tag{2.130}$$

と書くことにする．さらに，$\Delta_0 := 1, \Delta_{-1} := 0$ とおく．

定理 2.2（**[26, p.11]**）モーメント $\{c_j\}$ に対応する直交多項式が存在するための必要十分条件は $\Delta_k \neq 0 \ (k = 1, 2, \ldots)$ が成り立つことである．

モニックな直交多項式 $\{P_k(x)\}$ に対して，(2.127) で定まる正規化定数はモーメント $\{c_j\}$ のなすハンケル行列式によって $h_k = \Delta_{k+1}/\Delta_k$ と表される．同時に，$\{P_k(x)\}$ 自身は以下の行列式表示を持つ．

$$P_k(x) = \frac{1}{\Delta_k}\begin{vmatrix} c_0 & c_1 & \cdots & c_k \\ c_1 & c_2 & \cdots & c_{k+1} \\ \vdots & \vdots & & \vdots \\ c_{k-1} & c_k & \cdots & c_{2k-1} \\ 1 & x & \cdots & x^k \end{vmatrix}, \quad P_0(x) = 1. \tag{2.131}$$

さらに，直交多項式 (2.131) は3項漸化式

$$xP_k(x) = P_{k+1}(x) + \alpha_k P_k(x) + \beta_k P_{k-1}(x), \quad P_{-1}(x) := 0, \tag{2.132}$$

$$\alpha_k = \frac{\Delta_{k-1,1}\Delta_{k+1}}{\Delta_k \Delta_{k,1}} + \frac{\Delta_{k+1,1}\Delta_k}{\Delta_{k+1}\Delta_{k,1}}, \quad \beta_k = \frac{\Delta_{k-1}\Delta_{k+1}}{\Delta_k^2} \ (\neq 0) \tag{2.133}$$

を満たす．

開区間 (a, b) において恒等的に零ではなく，かつ任意の実数 x に対して非負の値をとる多項式 $P(x)$ に対して $\sigma[P(x)] > 0$ であるとき，σ は (a, b) 上で**正定値**という．σ の正定値性は直交多項式に基づく計算アルゴリズムの安定性や計算精度と関わりが深い．

定理 2.3（**[26, p.15]**）区間 (a, b) において，モーメント $c_j = \sigma[x^j]$ がすべて実数，かつ

$$\Delta_k > 0 \quad (k = 0, 1, \ldots) \tag{2.134}$$

であることは線形汎関数 σ が正定値であるための必要十分条件である．

定理 2.4（**[26, p.21]**）複素数 $\{\alpha_k, \beta_k\} := \{\alpha_0, \beta_0, \alpha_1, \beta_1, \ldots\}$ について多項式 $\{P_k(x)\}$ が3項漸化式 (2.132)，および，初期条件

$$P_0(x) = 1, \quad P_1(x) = x - \alpha_0$$

によって与えられたとする．このとき，β_k がすべて非零 ($\beta_k \neq 0,\ k = 1, 2, \ldots$) であることと $\{P_k(x)\}$ が（$\sigma[1] \neq 0$ なる）適当な線形汎関数 σ に関する直交多項式であることは同値である．特に，$\{\alpha_k\}$ が実数かつ $\{\beta_k\}$ が正であることと σ が正定値な線形汎関数であることは同値である．

さて，ある線形汎関数に関する直交多項式を別の線形汎関数に関する直交多項式に変換することを考える．3 項漸化式 (2.132) は，多項式 $\{P_k(x)\}$ を波動関数，係数 $\{\alpha_k, \beta_k\}$ をポテンシャルとする一種の離散シュレディンガー方程式と見なせるから，直交多項式の変換は 3 項漸化式の係数の変換を引き起こす．κ を $P_k(\kappa) \neq 0$ ($k = 1, 2, \ldots$) なる任意の定数として，$x = \kappa$ を見かけの極とするモニックな k 次多項式 $Q_k(x;\kappa)$ を

$$Q_k(x;\kappa) := \frac{P_{k+1}(x) - A_k P_k(x)}{x - \kappa}, \quad A_k := \frac{P_{k+1}(\kappa)}{P_k(\kappa)} \tag{2.135}$$

によって導入する．任意の多項式 $\pi(x)$ に対して

$$\sigma_\kappa^{(1)}[\pi(x)] := \sigma[(x - \kappa)\pi(x)] \tag{2.136}$$

なる作用の線形汎関数 $\sigma_\kappa^{(1)}$ を導入すると，対応するモーメントとそのハンケル行列式は，それぞれ，

$$c_k^{(1)} := \sigma_\kappa^{(1)}[x^k] = c_{k+1} - \kappa c_k, \tag{2.137}$$

$$\Delta_k^{(1)} := \det[c_{i+j}^{(1)}]_{i,j=0,1,\ldots,k-1} = (-1)^k P_k(\kappa)\Delta_k \tag{2.138}$$

となる．見かけの極 κ と直交多項式 $\{P_k(x)\}$ の零点の下界 ξ が $\kappa \leqq \xi$ を満たせば，多項式 $\{Q_k(x;\kappa)\}$ は線形汎関数 $\sigma_\kappa^{(1)}$ について直交する．直交多項式 $\{P_k(x)\}$ から直交多項式 $\{Q_k(x;\kappa)\}$ への変換 (2.135) を**クリストフェル変換**という．σ が (2.129) で定まる区間 $[\xi, \eta]$ で正定値とするとき，以下が成り立つ．

定理 2.5（[26, p.36]）線形汎関数 $\sigma_\kappa^{(1)}$ が区間 $[\xi, \eta]$ で正定値であるための必要十分条件は

$$\kappa \leqq \xi \tag{2.139}$$

で与えられる．このとき，$\Delta_k^{(1)} > 0$ ($k = 0, 1, \ldots$) が成り立つ．

いよいよ本項の主題である直交多項式のクリストフェル変換に基づく変数の正値性が保証された特異値計算法について述べよう．

モーメントについて $c_{2j-1} := \sigma_S[x^{2j-1}] = 0$ $(j = 1, 2, \ldots)$ となるとき，σ_S は対称な線形汎関数，対応する直交多項式 $S_k(x)$ は**対称直交多項式**と呼ばれる．線形汎関数 σ が対称であることと3項漸化式の係数 α_k がすべて零であることは同値である ([26, p.21])．ゆえに，対称モニック直交多項式 $S_k(x)$ の満たす3項漸化式は

$$\begin{aligned} &xS_k(x) = S_{k+1}(x) + \beta_k S_{k-1}(x) \quad (k = 0, 1, \ldots), \\ &S_{-1}(x) := 0, \quad S_0(x) = 1, \quad \beta_k \neq 0 \end{aligned} \tag{2.140}$$

となる．$k = 2m-1$ のとき $S_k(x)$ は奇関数，$k = 2m$ のとき $S_k(x)$ は偶関数である．

線形汎関数 σ_S は正定値であるものとする．対応する対称直交多項式 $\{S_k(x)\}$ の満たす3項漸化式 (2.140) において $\beta_k > 0$ が成り立つ．$S_{2k-1}(x)$, $S_{2k}(x)$ の零点は，それぞれ，

$$\begin{aligned} &-\lambda_{2k-1,k-1} < \cdots < -\lambda_{2k-1,1} < \lambda_{2k-1,0} = 0 < \lambda_{2k-1,1} < \cdots < \lambda_{2k-1,k-1}, \\ &-\lambda_{2k,k-1} < \cdots < -\lambda_{2k,1} < -\lambda_{2k,0} < \lambda_{2k,0} < \lambda_{2k,1} < \cdots < \lambda_{2k,k-1} \end{aligned} \tag{2.141}$$

を満たす．$\{S_k(x)\}$ の最大の零点の極限 $\lim_{k\to\infty} \lambda_{k,[(k-1)/2]}$ を ξ と書く．$\{S_k(x)\}$ は閉区間 $[-\xi, \xi]$ 上で σ_S について直交し，零点は（$\lambda = 0$ について）対称に分布する．

対称直交多項式 $\{S_k(x)\}$ の3項漸化式

$$\begin{aligned} xS_{2k}(x) &= S_{2k+1}(x) + \beta_{2k} S_{2k-1}(x), \\ xS_{2k+1}(x) &= S_{2k+2}(x) + \beta_{2k+1} S_{2k}(x) \end{aligned} \tag{2.142}$$

を準備する．$y := x^2$ とおいて x の偶関数 $S_{2k}(x)$ を

$$P_k(y) := S_{2k}(x) \tag{2.143}$$

と書く．また，x の奇関数 $S_{2k+1}(x)$ を x を乗じた偶関数とみて

$$Q_k(y) := \frac{S_{2k+1}(x)}{x} \tag{2.144}$$

と書く．以下 (2.142) から $P_k(y)$, $Q_k(y)$ の満たすべき漸化式を導出すると

$$yP_k(y) = P_{k+1}(y) + (\beta_{2k} + \beta_{2k+1})P_k(y) + \beta_{2k-1}\beta_{2k}P_{k-1}(y),$$
$$P_0(y) = 1, \quad P_1(y) = y - \beta_1, \tag{2.145}$$
$$yQ_k(y) = Q_{k+1}(y) + (\beta_{2k+1} + \beta_{2k+2})Q_k(y) + \beta_{2k}\beta_{2k+1}Q_{k-1}(y),$$
$$Q_0(y) = 1, \quad Q_1(y) = y - (\beta_1 + \beta_2) \tag{2.146}$$

となる．対称直交多項式 $\{S_k(x)\}$ を定める線形汎関数 σ_S に対して，

$$\sigma[\pi(y)] := \sigma_S[\pi(x^2)] \tag{2.147}$$

なる線形汎関数 σ を導入する．

$$\sigma[P_k(y)P_\ell(y)] = \sigma_S[S_{2k}(x)S_{2\ell}(x)],$$
$$\sigma[yQ_k(y)Q_\ell(y)] = \sigma_S[S_{2k+1}(x)S_{2\ell+1}(x)] \tag{2.148}$$

に注意する．第 1 式より y の多項式 $\{P_k(y)\}$ は σ に関する直交多項式で，各 $P_k(y)$ の零点 $\lambda_{2k,m}^2$, $(m = 0, \ldots, k-1)$ は相異なる正数である．また，第 2 式より y の多項式 $\{Q_k(y)\}$ は $\{P_k(y)\}$ に対して $\kappa = 0$ なるクリストフェル変換を施して得られる直交多項式と見なせる．$P_k^{(0)}(y) = P_k(y)$, $P_k^{(1)}(y) = Q_k(y)$ とおき，対応する 3 項漸化式の係数を，それぞれ，$\beta_k^{(0)}$, $\beta_k^{(1)}$ と書けば，3 項漸化式 (2.145) と (2.146) とを比較して，係数の間の関係式

$$\beta_{2k+1}^{(0)} + \beta_{2k+2}^{(0)} = \beta_{2k}^{(1)} + \beta_{2k+1}^{(1)}, \quad \beta_{2k-1}^{(0)}\beta_{2k}^{(0)} = \beta_{2k}^{(1)}\beta_{2k+1}^{(1)} \tag{2.149}$$

を得る．$P_k^{(0)}(y)$ の零点 $\lambda_{2k,m}^2$ はすべて正で，$\kappa = 0$ は条件 (2.139) を満たしており，線形汎関数 $\sigma^{(1)}|_{\kappa=0}$ の正定値性は保たれる．$c_k^{(1)} = \sigma_\kappa^{(1)}[y^k]|_{\kappa=0} = \sigma[y^{k+1}] = c_{k+1}$ に注意すれば，$\Delta_k > 0$ に加えて $\Delta_{k,1} = \Delta_k^{(1)} > 0$ が成り立つ．

線形汎関数の正値性をこわさない $\kappa = 0$ なるクリストフェル変換を繰り返すことを考えよう．$q_k^{(0)} := \beta_{2k-1}^{(0)}$, $e_k^{(0)} := \beta_{2k}^{(0)}$, $q_k^{(n)} := \beta_{2k-1}^{(n)}$, $e_k^{(n)} := \beta_{2k}^{(n)}$ $(n = 1, 2, \ldots)$ とおく．(2.149) より qd 法の漸化式

$$e_k^{(n+1)} + q_{k+1}^{(n+1)} = e_{k+1}^{(n)} + q_{k+1}^{(n)},$$
$$q_k^{(n+1)}e_k^{(n+1)} = q_{k+1}^{(n)}e_k^{(n)}, \quad e_0^{(n)} \equiv 0 \quad (k, n = 0, 1, \ldots) \tag{2.150}$$

が得られる．初期値において $\beta_k^{(0)} > 0$ であれば，定理 2.4, 2.5 より，任意の $n = 1, 2, \ldots$ について $\beta_k^{(n)} > 0$ であることから，変数の正値性 $q_k^{(n)} > 0$, $e_k^{(n)} > 0$ が理論的に保証され，漸化式 (2.150) の反復計算においてブレークダウンが起きることはない．

ここで，$e_0^{(n)}$ に加えて $e_m^{(0)} = 0$ を仮定する．2.1.1 項で与えた $e_m^{(0)}$ のハンケル行列式表示からもわかるように，この仮定は 1 次独立なモーメントが有限個の場合に対応する．(2.150) より直ちに $e_m^{(n)} = 0$．さらに，

$$L^{(n)} := \begin{bmatrix} 1 & & & \\ e_1^{(n)} & 1 & & \\ & \ddots & \ddots & \\ & & e_{m-1}^{(n)} & 1 \end{bmatrix}, \quad R^{(n)} := \begin{bmatrix} q_1^{(n)} & 1 & & \\ & q_2^{(n)} & \ddots & \\ & & \ddots & 1 \\ & & & q_m^{(n)} \end{bmatrix} \tag{2.151}$$

とおけば，有限化された qd 法の漸化式 (2.150) は

$$L^{(n+1)} R^{(n+1)} = R^{(n)} L^{(n)} \quad (n = 0, 1, \ldots)$$

と表される．さらに，$J^{(n)} := L^{(n)} R^{(n)}$ とおけば，$J^{(n+1)} = (L^{(n)})^{-1} J^{(n)} L^{(n)}$ とも書けるから，3 重対角行列 $J^{(n)}$ の固有値は qd 法の反復計算 $(n = 0, 1, \ldots)$ の下で不変である．

行列 $J^{(0)}$ の固有多項式 $|yI - J^{(0)}|$ を展開して $q_k^{(0)} = \beta_{2k-1}$, $e_k^{(0)} = \beta_{2k}$ に注意すると，$|yI - J^{(0)}|$ は，$\beta_{2m} = 0$ とした場合の（有限型）直交多項式 $\{P_k(y)\}$ の漸化式 (2.145) を満たすことがわかる．特に，$|yI - J^{(0)}| = P_m(y)$ だから，$P_m(y)$ の零点 $\lambda_{2m,k-1}^2$ $(k = 1, \ldots, m)$ は正定値な 3 重対角行列 $J^{(0)}$ の固有値である．行列 $J^{(0)}$ の固有値はすべて相異なるので，**ヘンリチの定理**を援用することができ，以下の収束定理が成り立つことがわかる．

定理 2.6（Henrici [70, p.612]）

$$\lim_{n\to\infty} q_k^{(n)} = \lambda_{2m,m-k}^2 \quad (k = 1, \ldots, m),$$
$$\lim_{n\to\infty} e_k^{(n)} = 0 \quad (k = 1, \ldots, m-1). \tag{2.152}$$

漸化式 (2.145) を満たす直交多項式 $\{P_k^{(n)}(y)\}$ に対して，$\kappa = 0$ とは限らない

クリストフェル変換を繰り返す．$\kappa^{(n)}$ を $P_k(\kappa^{(n)}) \neq 0$ かつ $\kappa^{(n)} < \xi$ $(k = 1, 2, \ldots)$ なる任意の定数として，直交多項式 $\{P_k^{(n+1)}(y)\}$ を

$$P_k^{(n+1)}(y) := \frac{P_{k+1}^{(n)}(y) - A_k^{(n)} P_k^{(n)}(y)}{y - \kappa^{(n)}}, \quad A_k^{(n)} := \frac{P_{k+1}^{(n)}(\kappa)}{P_k^{(n)}(\kappa^{(n)})} \tag{2.153}$$

で導入する．$\kappa^{(n)} = -(\theta^{(n)})^2 \leqq 0$ $(\theta^{(n)} > 0)$ と選べば線形汎関数の正値性をこわすことはない．(2.150) に対応する漸化式は

$$\begin{aligned} &\tilde{q}_{k+1}^{(n+1)} + \tilde{e}_k^{(n+1)} - (\theta^{(n+1)})^2 = \tilde{q}_{k+1}^{(n)} + \tilde{e}_{k+1}^{(n)} - (\theta^{(n)})^2, \\ &\tilde{q}_k^{(n+1)} \tilde{e}_k^{(n+1)} = \tilde{q}_{k+1}^{(n)} \tilde{e}_k^{(n)} \end{aligned} \tag{2.154}$$

となる．$\tilde{e}_0^{(n)} \equiv 0$ に加えて $\tilde{e}_m^{(n)} \equiv 0$ とおけば，(2.154) は (2.151) にならって行列表現 $\tilde{L}^{(n+1)}\tilde{R}^{(n+1)} - (\theta^{(n+1)})^2 I = \tilde{R}^{(n)}\tilde{L}^{(n)} - (\theta^{(n)})^2 I$ を持つ．さらに，$\tilde{J}^{(n)} + (\theta^{(n)})^2 I = \tilde{L}^{(n)}\tilde{R}^{(n)}$，$\tilde{J}^{(n+1)} := \tilde{R}^{(n)}\tilde{L}^{(n)} - (\theta^{(n)})^2 I$ とすれば (2.154) は $\theta^{(n)}$ によらない相似変形表示 $\tilde{J}^{(n+1)} = \tilde{R}^{(n)}\tilde{J}^{(n)}(\tilde{R}^{(n)})^{-1}$ を持つ．ゆえに，(2.154) は正定値行列 $\tilde{J}^{(0)} + (\theta^{(0)})^2 I$ の固有値に収束する**陰的シフトつき LR 法**の漸化式に等価である．

さて，非線形変換

$$\begin{aligned} &\tilde{q}_k^{(n)} = \left(1 + \delta^{(n)} v_{2k-1}^{(n)}\right)\left(1 + \delta^{(n)} v_{2k-2}^{(n)}\right)/\delta^{(n)}, \quad \delta^{(n)} := 1/(\theta^{(n)})^2 > 0, \\ &\tilde{e}_k^{(n)} = \delta^{(n)} v_{2k-1}^{(n)} v_{2k}^{(n)}, \quad v_0^{(n)} \equiv 0 \quad (k = 1, 2, \ldots,\ n = 0, 1, \ldots) \end{aligned} \tag{2.155}$$

の下で $\{\tilde{q}_k^{(n)}, \tilde{e}_k^{(n)}\}$ が (2.154) を満たすことと，$\{v_{2k-1}^{(n)}\}$ が漸化式

$$v_k^{(n+1)}\left(1 + \delta^{(n+1)} v_{k-1}^{(n+1)}\right) = v_k^{(n)}\left(1 + \delta^{(n)} v_{k+1}^{(n)}\right) \tag{2.156}$$

を満たすことは同値である．(2.155) を非線形方程式 (2.154) と (2.156) の従属変数変換とみて，可積分系理論においては，**ベックルンド変換**，あるいは**ミウラ変換**ということがある．ここで，(2.156) においてパラメータを $\delta^{(n+1)} = \delta^{(n)} = \delta$ とおいて，$v_k^{(n)}$ を時刻 $t = n\delta$ における変数 $v_k(t)$ の値とみて，$t = n\delta$ を保ったまま $\delta \to 0+$ の極限をとれば (2.156) は微分方程式

$$\frac{dv_k(t)}{dt} = v_k(t)\left(v_{k+1}(t) - v_{k-1}(t)\right), \quad v_0(t) \equiv 0 \quad (k = 1, 2, \ldots) \tag{2.157}$$

となる．これは数理生態学に現れる**ロトカ・ボルテラ系**で，個体数 $v_k(t)$ の生物種 k が捕食関係にある種 $k+1$ を食べ，種 $k-1$ に食べられている様子を記述している．ロトカ・ボルテラ系 (2.157) の解は線形微分方程式系の解を成分とするハンケル行列式で表されることが知られており可積分系の一種である．逆に，漸化式 (2.156) は $\delta^{(n)}$ を時刻ごとに異なる差分ステップサイズとする微分方程式 (2.157) の時間離散化として**（不等間隔）離散ロトカ・ボルテラ系** (dLV, discrete Lotka-Volterra) と呼ばれ，その解は線形漸化式の解を成分とするハンケル行列式で表される．

$\tilde{J}^{(n)} + (\theta^{(n)})^2 I$ は $\theta^{(n)}$ の選び方によらず正定値で，その LU 分解の因子 $\tilde{L}^{(n)}$ の対角成分は 1 と正規化しているので，因子 $\tilde{R}^{(n)}$ の対角成分 $q_k^{(n)}$ はすべて正となる．したがって，(2.155) より $v_k^{(n)} > 0\ (k = 1, 2, \ldots)$ が成り立つ．

さて，

$$\tilde{J}^{(n)} = \tilde{L}^{(n)} \tilde{R}^{(n)} - \frac{1}{\delta^{(n)}} I \tag{2.158}$$

に変換 (2.155) を適用すると

$$\tilde{J}^{(n)} = \begin{bmatrix} w_1^{(n)} & w_1^{(n)} w_2^{(n)} & & & \\ 1 & w_2^{(n)} + w_3^{(n)} & w_3^{(n)} w_4^{(n)} & & \\ & 1 & \ddots & \ddots & \\ & & \ddots & \ddots & w_{2m-3}^{(n)} w_{2m-2}^{(n)} \\ & & & 1 & w_{2m-2}^{(n)} + w_{2m-1}^{(n)} \end{bmatrix},$$

$$w_k^{(n)} := v_k^{(n)} (1 + \delta^{(n)} v_{k-1}^{(n)}) > 0 \tag{2.159}$$

を得る．定理 2.6 より，$w_{2k-1}^{(n)}$ は $n \to \infty$ で $\tilde{J}^{(0)}$ の固有値 $\lambda_{2m,m-k}^2$ に収束し，$w_{2k}^{(n)}$ は 0 に収束する．正則な対角行列

$$D^{(n)} := \mathrm{diag}\left[\prod_{j=1}^{m-1} \sqrt{w_{2j-1}^{(n)} w_{2j}^{(n)}}, \prod_{j=2}^{m-1} \sqrt{w_{2j-1}^{(n)} w_{2j}^{(n)}}, \ldots, \sqrt{w_{2m-3}^{(n)} w_{2m-2}^{(n)}}, 1 \right]$$

によって $\tilde{J}^{(n)}$ を対称化して $J_S^{(n)} := (D^{(n)})^{-1} \tilde{J}^{(n)} D^{(n)}$ とおけば，正定値対称 3 重対角行列 $J_S^{(n)}$ は $J_S^{(n)} = (B^{(n)})^\top B^{(n)}$ とコレスキー分解できる．ここに B は

$$B^{(n)} := \begin{bmatrix} \sqrt{w_1^{(n)}} & \sqrt{w_2^{(n)}} & & & \\ & \sqrt{w_3^{(n)}} & \ddots & & \\ & & \ddots & \sqrt{w_{2m-2}^{(n)}} & \\ & & & \sqrt{w_{2m-1}^{(n)}} & \end{bmatrix},$$

$$B^{(0)} := \begin{bmatrix} b_1 & b_2 & & \\ & b_3 & \ddots & \\ & & \ddots & b_{2m-2} \\ & & & b_{2m-1} \end{bmatrix}$$

なる上 2 重対角行列である．$B^{(0)}$ の特異値を σ_k, $(0 < \sigma_1 < \cdots < \sigma_m)$ と書くと，σ_k^2 は $J_S^{(0)}$ の固有値であり，定理 2.6 より，$\lim_{n\to\infty} w_{2k-1}^{(n)} = \sigma_{m-k+1}^2$ がいえる．

離散ロトカ・ボルテラ系に基づいて定式化されたのが **dLV 法** [93, 94, 222] である．与えられた任意の長方行列は，ハウスホルダー変換などによって有限回 $O(m^3)$ の手続きで，その主要部は $B^{(0)}$ の形の元の行列と同じ特異値を持つ上 2 重対角行列に変換できる [58]．dLV 法では減算がなく，除算は常に 1 より大きな値 $(1 + \delta^{(n)} v_{k-1}^{(n)})$ によって行われる．$\delta^{(n)}$ としては，例えば，$\delta^{(n)} \equiv 1$ ととればよい．直交多項式に関する種々の性質により変数 $\{v_k^{(n)}\}$ の正値性と収束性が理論的に保証されていることに注意する．

dLV 法では，まず，変数 $v_k^{(n)}$ $(k = 0, 1, \ldots, 2m)$ に対する境界条件として $v_0^{(n)} = 0$, $v_{2m}^{(n)} = 0$ とおき，変数 $w_k^{(n)}$ $(k = 1, 2, \ldots, 2m-1)$ に対する初期条件として $w_k^{(0)} = b_k^2$ を与える．次に，漸化式

$$\begin{aligned} v_k^{(n)} &= w_k^{(n)}/(1 + \delta^{(n)} v_{k-1}^{(n)}), \\ w_k^{(n+1)} &= v_k^{(n)}(1 + \delta^{(n)} v_{k+1}^{(n)}) \quad (k = 1, 2, \ldots, 2m-1) \end{aligned} \tag{2.160}$$

による反復計算 $(n = 0, 1, \ldots)$ を行う．さらに，ある N において $\max_k \left|w_{2k}^{(N)}\right|$ $(k = 1, 2, \ldots, m-1)$ が十分に零に近くなったとき反復を停止し，そのときの $w_{2k-1}^{(N)}$ $(k = 1, 2, \ldots, m)$ が $B^{(0)}$ の特異値の平方 σ_{m-k+1}^2 の近似値を与える．また，十分な回数の反復を繰り返すと

Algorithm 20 mdLVs 法

```
1: Set an initial value v_k^(0) := (b_k)^2 (k = 1, 2, ..., 2m − 1)
2: Set v_0^(n) := 0; v_2m^(n) := 0; u_0^(n) := 0; u_2m^(n) := 0; w_0^(n) := 0; w_2m^(n) := 0
3: for n := 0, 1, ··· do
4:     Set a parameter δ^(n) (> 0)
5:     Set a shift τ^(n) s.t. 0 ≦ τ^(n) < (σ_1^(n))^2
6:     for k := 1, ··· , m do
7:         v_{2k−1}^(n) := w_{2k−1}^(n) /(1 + δ^(n) v_{2k−2}^(n)); v_{2k−2}^(n) := w_{2k−2}^(n) /(1 + δ^(n) v_{2k−3}^(n))
8:         u_{2k−1}^(n) := v_{2k−1}^(n) (1 + δ^(n) v_{2k}^(n)); u_{2k−2}^(n) := v_{2k−2}^(n) (1 + δ^(n) v_{2k−1}^(n))
9:         w_{2k−1}^(n+1) := u_{2k−2}^(n) + u_{2k−1}^(n) − w_{2k−2}^(n+1) − τ^(n)
10:        w_{2k}^(n+1) := u_{2k−1}^(n) u_{2k}^(n) /w_{2k−1}^(n+1)
11:    end for
12:    if max_{k=1,2,...,m−1} |w_{2k}^(n)| < ε then
13:        stop
14:    end if
15: end for
```

$$0 < w_1^{(n)} < w_3^{(n)} < \cdots < w_{2m-1}^{(n)} \tag{2.161}$$

が成り立ち，計算された特異値は昇順に $B^{(n)}$ の対角成分に並ぶ．

変換 (2.155) を通じて見れば qd 法の変数 $q_k^{(n)}$ の特異値の平方への収束と dLV 法の変数 $w_{2k-1}^{(n)}$ の特異値の平方への収束は表裏一体であるが，dLV 法の漸化式は任意パラメータ $\theta^{(n)}$ を持つという違いがある．これに起因して，局所的な安定性解析からは両者に違いがでてくる [96]．qd 法では平衡点 $\{q_k^{(\infty)}, e_k^{(\infty)}\} = \{\sigma_{m-k+1}^2, 0\}$ の周りで**中心多様体**が存在するためには $|q_k^{(n+1)} - \sigma_{m-k+1}^2| < \sigma_{m-k+1}^2$ が必要であり，微小な特異値については必ずしも中心多様体の存在が保証されないのに対して，dLV 法では，平衡点 $\{v_{2k-1}^{(\infty)}, v_{2k}^{(\infty)}\} = \{t_k, 0\}$ の周りで $|v_{2k-1}^{(n+1)} - t_k| < \theta$ かつ $|v_{2k}^{(n+1)}| < \theta$ であれば中心多様体が存在する．θ を大きくとればこの条件は満たされる．さらに，中心多様体の存在と漸化式の平衡点周りでの挙動を調べることで，平衡点の十分近くに初期値をとれば，dLV 法は変数 $v_k^{(n)}$ は平衡点に向かって単調に収束することがわかる．

dLV 法の特異値への収束次数は 1 次に過ぎないため，実用上，収束を加速する必要がある．このために開発されたのが陽的シフトを持つ **mdLVs 法** (modified dLV with shift) [95, 163] である．

mdLVs 法の手順は Algorithm 20 の通りである．ここに $\sigma_1^{(n)}$ は $B^{(n)}$ の最小

特異値である．$B^{(n)}$ の副対角成分 $w_{2k}^{(n)}$ の絶対値が十分小さくなったときにアルゴリズムは停止し，そのときの $w_{2k-1}^{(n)}$ が $B^{(0)}$ の特異値 σ_{m-k+1} の平方からシフト量の総和を減じたもの $\sigma_{m-k+1}^2 - \sum_{\ell=0}^{n} \tau^{(\ell)}$ の近似値を与える．mdLVs 法の収束率は

$$\left| \frac{\sigma_{m-k}^2 + (\theta^{(n)})^2 - \tau^{(n)}}{\sigma_{m-k+1}^2 + (\theta^{(n)})^2 - \tau^{(n)}} \right| < \left| \frac{\sigma_{m-k}^2 + (\theta^{(n)})^2}{\sigma_{m-k+1}^2 + (\theta^{(n)})^2} \right| < 1$$

であるから，適切なシフト量 $\tau^{(n)}$ の選択により，mdLVs 法は特異値に高次収束する [95]．その際に必要となる $0 \leqq \Theta^2(B^{(n)}) < (\sigma_1^{(n)})^2$ なる最小特異値の下界 $\Theta^2(B^{(n)})$ の選び方として，例えば，p 次の**一般化ニュートン下界** [115]

$$\Theta_p^2(B^{(n)}) := \left(\mathrm{trace}(B^{(n)\top} B^{(n)})^{-p} \right)^{-1/p} \quad (p = 1, 2, \ldots) \tag{2.162}$$

がある．$p = 1$ のとき，Θ_1^2 は正定値行列 $J_S^{(n)}$ の固有多項式 $|J_S^{(n)} - xI|$ の最小の零点（すなわち，$J_S^{(n)}$ の最小固有値）に対する $x = 0$ を初期値とするニュートン法 1 反復による推定値である．p の大きな高次の一般化ニュートン下界であるほどよりタイトな下界を与えるが一般に $\Theta_p^2(B^{(n)})$ の計算量が増加する．そこで $\mathrm{O}(pm)$ の計算量での一般化ニュートン下界を与える漸化式が得られている [238]．シフト量 $\tau^{(n)}$ を零ととれば，mdLVs 法のステップ 9, 10 は $w_k^{(n+1)} = u_k^{(n)}$ なる恒等写像となり，ステップ 7, 8 は dLV 法の反復に帰着する．浮動小数点数の計算では，収束の終盤において微小な特異値より $\tau^{(n)}$ は小さくないといけないことから，$\tau^{(n)} = 0$ が選ばれることが頻出するため，dLV 法の持つ高精度性 [212] は mdLVs 法の強みとなる．mdLVs 法と LAPACK の標準コードとの比較 [97] によれば mdLVs 法で計算された特異値は高い相対精度と十分な高速性を持つ．

以上，2 重対角行列の特異値計算法である dLV 法と mdLVs 法について概説した．直交多項式論に基づいて変数の正値性や収束性が証明される dLV 法，陽的な原点シフトに導入によって高次収束する特異値計算法の mdLVs 法は QR 法，分割統治法，2 分法といった標準解法とは異なる数学的基盤の上に我が国で誕生したアルゴリズムである．

第3章
最小二乗問題の数値解法

線形最小二乗問題

$$\min_{\boldsymbol{x}\in\mathbb{R}^n} \|\boldsymbol{b} - A\boldsymbol{x}\|_2 \tag{3.1}$$

を解くことを考える．ただし，$A \in \mathbb{R}^{m\times n}$ がランク落ち $\operatorname{rank} A < \min(m, n)$ であることも考慮し，$\boldsymbol{b} \in \mathbb{R}^m$ が A の**像空間** $\mathcal{R}(A) = \{\boldsymbol{y} \in \mathbb{R}^m \mid \boldsymbol{y} = A\boldsymbol{x}, \boldsymbol{x} \in \mathbb{R}^n\}$ の元であるとは限らないとする．ここでの議論は簡単のため実数体上で行うが，複素数体上にも自然に拡張することができる．問題 (3.1) の解 $\boldsymbol{x}$ は常に存在し，$\operatorname{rank} A = n$ であるとき (3.1) の解は一意に定まるが，$\operatorname{rank} A < n$ であるとき (3.1) の解は無数に存在する．ここで，方程式の数よりも未知数が多い $(m > n)$ とき (3.1) は優決定，そうでない $(m < n)$ とき (3.1) は劣決定であるという．(3.1) の解全体 $\mathcal{S} = \arg\min_{\boldsymbol{x}\in\mathbb{R}^n} \|\boldsymbol{b} - A\boldsymbol{x}\|_2$ は閉凸集合であるため，解のノルムが最小となるもの $\boldsymbol{x}_* = \arg\min_{\boldsymbol{x}\in\mathcal{S}} \|\boldsymbol{x}\|_2$ が一意に存在する．線形最小二乗問題 (3.1) を充足する解全体と，**正規方程式**

$$A^{\mathsf{T}}A\boldsymbol{x} = A^{\mathsf{T}}\boldsymbol{b} \tag{3.2}$$

を満たす解全体は等しく，(3.1) と (3.2) は等価である [207, p.231]．特に，$\boldsymbol{b} \in \mathcal{R}(A)$ であるならば，(3.1) を解く代わりに

$$\min \|\boldsymbol{x}\|_2, \quad A\boldsymbol{x} = \boldsymbol{b} \tag{3.3}$$

を解くことを考える．(3.3) の解も一意に存在することに注意せよ．この問題 (3.3) は第 2 種の正規方程式

$$AA^{\mathsf{T}}\boldsymbol{u} = \boldsymbol{b}, \quad \boldsymbol{x} = A^{\mathsf{T}}\boldsymbol{u} \tag{3.4}$$

と等価である．これらの問題が等価であることから，線形最小二乗問題の解法には正規方程式を解くようなものが多い．

解法の話に移る前に，最小二乗問題の数値計算は応用上非常に重要であることも考慮して，簡単な例を交えて摂動に関する議論をしておきたい．

そもそも，通常の線形方程式 $A\boldsymbol{x} = \boldsymbol{b}$ に対しても，

$$A = \begin{pmatrix} 1 & 0 \\ 0 & \epsilon \end{pmatrix}, \quad \boldsymbol{b} = \begin{pmatrix} 1 \\ \epsilon \end{pmatrix}, \quad \Delta = \begin{pmatrix} 0 & 0 \\ 0 & \epsilon \end{pmatrix} \tag{3.5}$$

とすると，$\|\Delta\|_2 = \epsilon \approx 0$ としても解ベクトルは

$$\boldsymbol{x} = A^{-1}\boldsymbol{b} = \begin{pmatrix} 1 \\ 1 \end{pmatrix}, \quad \widetilde{\boldsymbol{x}} = (A + \Delta)^{-1}\boldsymbol{b} = \begin{pmatrix} 1 \\ 1/2 \end{pmatrix} \tag{3.6}$$

のように A の摂動に対し非常に大きな影響を受ける．第1章での条件数に関する議論の通りである．また，$(A - \Delta)\boldsymbol{x} = \boldsymbol{b}$ は解を持たないが，最小二乗解全体 $\mathcal{S} = \arg\min_{\boldsymbol{x}\in\mathbb{R}^n} \|\boldsymbol{b} - (A - \Delta)\boldsymbol{x}\|_2$ は $(1, x_2)^\mathsf{T}$ と表現でき x_2 は任意でよい．ただし，ノルム最小のベクトル $(1, 0)^\mathsf{T}$ は (3.6) の両ベクトルからかなり離れる．同様の問題は特異値分解および固有値分解でも生じる．例えば

$$A_1 = \begin{pmatrix} 1 & 0 \\ 0 & 1 + \epsilon \end{pmatrix}, \quad A_2 = \begin{pmatrix} 1 & \epsilon \\ \epsilon & 1 \end{pmatrix}, \tag{3.7}$$

とすると，$A_1 \approx A_2$ であるにもかかわらず固有ベクトルをなす直交行列は

$$X_1 = \begin{pmatrix} 1 & 0 \\ 0 & 1 + \epsilon \end{pmatrix}, \quad X_2 = \begin{pmatrix} 1/\sqrt{2} & 1/\sqrt{2} \\ -1/\sqrt{2} & 1/\sqrt{2} \end{pmatrix}, \tag{3.8}$$

のようにまったく異なる．また A_1, A_2 ともに I の近傍であること，つまり重複固有値を持つ行列が上の問題を回避できる（X_1, X_2 ともに I の固有ベクトルからなる直交行列である）ことも重要な性質で，その意味で後退安定なアルゴリズムに対しては固有値が重複することは大きな問題ではない．

数値線形代数において後退安定なアルゴリズムの設計は重要であるが，それだけで近似解を得られるとは限らないことは上のような簡単な例で理解できる．しかも上で示した問題は，ランクの計算と同様，浮動小数点演算において解決しようもないものであることには注意すべきであろう．

最小二乗問題においてこそ丸め誤差を含む計算における安定性の議論は重要ではあるものの，紙面の都合上，本章では基本的に厳密な計算を行う場合の解法に関する議論にとどめる．摂動に関する議論は [74, 206] などを参照されたい．以下，第 1 章と同様，直説法と反復法に分けて順に述べていく．

3.1　直接法

最小二乗問題を解く際に重要なのが，正規方程式への帰着であるが，直交変換に関して 2 ノルムが不変である点も重要である．つまり任意の直交行列 Q に対して $\|A\boldsymbol{x}-\boldsymbol{b}\|_2 = \|Q(A\boldsymbol{x}-\boldsymbol{b})\|_2$ である．

ここで $R \in \mathbb{R}^{m\times n}$ を縦長の行列 $(m > n)$ として，さらに上三角行列と仮定する．今考える縦長の上三角行列とは，$i = 1, \ldots, n$, $j = i, \ldots, n$ に対して第 (i, j) 成分のみ非零でそのほかの成分すべて 0 の行列とする．このとき最小二乗問題 $\min_{\boldsymbol{x}\in\mathbb{R}^n} \|R\boldsymbol{x}-\boldsymbol{b}\|_2$ は LU 分解における後退代入と同様の手順で簡単に解ける．したがって一般の A に対してもまず直交変換により上三角行列に変換して解く，というのが一つの有力な解法である．前章で述べた QR 分解 $A = QR$ は正方行列に限らず一般化でき，これを用いることになる．

3.1.1　直交変換の数値計算

本項では，前章で割愛した QR 分解の計算法について説明する．最も基本的な事実は，QR 分解はある意味グラム・シュミットの直交化と数学的に等価であることであろう．まずはこの事実から説明し，次に数値線形代数においてより重要なハウスホルダー変換とこれを用いる QR 分解の計算について説明する．ギブンス回転も重要だが，前章で簡単に説明したので割愛する．

(1)　グラム・シュミットの直交化

まず簡単のため A は列フルランク，つまり $A = [\boldsymbol{a}_1, \ldots, \boldsymbol{a}_n]$ のように行列を縦ベクトルの集まりと表現したときに $\boldsymbol{a}_1, \ldots, \boldsymbol{a}_n$ は一次独立と仮定する．

列フルランクの行列 $A \in \mathbb{R}^{m\times n}$ $(m \geqq n)$ に対し，$A = QR$ として $Q = [\boldsymbol{q}_1, \ldots, \boldsymbol{q}_n]$ が正規直交系，かつ $R \in \mathbb{R}^{n\times n}$ が上三角行列であるような行列分解を考える．これは正方行列の QR 分解の一般化ではあるが，後に説明するハウスホルダー変換による QR 分解とやや異なるため，区別するため thin QR 分解な

Algorithm 21 古典的グラム・シュミットの直交化

Require: $A = [\boldsymbol{a}_1, \ldots, \boldsymbol{a}_n]$
1: **for** $k := 1, \cdots, n$ **do**
2: 　**for** $j := 1, \cdots, k-1$ **do**
3: 　　$r_{jk} := \boldsymbol{q}_j^\top \boldsymbol{a}_k$
4: 　**end for**
5: 　$\boldsymbol{b}_k := \boldsymbol{a}_k - \sum_{i=1}^{k-1} r_{ik} \boldsymbol{q}_i$
6: 　$r_{kk} = \|\boldsymbol{b}_k\|_2$; $\boldsymbol{q}_k := \boldsymbol{b}_k / r_{kk}$
7: **end for**

どと呼ばれることはある．ひとまずこの行列分解の存在は仮定すると，行列の構造から

$$\boldsymbol{a}_k = \sum_{i=1}^{k} r_{ik} \boldsymbol{q}_i \tag{3.9}$$

である．したがって $\boldsymbol{q}_k$ の方向を考えるため

$$\boldsymbol{b}_k = \boldsymbol{a}_k - \sum_{i=1}^{k-1} r_{ik} \boldsymbol{q}_i \tag{3.10}$$

を導入すると，これが $\boldsymbol{q}_1, \ldots, \boldsymbol{q}_{k-1}$ と直交しなくてはいけないので

$$r_{ik} = \boldsymbol{q}_i^\top \boldsymbol{a}_k \quad (i = 1, \ldots, k-1) \tag{3.11}$$

である．この性質に直接対応する形で thin QR 分解を与えるアルゴリズムが古典的グラム・シュミットの直交化である．

Algorithm 21 において，$Q := [\boldsymbol{q}_1, \ldots, \boldsymbol{q}_n]$, $R := (r_{ij})$ $(r_{ij} = 0\ (i > j))$ とおくと，$A = QR$ が成り立ち A の thin QR 分解が与えられる．計算過程から thin QR 分解が一意的に存在することは明らかであろう．この算法は線形代数の教科書によく書かれているものだが，数値計算上は丸め誤差に弱い．

今，古典的グラム・シュミットの直交化において R の成分に関しては各 k 反復目で k 列目 r_{jk} $(j < k)$ を計算していたが，$\boldsymbol{a}_k$ $(k = 1, \ldots, n)$ が更新されず不変であることに注意すると，$\boldsymbol{q}_j$ が決まれば r_{jk} $(k = j+1, \ldots, n)$ も決まり，各 k 反復目で R の k 行目を与えられる．これは LU 分解において U が上の行から順に計算できるのと同様で，$\boldsymbol{q}_k^\top A$ が R の第 k 行目になることからも理解できる．さらに，直交化の性質から $\boldsymbol{b}_k := \boldsymbol{a}_k$ として次の更新式

$$\boldsymbol{b}_k := \boldsymbol{b}_k - (\boldsymbol{q}_j, \boldsymbol{b}_k)\boldsymbol{q}_j$$

Algorithm 22 修正グラム・シュミットの直交化

Require: $A = [\boldsymbol{a}_1, \ldots, \boldsymbol{a}_n]$
1: **for** $k := 1, \cdots, n$ **do**
2: $\quad r_{kk} = \|\boldsymbol{a}_k\|_2;\ \boldsymbol{q}_k := \boldsymbol{a}_k / r_{kk}$
3: $\quad$ **for** $j := k+1, \cdots, n$ **do**
4: $\quad\quad r_{kj} := \boldsymbol{q}_k^\top \boldsymbol{a}_j;\ \boldsymbol{a}_j := \boldsymbol{a}_j - \boldsymbol{q}_k r_{kj}$
5: $\quad$ **end for**
6: **end for**

を $j = 1, \ldots, k-1$ の順で計算して $\boldsymbol{b}_k$ を与えても $\boldsymbol{q}_1, \ldots, \boldsymbol{q}_{k-1}$ と直交化できる．上記2点を考慮して安定化したのが Algorithm 22 の修正グラム・シュミットの直交化であり，数値計算上はこの計算式を用いる．

(2) ハウスホルダー変換と QR 分解

ハウスホルダー変換とは QR 分解によく用いられる数値的に安定な直交変換である．また固有値分解の前処理のヘッセンベルグ化もしくは三重対角化に標準的に用いられ，同様に特異値分解の前処理の上二重対角化にも標準的に用いられる．この重要な直交変換の数値計算法について以下で説明する．

ハウスホルダー変換とは，鏡映変換などとも呼ばれ，与えられた長さの等しいベクトル $\boldsymbol{u}, \boldsymbol{v}$ に対し，$\boldsymbol{u}$ を鏡に映す要領で $\boldsymbol{v}$ に移す変換である．具体的には

$$\boldsymbol{w} = \boldsymbol{u} - \boldsymbol{v},\ P := I - 2\boldsymbol{w}\boldsymbol{w}^\top / \|\boldsymbol{w}\|_2^2 \tag{3.12}$$

とすると，

$$P^\top = P, \quad P^2 = I, \quad P\boldsymbol{u} = \boldsymbol{v} \tag{3.13}$$

であることがわかる．したがって P が直交行列であることは明らかで，最後の関係式は具体的に計算するよりも P を射影演算子と見なして幾何的な意味を読み解く方が理解しやすい．つまり，P を構成する $\boldsymbol{w}\boldsymbol{w}^\top / \|\boldsymbol{w}\|_2^2$ という作用素は単位ベクトル $\boldsymbol{w}/\|\boldsymbol{w}\|_2$ の方向への直交射影を与えるので，$\boldsymbol{u}$ と $\boldsymbol{v}$ のなす二等辺三角形に対し，$(I - \boldsymbol{w}\boldsymbol{w}^\top / \|\boldsymbol{w}\|_2^2)\boldsymbol{u}$ はその垂直二等分線に対応し，したがって $P\boldsymbol{u} = \boldsymbol{v}$ である．ハウスホルダー変換において

$$P\boldsymbol{u} = (I - 2\boldsymbol{w}\boldsymbol{w}^\top / \|\boldsymbol{w}\|_2^2)\boldsymbol{u} = \boldsymbol{u} - 2(\boldsymbol{w}^\top \boldsymbol{u})\boldsymbol{w} / \|\boldsymbol{w}\|_2^2 \tag{3.14}$$

のように計算すれば，実際に行列 P を構成することなく $\boldsymbol{w}$ に対する計算のみ

で済むので，ベクトルに必要なメモリだけでよいこともこの変換の数値計算上の重要な長所である．

ではいよいよハウスホルダー変換による $A=[\boldsymbol{a}_1,\ldots,\boldsymbol{a}_n]$ の QR 分解の計算について考えよう．まず，ハウスホルダー変換で第1列目 $\boldsymbol{a}_1=(a_{11},\ldots,a_{m1})^\top$ を $\boldsymbol{r}_1=(\|\boldsymbol{a}_1\|_2,0,\ldots,0)^\top$ に移す．この変換は

$$\boldsymbol{w}_1=\boldsymbol{a}_1-\boldsymbol{r}_1,\ P_1:=I-2\boldsymbol{w}_1\boldsymbol{w}_1^\top/\|\boldsymbol{w}_1\|_2^2,\ P_1\boldsymbol{a}_1=\boldsymbol{r}_1 \tag{3.15}$$

により可能である．したがって P_1A の第1列目は $(1,1)$ 成分以外0である．次に，P_1A の第2列目の変換を考えよう．A の第2列目と区別するために P_1A の第2列目を $\boldsymbol{a}_2^{(1)}=(a_{12}^{(1)},a_{22}^{(1)},\ldots,a_{m2}^{(1)})^\top$ とおき，第1成分を削除した次元の低いベクトルを $\boldsymbol{a}_2^{(2)}=(a_{22}^{(1)},\ldots,a_{m2}^{(1)})^\top\in\mathbb{R}^{m-1}$ とおく．そして $\boldsymbol{a}_2^{(1)}$ を $\boldsymbol{r}_2=(a_{12}^{(1)},\|\boldsymbol{a}_2^{(2)}\|_2,0,\ldots,0)^\top$ に変換するハウスホルダー変換を考えると

$$\boldsymbol{w}_2=\boldsymbol{a}_2^{(1)}-\boldsymbol{r}_2,\quad P_2:=I-2\boldsymbol{w}_2\boldsymbol{w}_2^\top/\|\boldsymbol{w}_2\|_2^2,\quad P_2\boldsymbol{a}_2^{(1)}=\boldsymbol{r}_2 \tag{3.16}$$

である．上式において $\boldsymbol{w}_2$ の第1成分が0であることが本質的である．これにより P_2 の $(1,1)$ 成分は1，そして $i=2,\ldots,m$ に対して $(1,i)$ 成分および $(i,1)$ 成分が0である．ここで P_1A の第1列目において第1成分以外が0であったことにも注目されたい．視覚に訴えるように表記すれば

$$P_2=\begin{bmatrix}1&0&0&0\\0&*&*&*\\0&*&*&*\\0&*&*&*\end{bmatrix},\quad P_1A=\begin{bmatrix}*&*&*\\0&*&*\\0&*&*\\0&*&*\end{bmatrix}$$

である．この構造が重要で，P_2P_1A を計算すると第1行目は P_1A と同じで変換前と等しく，P_2P_1A の第1列目も同様である．さらにハウスホルダー変換の性質から P_2P_1A の第2列目は $i=3,\ldots,m$ に対して第 i 成分は0である．したがって視覚に訴えるように表記すれば

$$P_2P_1A=\begin{bmatrix}*&*&*\\0&*&*\\0&0&*\\0&0&*\end{bmatrix}$$

である．以下，上の手順と同様に第 k 列目に対して $i=k+1,\ldots,m$ として第 i 成分を 0 にするハウスホルダー変換を $k=1,2,\ldots,n$ の順に A に作用させていくことで，最終的に $P_n\cdots P_1A=R$ で上三角行列 R に変換できる．これが QR 分解そのものである．この手順を視覚に訴えるように表記すれば

$$A=\left[\begin{array}{c|c|c} * & * & * \\ * & * & * \\ * & * & * \\ * & * & * \end{array}\right]\xrightarrow{P_1}\left[\begin{array}{c|c|c} * & * & * \\ 0 & * & * \\ 0 & * & * \\ 0 & * & * \end{array}\right]\xrightarrow{P_2}\left[\begin{array}{c|c|c} * & * & * \\ 0 & * & * \\ 0 & 0 & * \\ 0 & 0 & * \end{array}\right]\xrightarrow{P_3}\left[\begin{array}{c|c|c} * & * & * \\ 0 & * & * \\ 0 & 0 & * \\ 0 & 0 & 0 \end{array}\right]=R$$

である．P_2P_1A の計算を例に示したように，P_k を $P_{k-1}\cdots P_1A$ に掛ける際に $i=1,\ldots,k-1$ に対して第 i 行目は不変である．したがって各 k 列目でハウスホルダー変換にて移る先のベクトル $\boldsymbol{r}_k$ が R の第 k 列そのものになる．この性質は，記憶容量に関して R の成分を A の記憶領域に上書きする形で保持できることも示している．

先に説明した thin QR 分解との違いは，thin QR 分解の場合 Q は各列ベクトルが正規直交系をなす $m\times n$ 行列であったのに対し，ハウスホルダー変換で得られる Q は通常の $m\times m$ の直交行列である．ただし，この Q の第 1 列から第 n 列は，$R\in\mathbb{R}^{m\times n}$ の構造から thin QR 分解の場合 Q に数学的には一致することがわかる．実用上 thin QR 分解が得られれば十分なことも多いが，一般に，修正グラム・シュミットの直交化に比べ，ハウスホルダー変換の方が得られる Q の直交性がよいことからこちらがよく用いられる．

ここで A が列フルランクでなくランクが $\mathrm{rank}(A)=r<n$ の場合の QR 分解も考慮すると，この場合は適当な置換行列 Π によって $A\Pi=QR$ の形に分解される．ここでの R を明示的に書くと，

$$R=\begin{bmatrix} R_{11} & R_{12} \\ O_{m-r,r} & O_{n-r,m-r} \end{bmatrix} \tag{3.17}$$

であり $R_{11}\in\mathbb{R}^{r\times r}$ が上三角行列である．列フルランクの場合でも数値誤差を抑えるために列置換を施しながらハウスホルダー変換を実行する．

3.1.2　一般逆行列

行列 A が正方行列でない場合は逆行列が存在しないが，最小二乗問題を解く

上で逆行列のような性質を持つ行列が定義できれば解法としてもその解析にも有用であり，その役割を担うのが一般逆行列である．つまり最小二乗問題の解 $\boldsymbol{x}$ に対して，$\boldsymbol{x} = G\boldsymbol{b}$ となる G を一般逆行列と解釈し，本項ではこれについて考える．当然ながらこのような G は一意とは限らない．

行列 $A \in \mathbb{R}^{m \times n}$ のランクが $\mathrm{rank}(A) = r \leqq \min(m, n)$ という一般の状況下で，先の議論と同様まずQR分解 $A\Pi = QR$ を考えると R は (3.17) の形になり $R_{11} \in \mathbb{R}^{r \times r}$ が上三角行列である．このとき R に対する計算から適当な正則行列 S により

$$
\begin{aligned}
A &= QTS^\top \\
T &= \begin{bmatrix} I_{r,r} & O_{r,n-r} \\ O_{m-r,r} & O_{n-r,m-r} \end{bmatrix}
\end{aligned}
$$

と表現できる．よって最小化する目的関数を

$$
\|A\boldsymbol{x} - \boldsymbol{b}\|_2 = \|TS^\top \boldsymbol{x} - Q^\top \boldsymbol{b}\|_2 \tag{3.18}
$$

と表すと，$S^\top \boldsymbol{x}$ の第1成分から第 r 成分までが $Q^\top \boldsymbol{b}$ に一致するよう最小二乗解 $\boldsymbol{x}$ を与えればよいので，今，C, D を任意の行列として

$$
\begin{aligned}
G &= S^{-\top} \widehat{T} Q^\top \in \mathbb{R}^{n \times m} \\
\widehat{T} &= \begin{bmatrix} I_{r,r} & O_{r,m-r} \\ C & D \end{bmatrix} \in \mathbb{R}^{n \times m}
\end{aligned}
$$

という行列を考えると $\boldsymbol{x} = G\boldsymbol{b}$ が最小二乗解を与える．解ベクトルの任意性が C，D の任意性に表れている．実用上，解ベクトルは任意でよい場合もあるが，このうち，ノルム最小の $\boldsymbol{x}$ を与えるには C, D を零行列とすれば $G\boldsymbol{b}$ で与えられることがわかる．これが**ムーア・ペンローズ型一般逆行列**である．

(1) ムーア・ペンローズ型一般逆行列

ムーア・ペンローズ型一般逆行列は，行列 $A \in \mathbb{R}^{m \times n}$ に対し以下の条件

$$
AA^+A = A, \quad A^+AA^+ = A, \quad (AA^+)^\top = AA^+, \quad (A^+A)^\top = A^+A \tag{3.19}
$$

を満たす $A^+ \in \mathbb{R}^{n \times m}$ と定義され，これは一意的に存在する．これが特異値分解に直接対応することを以下に示す．特異値分解を再度説明すると，$A \in \mathbb{R}^{m \times n}$ の

ランクを r とすると，直交行列 $U \in \mathbb{R}^{m\times m}$, $V \in \mathbb{R}^{n\times n}$ および (2.121) の Σ を用いて，$A = U\Sigma V^\top$ の形に分解される．後の議論のため，$\sigma_{r+1} = \cdots = \sigma_{\min(m,n)} = 0$ とし，$V = [\boldsymbol{v}_1, \ldots, \boldsymbol{v}_n]$ と表記し各 $\boldsymbol{v}_j$ を**右特異ベクトル**，同様に $U = [\boldsymbol{u}_1, \ldots, \boldsymbol{u}_m]$ の各 $\boldsymbol{u}_j$ を**左特異ベクトル**と呼ぶ．今，

$$\Sigma^+ = \begin{bmatrix} D^+ & O_{r,m-r} \\ O_{n-r,r} & O_{m-r,n-r} \end{bmatrix}, \qquad D^+ = \mathrm{diag}(1/\sigma_1, \ldots, 1/\sigma_r)$$

として $A^+ = V\Sigma^+ U^\top$ とすると，(3.19) が成り立ちムーア・ペンローズ型一般逆行列 A^+ が得られることがわかる．

先の G についての議論から明らかだが，ムーア・ペンローズ型一般逆行列 A^+ の計算に特異値分解が必要なわけではなく，行列分解には選択肢がありピボット選択付きの QR 分解でもよい．ただし，特異値分解は最小二乗問題

$$\min_{\mathrm{rank}(M)=k} \|A - M\|_2 \tag{3.20}$$

の解を与えるという性質は注目に値する．つまり

$$U_k = [\boldsymbol{u}_1, \ldots, \boldsymbol{u}_k], \quad V_k = [\boldsymbol{v}_1, \ldots, \boldsymbol{v}_k], \quad \Sigma_k = \mathrm{diag}(\sigma_1, \ldots, \sigma_k) \tag{3.21}$$

とおくと，特異値を降順に (2.122) と定義したことに注意すると $M = U_k \Sigma_k {V_k}^\top$ が (3.20) の解であり，この性質は数値計算において有用である．

しかしながら，特異値分解は計算が重いためより軽い行列分解を考えることはあり，**UTV フレームワーク**などと総称されるものがある．これはある m 次直交行列 U と n 次直交行列 V を用いた $A = UTV^\top$ の形の分解を指し，この T は明示的に書くと，

$$T = \begin{bmatrix} T_{11} & O_{r,n-r} \\ O_{m-r,r} & O_{n-r,m-r} \end{bmatrix}, \quad r = \mathrm{rank}(A), \quad T_{11} \in \mathbb{R}^{r\times r}$$

であり T_{11} が三角行列である．特異値分解はこの UTV フレームワークに属する．QR 分解でもこの形の分解を求められる．つまり (3.17) に対して

$$\begin{bmatrix} {R_{11}}^\top \\ {R_{12}}^\top \end{bmatrix} = Q_2 \begin{bmatrix} S \\ O_{n-r,r} \end{bmatrix}$$

という QR 分解を計算すれば，$U = Q, T_{11} = S^\top, V = \Pi Q_2$ となる．

もう一つの UTV フレームワークにおける重要な行列分解が，特異値分解を計算する際の上二重対角化である．これについては特異値分解の数値計算の項，2.2.1 項における説明の補足の意味でも以下で詳しく説明する．

(2)　ハウスホルダー変換による上二重対角化

2.2.1 項でも述べたように，$A \in \mathbb{R}^{m\times n}$ の特異値分解においてまず直交変換で上二重対角行列 B に変換するのが標準的である．具体的には，UTV フレームワークに基づき記述すると，ある m 次直交行列 U_B と n 次直交行列 V_B を用いて，$A = U_B T V_B{}^\top$ の形の分解であり，T は

$$T = \begin{bmatrix} B & O_{r,n-r} \\ O_{m-r,r} & O_{n-r,m-r} \end{bmatrix}$$

と表記でき $B \in \mathbb{R}^{r\times r}$ が上二重対角行列である．

上の行列分解もハウスホルダー変換で計算できる．簡単のためサイズとランク r に関して $m \geqq n = r$ の場合を考える．一般の場合への拡張は容易である．まず $A = [\boldsymbol{a}_1, \ldots, \boldsymbol{a}_n]$ に対し，QR 分解と同様ハウスホルダー変換で第 1 列目 $\boldsymbol{a}_1 = (a_{11}, \ldots, a_{m1})^\top$ を $\boldsymbol{r}_1 = (\|\boldsymbol{a}_1\|_2, 0, \ldots, 0)^\top$ に移す計算は

$$\boldsymbol{w}_1 = \boldsymbol{a}_1 - \boldsymbol{r}_1, \quad U_1 := I - 2\boldsymbol{w}_1\boldsymbol{w}_1^\top/\|\boldsymbol{w}_1\|_2^2, \quad U_1\boldsymbol{a}_1 = \boldsymbol{r}_1 \tag{3.22}$$

でよい．ここでは便宜上ハウスホルダー変換を与える行列を U_1 としている．したがって $U_1 A$ の第 1 列目は $(1, 1)$ 成分以外 0 であることに再度注意されたい．次に，$U_1 A$ の第 1 行目の変換を考える．QR 分解のときの議論と合わせるため，$A^\top U_1{}^\top$ の第 1 列目の変換を考えよう．この第一列目のベクトルを $\boldsymbol{a}_1^{(1)} = (a_{11}^{(1)}, a_{21}^{(1)}, \ldots, a_{m1}^{(1)})^\top$ とおく．QR 分解の際の第 2 列目の変換を思い出し，同様に第 1 成分を削除した次元の低いベクトルを $\boldsymbol{a}_1^{(2)} = (a_{21}^{(1)}, \ldots, a_{m1}^{(1)})^\top \in \mathbb{R}^{m-1}$ とおく．そして $\boldsymbol{a}_1^{(1)}$ を $\boldsymbol{b}_1 = (a_{11}^{(1)}, \|\boldsymbol{a}_1^{(2)}\|_2, 0, \ldots, 0)^\top$ に変換するハウスホルダー変換を考えると

$$\boldsymbol{w}_2 = \boldsymbol{a}_1^{(1)} - \boldsymbol{b}_1, \quad V_1 := I - 2\boldsymbol{w}_2\boldsymbol{w}_2^\top/\|\boldsymbol{w}_2\|_2^2, \quad V_1\boldsymbol{a}_1^{(1)} = \boldsymbol{b}_1 \tag{3.23}$$

である．このとき，QR 分解のときと同様，$V_1 A^\top U_1{}^\top$ の第 1 行目は変換前と等しい．さらにハウスホルダー変換の性質から $V_1 A^\top U_1{}^\top$ の第 1 列目は $i = 3, \ldots,$

m に対して第 i 成分は 0 である．したがってここまでの手順で得られた ${U_1}^\top AV_1$ を視覚に訴えるように表記すれば

$$
{U_1}^\top AV_1 = \begin{bmatrix} * & * & 0 & 0 \\ 0 & * & * & * \\ 0 & * & * & * \\ 0 & * & * & * \\ 0 & * & * & * \end{bmatrix}
$$

である．これで第 1 列目と第 1 行目の上二重対角化が計算できたことになる．以下，上の手順と同様にハウスホルダー変換を両側から A に作用させていくことで，最終的に $U_n \cdots U_1 AV_1 \cdots V_n$ から上二重対角行列 B が得られる．この手順を視覚に訴えるように表記すれば

$$
A = \begin{bmatrix} * & * & * & * \\ * & * & * & * \\ * & * & * & * \\ * & * & * & * \\ * & * & * & * \end{bmatrix} \xrightarrow{U_1} \begin{bmatrix} * & * & * & * \\ 0 & * & * & * \\ 0 & * & * & * \\ 0 & * & * & * \\ 0 & * & * & * \end{bmatrix} \xrightarrow{V_1} \begin{bmatrix} * & * & 0 & 0 \\ 0 & * & * & * \\ 0 & * & * & * \\ 0 & * & * & * \\ 0 & * & * & * \end{bmatrix}
$$

$$
\xrightarrow{U_2} \begin{bmatrix} * & * & 0 & 0 \\ 0 & * & * & * \\ 0 & 0 & * & * \\ 0 & 0 & * & * \\ 0 & 0 & * & * \end{bmatrix} \xrightarrow{V_2} \begin{bmatrix} * & * & 0 & 0 \\ 0 & * & * & 0 \\ 0 & 0 & * & * \\ 0 & 0 & * & * \\ 0 & 0 & * & * \end{bmatrix} \xrightarrow{U_3} \begin{bmatrix} * & * & 0 & 0 \\ 0 & * & * & 0 \\ 0 & 0 & * & * \\ 0 & 0 & 0 & * \\ 0 & 0 & 0 & * \end{bmatrix}
$$

$$
\xrightarrow{U_4} \begin{bmatrix} * & * & 0 & 0 \\ 0 & * & * & 0 \\ 0 & 0 & * & * \\ 0 & 0 & 0 & * \\ 0 & 0 & 0 & 0 \end{bmatrix} = T
$$

である．QR 分解のときと比べ，両側からハウスホルダー変換を施すため計算量は約 2 倍である．これに対する改善として，行列サイズについて $m \gg n$ の場合はまず QR 分解で $n \times n$ 行列に変換してから上二重対角化を行うことで全

体の計算を軽くできる.

3.1.3 様々な最小二乗問題とその数値解法

これまでに述べたように, 最小二乗問題 (3.1) を解く際は正規方程式を解く場合や, QR 分解, 特異値分解などを用いる解法が存在する. 実はこのような方針で標準的な (3.1) の形式以外の最小二乗問題も効率的に解けることがある. 以下ではそのような例を [59, 218] を参考にいくつか紹介したい. なお応用上 A, $\boldsymbol{b}$ が徐々に変化するタイプの最小二乗問題を解く場合もあり, その際の行列分解の更新も技巧的で興味深いが, 詳細は [59] などを参照されたい.

まず最初に, 基本的な話として, 一般の内積における最小二乗問題について述べる. つまり, 計量テンソルをなす正定値対称行列を $B \in \mathbb{R}^{m \times m}$ として,

$$\min_{\boldsymbol{x} \in \mathbb{R}^n} \sqrt{(\boldsymbol{b} - A\boldsymbol{x})^\top B(\boldsymbol{b} - A\boldsymbol{x})} \tag{3.24}$$

を解くことを考える. 上の一般的な内積空間に対する最小二乗問題も応用上よく現れるが, その最も素朴な解法は, コレスキー分解 $B = LL^\top$ を計算し,

$$\min_{\boldsymbol{x} \in \mathbb{R}^n} \|L^\top \boldsymbol{b} - L^\top A\boldsymbol{x}\|_2 \tag{3.25}$$

に変換して通常の最小二乗問題と見なして解くものであろう. しかしながら, B が大規模疎行列の場合や条件数が大きい場合はコレスキー分解の計算が適切でないこともある. これに対し安定化のため技巧的に QR 分解を用いる計算法 [59, 181] もあるが, 特殊な計算なので割愛する. とにかく, 計量が変わる場合も扱えるため. 以下の議論では簡単のため通常の内積空間を想定する.

(1) 制約付き最小二乗問題

以下で扱う制約付き最小二乗問題のうち最も単純に解けるのが, $B \in \mathbb{R}^{\ell \times n}$, $\boldsymbol{c} \in \mathbb{R}^\ell$, $\ell < n$ を用いて記述される線形制約の問題

$$\min_{B\boldsymbol{x} = \boldsymbol{c}} \|\boldsymbol{b} - A\boldsymbol{x}\|_2 \tag{3.26}$$

であり, これは QR 分解を使って解ける. B のカーネルを特定すればよいので

$$B^\top = Q \begin{bmatrix} R \\ 0 \end{bmatrix}, \quad R \in \mathbb{R}^{n \times \ell} \tag{3.27}$$

をまず計算して，

$$AQ = [A_1, A_2], \quad A_1 \in \mathbb{R}^{m\times\ell}, \quad A_2 \in \mathbb{R}^{m\times(n-\ell)}, \tag{3.28}$$

$$Q^{\mathsf{T}}x = \begin{bmatrix} y \\ z \end{bmatrix}, \quad y \in \mathbb{R}^{\ell}, \quad z \in \mathbb{R}^{m-\ell} \tag{3.29}$$

とおくと，(3.26) は

$$\min_{\boldsymbol{z}\in\mathbb{R}^{m-\ell}} \|(\boldsymbol{b} - A_1 R^{-\mathsf{T}}\boldsymbol{c}) - A_2\boldsymbol{z}\|_2 \tag{3.30}$$

という通常の最小二乗問題 (3.1) に帰着する．

上の問題に比べると，二次不等式制約付き最小二乗問題

$$\min_{\|\boldsymbol{x}\|_2 \leqq \alpha} \|\boldsymbol{b} - A\boldsymbol{x}\|_2 \tag{3.31}$$

は難しくなるが，特異値分解を前処理的に利用して解ける．無制約問題として解いた $\boldsymbol{x}$ が上の制約 $\|\boldsymbol{x}\|_2 \leqq \alpha$ を満たせばよいが，そうでなければ球面上 $\|\boldsymbol{x}\|_2 = \alpha$ で解を探索する．したがって**ラグランジュ未定乗数法**により，

$$\|\boldsymbol{b} - A\boldsymbol{x}\|_2^2 + \lambda(\|\boldsymbol{x}\|_2^2 - \alpha^2) \tag{3.32}$$

を導出する．これに対し λ を固定した場合の $\boldsymbol{x}$ での微分による正規方程式

$$(A^{\mathsf{T}}A + \lambda I)\boldsymbol{x}(\lambda) = A^{\mathsf{T}}\boldsymbol{b} \tag{3.33}$$

の解が $\|\boldsymbol{x}(\lambda)\|_2 = \alpha$ となればよいので，特異値分解 $A = U\Sigma V^{\mathsf{T}}$ を計算し

$$\|\boldsymbol{x}(\lambda)\|_2^2 = \sum_{i=1}^{n} \left(\frac{\sigma_i \boldsymbol{u}_i^{\mathsf{T}}\boldsymbol{b}}{\sigma_i^2 + \lambda}\right)^2, \quad \|\boldsymbol{x}(\lambda)\|_2^2 - \alpha^2 = 0 \tag{3.34}$$

を満たす λ を求めればよい．

上の議論の中で，応用上よく現れるのが (3.33) に対応する最小二乗問題

$$\min_{\boldsymbol{x}\in\mathbb{R}^n} \left\| \begin{bmatrix} A \\ \sqrt{\lambda}I \end{bmatrix} \boldsymbol{x} - \begin{bmatrix} \boldsymbol{b} \\ 0 \end{bmatrix} \right\|_2^2 = \min_{\boldsymbol{x}\in\mathbb{R}^n} \|A\boldsymbol{x} - \boldsymbol{b}\|_2^2 + \lambda\|\boldsymbol{x}\|_2^2 \tag{3.35}$$

である．解ベクトルの形が (3.34) の第 1 式なので，悪条件問題に対して $\lambda \to 0$ と近づけることで解の推定ができる．上の最小二乗問題 (3.35) において，λ を

逆問題でしばしば現れる**不適切問題**における正則化パラメータと見なし，上の形でλを導入することを**チコノフ正則化**と呼ぶ．上の(3.35)の左辺は通常の最小二乗問題と見なせるのでこれまでに述べた解法を利用できる．

最後に，正則化に関連して**スパース正則化**[218]について述べる．実用上，非零成分の少ないスパースな解ベクトルを得たいという状況は多々ある．これまで見てきた最小二乗問題に対し，pノルム$\|\boldsymbol{x}\|_p$の代わりに$\|\boldsymbol{x}\|_p^p$を用いて表現しても差し支えないことを念頭に，$|x_1|^p + \cdots + |x_n|^p$に対し$p \to 0$の極限から$\|\boldsymbol{x}\|_0$で$\boldsymbol{x}$の非零成分数を表すことは応用上よくある．これはノルムとしての性質を満たさないが，以下ではこの記号を用いて

$$\min_{\|\boldsymbol{x}\|_0 \leqq \ell} \|\boldsymbol{b} - A\boldsymbol{x}\|_2 \tag{3.36}$$

について考える．これも制約付き最小二乗問題の一種であるが，離散的な制約になっており，この問題は3次元マッチングをインスタンスに含む有名な**NP困難**な問題なため，近似解を与える数値解法を考えなくてはならない．実用上のことを考えても，近似解の方が必要とされる場合が多いのである．

大雑把な近似として，制約を$\|\boldsymbol{x}\|_2^2 \leqq \ell$で近似すると，これは先に見た2次不等式制約である．そのときラグランジュ未定乗数法から得られた(3.35)をチコノフ正則化と呼んだが，より元の問題に近づけるため

$$\min_{\boldsymbol{x} \in \mathbb{R}^n} \|\boldsymbol{b} - A\boldsymbol{x}\|_2^2 + \lambda \|x\|_1 \tag{3.37}$$

を考えることもある．上の最適化問題の導出を**スパース正則化**などと呼び，これは信号処理や統計における**圧縮センシング**，**Lasso**などで現れるもので，近年非常に重要視されている．解法としては凸最適化の技法を用いることになり，数値線形代数的な技術の活用は部分的にあるものの，チコノフ正則化のときのように直接関係するものではない．むしろ行列に関する最小二乗問題へ拡張すると，特異値分解が直接利用されるようになる．

(2)　低ランク行列補完

先の最小二乗問題(3.36)の行列への拡張として

$$\min_{X \in \mathbb{R}^{m \times n}, \mathrm{rank}(X) \leqq \ell} \|\boldsymbol{b} - \mathcal{A}(X)\|_2, \quad \boldsymbol{b} \in \mathbb{R}^d \tag{3.38}$$

という制約付き最小二乗問題も重要である．ここでの $\mathcal{A}$ は $\mathbb{R}^{m\times n}$ から $\mathbb{R}^d$ への線形写像である．最適解 X^* が対角行列となるような線形制約を考えれば (3.36) を含む問題であることがわかる．したがってこの問題も近似的に解くよりないが，解法の話に移る前にこの最適化問題の構造について少し議論する．

今，最適解 X^* において $\mathrm{rank}(X^*)=\ell^*$, $\|\boldsymbol{b}-\mathcal{A}(X^*)\|_2=\alpha$ とおくと，

$$\min_{\|\boldsymbol{b}-\mathcal{A}(X)\|_2\leqq\alpha} \mathrm{rank}(X) \tag{3.39}$$

の最適解が X^* であることがわかる．その意味で (3.38) と (3.39) は同じ最適化問題であり，(3.39) は**低ランク行列補完**として有名な問題である．これは観測できない行列成分を推定する問題で，まず観測できる行列成分の位置の集合を $\Omega=\{(i,j)\mid A_{ij}$ は観測可能 $\}$ と定義する．そして以下のような射影作用素 P_Ω を導入する．観測点 $(i,j)\in\Omega$ に対しては $P_\Omega(A)_{ij}=A_{ij}$ とし，欠損に対応する部分は $P_\Omega(A)_{ij}=0$ とする．このとき低ランク行列補完は，$P_\Omega(X)\approx P_\Omega(A)$ という制約の下での最適化問題，つまり

$$\min_{\|P_\Omega(A)-P_\Omega(X)\|_{\mathrm{F}}\leqq\alpha} \mathrm{rank}(X) \tag{3.40}$$

という最小化問題で表現でき，制約を線形制約に拡張したものが (3.39) である．以上の議論で (3.38) の重要性を理解されたい．

では解法の話に移ろう．実は (3.38) に対する特異値分解を用いる解法は多々あるが，これらは大雑把に言えば特異値分解 $X=U\Sigma V^\top$ の Σ の対角成分をベクトルと見なして，(3.36) に対する反復法と見なせる．最も単純なのが**射影勾配法**である．今，(3.38) の解 X^* のランクを ℓ と想定し，特異値分解 $X=U\Sigma V^\top$ に対し，(3.21) の記法を用いて $\mathcal{P}_\ell(X):=U_\ell\Sigma_\ell V_\ell^\top$ というランク ℓ の行列の空間への射影作用素 $\mathcal{P}_\ell$ を導入し，初期行列 X_0 から

$$Y_{k+1}:=X_k-\delta\mathcal{A}^*(\mathcal{A}(X_k)-\boldsymbol{b}),\quad X_{k+1}:=\mathcal{P}_\ell(Y_{k+1}) \tag{3.41}$$

の反復を実行する．ただし，$\mathcal{A}^*$ は $\mathcal{A}$ の**随伴作用素**である．先に述べた通り $\mathcal{P}_\ell$ が射影であり，Y_{k+1} の計算は勾配法の 1 反復で $\delta>0$ はパラメータである．この解法の収束性などについては [56] などに詳細な説明がある．なお，応用上 ℓ は行列サイズに比べ非常に小さく，$\mathcal{A}^*(\mathcal{A}(X_k)-\boldsymbol{b})$ はスパースである場合が多

いので，この構造から特異値分解の計算の際に前章の同時反復法やランチョス法などが効果的に利用できる．特異値分解の活用に関しては，ランク ℓ の行列が $U_\ell \Sigma_\ell V_\ell{}^\top$ と表現できることに着目してリーマン多様体上の最適化問題に帰着し，共役勾配法やニュートン法を用いることもできる [224].

さて，上の解法と異なり，ランクを決め打ちしない解法についても以下で議論したい．通常のベクトルを解とする最小二乗問題に関する先の議論を振り返ると，$\|\boldsymbol{x}\|_0$ を $\|\boldsymbol{x}\|_2$ で近似したのと同様に $\mathrm{rank}(X)$ を $\|X\|_\mathrm{F}$ で近似すれば通常の最小二乗問題に帰着できる．以下では，$\|X\|_\mathrm{F} = \sqrt{\sigma_1{}^2 + \cdots + \sigma_r{}^2}$ であることに着目して，先の議論のスパース正則化からの類推で

$$\|X\|_* = \sum_{i=1}^{r} \sigma_i \tag{3.42}$$

を定義する．これは $\|X\|_* = \mathrm{Tr}(\sqrt{X^\top X})$ に着目して**トレースノルム**などと呼ばれる．これがノルムの性質を満たすことを示すには，まず正方行列 X に対し特異値分解 $X = U\Sigma V^\top$ を考えると，

$$\mathrm{Tr}(X) = \mathrm{Tr}(\Sigma V^\top U) \leqq \sum_{j=1}^{n} \sigma_j = \|X\|_* \tag{3.43}$$

がわかる．また X が正方行列でなくとも適当な零行列を加えて正方行列にすることで，上の不等式の $\mathrm{Tr}(X) \leqq \|X\|_*$ が成り立つことがわかる．三角不等式に関しては，トレースノルムは直交変換により不変なので，任意の行列 $X, Y \in \mathbb{R}^{m\times n}$ に対して $X + Y$ の特異値分解を $U\Sigma V^\top$ とすると，(3.43) から

$$\|X + Y\|_* = \mathrm{Tr}(U^\top XV) + \mathrm{Tr}(U^\top YV) \leqq \|X\|_* + \|Y\|_* \tag{3.44}$$

が成り立ち，ノルムの定義を満たすことがわかる．ランクに関する制約をトレースノルムで置き換えたときに最適解がどのような影響を受けるかについては実に多くの研究がある．詳細は [25] などを参照されたい．

トレースノルムを用いる基本的な最適化問題としてまず

$$\min_{X\in\mathbb{R}^{m\times n}} \frac{1}{2}\|A - X\|_\mathrm{F}^2 + \lambda\|X\|_* \tag{3.45}$$

を考える．このとき特異値分解を $A = U\Sigma V^\top$ とすると，

$$\frac{1}{2}\|A - X\|_\mathrm{F}^2 + \lambda\|X\|_* = \frac{1}{2}\|\Sigma - U^\top XV\|_\mathrm{F}^2 + \lambda\|U^\top XV\|_* \tag{3.46}$$

であるから，先に示した不等式 (3.43) より，上の最適解を与える $Y := U^\top XV$ は対角成分が非負の対角行列であり，その対角成分は $Y_{ii} = \max(\sigma_i - \lambda, 0)$ であることがわかる．この Y から最適解は $X = UYV^\top$ と書ける．

上の類推から，行列補完 (3.40) に対応する問題

$$\min_{X \in \mathbb{R}^{m\times n}} \frac{1}{2}\|P_\Omega(A) - P_\Omega(X)\|_{\mathrm{F}}^2 + \lambda\|X\|_* \tag{3.47}$$

に対しても特異値分解を利用できる．行列 X に対して，特異値分解 $X = U\Sigma V^\top$ から $D_{ii} = \max(\sigma_i - \lambda, 0)$ となる対角行列 D を用いて $\mathcal{D}_\lambda(X) = UDV^\top$ と定義される作用素 $\mathcal{D}_\lambda$ を導入する．そして初期行列 $X_0 := P_\Omega(A)$ などを用いて

$$Y_{k+1} := X_k - \delta(P_\Omega(X_k) - P_\Omega(A)), \quad X_{k+1} := \mathcal{D}_{\delta\lambda}(Y_{k+1}) \tag{3.48}$$

のような反復を実行する．この反復におけるパラメータ $\delta > 0$ を 1 に設定すると，Y_{k+1} の Ω に属する観測可能な (i,j) 成分は A に等しく，この Y_{k+1} を A と見なして (3.45) の最適化問題を解くことで X_{k+1} を与える反復である．この反復は (3.41) とかなり似ており，実際，一般の線形制約 (3.39) の場合に対しても，$\mathcal{A}$ の随伴作用素を用いて上の反復法を拡張できる．また (3.48) の反復においても同時反復法やランチョス法などが活用できることにも再度注意されたい．収束性の議論も含め詳細は [24, 56] などを参照されたい．

(3)　Total least squares

行列に関する最小二乗問題として **Total least squares** という問題がありこれも特異値分解により解けるので説明したい．Total least squares とは，$A \in \mathbb{R}^{m\times n}$, $B \in \mathbb{R}^{m\times \ell}$ に対して

$$\min_{(A+E)X=B+F} \|E\|_{\mathrm{F}}^2 + \|F\|_{\mathrm{F}}^2 \tag{3.49}$$

の形の最小二乗問題である．この問題において E を零行列に限定すれば通常の最小二乗問題に帰着される．つまり B が行列であっても，A の QR 分解または特異値分解が $B = [\boldsymbol{b}_1, \ldots, \boldsymbol{b}_\ell]$ に対するベクトル ℓ 本分の最小化 $\min_{\boldsymbol{x}_j \in \mathbb{R}^n} \|\boldsymbol{b}_j - A\boldsymbol{x}_j\|_2$ $(j = 1, \ldots, \ell)$ において共通に利用できる．

さて，(3.49) の解法の説明の準備として，これが回帰分析から現れることを先に述べたい．通常の最小二乗問題 (3.1) の有名な応用として線形回帰モデルがあり，

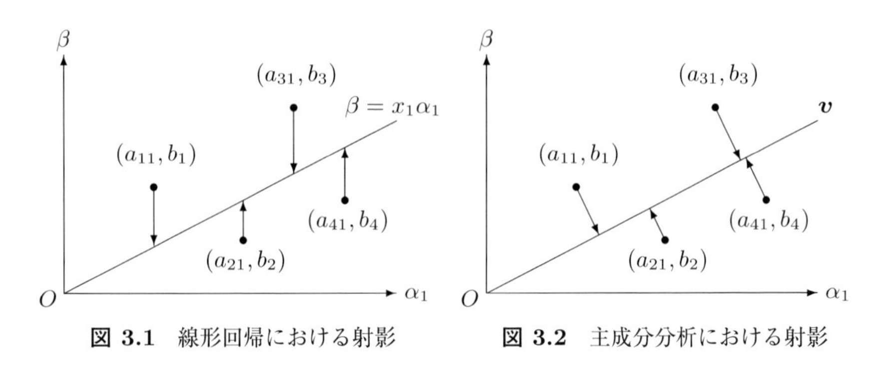

図 3.1　線形回帰における射影　　**図 3.2**　主成分分析における射影

従属変数 (目的変数) を独立変数 (説明変数) の線形結合で近似する．最小二乗問題 (3.1) との対応で言えば，行列 A が独立変数の観測データ，$\boldsymbol{b}$ が従属変数の観測データであり，各行が各データの値である．解ベクトル $\boldsymbol{x}$ は，$\boldsymbol{a}_1, \ldots, \boldsymbol{a}_n$ を α_1, $\ldots, \alpha_n$，$\boldsymbol{b}$ を β に対応させたときの $(\alpha_1, \ldots, \alpha_n, \beta)^\mathsf{T} = \mathbb{R}^{n+1}$ における原点を通る n 次元超平面 $\beta = x_1\alpha_1 + \cdots + x_n\alpha_n$ をなす係数と解釈される．このとき，図 3.1 のように，各データ点を β 軸方向に沿って超平面 $\beta = x_1\alpha_1 + \cdots + x_n\alpha_n$ に射影したときの超平面上の点からのずれが $\boldsymbol{b} - A\boldsymbol{x}$ の各成分である．今，$\boldsymbol{b}$ を特別視せず，$\mathbb{R}^{n+1}$ に散布するデータに対して，各データ点からの距離が最小になる直線を求めることを考える．この場合，A と $\boldsymbol{b}$ を横に並べた行列 $[A, \boldsymbol{b}] \in \mathbb{R}^{m\times(n+1)}$ の最大特異値 σ_1 に対応する右特異ベクトル $\boldsymbol{v}_1$ が求めるべき直線の方向ベクトルになる．なぜなら，図 3.2 のように $\mathbb{R}^{n+1}$ 上のある単位ベクトル $\boldsymbol{v}$ への直交射影を考え，$\|[A, \boldsymbol{b}]\boldsymbol{v}\|_2$ を最大化すれば直線からの距離は最小化されるからである．同様に n 次元超平面で近似する場合は n 本の右特異ベクトル $\boldsymbol{v}_1, \ldots,$ $\boldsymbol{v}_n$ で張る超平面にすればよい．このような解析を**主成分分析**と呼ぶ．今，$[A, \boldsymbol{b}]$ に摂動を加えて超平面にのせることを考え，その際の摂動を最小化する問題は

$$\min_{\|\boldsymbol{v}\|_2=1,\ [A+E, \boldsymbol{b}+\boldsymbol{f}]\boldsymbol{v}=0} \|E\|_\mathrm{F}^2 + \|\boldsymbol{f}\|_2^2 \tag{3.50}$$

と表現できる．解ベクトルは超平面の法線なので最小特異値 σ_{n+1} に対応する右特異ベクトル $\boldsymbol{v}_{n+1}$ であり，このとき $\|E\|_\mathrm{F}^2 + \|\boldsymbol{f}\|_2^2 = {\sigma_{n+1}}^2$ である．解ベクトル $\boldsymbol{v}_{n+1}$ の第 $n+1$ 成分 ν が非零であれば，$\boldsymbol{x} = -\boldsymbol{v}_{n+1}/\nu$ として，

$$\min_{(A+E)\boldsymbol{x}=\boldsymbol{b}+\boldsymbol{f}} \|E\|_\mathrm{F}^2 + \|\boldsymbol{f}\|_\mathrm{F}^2 \tag{3.51}$$

の解ベクトルを与えることがわかる．

上の (3.51) の行列への一般化が (3.49) の最小二乗問題であり，この場合も $[A, B]$ の特異値分解を用いて解ける．正確には，(3.50) の一般化に相当する

$$\min_{V^\mathsf{T}V=I,\ [A+E,B+F]V=O} \|E\|_\mathrm{F}^2 + \|F\|_\mathrm{F}^2 \tag{3.52}$$

を解くには，やはり $[A, B]$ の特異値分解を求める．つまり解は

$$V = [\boldsymbol{v}_{n+1}, \ldots, \boldsymbol{v}_{n+\ell}] \tag{3.53}$$

で与えられ，このとき

$$[A+E, B+F] = \sum_{j=1}^{n} \sigma_j \boldsymbol{u}_j {\boldsymbol{v}_j}^\mathsf{T}, \quad \|[E, F]\|_\mathrm{F}^2 = \sum_{j=n+1}^{\ell} {\sigma_j}^2 \tag{3.54}$$

である．したがって元の問題 (3.49) については，V を $V = [{V_1}^\mathsf{T}, {V_2}^\mathsf{T}]^\mathsf{T}$, $V_1 \in \mathbb{R}^{n\times\ell}$, $V_2 \in \mathbb{R}^{\ell\times\ell}$ と分割したときに V_2 が正則であれば，$X = -V_1{V_2}^{-1}$ により解の行列 X が得られることがわかる．

最後に，Total least squares の応用として，縦長の行列 $A, B \in \mathbb{R}^{m\times n}$ $(m > n)$ に対する一般化固有値問題について述べたい．一般の A, B に対して $A\boldsymbol{x}_j = \lambda_j B\boldsymbol{x}_j$ $(j = 1, \ldots, n)$ となる解 $\lambda_j, \boldsymbol{x}_j$ $(j = 1, \ldots, n)$ が存在するとは限らないが，応用上，ある摂動行列 E, F を加えて $(A+E)\boldsymbol{x}_j = \lambda_j(B+F)\boldsymbol{x}_j$ $(j = 1, \ldots, n)$ となる場合の固有対とそのときの $E.F$ を求めたいことがある．この問題において $\|E\|_\mathrm{F}^2 + \|F\|_\mathrm{F}^2$ を最小化したい場合

$$\min_{(A+E)X=(B+F)X\Lambda} \|E\|_\mathrm{F}^2 + \|F\|_\mathrm{F}^2 \tag{3.55}$$

を解くことになる．ここで X は正則と仮定すれば，$A + E = (B + F)X\Lambda X^{-1}$ という制約に書き換えられ，これは (3.49) において A と B が入れ替わったものであるので，既に示したように特異値分解を用いて解ける．今 X は正則と仮定したが，実際に解けるための条件など詳細は [92] にて確認されたい．

3.2　反復法

線形最小二乗問題 (3.1) に対する反復法はその係数行列 A が大規模疎であるときにしばしば用いられ，A の疎性を容易に生かせるため効率的な求解を実現

することができる．行列 A が疎であっても，正規方程式の係数行列 $A^{\mathsf{T}}A$ はしばしば密になるため陽に計算することは効率がよくない．そのため，$A^{\mathsf{T}}A$ を陽に計算しないで済む反復法があり，大きく分けて定常反復法と非定常反復法があり，後者の代表にはクリロフ部分空間法がある．

学術・産業・工学においてこうした反復法が活躍するような現場には，分子構造解析，画像・信号処理，測地測量，断層撮影における画像再構成逆問題，電波干渉計，最適化における部分問題などがある．

3.2.1　定常反復法

線形最小二乗問題を解くための古典的な反復法である，行列分離に基づいた定常反復法を導入する．正規方程式 (3.2) に対する定常反復法において，行列 $A^{\mathsf{T}}A$ の分離 $A^{\mathsf{T}}A = M - N$ における分離行列 M が正則であるとすると，k 反復目の近似解は

$$\boldsymbol{x}^{(k+1)} = M^{-1}N\boldsymbol{x}^{(k)} + M^{-1}A^{\mathsf{T}}\boldsymbol{b}, \quad k = 0, 1, \ldots \tag{3.56}$$

である．ただし，初期ベクトルは $\boldsymbol{x}^{(0)} \in \mathbb{R}^n$ である．行列 A がフル列ランク $n = \operatorname{rank} A$ ならば $A^{\mathsf{T}}A$ は正則であり，ベクトル列 $\{\boldsymbol{x}^{(k)}\}$ の収束条件は反復行列 $H = M^{-1}N$ のスペクトル半径について定理 1.8 のように $\rho(H) < 1$ と与えられる．ランク落ち $\operatorname{rank} A < n$ ならば $A^{\mathsf{T}}A$ は特異であり，定常反復法 (3.56) の収束条件は以下のようである：任意の $\boldsymbol{b} \in \mathbb{R}^m$ および任意の $\boldsymbol{x}^{(0)} \in \mathbb{R}^n$ に対してベクトル列 $\{\boldsymbol{x}^{(k)}\}$ が (3.2) のある解に収束するとき，かつそのときに限り，(3.56) の反復行列 H の疑似スペクトル半径 $\nu(H) = \{\max |\lambda| : \lambda \in \sigma(H) \backslash \{1\}\}$ は $\nu(H) < 1$ を満たす [30, 定理 1].

正規方程式 (3.2) に対する定常反復法には，分離行列 M の選び方によって様々なものがある．代表的な定常反復法はリチャードソン法，ヤコビ法，および逐次過緩和 (Successive OverRelaxation, SOR) 法 [20, 4.5.1–2 項] に基づくものである．正規方程式 (3.2) に対する**リチャードソン法**は $M = I$ で与えられるが，その収束を改善するためにパラメータ $\omega \in \mathbb{R}$ を加えて $M = \omega^{-1}I$ としたものは，**ランドウェバー法** [20, 4.5.1 項] や **SIRT**（Simultaneous Iterative Reconstruction Technique, 同時反復再構成法）と呼ばれる．正規方程式 (3.2) に対してヤコビ法（1.2.1 項 (1)）を適用したものと等価であるような**チンミー**

ノ法は，A が正方行列である場合に対して元々提案されたが，長方行列に対して自然に拡張することができる [187, 8.2.2 項].

SOR 法（1.2.1 項 (3)）のパラメータ ω の値が $0 < \omega < 2$ を満たすならば，その反復行列 H は $\nu(H) < 1$ を満たす．(3.2) に対して行列積 $A^{\mathsf{T}}A$ を陽に計算しないで済むことにより SOR 法を効率的に適用することができる，**NR-SOR (Normal Residual) 法** [20, 4.5 節] の算法は Algorithm 23 のようである．

Algorithm 23 NR-SOR 法

1: $\boldsymbol{x}^{(0)}$ を与える；$\boldsymbol{r}_0 = \boldsymbol{b} - A\boldsymbol{x}^{(0)}$;
2: **for** $k = 1, 2, \ldots$ until convergence **do**
3: 　**for** $j = 1, 2, \ldots, n$ **do**
4: 　　$d_j^{(k)} = \omega(\boldsymbol{r}, \boldsymbol{a}_j)/\|\boldsymbol{a}_j\|_2{}^2$;　$x_j^{(k)} = x_j^{(k-1)} + d_j^{(k)}$;　$\boldsymbol{r}_{k-1} = \boldsymbol{r}_{k-1} - d_j^{(k)}\boldsymbol{a}_j$;
5: 　**end for**
6: 　$\boldsymbol{r}_{k+1} = \boldsymbol{r}_k$
7: **end for**

ただし，$\boldsymbol{a}_j$ は行列 A の第 j 列である．行列 A が疎であるとき，効率性のためには Algorithm 23 の 4 行目にある内積 $(\boldsymbol{r}, \boldsymbol{a}_j) = \boldsymbol{a}_j^{\mathsf{T}}\boldsymbol{r}$ およびベクトルのスカラー倍加算 $\boldsymbol{r} = \boldsymbol{r} - d_j^{(k)}\boldsymbol{a}_j$ は A の非ゼロ要素についてのみ演算を行えばよい．Algorithm 23 の 3 行目から 5 行目までの j に関する反復を逆順に行ったものをその後に加えることで，正規方程式 (3.2) に対する対称 SOR (SSOR) 法の算法（**NR-SSOR 法**）が得られる．

反復法は近似解が所望の精度を満たすとき反復を停止する．Algorithm 23 の 2 行目から 7 行目における反復の停止を決定するために，適当な閾値 $\varepsilon > 0$ に対して正規方程式 (3.2) の相対残差ノルムが小さいという条件

$$\|A^{\mathsf{T}}\boldsymbol{r}_k\|_2 = \|A^{\mathsf{T}}(\boldsymbol{b} - A\boldsymbol{x}_k)\|_2 \leqq \varepsilon\|A^{\mathsf{T}}\boldsymbol{r}_0\|_2$$

を用いることができる．この条件は (3.1) に対する以下の算法でも同様にして反復法を停止するかどうかを決定するための指標として用いることができる．

以上と同様な議論は，第 2 種の正規方程式 (3.4) に対する定常反復法に関しても成立する．正規方程式 (3.4) の係数行列 AA^{T} の分離を $AA^{\mathsf{T}} = M - N$ とする．以降では，分離行列 M が正則であるとする．正規方程式 (3.4) に対する定常反復法は

$$\boldsymbol{u}^{(k+1)} = M^{-1}N\boldsymbol{u}^{(k)} + M^{-1}\boldsymbol{b}, \quad \boldsymbol{x}^{(k+1)} = A^\top \boldsymbol{u}^{(k+1)}, \quad k = 0, 1, \ldots$$

である．この場合の収束条件は，(3.2) に対する定常反復法 (3.56) と同様にして得られる．行列積 $AA^\top$ を陽に計算しないで済み，第2種の正規方程式 (3.4) に対して SOR 法を効率的に適用することができる，**NE-SOR (Normal Error) 法** [20, 4.5 節] の算法は Algorithm 24 のようである．

Algorithm 24 NE-SOR 法

1: $\boldsymbol{x}^{(0)}$ を与える；
2: **for** $k = 1, 2, \ldots$ until convergence **do**
3: 　**for** $i = 1, 2, \ldots, m$ **do**
4: 　　$d_i^{(k)} = \omega[c_i - (\boldsymbol{\alpha}_i, \boldsymbol{z}^{(k-1)})]/\|\boldsymbol{\alpha}_i\|_2{}^2; \quad \boldsymbol{x}^{(k-1)} = \boldsymbol{x}^{(k-1)} + d_i^{(k)}\boldsymbol{\alpha}_i;$
5: 　**end for**
6: 　$\boldsymbol{x}^{(k)} = \boldsymbol{x}^{(k-1)};$
7: **end for**

ただし，$\boldsymbol{\alpha}_i$ は A の第 i 行である．Algorithm 24 の2行目から7行目における反復の停止を決定するために，正規方程式 (3.4) の相対残差ノルムが十分小さいという条件 $\|\boldsymbol{r}_k\|_2 = \|\boldsymbol{b} - A\boldsymbol{x}_k\|_2 \leqq \varepsilon\|\boldsymbol{r}_0\|_2$, $\varepsilon > 0$ を用いることができる．この条件は (3.3) に対する以下の算法でも同様にして反復法を停止するかどうかを決定するための指標として用いることができる．

第2種の正規方程式 (3.4) にガウス・ザイデル法を適用するものと等価である手法に**カチマジ法** [20, 4.5.2 項] がある．カチマジ法は A が正方行列である場合に対して元々提案されたが**代数的再構成法** (Algebraic Reconstruction Technique, ART) [20, 4.5.2 項] として再発見され，A が長方行列である場合に対して拡張された．[187, 第8章] を参照せよ．

これらの定常反復法は単体で用いるほかに，後述するクリロフ部分空間法に前処理として施すことでその求解性能を改善することができる．

3.2.2　クリロフ部分空間法

線形最小二乗問題 (3.1) を解くための代表的なクリロフ部分空間法は，**CGLS 法**およびその安定版である **LSQR 法**である．これらの手法はどちらも，正規方程式 (3.2) に対して共役勾配法（Conjugate Gradient, CG 法）(1.2.2 項 (2)) を適用したものと等価である．つまり，CGLS 法および LSQR 法の k 反復目の

近似解ベクトル $\boldsymbol{x}_k$ は

$$\boldsymbol{x}_k = \mathop{\arg\min}_{\boldsymbol{x}\in\boldsymbol{x}_0+\mathcal{K}_k(A^\top A; A^\top \boldsymbol{r}_0)} \|\boldsymbol{x}-\boldsymbol{x}_{\mathrm{LS}}\|_{A^\top A} = \mathop{\arg\min}_{\boldsymbol{x}\in\boldsymbol{x}_0+\mathcal{K}_k(A^\top A; A^\top \boldsymbol{r}_0)} \|\boldsymbol{b}-A\boldsymbol{x}\|_2,$$

である．ただし，$\boldsymbol{x}_0$ は初期ベクトル，$\boldsymbol{x}_{\mathrm{LS}}$ は (3.1) のある一つの解（最小二乗解）である．CGLS 法の算法は Algorithm 25 のようである．

Algorithm 25 CGLS 法

1: $\boldsymbol{x}_0$ を与える；$\boldsymbol{r}_0 = \boldsymbol{b} - A\boldsymbol{x}_0$; $\boldsymbol{p}_1 = \boldsymbol{s}_1 = A^\top \boldsymbol{r}_0$; $\gamma_1 = \|\boldsymbol{s}_1\|_2{}^2$;
2: **for** $k = 1, 2, \ldots$ until convergence **do**
3: $\quad \boldsymbol{q}_k = A\boldsymbol{p}_k$; $\quad \alpha_k = \gamma_k / \|\boldsymbol{q}_k\|_2{}^2$; $\quad \boldsymbol{x}_{k+1} = \boldsymbol{x}_k + \alpha_k \boldsymbol{p}_k$;
4: $\quad \boldsymbol{r}_{k+1} = \boldsymbol{r}_k - \alpha_k \boldsymbol{q}_k$; $\quad \boldsymbol{s}_{k+1} = A^\top \boldsymbol{r}_{k+1}$; $\quad \gamma_{k+1} = \|\boldsymbol{s}_{k+1}\|_2{}^2$;
5: $\quad \beta_k = \gamma_{k+1}/\gamma_k$; $\quad \boldsymbol{p}_{k+1} = \boldsymbol{s}_{k+1} + \beta_k \boldsymbol{p}_k$;
6: **end for**

ここで，LSQR 法の算法を導出する．初期ベクトル $\boldsymbol{x}_0 \in \mathbb{R}^n$ に対して $\boldsymbol{r}_0 = \boldsymbol{b} - A\boldsymbol{x}_0$, $\beta_1 \boldsymbol{u}_1 = \boldsymbol{r}_0$（$\beta_1 = \|\boldsymbol{r}_0\|_2$, $\boldsymbol{u}_1 = \boldsymbol{r}_0/\beta_1$ の略記），および $\alpha_1 \boldsymbol{v}_1 = A^\top \boldsymbol{u}_1$ を計算し，**ガラブ・カハン二重対角化**

$$\beta_{k+1}\boldsymbol{u}_{k+1} = A\boldsymbol{v}_k - \alpha_k \boldsymbol{u}_k, \quad \alpha_{k+1}\boldsymbol{v}_{k+1} = A^\top \boldsymbol{u}_{k+1} - \beta_{k+1}\boldsymbol{v}_k, \quad k = 1, 2, \ldots$$

によって $AV_k = U_{k+1}B_k$, $A^\top U_{k+1} = V_{k+1}L_{k+1}^\top$ を得る．ただし，$U_k = [\boldsymbol{u}_1, \boldsymbol{u}_2, \ldots, \boldsymbol{u}_k]$, $V_k = [\boldsymbol{v}_1, \boldsymbol{v}_2, \ldots, \boldsymbol{v}_k]$,

$$B_k = \begin{bmatrix} \alpha_1 & & & O \\ \beta_2 & \alpha_2 & & \\ & \ddots & \ddots & \\ & & \beta_k & \alpha_k \\ O & & & \beta_{k+1} \end{bmatrix}, \quad L_{k+1} = [B_k, \alpha_k \boldsymbol{e}_{k+1}]$$

である．LSQR 法の近似解ベクトルを $\boldsymbol{x}_k = \boldsymbol{x}_0 + V_k \boldsymbol{y}_k$, $\boldsymbol{y}_k \in \mathbb{R}^k$ とする．行列 U_k, V_k のそれぞれの列ベクトルは互いに直交し，$\mathcal{R}(V_k) = \mathcal{K}_k(A^\top A; A^\top \boldsymbol{r}_0)$ であるので，以下の関係 $\boldsymbol{b} - A\boldsymbol{x}_k = \beta_1 \boldsymbol{u}_1 - U_{k+1}B_{k+1}\boldsymbol{y}_k = U_{k+1}(\beta_1 \boldsymbol{e}_1 - B_k \boldsymbol{y}_k)$ に注意すると，$\boldsymbol{y}_k$ は最小二乗問題 $\min_{\boldsymbol{y}\in\mathbb{R}^k} \|\beta_1 \boldsymbol{e}_1 - B_k \boldsymbol{y}\|$ の解とすればよいことがわかる．この最小二乗問題はギブンス回転（2.1.2 項）を用いて下二重対角

Algorithm 26 LSQR 法

1: $\boldsymbol{x}_0$ を与える；$\boldsymbol{r}_0 = \boldsymbol{b} - A\boldsymbol{x}_0$; $\beta_1 \boldsymbol{u}_1 = \boldsymbol{r}_0$ （$\beta_1 = \|\boldsymbol{r}_0\|_2$, $\boldsymbol{u}_1 = \boldsymbol{r}_0/\beta_1$ の略記）；
2: $\alpha_1 \boldsymbol{v}_1 = A^\mathsf{T} \boldsymbol{u}_1$; $\boldsymbol{p}_1 = \boldsymbol{v}_1$; $\hat{\phi}_1 = \beta_1$; $\hat{\rho}_1 = \alpha_1$;
3: **for** $k = 1, 2, \ldots$ until convergence **do**
4: $\quad \beta_{k+1} \boldsymbol{u}_{k+1} = A\boldsymbol{v}_k - \alpha_k \boldsymbol{u}_k$; $\quad \alpha_{k+1} \boldsymbol{v}_{k+1} = A^\mathsf{T} \boldsymbol{u}_{k+1} - \beta_{k+1} \boldsymbol{v}_k$;
5: $\quad \rho_k = (\hat{\rho}_k^2 + \beta_{k+1}^2)^{1/2}$; $\quad c_i = \hat{\rho}_k/\rho_k$; $\quad s_k = \beta_{k+1}/\rho_k$;
6: $\quad \theta_k = s_k \alpha_{k+1}$; $\quad \hat{\rho}_{k+1} = c_k \alpha_{k+1}$; $\quad \phi_k = c_k \hat{\phi}_k$; $\quad \hat{\phi}_{k+1} = -s_k \hat{\phi}_k$;
7: $\quad \boldsymbol{x}_k = \boldsymbol{x}_{k-1} + (\phi_k/\rho_k)\boldsymbol{p}_k$; $\quad \boldsymbol{p}_{k+1} = \boldsymbol{v}_{k+1} - (\theta_{k+1}/\rho_k)\boldsymbol{p}_k$;
8: **end for**

行列 B_k を上二重対角行列に変形することで効率良く解ける（1.2.2 項 (6)）．以上より，LSQR 法の算法は Algorithm 26 のようである．

次に，正規方程式 (3.2) に対して共役残差法（Conjugate Residual, CR 法）[187, 6.8 節] および MINRES 法 [20, 4.2.6 項] を適用したものとそれぞれ等価である，**CRLS 法** [245] および **LSMR 法** [20, 4.5.4 項] を導入する．両手法は数学的には等価であるが，CRLS 法の k 反復目の近似解ベクトル $\boldsymbol{x}_k$ は直交条件

$$A^\mathsf{T} \boldsymbol{r}_k \perp A^\mathsf{T} A \mathcal{K}_k(A^\mathsf{T} A, A^\mathsf{T} \boldsymbol{r}_0)$$

を満たすように定める．CRLS 法の算法は Algorithm 27 のようである．

Algorithm 27 CRLS 法

1: $\boldsymbol{x}_0$ を与える；$\boldsymbol{r}_0 = \boldsymbol{b} - A\boldsymbol{x}_0$; $\boldsymbol{p}_1 = \boldsymbol{s}_1 = A^\mathsf{T} \boldsymbol{r}_0$; $\boldsymbol{q}_1 = A\boldsymbol{p}_1$;
2: **for** $k = 1, 2, \ldots$ until convergence **do**
3: $\quad \gamma_k = \|\boldsymbol{q}_k\|_2{}^2$; $\quad \alpha_k = (\boldsymbol{s}_k, \boldsymbol{p}_k)/\gamma_k$; $\quad \boldsymbol{x}_k = \boldsymbol{x}_{k-1} + \alpha_l \boldsymbol{p}_k$;
4: $\quad \boldsymbol{s}_k = \boldsymbol{s}_{k-1} - \alpha_k A^\mathsf{T} \boldsymbol{q}_k$; $\quad \boldsymbol{t}_k = A\boldsymbol{s}_k$; $\quad \beta_k = -(\boldsymbol{t}_k, \boldsymbol{q}_k)/\gamma_k$;
5: $\quad \boldsymbol{p}_{k+1} = \boldsymbol{s}_k + \beta_k \boldsymbol{p}_k$; $\quad \boldsymbol{q}_{k+1} = \boldsymbol{t}_{k+1} + \beta_k \boldsymbol{q}_k$;
6: **end for**

一方，LSMR 法の k 反復目の近似解ベクトル $\boldsymbol{x}_k$ は正規方程式の残差ノルムを最小化

$$\boldsymbol{x}_k = \mathop{\arg\min}_{\boldsymbol{x} \in \boldsymbol{x}_0 + \mathcal{K}_k(A^\mathsf{T} A; A^\mathsf{T} \boldsymbol{r}_0)} \|A^\mathsf{T}(\boldsymbol{b} - A\boldsymbol{x})\|_2$$

するようにして定める．LSQR 法と同様に初期ベクトルを $\boldsymbol{x}_0$ として，LSMR 法の近似解ベクトルを $\boldsymbol{x}_k = \boldsymbol{x}_0 + V_k \boldsymbol{y}_k$, $\boldsymbol{y}_k \in \mathbb{R}^k$ とする．ガラブ・カハン二重対角化および以下の関係

$$A^\top(\boldsymbol{b} - A\boldsymbol{x}_k) = V_{k+1}\left(\alpha_1\beta_1\boldsymbol{e}_1 - \begin{bmatrix} B_k^\top B_k \\ \alpha_{k+1}\beta_{k+1}\boldsymbol{e}_k^\top \end{bmatrix}\right)$$

を用いると，$\boldsymbol{y}_k$ は最小二乗問題

$$\min_{\boldsymbol{y}\in\mathbb{R}^k}\left\|\alpha_1\beta_1\boldsymbol{e}_1 - \begin{bmatrix} B_k^\top B_k \\ \alpha_{k+1}\beta_{k+1}\boldsymbol{e}_k^\top \end{bmatrix}\boldsymbol{y}\right\| \tag{3.57}$$

の解とすればよいことがわかる．最小二乗問題 (3.57) はギブンス回転 (2.1.2 項) を用いて効率良く解くことができる (1.2.2 項 (6))．LSMR 法の算法は Algorithm 28 のようである．

Algorithm 28 LSMR 法

1: $\boldsymbol{x}_0$ を与える；$\boldsymbol{r}_0 = \boldsymbol{b} - A\boldsymbol{x}_0$; $\beta_1\boldsymbol{u}_1 = \boldsymbol{r}_0$; $\alpha_1\boldsymbol{v}_1 = A^\top\boldsymbol{u}_1$; $\tilde{\alpha}_1 = \alpha_1$; $\tilde{\zeta}_1 = \alpha_1\beta_1$;
2: $\rho_0 = 1$; $\tilde{\rho}_0 = 1$; $\tilde{c}_0 = 1$; $\tilde{s}_0 = 0$; $\boldsymbol{h}_1 = \boldsymbol{v}_1$; $\tilde{\boldsymbol{h}}_0 = \boldsymbol{0}$;
3: **for** $k = 1, 2, \ldots$ until convergence **do**
4: $\quad \beta_{k+1}\boldsymbol{u}_{k+1} = A\boldsymbol{v}_k - \alpha_k\boldsymbol{u}_k$; $\quad \alpha_{k+1}\boldsymbol{v}_{k+1} = A^\top\boldsymbol{u}_{k+1} - \beta_{k+1}\boldsymbol{v}_k$;
5: $\quad \rho_k = (\tilde{\alpha}_k^2 + \beta_{k+1}^2)^{1/2}$; $\quad c_k = \tilde{\alpha}_k/\rho_k$; $\quad s_k = \beta_{k+1}/\rho_k$; $\quad \theta_{k+1} = s_k\alpha_{k+1}$;
6: $\quad \tilde{\alpha}_k = c_k\alpha_{k+1}$; $\quad \tilde{\theta}_k = \tilde{s}_{k-1}\rho_k$; $\quad \tilde{\rho}_k = ((\tilde{c}_{k-1}\rho_k)^2 + \theta_{k+1}^2)^{1/2}$;
7: $\quad \tilde{c}_k = \tilde{c}_{k-1}\rho_k/\tilde{\rho}_k$; $\quad \tilde{s}_k = \theta_{k+1}/\tilde{\rho}_k$; $\quad \zeta_k = \tilde{c}_k\tilde{\zeta}_k$; $\quad \tilde{\zeta}_{k+1} = -\tilde{s}_k\tilde{\zeta}_k$;
8: $\quad \tilde{\boldsymbol{h}}_k = \boldsymbol{h}_k - (\tilde{\theta}_k\rho_k/(\rho_{k-1}\tilde{\rho}_{k-1}))\tilde{\boldsymbol{h}}_{k-1}$; $\quad \boldsymbol{x}_k = \boldsymbol{x}_{k-1} + (\zeta_k/(\rho_k\tilde{\rho}_k))\tilde{\boldsymbol{h}}_k$;
9: $\quad \boldsymbol{h}_{k+1} = \boldsymbol{v}_{k+1} - (\theta_k/\rho_k)\boldsymbol{h}_k$;
10: **end for**

同様にして，第 2 種の正規方程式 (3.4) に対して CG 法（1.2.2 項 (2)）および MINRES 法を適用したものと等価なクリロフ部分空間法にはそれぞれ **CGNE 法**（または**クレイグ法**）[20, 4.5.3 項] および **MRNE 法** [145] がある．CGNE 法の算法は Algorithm 29 のようである．

Algorithm 29 CGNE 法

1: $\boldsymbol{x}_0$ を与える；$\boldsymbol{r}_0 = \boldsymbol{b} - A\boldsymbol{x}_0$; $\boldsymbol{s}_0 = A^\top\boldsymbol{r}_0$; $\gamma_0 = \|\boldsymbol{r}_0\|_2{}^2$;
2: **for** $k = 0, 1, \ldots$ until convergence **do**
3: $\quad \alpha_k = \gamma_k/\|\boldsymbol{p}_k\|_2{}^2$; $\quad \boldsymbol{x}_k = \boldsymbol{x}_{k-1} + \alpha_k\boldsymbol{s}_{k-1}$; $\quad \boldsymbol{r}_{k+1} = \boldsymbol{r}_k - \alpha_k A\boldsymbol{p}_k$;
4: $\quad \gamma_{k+1} = \|\boldsymbol{r}_{k+1}\|_2{}^2$; $\quad \beta_k = \gamma_{k+1}/\gamma_k$; $\quad \boldsymbol{p}_{k+1} = A^\top\boldsymbol{r}_{k+1} + \beta_k\boldsymbol{p}_k$;
5: **end for**

これらの手法の近似解 $\boldsymbol{x}_k \in \mathbb{R}^n$ は共通して空間 $\boldsymbol{x}_0 + \mathcal{K}_k(A^\top A; A^\top\boldsymbol{r}_0)$ 中で決定されるが，$A^\top A$ を陽には計算する必要がないため効率が良い．これらの手法

の違いは，最小化する目的関数にある．CGLS, LSQR, CRLS, および LSMR 法は，初期ベクトルを $\boldsymbol{x}_0 \in \mathcal{R}(A^\mathsf{T})$ とすると任意の $\boldsymbol{b} \in \mathbb{R}^m$ に対して (3.1) の解ベクトル自身の 2 ノルムが最小となるような最小二乗解を与える．

CGLS 法および LSQR 法の誤差の $A^\mathsf{T}A$-ノルムの上界は定理 1.9 のように与えられ，条件数 $(\|A\|_2\|A^\dagger\|_2)^2$ に依存する．ただし，$A^\dagger$ は A のムーア・ペンローズ型一般化逆行列 (3.19) である．したがって，A の条件数が大きいならばこれらの手法は十分な精度を持つ近似解を与えるために多くの反復数を要することがわかる．そのため実用的には，これらの手法は前処理を併用することによって問題の条件を改善することが不可欠である．CRLS 法，LSMR 法，CGNE 法，および MRNE 法も同様である．

3.2.3 対称前処理付きクリロフ部分空間法

前処理行列として $KK^\mathsf{T} \simeq A^\mathsf{T}A$ であるような $K \in \mathbb{R}^{n\times n}$ を考える．前処理行列 K が正則であるとき，正規方程式 (3.2) は，それに K を施して前処理した

$$K^{-1}A^\mathsf{T}AK^{-\mathsf{T}}\boldsymbol{y} = K^{-1}A^\mathsf{T}\boldsymbol{b}, \quad \boldsymbol{x} = K^{-\mathsf{T}}\boldsymbol{y} \tag{3.58}$$

と等価である．フル列ランク $\operatorname{rank} A = n$ ならば，前処理とは直感的には前処理された行列 $K^{-1}A^\mathsf{T}AK^{-\mathsf{T}}$ を単位行列 I に近づけることである．前処理行列 K の具体的な選び方については 3.2.4 項で述べる．

(3.58) の第 1 式に対して CG 法を適用することを考えると，前処理付き CGLS 法の算法は Algorithm 30 のようである．

Algorithm 30 前処理付き CGLS 法

1: $\boldsymbol{x}_0$ を与える；$\boldsymbol{r}_0 = \boldsymbol{b} - A\boldsymbol{x}_0$; $\boldsymbol{p}_0 = \boldsymbol{s}_0 = K^{-\mathsf{T}}A^\mathsf{T}\boldsymbol{r}_0$; $\gamma_0 = \|\boldsymbol{s}_0\|_2{}^2$;
2: **for** $k = 1, 2, \ldots$ until convergence **do**
3: $\quad \boldsymbol{t}_k = K^{-1}\boldsymbol{p}_k$; $\quad \boldsymbol{q}_k = A\boldsymbol{t}_k$; $\quad \alpha_k = \gamma_k/\|\boldsymbol{q}_k\|_2{}^2$; $\quad \boldsymbol{x}_{k+1} = \boldsymbol{x}_k + \alpha_k\boldsymbol{t}_k$;
4: $\quad \boldsymbol{r}_{k+1} = \boldsymbol{r}_k - \alpha_k\boldsymbol{q}_k$; $\quad \boldsymbol{s}_{k+1} = K^{-\mathsf{T}}A^\mathsf{T}\boldsymbol{r}_{k+1}$; $\quad \gamma_{k+1} = \|\boldsymbol{s}_{k+1}\|_2{}^2$;
5: $\quad \beta_k = \gamma_{k+1}/\gamma_k$; $\quad \boldsymbol{p}_{k+1} = \boldsymbol{s}_{k+1} + \beta_k\boldsymbol{p}_k$;
6: **end for**

(3.58) の第 1 式に対して MINRES 法を適用することを考えると，前処理付き LSMR 法の算法は Algorithm 31 のようである．

一方，前処理行列として $PP^\mathsf{T} \simeq AA^\mathsf{T}$ であるような正則行列 $P \in \mathbb{R}^{n\times n}$ を考

Algorithm 31 前処理付き LSMR 法

1: $\boldsymbol{x}_0$ を与える；$\boldsymbol{r}_0 = \boldsymbol{b} - A\boldsymbol{x}_0$; $\beta_1 \boldsymbol{u}_1 = \boldsymbol{r}_0$;
2: $\alpha_1 \boldsymbol{v}_1 = K^{-1} A^\mathsf{T} \boldsymbol{u}_1$ （$\alpha_1 = \|K^{-1} A^\mathsf{T} \boldsymbol{u}_1\|_2$, $\boldsymbol{v}_1 = K^{-1} A^\mathsf{T} \boldsymbol{u}_1 / \alpha_1$ の略記.）；
3: $\boldsymbol{w}_1 = K^{-\mathsf{T}} \boldsymbol{v}_1$; $\bar{\alpha}_1 = \alpha_1$; $\bar{\zeta}_1 = \alpha_1 \beta_1$; $\rho_0 = 1$; $\bar{\rho}_0 = 1$;
4: $\bar{c}_0 = 1$; $\bar{s}_0 = 0$; $\boldsymbol{h}_1 = \boldsymbol{w}_1$; $\bar{\boldsymbol{h}}_0 = \boldsymbol{0}$;
5: **for** $k = 1, 2, \ldots$ until convergence **do**
6: $\beta_{k+1} \boldsymbol{u}_{k+1} = A\boldsymbol{w}_k - \alpha_k \boldsymbol{u}_k$; $\alpha_{k+1} \boldsymbol{v}_{k+1} = K^{-1} A^\mathsf{T} \boldsymbol{u}_{k+1}$; $\boldsymbol{w}_{k+1} = K^{-\mathsf{T}} \boldsymbol{v}_{k+1}$;
7: $\rho_k = (\bar{\alpha}_k^2 + \beta_{k+1})^{1/2}$; $c_k = \bar{\alpha}_k / \rho_k$; $s_k = \beta_k / \rho_k$; $\theta_{k+1} = s_k \alpha_{k+1}$; $\bar{\alpha}_{k+1} = c_k \alpha_{k+1}$;
8: $\bar{\theta}_k = \bar{s}_{k-1} \rho_k$; $\bar{\rho}_k = ((\bar{c}_{k-1} \rho_k)^2 + \theta_{k+1}^2)^{1/2}$; $\bar{c}_k = \bar{c}_{k-1} \rho_k / \bar{\rho}_k$; $\bar{s}_k = \theta_{k+1} / \bar{\rho}_k$; $\zeta_k = \bar{c}_k \bar{\zeta}_k$; $\bar{\zeta}_{k+1} = -\bar{s}_k \bar{\zeta}_k$;
9: $\bar{\boldsymbol{h}}_k = \boldsymbol{h}_k - (\bar{\theta}_k \rho_k / (\rho_{k-1} \bar{\rho}_{k-1})) \bar{\boldsymbol{h}}_{k-1}$; $\boldsymbol{x}_k = \boldsymbol{x}_{k-1} + (\zeta_k / (\rho_k \bar{\rho}_k)) \bar{\boldsymbol{h}}_k$; $\boldsymbol{h}_{k+1} = \boldsymbol{w}_{k+1} - (\theta_{k+1} / \rho_k) \boldsymbol{h}_k$;
10: **end for**

える．前処理行列 P を正規方程式 (3.4) に施した

$$P^{-1} A A^\mathsf{T} P^{-\mathsf{T}} \boldsymbol{z} = P^{-1} \boldsymbol{b}, \quad \boldsymbol{x} = A^\mathsf{T} P^{-\mathsf{T}} \boldsymbol{z} \tag{3.59}$$

は (3.4) と等価である．この前処理された第 2 種の正規方程式の係数行列 $P^{-1} A^\mathsf{T} A P^{-\mathsf{T}}$ は (半) 正定値対称であることに留意せよ．フル行ランク $\operatorname{rank} A = m$ ならば，直感的に前処理とは前処理された行列 $P^{-1} A A^\mathsf{T} P^{-\mathsf{T}}$ を単位行列に近づけることである．前処理行列 P の具体的な選び方については 3.2.4 項で述べる．

前処理付き CGLS 法および前処理付き LSMR 法と同様にして，(3.59) の第 1 式に対して CG 法および MINRES 法を適用することによって前処理付き CGNE 法および前処理付き MRNE 法の算法が得られる．

3.2.4 対称前処理法

3.2.3 項で導入したクリロフ部分空間法に施すための前処理行列を計算する具体的な手法を導入する．以下では便宜的に $A^\mathsf{T} A$ と書くが，効率のためにはこれを陽に計算する必要はない．本項では主に (3.58), $m \geqq n$ に対する前処理を考えるが，同様にして (3.59), $m < n$ に対するものも考えることができる．

(1) 行列分離

単純な前処理には，対角スケーリング $K K^\mathsf{T} = \operatorname{diag}(A^\mathsf{T} A)$ がある．これは，

正規方程式 (3.2) に対するヤコビ法の分離行列 $D = \mathrm{diag}(A^{\mathsf{T}}A)$ を用いた行列分離型の前処理に相当する．このように定常反復法の分離行列 M を $A^{\mathsf{T}}A$ の近似であると解釈して，前処理行列を $KK^{\mathsf{T}} = M$ として用いるような行列分離型の前処理 [20, 4.5.7 項] もある．NR-SSOR 法の分離行列を前処理行列として用いることもできる．このような行列分離型前処理は正規方程式に対して定常反復法の 1 反復を施すことに相当するが，複数回反復を行うように一般化したものを内部反復型前処理と呼ぶ（3.2.6 項 (2) を参照せよ）．

(2) 不完全コレスキー・修正コレスキー分解

線形最小二乗問題を解くために用いられる直接法である行列分解を近似的に行うような，不完全行列分解に基づく前処理について述べる [20, 4.5.7 項]．その代表的なものは $A^{\mathsf{T}}A$ の**不完全コレスキー分解**（1.2.3 項 (3)）および A の不完全 QR 分解に基づく．

正規方程式 (3.2) の係数行列 $G = A^{\mathsf{T}}A = \{g_{ij}\}$ の不完全コレスキー分解は $LL^{\mathsf{T}} \simeq G$, $L = \{l_{i,j}\}$ である（1.2.3 項 (3)）．不完全コレスキー因子 L は，正規方程式の前処理 (3.58) において $K = L$ のようにして用いる．ここで，前処理行列が G をよく近似するためには適当なノルム $\|\cdot\|$ について $\|LL^{\mathsf{T}} - G\|$ が小さく，効率のためには L が疎であることが望ましい．不完全コレスキー分解を行うための算法は Algorithm 32 のようである．

Algorithm 32 不完全コレスキー分解

1: **for** $j = 1, 2, \ldots, n$ **do**
2: 　$l_{jj} = (g_{jj} - \sum_{k=1}^{j-1} {l_{jk}}^2)^{1/2}$;
3: 　**for** $i = j+1, j+2, \ldots, n$ **do**
4: 　　**if** $(i, j) \notin \mathcal{I}$ **then** $l_{ij} = 0$ **else** $l_{ij} = g_{ij} - \sum_{k=1}^{j-1} l_{ik} l_{jk}$;
5: 　**end for**
6: **end for**

典型的には $\mathcal{I} = \{(i,j) \,|\, g_{ij} \neq 0,\ j \leqq i\}$ であるような添字集合が用いられる．行列 G の比較行列 $\hat{G} = \{\hat{g}_{ij}\}$, $\hat{g}_{ii} = g_{ii}$, $\hat{g}_{ij} = -|g_{ij}|$ $(i \neq j)$ が M 行列（定義 1.11）である（H 行列）ならば，不完全コレスキー分解は破綻することはない [127, 系 3.3]．

このような破綻を回避することができる，$A^{\mathsf{T}}A$-直交性に基づいた**ロバスト不完全分解** (Robust Incomplete Factorization, RIF) [16] がある．A が列フルランクであるとすると，RIF は $(A^\mathsf{T}A)^{-1}$ の不完全修正コレスキー分解 $ZD^{-1}Z^\mathsf{T}$ を計算することができる．前処理 (3.58) には $K = ZD^{-1/2}$ を用いる．RIF の算法は Algorithm 33 のようである．

Algorithm 33 ロバスト不完全分解 (RIF)

1: $Z = [\boldsymbol{e}_1, \boldsymbol{e}_2, \ldots, \boldsymbol{e}_n]$ を与える；
2: **for** $j = 1, 2, \ldots, n$ **do**
3: 　$\boldsymbol{u}_j = A\boldsymbol{z}_j;\quad d_j = (\boldsymbol{u}_j, \boldsymbol{u}_j);$
4: 　**for** $i = j+1, j+2, \ldots, n$ **do**
5: 　　$\boldsymbol{u}_i = A\boldsymbol{z}_i;\quad l_{i,j} = (\boldsymbol{u}_j, \boldsymbol{a}_i)/d_j;$
6: 　　**if** $|l_{i,j}| > \tau$ **then** $\boldsymbol{z}_i = \boldsymbol{z}_i - l_{i,j}\boldsymbol{z}_j;$
7: 　　τ より小さい $\boldsymbol{z}_i$ の要素の値をゼロにする；
8: 　**end for**
9: **end for**

ただし，$Z = [\boldsymbol{z}_1, \boldsymbol{z}_2, \ldots, \boldsymbol{z}_n]$ は下三角行列，$D = \mathrm{diag}(d_1, d_2, \ldots, d_n)$ は対角行列であり，$\tau \geqq 0$ は任意のパラメータである．RIF の逆因子 Z は，不完全修正コレスキー分解 $\tilde{L}\tilde{D}\tilde{L} \simeq G$ の直接因子 $\tilde{L} = \{\tilde{l}_{ij}\}$ と $\tilde{l}_{ij} = (A\boldsymbol{z}_j, A\boldsymbol{z}_\ell)/(A\boldsymbol{z}_j, A\boldsymbol{z}_j)$ によって関係付けられるので，Algorithm 33 の 6 行目では $\tilde{L}$ の疎性を陰的に制御している．Algorithm 33 の 7 行目の τ を $\tau\|\boldsymbol{a}_i\|_2$ に置き換えることで $\|\boldsymbol{a}_i\|_2$ との相対的な値の大きさに依存して $\boldsymbol{z}_i$ の疎性を制御することができる．

さらに洗練された不完全修正コレスキー分解を行うことができる，**バランス化不完全分解** (Balanced Incomplete Factorization, BIF) [23] は $A^\mathsf{T}A$ の不完全修正コレスキー分解 $A^\mathsf{T}A = \tilde{L}\tilde{D}\tilde{L}^\mathsf{T} - E$ の直接因子 $\tilde{L}$ と逆因子 $Z = \tilde{L}^{-\mathsf{T}} = \{\tilde{z}_{ij}\}$ を連成させて同時に計算することができる．ただし，E は半正定値対称行列である．前処理 (3.58) には $K = \tilde{L}\tilde{D}^{1/2}$ を用いる．BIF の算法は Algorithm 34 のようである．

ただし，$s > 0$, $G = [\boldsymbol{g}_1, \boldsymbol{g}_2, \ldots, \boldsymbol{g}_n]$ であり，$V = [\boldsymbol{v}_1, \boldsymbol{v}_2, \ldots, \boldsymbol{v}_n] = \tilde{L}\tilde{D} - s\tilde{L}^{-\mathsf{T}} = \{v_{ij}\}$, $\tilde{D} = \mathrm{diag}(V) + sI$ という関係が成り立つ．

不完全分解因子 Z と V の非ゼロ要素を制御することは Algorithm 34 の 8 行目の後で行うことができる．フル列ランク $\mathrm{rank}\, A = n$ ならば RIF および BIF は破綻しない（ゼロ除算が生じない）．

(3)　不完全 QR 分解

行列 A, $n = \mathrm{rank}\, A$ の**不完全 QR 分解**を行うことを考える．修正グラム・シュ

Algorithm 34 バランス化不完全分解 (BIF)

1: **for** $k = 1, 2, \ldots, n$ **do**
2: $\quad \boldsymbol{v}_k = \boldsymbol{g}_k - s\boldsymbol{e}_k;$
3: $\quad$ **for** $i = 1, 2, \ldots, k-1$ **do**
4: $\quad\quad v_{1:i-1,k} = v_{1:i-1,k} - \frac{\boldsymbol{g}_k^\top \boldsymbol{z}_i}{\boldsymbol{z}_i^\top G \boldsymbol{z}_i} v_{1:i-1,i}; \quad v_{i,k} = s\frac{\boldsymbol{g}_k^\top \boldsymbol{z}_i}{\boldsymbol{z}_i^\top G \boldsymbol{z}_i};$
5: $\quad\quad v_{k:n,k} = v_{k:n,k} - \sum_{\substack{i<k \\ \hat{v}_{ki}\neq 0}} \frac{\hat{v}_{ki}}{\boldsymbol{z}_i^\top G \boldsymbol{z}_i}(\hat{v}_{k:n,i} + \check{v}_{k:n,i}) - \sum_{\substack{i<k \\ \check{v}_{ki}\neq 0}} \frac{\check{v}_{ki}}{\boldsymbol{z}_i^\top G \boldsymbol{z}_i}\hat{v}_{k:n,i};$
6: $\quad$ **end for**
7: $\quad \boldsymbol{z}_k = -[v_{1:k-1,k}^\top / s, 0, \ldots, 0]^\top + \boldsymbol{e}_k;$
8: $\quad v_{k:m,k} = \hat{v}_{k:n,k} + \check{v}_{k:n,k}$ を $\hat{v}_{k:n,k}$ と $\check{v}_{k:n,k}$ とが互いに直交するように分離する；
9: **end for**

ミット直交化 (3.1.1 項 (1)) による不完全 QR 分解は，$A = \tilde{Q}\tilde{R}$ のように $\tilde{Q} = [\boldsymbol{q}_1, \boldsymbol{q}_2, \ldots, \boldsymbol{q}_n] \in \mathbb{R}^{m\times n}$ と上三角行列 $\tilde{R} = \{r_{ij}\} \in \mathbb{R}^{n\times n}$ への分解である．ただし，$\mathrm{rank}\,\tilde{Q} = n$ であるが $\tilde{Q}$ の列ベクトルは必ずしも互いに直交化するとは限らなく，$\tilde{R}$ の対角要素は正である．前処理 (3.58) には $K = R^\top$ を用いる．修正グラム・シュミット直交化を用いて不完全 QR 分解を行うための算法は Algorithm 35 のようである．

Algorithm 35 修正グラム・シュミット直交化版不完全 QR 分解 (IMGS)

1: **for** $j = 1, 2, \ldots, n$ **do**
2: $\quad r_{jj} = \|\boldsymbol{a}_j\|_2; \quad \boldsymbol{q}_j = \boldsymbol{a}_j / r_{jj};$
3: $\quad$ **for** $i = j+1, j+2, \ldots, n$ **do**
4: $\quad\quad r_{ji} = \boldsymbol{q}_j^\top \boldsymbol{a}_i;$
5: $\quad\quad$ **if** $|r_{ji}| < \tau$ **then** $r_{ji} = 0$ **else** $\boldsymbol{a}_i = \boldsymbol{a}_i - r_{ji}\boldsymbol{q}_j;$
6: $\quad$ **end for**
7: **end for**

ただし，$\tau \geqq 0$ は任意のパラメータである．Algorithm 35 の 4 行目の τ を $\tau|r_{ii}|$ に置き換えると，$\tilde{R}$ の対角要素 $|r_{ii}|$ との相対的な値の大きさに依存して非対角要素の疎性を制御することができる．フル列ランク $n = \mathrm{rank}\,A$ ならば，Algorithm 35 は破綻しない．不完全 QR 分解にはギブンズ回転（2.1.2 項）を用いたものもある [20, 4.5.7 項].

3.2.5 非対称前処理付きクリロフ部分空間法

3.2.3 項で述べたクリロフ部分空間法は（前処理された）係数行列が対称であ

る必要があったが，その必要がないような非対称線形方程式向けのクリロフ部分空間法について述べる．

最小二乗問題 (3.1) から正方行列を係数行列に持つ正規方程式 (3.2) や (3.4) に変換するためには，$A^\mathsf{T} \in \mathbb{R}^{n\times m}$ を施していたが，その代わりに適当な行列 $B \in \mathbb{R}^{n\times m}$ を施して正方行列 $AB \in \mathbb{R}^{m\times m}$，または $BA \in \mathbb{R}^{n\times n}$ を持つ問題に変換する．右前処理された線形最小二乗問題と (3.1) が任意の $\boldsymbol{b} \in \mathbb{R}^m$ に対して等しい $\min_{\boldsymbol{y}\in\mathbb{R}^m} \|\boldsymbol{b} - AB\boldsymbol{y}\|_2 = \min_{\boldsymbol{x}\in\mathbb{R}^n} \|\boldsymbol{b} - A\boldsymbol{x}\|_2$ ための必要十分条件は，$\mathcal{R}(AB) = \mathcal{R}(A)$ である [67, 定理 3.1]．この条件が満たされるような B の例には，C を正則行列として $B = A^\mathsf{T}C$ がある．一方，左前処理した線形最小二乗問題 $\min_{\boldsymbol{x}\in\mathbb{R}^n} \|B\boldsymbol{b} - BA\boldsymbol{x}\|_2$ と (3.1) とが任意の $\boldsymbol{b} \in \mathbb{R}^m$ に対して等価であることの必要十分条件は，$\mathcal{R}(B^\mathsf{T}BA) = \mathcal{R}(A)$ である [67, 定理 3.11]．この条件が満たされるような B の例には，C を正則行列であるとして $B = CA^\mathsf{T}$ がある．実用的には B は AB もしくは BA の条件を改善するような前処理行列であることが望ましい．

問題 (3.1) を解くための右・左前処理付き一般化最小化 (Generalized Minimal Residual, GMRES) 法（1.2.2 項 (6)）はそれぞれ AB-GMRES 法，BA-GMRES 法と呼ばれる [67].

(1)　右前処理付き GMRES 法

右前処理された線形最小二乗問題 $\min_{\boldsymbol{y}\in\mathbb{R}^m} \|\boldsymbol{b} - AB\boldsymbol{y}\|_2$ に対して GMRES 法を適用したものは **AB-GMRES 法**と呼ばれ，その k 反復目の近似解は

$$\boldsymbol{u}_k = \operatorname*{arg\,min}_{\boldsymbol{u}\in\mathcal{K}_k(AB;\boldsymbol{r}_0)} \|\boldsymbol{b} - AB\boldsymbol{u}\|_2, \quad \boldsymbol{x}_k = B\boldsymbol{u}_k, \tag{3.60}$$

つまり $\boldsymbol{x}_k = \arg\min_{\boldsymbol{x}\in\mathcal{K}_k(BA;B\boldsymbol{r}_0)} \|\boldsymbol{b} - A\boldsymbol{x}\|_2$ である．

行列 B が $\mathcal{R}(B) = \mathcal{R}(A^\mathsf{T})$ を満たすならば，任意の $\boldsymbol{b} \in \mathcal{R}(A)$ および任意の $\boldsymbol{x}_0 \in \mathcal{R}(A^\mathsf{T})$ に対して AB-GMRES 法が破綻することなく (3.3) の解を与えることの必要十分条件は $\mathcal{R}(B) \cap \mathcal{N}(A) = \{\boldsymbol{0}\}$ である [145, 定理 5.2]．ただし，$\mathcal{N}(A) = \{\boldsymbol{x} \in \mathbb{R}^n \mid A\boldsymbol{x} = \boldsymbol{0}\}$ は A の**核空間**，AB-GMRES 法が k 反復目に破綻するとは $\dim AB\mathcal{K}_k(AB;\boldsymbol{r}_0) < \dim \mathcal{K}_k(AB;\boldsymbol{r}_0)$ または $\dim(AB,\boldsymbol{r}_0) < k$ であることとする．ここで，$\mathcal{R}(B) = \mathcal{R}(A^\mathsf{T})$ は問題の等価条件 $\mathcal{R}(AB) = \mathcal{R}(A)$ を

満たすことに留意せよ．AB-GMRES 法の算法は Algorithm 36 のようである．

Algorithm 36 AB-GMRES 法

1: $\boldsymbol{x}_0$ を与える；$\boldsymbol{r}_0 = \boldsymbol{b} - A\boldsymbol{x}_0$; $\beta = \|\boldsymbol{r}_0\|_2$; $\boldsymbol{v}_1 = \boldsymbol{r}_0/\beta$;
2: **for** $k = 1, 2, \ldots$ until convergence **do**
3: $\quad \boldsymbol{w}_k = AB\boldsymbol{v}_k$;
4: $\quad$ **for** $i = 1, 2, \ldots, k$ **do** $h_{i,k} = (\boldsymbol{w}_k, \boldsymbol{v}_i)$; $\quad \boldsymbol{w}_k = \boldsymbol{w}_k - h_{i,k}\boldsymbol{v}_i$; **end for**
5: $\quad$ **if** $h_{k+1,k} = \|\boldsymbol{w}_k\|_2 = 0$ **then** set $s = k$, go to line 7 **else** $\boldsymbol{v}_{k+1} = \boldsymbol{w}_k/h_{k+1,k}$;
6: **end for**
7: $\boldsymbol{y}_s = \arg\min_{\boldsymbol{y}\in\mathbf{R}^s} \|\beta\boldsymbol{e}_1 - \hat{H}_s\boldsymbol{y}\|_2$; $\boldsymbol{x}_s = \boldsymbol{x}_0 + B\,[\boldsymbol{v}_1, \boldsymbol{v}_2, \ldots, \boldsymbol{v}_s]\,\boldsymbol{y}_k$;

ただし，$\hat{H}_s = \{h_{i,j}\} \in \mathbb{R}^{(s+1)\times s}$ である．

(2) 左前処理付き GMRES 法

左前処理された線形最小二乗問題 $\min_{\boldsymbol{x}\in\mathbb{R}^n} \|B(\boldsymbol{b} - A\boldsymbol{x})\|_2$ に対して GMRES 法を適用したものは **BA-GMRES 法**と呼ばれ，その k 反復目の近似解は

$$\boldsymbol{x}_k = \mathop{\arg\min}_{\boldsymbol{x}\in\boldsymbol{x}_0+\mathcal{K}_k(BA;B\boldsymbol{r}_0)} \|B(\boldsymbol{b} - A\boldsymbol{x})\|_2$$

である．行列 B が $\mathcal{R}(B^\mathsf{T}) = \mathcal{R}(A)$ を満たすならば，任意の $\boldsymbol{b} \in \mathbb{R}^m$ および任意の $\boldsymbol{x}_0 \in \mathbb{R}^n$ に対して BA-GMRES 法が破綻することなく (3.1) の解を与えることの必要十分条件は $\mathcal{R}(B) \cap \mathcal{N}(A) = \{\boldsymbol{0}\}$ である [145, 定理 3.1]. ただし，BA-GMRES 法が k 反復目に破綻するとは $\dim BA\mathcal{K}_k(BA; B\boldsymbol{r}_0) < \dim \mathcal{K}_k(BA; B\boldsymbol{r}_0)$ または $\dim(BA, B\boldsymbol{r}_0) < k$ であることとする．ここで，$\mathcal{R}(B^\mathsf{T}) = \mathcal{R}(A)$ は問題の等価条件 $\mathcal{R}(B^\mathsf{T}BA) = \mathcal{R}(A)$ を満たすことに留意せよ．BA-GMRES 法の算法は Algorithm 37 のようである．

Algorithm 37 BA-GMRES 法

1: $\boldsymbol{x}_0$ を与える；$\boldsymbol{r}_0 = \boldsymbol{b} - A\boldsymbol{x}_0$;
2: $\beta = \|B\boldsymbol{r}_0\|_2$; $\boldsymbol{v}_1 = B\boldsymbol{r}_0/\beta$;
3: **for** $k = 1, 2, \ldots$ until convergence **do**
4: $\quad \boldsymbol{w}_k = BA\boldsymbol{v}_k$;
5: $\quad$ **for** $i = 1, 2, \ldots, k$ **do** $h_{i,k} = (\boldsymbol{w}_k, \boldsymbol{v}_i)$; $\quad \boldsymbol{w}_k = \boldsymbol{w}_k - h_{i,k}\boldsymbol{v}_i$; **end for**
6: $\quad$ **if** $h_{k+1,k} = \|\boldsymbol{w}_k\|_2 = 0$ **then** set $s = k$, go to line 7 **else** $\boldsymbol{v}_{k+1} = \boldsymbol{w}_k/h_{k+1,k}$;
7: **end for**
8: $\boldsymbol{y}_s = \arg\min_{\boldsymbol{y}\in\mathbf{R}^s} \|\beta\boldsymbol{e}_1 - \hat{H}_s\boldsymbol{y}\|_2$; $\boldsymbol{x}_s = \boldsymbol{x}_0 + [\boldsymbol{v}_1, \boldsymbol{v}_2, \ldots, \boldsymbol{v}_s]\,\boldsymbol{y}_s$;

前処理行列 B を構成するための具体的な手法については次項で述べる.

3.2.6　非対称前処理法

前項で導入した AB-GMRES 法および BA-GMRES 法は前処理された行列が対称である必要がない. 例えば, BA-GMRES 法の前処理行列を $B = CA^\mathsf{T}$ とすると, A がフル列ランクならば SOR 前処理 $C = \omega^{-1}(L + \omega D)$ を施すことができる. ただし, L は狭義下三角行列, D は対角行列として $A^\mathsf{T}A = L + D + L^\mathsf{T}$ である. 本項では BA-GMRES 法に対する具体的な前処理行列について述べる. AB-GMRES 法に対する前処理 (3.60) も同様にして考えることができるため, ここでは割愛する.

(1)　不完全行列分解

まず, A がフル列ランク $\mathrm{rank}\, A = n$ であるとする. A に対する不完全ギブンズ直交化 (IGO) [242] は $A = \tilde{Q}\tilde{R} - E$ を与える（3.2.4 項 (2) を参照せよ). 一方, $A^\mathsf{T}A$ に対する RIF [16, 67] は $ZD^{-1}Z^\mathsf{T} \simeq (A^\mathsf{T}A)^{-1}$ を与える（3.2.4 項 (2) を参照せよ). 前処理行列を $B = CA^\mathsf{T}$, $C \in \mathbb{R}^{n \times n}$ とすると, IGO ならば $C = (\tilde{R}^\mathsf{T}\tilde{R})^{-1}$, RIF ならば $C = ZD^{-1}Z^\mathsf{T}$ とすることでそれぞれの前処理を行え, BA-GMRES 法が (3.1) の解を与える条件を満たす.

次に, A がフル列ランクであるとは限らない場合 $\mathrm{rank}\, A \leqq n$ を考える. ムーア・ペンローズ一般化逆行列 $A^\dagger$ を計算するための直接法であるグレヴィル法を用いて不完全一般化逆行列分解 $(I - K)F^{-1}V^\mathsf{T} \simeq A^\dagger$ を計算するための算法 [27] は Algorithm 38 のようである.

Algorithm 38 グレヴィル前処理

1: $K = O \in \mathbb{R}^{n \times n}$; $\boldsymbol{v}_1 = \boldsymbol{a}_1$; $f_1 = \|\boldsymbol{a}_1\|_2{}^2$;
2: **for** $i = 2, 3, \ldots, n$ **do**
3: 　**for** $j = 1, 2, \ldots, i-1$ **do** $\boldsymbol{k}_i = \boldsymbol{k}_i + [(\boldsymbol{a}_i, \boldsymbol{v}_j)/f_j](\boldsymbol{e}_j - \boldsymbol{k}_j)$; **end for**
4: 　τ よりも小さい $\boldsymbol{k}_i$ の要素をゼロにする ; $\boldsymbol{u} = \boldsymbol{a}_i - A_{i-1}\boldsymbol{k}_i$;
5: 　**if** $\|\boldsymbol{u}\|_2 > \tau_\mathsf{s}\|A_{i-1}\|_\mathsf{F}\|\boldsymbol{a}_i\|_2$ **then**
6: 　　$f_i = \|\boldsymbol{u}\|_2{}^2$; 　$\boldsymbol{v}_i = \boldsymbol{u}$;
7: 　**else**
8: 　　$f_i = \|\boldsymbol{k}_i\|_2{}^2 + 1$; 　$\boldsymbol{v}_i = (A_{i-1}^\dagger)^\mathsf{T}\boldsymbol{k}_i = \sum_{p=1}^{i-1}[(\boldsymbol{e}_p - \boldsymbol{k}_p)^\mathsf{T}\boldsymbol{k}_i/f_p]\boldsymbol{v}_p$;
9: 　**end if**
10: **end for**

ここで，$A_{i-1} = \sum_{j=1}^{i-1} \boldsymbol{a}_j \boldsymbol{e}_j^\mathsf{T}$, $K = [\boldsymbol{k}_1, \boldsymbol{k}_2, \ldots, \boldsymbol{k}_n]$, $F = \mathrm{diag}(f_1, f_2, \ldots, f_n)$, $V = [\boldsymbol{v}_1, \boldsymbol{v}_2, \ldots, \boldsymbol{v}_n]$ である．前処理行列は $B = (I - K)F^{-1}V^\mathsf{T}$ とする．Algorithm 38 の 5 行目では行列 A の線形独立な列ベクトルを検出する．A のすべての線形独立な列ベクトルを検出することができるならば，任意の $\boldsymbol{b} \in \mathbb{R}^m$ および任意の $\boldsymbol{x}_0 \in \mathbb{R}^n$ に対して**グレヴィル前処理**付き BA-GMRES 法は破綻することなく (3.1) の解を与える [27, 定理 7].

(2)　内部反復前処理

本項でこれまで導入した前処理には，不完全分解した行列を陽に構成するための余分な記憶容量が必要である．一方，3.2.4 項 (1) で導入した行列分離型の前処理はわずかな記憶容量を要するだけで済む．そこで，定常反復法を 1 反復行うことに相当する行列分離型前処理を，複数回反復行うように一般化する．これを内部反復前処理 [144, 145] と呼び，BA-GMRES 法に適用する．

内部反復前処理付き BA-GMRES 法の算法は，Algorithm 37 の 2 行目を

2′: ℓ 反復の定常反復法を $A^\mathsf{T}A\boldsymbol{w} = A^\mathsf{T}\boldsymbol{r}_0$ に適用し，$\boldsymbol{w}_0 = B^{(\ell)}\boldsymbol{r}_0$ を得る；
2″: $\beta = \|\boldsymbol{w}_0\|_2$; $\boldsymbol{v}_1 = \boldsymbol{w}_0/\beta$;

---

4 行目を

4′: $\boldsymbol{u}_k = A\boldsymbol{v}_k$;
4″: ℓ 反復の定常反復法を $A^\mathsf{T}A\boldsymbol{w} = A^\mathsf{T}\boldsymbol{u}_k$ に適用し，$\boldsymbol{w}_k = B^{(\ell)}\boldsymbol{u}_k$ を得る；

のように変更を行うことによって得られる．この変更後の 2′ 行目および 4″ 行目で用いる定常反復法の分離行列 M は $A^\mathsf{T}A = M - N$ を満たすような正則行列であるとする．内部反復行列を $H = M^{-1}N$ とすると，ℓ 反復による内部反復前処理行列は $B^{(\ell)} = \sum_{i=0}^{\ell-1} H^i M^{-1} A^\mathsf{T}$，左から内部反復前処理された行列は $B^{(\ell)}A = I - H^\ell$ である．内部反復行列 H の疑似スペクトル半径が $\nu(H) < 1$ ならば，任意の $\boldsymbol{b} \in \mathbb{R}^m$ および任意の $\boldsymbol{x}_0 \in \mathbb{R}^n$ に対して内部反復前処理付き BA-GMRES 法は破綻することなく (3.1) の解を与える [145, 定理 4.6]．BA-GMRES 法の内部反復前処理として用いることができるような具体的な定常反復法には 3.2.1 項で導入したものが挙げられる．

NE-SOR 内部反復前処理付き AB-GMRES 法および NR-SOR 内部反復前処理付き BA-GMRES 法の，C 言語およびフォートラン言語というプログラミング言語で記述されたソースプログラムは [143] を参照せよ．応用に現れる最小

二乗問題のベンチマーク問題は [29], [42] に集められている．

3.2.7　制約付き最小二乗問題

線形最小二乗問題 (3.1) の解に関する既知の物理的性質や先見情報に基づき，積極的な意図を持って所望の解を選別・抽出するために，解にあらかじめ制約を課して定式化した制約付き最小二乗問題の解法について述べる．

(1)　非負制約付き最小二乗問題

反復法を用いて非負制約付き最小二乗問題

$$\min_{\boldsymbol{x}\in\mathbb{R}} \|\boldsymbol{b} - A\boldsymbol{x}\|_2, \quad \text{subject to} \quad \boldsymbol{x} \geqq \boldsymbol{0} \tag{3.61}$$

を解くことを考える．ただし，不等号 $\geqq$ はベクトル要素ごとに関するものである．このような問題 (3.61) は画像修復，画像再構成，接触問題などにおいて現れる．ベクトル要素ごとの絶対値 $|\cdot|$ を用いて未知数を $\boldsymbol{x} = \boldsymbol{z} + |\boldsymbol{z}|$ と置き換え，Ω を正定値対角行列とすると，カルーシュ・キューン・タッカー (KKT) 条件より (3.61) は不動点方程式 $(\Omega + A^\mathsf{T} A)\boldsymbol{z} = (\Omega - A^\mathsf{T} A)|\boldsymbol{z}| + A^\mathsf{T}\boldsymbol{b}$ と等価であるため，反復式

$$\begin{bmatrix} A \\ \Omega^{1/2} \end{bmatrix}^\mathsf{T} \begin{bmatrix} A \\ \Omega^{1/2} \end{bmatrix} \boldsymbol{z}_{k+1} = \begin{bmatrix} A \\ \Omega^{1/2} \end{bmatrix}^\mathsf{T} \begin{bmatrix} -A|\boldsymbol{z}_k| + \boldsymbol{b} \\ \Omega^{1/2}|\boldsymbol{z}_k| \end{bmatrix}, \quad k = 1, 2, \ldots$$

を得る．ただし，$\boldsymbol{z}_0 \in \mathbb{R}^n$ は初期ベクトルである．これは正規方程式であり，対応する無制約の最小二乗問題を解けば近似解 $\boldsymbol{z}_k$ を更新することができるので，Algorithm 39 のような絶対値型反復法 (modulus-type iteration) と呼ばれる算法が得られる [246]．

Algorithm 39 絶対値型反復法

1: $\boldsymbol{z} \in \mathbb{R}^n, \Omega \in \mathbb{R}^{n\times n}$ を与える；

2: $\boldsymbol{x}_0 = \boldsymbol{z}_0 + |\boldsymbol{z}_0|$; $\boldsymbol{r}_0 = \boldsymbol{b} - A\boldsymbol{x}_0$; $\tilde{A} = \begin{bmatrix} A \\ \Omega^{1/2} \end{bmatrix}$; $\tilde{\boldsymbol{r}}_0 = \begin{bmatrix} \boldsymbol{r}_0 \\ \Omega^{1/2}(|\boldsymbol{z}_0| - \boldsymbol{z}_0) \end{bmatrix}$;

3: **for** $k = 1, 2, \ldots$ until convergence **do**

4: 　$\boldsymbol{w}_{k+1} = \arg\min_{\boldsymbol{w}\in\mathbb{R}^n} \|\tilde{\boldsymbol{r}}_k - \tilde{A}\boldsymbol{w}\|_2$; 　$\boldsymbol{z}_{k+1} = \boldsymbol{z}_k + \boldsymbol{w}_{k+1}$;

5: 　$\boldsymbol{x}_{k+1} = \boldsymbol{z}_{k+1}$; 　$\boldsymbol{r}_{k+1} = \boldsymbol{b} - A\boldsymbol{x}_{k+1}$; 　$\tilde{\boldsymbol{r}}_{k+1} = \begin{bmatrix} \boldsymbol{r}_{k+1} \\ \Omega^{1/2}(|\boldsymbol{z}_{k+1}| - \boldsymbol{z}^{k+1}) \end{bmatrix}$;

6: **end for**

Algorithm 39 の 4 行目の最小二乗問題はこれまで述べてきたような（前処理付き）反復法を用いて解けばよい．フル列ランク rank $A = n$ ならば，絶対値型反復法の近似解列 $\{\boldsymbol{x}_k\}$ は (3.61) の解に収束する [246].

(2)　スパース正則化問題

スパース正則化項付き最小二乗問題 (3.36) を反復法を用いて近似的に解くために，(3.37) の正則化項を本来解に課したい制約に近づけたような

$$\min_{\boldsymbol{x}\in\mathbb{R}^n} \|\boldsymbol{b} - A\boldsymbol{x}\|_2{}^2 + \lambda\|\boldsymbol{x}\|_0{}^2 \tag{3.62}$$

を考える．ここで，$\lambda \geqq 0$ は正則化パラメータである．そのため，$\mathfrak{H} : \mathbb{R}^n \to \mathbb{R}^n$ を非線形演算子として，以下のような更新式

$$\boldsymbol{x}_{k+1} = \mathfrak{H}(\boldsymbol{x}_k + A^\mathsf{T}(\boldsymbol{b} - A\boldsymbol{x}_k)) \tag{3.63}$$

を考える．ここで，$\mathfrak{H} : \mathbb{R}^n \to \mathbb{R}^n$ は非線形演算子である．特に，$\mathfrak{H} = \omega^{-1}I$ とした更新式 (3.63) はランドウェバー法および SIRT（3.2.1 項）である．ここで，閾値 $\lambda^{1/2}$ でベクトルを要素ごとに制御するような演算子を

$$\{\mathfrak{H}_\lambda(\boldsymbol{x})\}_i = \begin{cases} 0 & (|x_i| \leqq \lambda^{1/2}), \\ x_i & (|x_i| > \lambda^{1/2}) \end{cases} \tag{3.64}$$

とすると，$\mathfrak{H} = \mathfrak{H}_\lambda$ かつ $\|A\|_2 < 1$ ならば，(3.62) の目的関数は非単調増加であり，近似解列 $\{\boldsymbol{x}_k\}$ は (3.62) の局所最適解に収束する [21].

一方，(3.62) とは異なるやり方で (3.36) を近似的に解くために k-スパース問題

$$\min_{\boldsymbol{x}\in\mathbb{R}^n} \|\boldsymbol{b} - A\boldsymbol{x}\|_2, \quad \text{subject to} \quad \|\boldsymbol{x}\|_0 \leqq k \in \mathbb{N} \tag{3.65}$$

を更新式 (3.63) を用いて解くことを考える．ベクトルの絶対値最大 k 個の要素をそのまま，残りの $n-k$ 個の要素をゼロにするような演算子を $\mathfrak{H}_k$ とすると，$\mathfrak{H} = \mathfrak{H}_k$ かつ $\|A\|_2 < 1$ ならば，(3.65) の目的関数は非単調増加であり，近似解列 $\{\boldsymbol{x}_k\}$ は (3.65) の局所最適解に収束する [21].

第 4 章

行列関数の数値計算法

数の平方根は中学校から馴染みのある概念であり，$\sqrt{2}$ の近似計算はバビロニアの粘土板 YBC7289（紀元前 1800 年〜紀元前 1600 年）に見られる．一方，行列の平方根に関してはケーリー（1858 年）により考えられ，シルベスター（1883 年）により一般に行列関数の定義が行われたことから，比較的新しい概念であるといえる．行列関数は，素粒子物理学・量子情報科学・制御理論など様々な分野で現れるため，その効率の良い数値計算法の意義は高い．

本章では，まずジョルダン標準形に基づく行列関数の定義を行い，その一般的な性質について述べる．次に，初等関数（平方根，p 乗根，三角関数，指数関数，対数関数）の行列版に対応する行列関数の数値計算法について，近年の研究を踏まえて簡潔に紹介する．

4.1 ジョルダン標準形

本節では，行列関数の定義に重要な役割を担う**ジョルダン標準形**について簡単に述べる．

定義 4.1（ジョルダン細胞） 以下の m 次正方行列

$$J_k = \begin{bmatrix} \lambda_k & 1 & & \\ & \lambda_k & \ddots & \\ & & \ddots & 1 \\ & & & \lambda_k \end{bmatrix} \in \mathbb{C}^{m\times m}$$

を固有値 λ_k[1] に対する m 次ジョルダン細胞という．

---

[1] 上三角行列の固有値は上三角行列の対角成分であることから，J_k の固有値は λ_k である．

定義 4.2（ジョルダン行列） ジョルダン細胞 $J_1 \in \mathbb{C}^{m_1 \times m_1}, J_2 \in \mathbb{C}^{m_2 \times m_2}, \ldots, J_p \in \mathbb{C}^{m_p \times m_p}$ の直和

$$J = \mathrm{diag}(J_1, J_2, \ldots, J_p) = \begin{bmatrix} J_1 & & & \\ & J_2 & & \\ & & \ddots & \\ & & & J_p \end{bmatrix} \in \mathbb{C}^{n \times n} \qquad (4.1)$$

をジョルダン行列という．ただし，$n = m_1 + m_2 + \cdots + m_p$ である．ここで $\mathrm{diag}(J_1, J_2, \ldots, J_p)$ は行列 $J_1, J_2, \ldots, J_p$ を対角に並べて作られる行列を意味する．

例 4.3（ジョルダン行列の例） ジョルダン細胞の個数を $p = 3$，各ジョルダン細胞の次数を $m_1 = 2, m_2 = 1, m_3 = 3$，対応する固有値を $\lambda_1 = 1, \lambda_2 = \lambda_3 = 2$ とすると J は

$$J = \mathrm{diag}(J_1, J_2, J_3) = \left[\begin{array}{cc|c|ccc} 1 & 1 & 0 & 0 & 0 & 0 \\ 0 & 1 & 0 & 0 & 0 & 0 \\ \hline 0 & 0 & 2 & 0 & 0 & 0 \\ \hline 0 & 0 & 0 & 2 & 1 & 0 \\ 0 & 0 & 0 & 0 & 2 & 1 \\ 0 & 0 & 0 & 0 & 0 & 2 \end{array}\right]$$

となる．$n = m_1 + m_2 + m_3 = 6$ より，J は 6×6 行列である．

定理 4.4（ジョルダン標準形） 任意の正方行列 $A \in \mathbb{C}^{n \times n}$ は，あるジョルダン行列 J に相似である．すなわち，

$$Z^{-1}AZ = J$$

となる正則行列 Z が存在する．

例 4.5（ジョルダン標準形の例） 次の行列

$$A=\begin{bmatrix} 1 & 1 & -1 & 1 & -1 & 1 \\ -1 & 4 & -3 & 5 & -6 & 7 \\ -2 & 2 & -1 & 5 & -5 & 6 \\ -1 & 0 & 0 & 2 & 1 & -1 \\ -1 & 2 & -2 & 3 & -2 & 4 \\ -1 & 2 & -2 & 3 & -4 & 6 \end{bmatrix}$$

は例 4.3 のジョルダン行列に相似である．このため，行列 A の固有値は例 4.3 の行列 J の固有値に等しい．

行列関数の定義は複数あるが，次節ではジョルダン標準形を用いた行列関数の定義を述べる．

4.2　行列関数の定義と性質

行列 A の固有値全体の集合を A のスペクトルといい，以下では，**行列のスペクトル上で定義された関数**の定義を行う．

定義 4.6（行列のスペクトル上で定義された関数） $\lambda_1, \lambda_2, \ldots, \lambda_s$ を行列 A の相異なる固有値とし，n_i を固有値 λ_i に対するジョルダン細胞の最大次数とする．このとき，関数 $f(x)$ において以下の値

$$f(\lambda_i),\ \frac{\mathrm{d}}{\mathrm{d}x}f(\lambda_i),\ \ldots,\ \frac{\mathrm{d}^{n_i-1}}{\mathrm{d}x^{n_i-1}}f(\lambda_i) \quad (i=1,2,\ldots,s)$$

が存在するとき，$f(x)$ を行列 A のスペクトル上で定義された関数という．以降，関数 $f(x)$ の i 次導関数 $\frac{\mathrm{d}^i}{\mathrm{d}x^i}f(x)$ を $f^{(i)}(x)$ と表す．

例 4.7（定義 4.6 の例） 行列 A を例 4.3 の行列 J とすると，相異なる固有値は 2 個（$\lambda_1 = 1$, $\lambda_2 = \lambda_3 = 2$）より $s = 2$ であり，各ジョルダン細胞の最大次数は $n_1 = 2$, $n_2 = 3$ である．なお，行列 A のスペクトルは $\{\lambda_1, \lambda_2\}$ である．この行列 A を用いると，例えば $f(x) = x^{-1}$ は行列 A のスペクトル上で定義された関数である．なぜならば $f^{(1)}(x) = -x^{-2}$, $f^{(2)}(x) = 2x^{-3}$ より，スペクトル上での値

$$f(\lambda_1)=1,\quad f^{(1)}(\lambda_1)=-1,$$
$$f(\lambda_2)=\frac{1}{2},\quad f^{(1)}(\lambda_2)=-\frac{1}{4},\quad f^{(2)}(\lambda_2)=\frac{1}{4}$$

が存在するからである.

行列 A の行列関数は, 行列 A のジョルダン標準形 (定理 4.4) と行列 A のスペクトル上で定義された関数 (定義 4.6) を用いて次のように定義される.

定義 4.8 (行列関数) $f(x)$ を行列 $A\in\mathbb{C}^{n\times n}$ のスペクトル上で定義された関数とし, 行列 A のジョルダン標準形を $Z^{-1}AZ=J$ とする. このとき, 行列関数 $f(A)=f(ZJZ^{-1})$ は次式で定義される.

$$f(A)=Z\,\mathrm{diag}(f(J_1),f(J_2),\ldots,f(J_p))Z^{-1}.$$

ここで, $f(J_k)$ は以下で定義される m_k 次正方行列 (m_k は固有値 λ_k に対応するジョルダン細胞の次数) である.

$$f(J_k)=\begin{bmatrix} f(\lambda_k) & \frac{f^{(1)}(\lambda_k)}{1!} & \cdots & \frac{f^{(m_k-1)}(\lambda_k)}{(m_k-1)!} \\ & f(\lambda_k) & \ddots & \vdots \\ & & \ddots & \frac{f^{(1)}(\lambda_k)}{1!} \\ & & & f(\lambda_k) \end{bmatrix}\in\mathbb{C}^{m_k\times m_k}.$$

定義 4.8 より, 行列 A の固有値を λ_k とすると行列関数 $f(A)$ の固有値は $f(\lambda_k)$ となる.

特に行列 A が対角化可能の場合, ジョルダン細胞は対角行列 D_k ($k=1,2,\ldots,p$) になり, $f(A)=Z\,\mathrm{diag}(D_1,D_2,\ldots,D_p)Z^{-1}$ より, $f(A)$ と A は共通の固有ベクトルを持つ.

例 4.9 (定義 4.8 の例) 行列 A を例 4.3 の行列 J とし, $f(x)=x^{-1}$ とする. 行列 A のジョルダン標準形は $A=ZJZ^{-1}$ (Z は単位行列) より $f(A)=f(ZJZ^{-1})=f(J)$ となり, 定義 4.8 より

$$f(A) = \left[\begin{array}{cc|c|ccc} f(\lambda_1) & \frac{f^{(1)}(\lambda_1)}{1!} & 0 & 0 & 0 & 0 \\ 0 & f(\lambda_1) & 0 & 0 & 0 & 0 \\ \hline 0 & 0 & f(\lambda_2) & 0 & 0 & 0 \\ \hline 0 & 0 & 0 & f(\lambda_2) & \frac{f^{(1)}(\lambda_2)}{1!} & \frac{f^{(2)}(\lambda_2)}{2!} \\ 0 & 0 & 0 & 0 & f(\lambda_2) & \frac{f^{(1)}(\lambda_2)}{1!} \\ 0 & 0 & 0 & 0 & 0 & f(\lambda_2) \end{array}\right]$$

$$= \left[\begin{array}{cc|c|ccc} 1 & -1 & 0 & 0 & 0 & 0 \\ 0 & 1 & 0 & 0 & 0 & 0 \\ \hline 0 & 0 & 2^{-1} & 0 & 0 & 0 \\ \hline 0 & 0 & 0 & 2^{-1} & -4^{-1} & 8^{-1} \\ 0 & 0 & 0 & 0 & 2^{-1} & -4^{-1} \\ 0 & 0 & 0 & 0 & 0 & 2^{-1} \end{array}\right]$$

となる．$f(A)$ は A の逆行列 A^{-1} になっていることは容易に確かめられる．

例 4.10（定義 4.8 の例） 次の行列

$$A = \begin{bmatrix} -1 & 6 & -9 \\ 4 & -4 & 12 \\ 3 & -5 & 11 \end{bmatrix}$$

のジョルダン標準形は

$$Z^{-1}AZ = J = \begin{bmatrix} 2 & 1 & 0 \\ 0 & 2 & 1 \\ 0 & 0 & 2 \end{bmatrix}$$

である．ここで，

$$Z = \begin{bmatrix} 3 & 0 & -1 \\ 0 & 2 & 1 \\ -1 & 1 & 1 \end{bmatrix}, \quad Z^{-1} = \begin{bmatrix} 1 & -1 & 2 \\ -1 & 2 & -3 \\ 2 & -3 & 6 \end{bmatrix}$$

である．この結果を用いると，$f(x) = x^{1/2}$ に対応する行列関数 $A^{1/2}$ は

$$A^{1/2} = Z \begin{bmatrix} \sqrt{2} & \frac{1}{2\sqrt{2}} & -\frac{1}{16\sqrt{2}} \\ 0 & \sqrt{2} & \frac{1}{2\sqrt{2}} \\ 0 & 0 & \sqrt{2} \end{bmatrix} Z^{-1}$$

となる．($A^{1/2}$ と $A^{1/2}$ との積が確かに A になっている.) また，$f(x) = \mathrm{e}^x$ の行列関数 e^A は以下となる．

$$\mathrm{e}^A = Z \begin{bmatrix} \mathrm{e}^2 & \mathrm{e}^2 & \frac{\mathrm{e}^2}{2} \\ 0 & \mathrm{e}^2 & \mathrm{e}^2 \\ 0 & 0 & \mathrm{e}^2 \end{bmatrix} Z^{-1}.$$

行列関数の性質をまとめておこう．詳細は例えば文献 [76] を参照されたい．

定理 4.11（行列関数の性質） 行列 $A \in \mathbb{C}^{n\times n}$ のスペクトル上で定義された関数 $f(A)$ について，以下が成り立つ．

1) $Af(A) = f(A)A$,
2) $XA = AX \Longrightarrow Xf(A) = f(A)X$,
3) $f(A^\top) = f(A)^\top$,
4) $f(XAX^{-1}) = Xf(A)X^{-1}$,
5) A の固有値を λ_k とすると，$f(A)$ の固有値は $f(\lambda_k)$ である．

行列 $A \in \mathbb{C}^{n\times n}$ のスペクトル上で定義された関数 $f(A), g(A)$ について以下が成り立つ．

6) $(f+g)(x) := f(x) + g(x)$ とすると，$(f+g)(A) = f(A) + g(A)$,
7) $(fg)(x) := f(x)g(x)$ とすると $(fg)(A) = f(A)g(A)$.

行列関数 $f(A)$, $g(A)$ について，定義 4.6 を用いると以下が成り立つ．

8) $f(A) = g(A)$
$$\Longleftrightarrow f(\lambda_i) = g(\lambda_i), \ldots, f^{(n_i-1)}(\lambda_i) = g^{(n_i-1)}(\lambda_i) \quad (i = 1, 2, \ldots, s).$$

定義 4.8 から，初等関数 $x^{1/n}$, e^x, $\sin x$, $\cos x$, $\log x$ に対応する行列関数 $A^{1/n}$, e^A, $\sin A$, $\cos A$, $\log A$ が定義される．しかしながら，行列 A のジョルダン標準形を数値的に求めることは一般に不安定であるため，ジョルダン標準形を経

由して行列関数 $f(A)$ を定義通りに計算して求めるのは現実的ではない．そこで，それぞれの行列関数に関する種々の数値計算法を次節以降で述べる．

4.3　行列平方根と行列 p 乗根

4.3.1　行列平方根

実数 $a > 0$ の平方根は $a^{1/2}$ と $-a^{1/2}$ であり，正の数 $a^{1/2}$ を a の主平方根というのであった．主平方根の概念は次のようにして複素数に拡張される．複素数 z の極形式 $z = r\mathrm{e}^{\mathrm{i}\theta}$ $(r > 0, -\pi < \theta < \pi)$ に対して $z^{1/2} = r^{1/2}\mathrm{e}^{\mathrm{i}\theta/2}$ と定めると，z に対して $z^{1/2}$ は一意に定まる．これを z の主平方根という．

さて，$X^2 = A$ を満たす X を行列 A の平方根というが，その主平方根は定義できるであろうか？ 注意すべきは，行列の平方根は数と異なり無数に存在することがあるため，一意性を満たす定義が決して自明ではない．例えば，2 次の単位行列 I の行列平方根（2 乗して単位行列になる行列）として

$$S_1 = \begin{bmatrix} 1 & 0 \\ 0 & 1 \end{bmatrix}, \quad S_2 = \begin{bmatrix} -1 & 0 \\ 0 & -1 \end{bmatrix}, \quad S(\theta) = \begin{bmatrix} \cos\theta & \sin\theta \\ \sin\theta & -\cos\theta \end{bmatrix}$$

があり，θ を変えることにより行列平方根が無数に存在することがわかる．しかし，行列平方根の固有値に着目し，行列平方根のすべての固有値が複素数平面の右半平面に存在すると限定すると，その行列は一意に存在し，S_1 しかないことがわかる．これが行列の主平方根と呼ばれる概念であり，以下にその詳細を述べる．

定理 4.12（行列主平方根） $A \in \mathbb{C}^{n\times n}$ の固有値は，複素数平面において負の実軸上（0 を含む）に存在しないとする．このとき，$X^2 = A$ を満たす X は一意ではないが，X のすべての固有値が複素数平面の右半平面に存在するという条件下では，X は一意に存在する．

定理 4.12 において，一意に存在する X のことを行列 A の**主平方根**といい，記号で $A^{1/2}$ と表す．実問題での応用上，行列の主平方根を求めることが重要であり，本書でも行列主平方根を求めるための数値計算法に主眼をおく．以降，直接法と反復法に分けて説明する．

Algorithm 40 （直接法）行列平方根のためのシューア法：$X = A^{1/2}$

1: A の複素シューア分解を計算 ($A = QTQ^{\mathsf{H}}$)；
2: **for** $i = 1, 2, \ldots, n$ **do**
3: 　$u_{ii} = t_{ii}^{1/2}$;
4: **end for**
5: **for** $j = 2, 3, \ldots, n$ **do**
6: 　**for** $i = j-1, j-2, \ldots, 1$ **do**
7: 　　$u_{ij} = \frac{1}{u_{ii}+u_{jj}}(t_{ij} - \sum_{k=i+1}^{j-1} u_{ik}u_{kj})$;
8: 　**end for**
9: **end for**
10: $X = QUQ^{\mathsf{H}}$.

直接法としてシューア分解に基づく方法があり，行列 A を $A = QTQ^{\mathsf{H}}$ と分解することをシューア分解という．ここで T は上三角行列であり，Q はユニタリ行列である．もし $U := T^{1/2}$ が計算できたとすると $(QUQ^{\mathsf{H}})^2 = QU^2Q^{\mathsf{H}} = QTQ^{\mathsf{H}} = A$ より，行列（主）平方根は $A^{1/2} = QUQ^{\mathsf{H}}$ で与えられる．U も上三角行列（上三角行列の 2 乗は上三角行列）であることに注意すると，方程式 $U^2 = T$ を満たす U を逐次的に計算できる．これらをまとめた算法を Algorithm 40 に示す．ただし，行列 T と U の (i,j) 成分をそれぞれ t_{ij}, u_{ij} とした．

行列 A は定理 4.12 の条件を満たすと仮定する．このとき，Algorithm 40 の 3 行目において $u_{ii} = t_{ii}^{1/2}$ $(i = 1, 2, \ldots, n)$ より，u_{ii} は複素数 t_{ii} の主平方根であり，行列 A の仮定よりすべての u_{ii} は複素数平面の右半平面に属するため 7 行目では $u_{ii} + u_{jj} \neq 0$ となる．つまりこの算法は破綻しない．

次に反復法について述べる．反復法に関してはニュートン法が著名であり，数学的な厳密性に欠けるが導出の概略を示しておこう．まず $A^{1/2} \approx X_k$ となる X_k があるとする．$X_k + E = A^{1/2}$ となる誤差行列 E を厳密に求めるには，$(X_k+E)^2 = (A^{1/2})^2 \Leftrightarrow X_k^2 + EX_k + X_kE + E^2 = A$ を解けばよい．ここで，仮定 $A^{1/2} \approx X_k$ から，E の各成分の絶対値は小さいため，$E^2 \approx O$（零行列）が期待される．そこで，2 次の項 E^2 を無視した方程式 $E_kX_k + X_kE_k = A - X_k^2$（シルベスター方程式と呼ばれる）の解 E_k を用いると，$X_k + E_k$ は X_k よりも $A^{1/2}$ に近いと期待される．ここで，初期行列 X_0 と A が可換，つまり $AX_0 = X_0A$ ならば，通常 $E_kX_k = X_kE_k$ となり，$E_k = (1/2)X_k^{-1}(A - X_k^2) = (1/2)(X_k^{-1}A - X_k)$ より，$X_k + E_k = (1/2)(X_k + X_k^{-1}A)$ が得られる．以上をまとめると Algorithm

Algorithm 41 （反復法）行列平方根のためのニュートン法：$X = A^{1/2}$

1: $AX_0 = X_0A$ となる X_0 を選ぶ（例えば $X_0 = A$）；
2: **for** $k = 0, 1, \ldots,$ until convergence **do**
3: $\quad X_{k+1} = \frac{1}{2}(X_k + X_k^{-1}A)$.
4: **end for**

Algorithm 42 （反復法）行列平方根のための IN 法：$X = A^{1/2}$

1: $X_0 = A$; $E_0 = \frac{1}{2}(I - A)$;
2: **for** $k = 0, 1, \ldots,$ until convergence **do**
3: $\quad X_{k+1} = X_k + E_k$; $E_{k+1} = -\frac{1}{2}E_kX_{k+1}^{-1}E_k$.
4: **end for**

41 が得られる．

なお，上述の導出の詳細ならびに Fréchet 微分を用いたニュートン法の導出については文献 [72] に詳しい．また，定理 4.12 の条件を満たす行列 A に対して，もし $A^{1/2}X_0$ のすべての固有値が複素数平面上の右半平面に存在するならば，Algorithm 41 の X_k は行列主平方根 $A^{1/2}$ に収束し，局所的 2 次収束の振る舞いを示すことが知られている [76, p.140]．

Algorithm 41 の初期近似解 X_0 の選び方は，可換 $AX_0 = X_0A$ という制約から通常 $X_0 = A$ や $X_0 = I$（単位行列）である．近年では，行列 A の行列多項式の集合の中からより良い初期近似解を抽出する研究が行われている [136]．

Algorithm 41 を数値的に安定化したニュートン法 [81]（IN 法と呼ばれる）を Algorithm 42 に示す．

Algorithm 42 では反復過程において，行列 A が陽に現れないことが特徴的である．数値的な安定性は Algorithm 41 よりも高いことが知られているが，1 反復当たりの演算量は概ね行列・行列積 1 回分増加する．これは Algorithm 41 の 1 反復当たりの演算量の約 7/4 倍に相当する．

4.3.2 行列 p 乗根

本項では，行列 p 乗根（p は 2 よりも大きい自然数）のための直接法と反復法について述べる．与えられた行列に対する行列平方根は一般に無数に存在するが，その中で行列主平方根と呼ばれる概念（定理 4.12）が重要であった．この概念は行列 p 乗根に対して次のように拡張されている．

Algorithm 43 （直接法）行列平方根のためのシューア法：$X = A^{1/p}$

1: A の複素シューア分解を計算 ($A = QTQ^{\mathsf{H}}$)；
2: **for** $j = 1, 2, \ldots, n$ **do**
3: $u_{jj} = t_{jj}^{1/p}$; $v_{jj}^{(1)} = 1$; $v_{jj}^{(k+2)} = u_{jj}^{k+1}$ $(k = 0, 1, \ldots, p-2)$;
4: **for** $i = j-1, j-2, \ldots, 1$ **do**
5: **for** $k = 0, 1, \ldots, p-2$ **do**
6: $w_{k+2} = \sum_{\ell=i+1}^{j-1} u_{i\ell} v_{\ell j}^{(k+2)}$;
7: **end for**
8: $u_{ij} = (t_{ij} - \sum_{k=0}^{p-2} v_{ii}^{(p-k-1)} w_{k+2}) / (\sum_{k=0}^{p-1} v_{ii}^{(p-k)} v_{jj}^{(k+1)})$;
9: **for** $k = 0, 1, \ldots, p-2$ **do**
10: $v_{ij}^{(k+2)} = \sum_{\ell=0}^{k} v_{ii}^{(k-\ell+1)} u_{ij} v_{jj}^{(\ell+1)} + \sum_{\ell=0}^{k-1} v_{ii}^{(k-\ell)} w_{\ell+2}$;
11: **end for**
12: **end for**
13: **end for**
14: $X = QUQ^{\mathsf{H}}$.

Algorithm 44 （反復法）行列 p 乗根のためのニュートン法：$X = A^{1/p}$

1: p を与える；$AX_0 = X_0 A$ となる X_0 を選ぶ（例えば $X_0 = A$）；
2: **for** $k = 0, 1, \ldots,$ until convergence **do**
3: $X_{k+1} = \frac{1}{p}\left\{(p-1)X_k + X_k^{1-p} A\right\}$.
4: **end for**

定理 4.13（行列主 p 乗根） $A \in \mathbb{C}^{n \times n}$ の固有値は，複素数平面において負の実軸上（0を含む）に存在しないとする．このとき，$X^p = A$ を満たす X は一意ではないが，複素数平面の領域 $\{z \in \mathbb{C} \mid -\pi/p < \arg(z) < \pi/p\}$ に X のすべての固有値が存在するという条件下では，X は一意に存在する．

定理 4.13 の行列 X のことを**行列主 p 乗根**といい，記号で $A^{1/p}$ と表す．特に $p = 2$ のとき，定理 4.13 は定理 4.12 に帰着される．

以下では，$A^{1/p}$ を求めるための直接法と反復法について述べる．まず，直接法では行列 A のシューア分解 $A = QTQ^{\mathsf{H}}$ を用いると，$A^{1/p} = QT^{1/p}Q^{\mathsf{H}}$ となる．$T^{1/p}$ を求めるためには $U = T^{1/p}$ とおき，U を上三角行列とした方程式 $U^p = T$ を解けばよい．これらをまとめた算法を Algorithm 43 に示す．

反復法に関しては，Algorithm 41, 42 の拡張として Algorithm 44, 45 がある．Algorithm 45 は Algorithm 44 と比べて 1 反復当たりの演算量は多いが，

Algorithm 45 (反復法) 行列 p 乗根のための IN 法：$X = A^{1/p}$

1: p を与える；$X_0 = I$; $E_0 = \frac{1}{p}(A - I)$;
2: **for** $k = 0, 1, \ldots,$ until convergence **do**
3: $\quad X_{k+1} = X_k + E_k$; $F_k = X_k X_{k+1}^{-1}$;
4: $\quad E_{k+1} = -\frac{1}{p} E_k \left\{ X_{k+1}^{-1} I + 2 X_{k+1}^{-1} F_k + \cdots + (p-1) X_{k+1}^{-1} F_k^{p-2} \right\} E_k$.
5: **end for**

数値的安定性を有することが知られている [82][2]. 最近では，Algorithm 45 の数値的安定性を保ちつつ，1 反復当たりの演算量を削減する工夫が行われている [215].

4.4 行列指数関数

行列指数関数は，ジョルダン標準形で与えられる定義と等価な定義

$$\mathrm{e}^A = I + A + \frac{1}{2!}A^2 + \frac{1}{3!}A^3 + \cdots$$

が最もわかりやすい．この級数は任意の正方行列 $A \in \mathbb{C}^{n \times n}$ に対して収束する．本節では，行列関数の数値計算法について述べる．

基本的な性質を定理 4.14 にまとめておこう．これらは，行列指数関数の定義を用いると容易に示される．

定理 4.14（行列指数関数の性質） $A, B \in \mathbb{C}^{n \times n}$ に対して以下が成り立つ．

1) $\mathrm{e}^O = I$ （O は零行列）
2) $\mathrm{e}^A \mathrm{e}^B = \mathrm{e}^{A+B}$ （$AB = BA$ のとき）
3) $\mathrm{e}^A e^{-A} = I, \quad (\mathrm{e}^A)^{-1} = \mathrm{e}^{-A}$
4) $\mathrm{e}^{XAX^{-1}} = X\mathrm{e}^A X^{-1}$ （X は正則行列）
5) $\mathrm{e}^{A^{\mathsf{H}}} = (\mathrm{e}^A)^{\mathsf{H}}$

定理 4.14 の 5) より，行列 A がエルミート行列 $A^{\mathsf{H}} = A$ のとき e^A もエルミート行列になり，3) と 5) より行列 A が歪エルミート行列 $A^{\mathsf{H}} = -A$ のとき，e^A はユニタリ行列 $(\mathrm{e}^A)^{\mathsf{H}}\mathrm{e}^A = \mathrm{e}^{-A}\mathrm{e}^A = I$ になることがわかる．

---

[2] 紙面の都合上割愛するが，文献 [82] では，Algorithm 45 のほかにいくつかの有用な変種が記述されていることを付記する．例えば，文献 [82] の式 (3.6) や式 (3.9) を参照されたい．

定理 4.14 の 2) より，定数 a, b に対して $A = aC$, $B = bC$ とおくと $\mathrm{e}^{aC}\mathrm{e}^{bC} = \mathrm{e}^{(a+b)C}$ という公式が得られる．ここで特に $a = 1$, $b = -1$ とおくと $\mathrm{e}^{C}\mathrm{e}^{-C} = \mathrm{e}^{0C} = \mathrm{e}^{O} = I$ より，定理 4.14 の 3) が得られる．

4.4.1　行列指数関数の数値計算法

行列指数関数を近似的に計算する際，定義から級数を適当な有限和で打ち切ることが容易に考えられるが，このように計算するのは一般に効率的でない．

少ない項数を用いて良い近似を得るために以下の簡単な方法がある．パラメータ s（1 以上）を用いて $(\mathrm{e}^{A/s})^s = \mathrm{e}^A$ となることに着目し，次式

$$\mathrm{e}^{A/s} = I + \frac{1}{1!s}A + \frac{1}{2!s^2}A^2 + \frac{1}{3!s^3}A^3 + \cdots \tag{4.2}$$

の有限和

$$F_{r,s} = I + \frac{1}{1!s}A + \frac{1}{2!s^2}A^2 + \frac{1}{3!s^3}A^3 + \cdots + \frac{1}{r!s^r}A^r \tag{4.3}$$

を計算することで $(F_{r,s})^s \approx \mathrm{e}^A$ を得る．このとき，次の定理が成り立つ．

定理 4.15（[208]）$A \in \mathbb{C}^{n\times n}$ とし，式 (4.3) の $F_{r,s}$ を用いると，

$$\|\mathrm{e}^A - (F_{r,s})^s\| \leqq \frac{\|A\|^{r+1}\mathrm{e}^{\|A\|}}{s^r(r+1)!} \tag{4.4}$$

が成り立つ[3)]．ここで，$\|\cdot\|$ は劣乗法性を満たす任意の行列ノルムである[4)]．

定理 4.15 の右辺から $\|A\|$ の値もしくはその上界を計算し，パラメータ s と r を与えることにより誤差が推定できる．パラメータ s を 2 のべき乗 2^m として例示しよう．$\|A\| = 10$ のとき，$r = 8$, $m = 9$, $s = 2^m$ にとれば，式 (4.4) の右辺は，約 1.29×10^{-14} となる．逆にこの式を利用して許容誤差範囲内になるよう s と r を与えることができる．

上述の方法に対して，さらに演算量を減らす工夫として，式 (4.3) を計算するのではなく $\mathrm{e}^{A/s}$ をパデ近似（有理関数近似）し，得られた行列を s 乗するこ

3) 文献 [208] では一般にバナッハ環上で議論されているが，本書では行列のなす環が興味の対象であるため，本質的な意味を保持したまま修正した．

4) 行列の p ノルム，フロベニウスノルムを考えればよい．

表 4.1 許容相対誤差 $\epsilon = 10^{-15}$ 以下に対する $R_{q,q}(A/2^m)$ の最適パラメータ (q, m)

$\|A\|$	10^{-3}	10^{-2}	10^{-1}	1	10	10^2	10^3	10^4	10^5	10^6
q	3	3	4	6	6	6	6	6	6	6
m	0	0	0	1	5	8	11	15	18	21

とで e^A を近似する方法がある．行列関数 e^A のパデ近似 $R_{p,q}(A)$ は以下で与えられることが知られている．

$$R_{p,q}(A) = [D_{p,q}(A)]^{-1} N_{p,q}(A). \tag{4.5}$$

ここで，

$$N_{p,q}(A) = \sum_{j=0}^{p} n_j A^j, \quad n_j = \frac{(p+q-j)!}{(p+q)!} \cdot \frac{p!}{j!(p-j)!},$$
$$D_{p,q}(A) = \sum_{j=0}^{q} d_j (-A)^j, \quad d_j = \frac{(p+q-j)!}{(p+q)!} \cdot \frac{q!}{j!(q-j)!},$$

である．行列指数関数を近似する際は，対角パデ近似 $(p = q)$ が推奨されており，$\mathrm{e}^A = [\mathrm{e}^{A/2^m}]^{2^m} \approx [R_{q,q}(A/2^m)]^{2^m}$ より，パラメータ q と m の指定が必要になる．もし，$\|A\|/2^m \leqq 1/2$ ならば

$$[R_{q,q}(A/2^m)]^{2^m} = \mathrm{e}^{A+E}, \quad \frac{\|E\|}{\|A\|} \leqq 8 \left[\frac{\|A\|}{2^m}\right]^{2q} \frac{(q!)^2}{(2q)!(2q+1)!}$$

が成り立つ [138, p.12]．この不等式を利用して許容相対誤差 $\|E\|/\|A\| \leqq \epsilon$ に対する（$q+m$ が最小という意味で）最適なパラメータの組み合わせ (q, m) が得られる．許容相対誤差 $\epsilon = 10^{-15}$ と $\|A\|$ の異なる値に対する最適パラメータを表 4.1 に示す．上述の方法に関連する研究として，文献 [5, 75] を参照されたい．

なお，行列 A のシューア分解 $A = QTQ^{\mathsf{H}}$ が与えられているとすると，定理 4.14 の 4) より $\mathrm{e}^A = \mathrm{e}^{QTQ^{\mathsf{H}}} = Q\mathrm{e}^T Q^{\mathsf{H}}$ が成り立つため，e^T に対して上述の方法を適用すればよい．

特に，行列 A がエルミート行列のとき T は対角行列になるため，その対角成分を $\lambda_1, \lambda_2, \ldots, \lambda_n$ とすると行列指数関数は次式で直接計算できる．

$$\mathrm{e}^A = Q \begin{bmatrix} \mathrm{e}^{\lambda_1} & & \\ & \ddots & \\ & & \mathrm{e}^{\lambda_n} \end{bmatrix} Q^{\mathsf{H}}. \tag{4.6}$$

さらに一般に，行列 A が対角化可能 $A = XDX^{-1}$ であれば式 (4.6) と同様な計算が可能であるが，X の条件数が高い行列に対しては数値的に不安定になる．

4.4.2　行列指数関数とベクトルの積

$A \in \mathbb{C}^{n\times n}$, $\boldsymbol{x}, \boldsymbol{f} \in \mathbb{C}^n$, $t \in \mathbb{R}$ とした 1 階連立線形常微分方程式

$$\frac{\mathrm{d}\boldsymbol{x}(t)}{\mathrm{d}t} = A\boldsymbol{x}(t) + \boldsymbol{f}(t), \quad \boldsymbol{x}(0) = \boldsymbol{x}_0$$

を考えよう．この解析解は

$$\boldsymbol{x}(t) = \mathrm{e}^{tA}\boldsymbol{x}_0 + \int_0^t \mathrm{e}^{(t-\tau)A}\boldsymbol{f}(\tau)\,\mathrm{d}\tau$$

で与えられ，右辺の第 1 項，第 2 項ともに行列指数関数とベクトルの積が現れる．特に，同次形 $\boldsymbol{f}(t) = \boldsymbol{0}$ のときは解析解が $\boldsymbol{x}(t) = \mathrm{e}^{tA}\boldsymbol{x}_0$ となる．この解表示により，行列指数関数とベクトルの積がわかれば興味ある時刻での解がわかる．

行列指数関数が既知であれば行列指数関数とベクトルとの積を計算するだけであるが，行列指数関数の計算には $\mathrm{O}(n^3)$ の計算量と，一般に $\mathrm{O}(n^2)$ の所要メモリが必要になるため大規模行列の場合に計算が困難になる．解析解では，行列指数関数そのものというよりも行列指数関数とベクトルの積を行った結果があればよいため，ここでは行列指数関数とベクトルの積を近似的に効率良く計算する方法を紹介する．

行列指数関数 e^{tA} を m 次行列多項式 $p_m(A)$ で近似するのは級数による定義から自然であろう．行列多項式とベクトルの積 $p_m(A)\boldsymbol{x}_0$ はクリロフ部分空間 $\mathcal{K}_m(A, \boldsymbol{x}_0)$ に属することから，以下の最適化問題（最小二乗問題）

$$\min_{\boldsymbol{x}_m \in \mathcal{K}_m(A,\boldsymbol{x}_0)} \|\mathrm{e}^{tA}\boldsymbol{x}_0 - \boldsymbol{x}_m\|_2 \tag{4.7}$$

を解けばよい．クリロフ部分空間 $\mathcal{K}_m(A, \boldsymbol{x}_0)$ の正規直交基底 $\boldsymbol{v}_1, \boldsymbol{v}_2, \ldots, \boldsymbol{v}_m$ を列に並べた行列を V_m とすると $\mathcal{K}_m(A, \boldsymbol{x}_0)$ に属する任意のベクトル $\boldsymbol{x}$ は，ある $\boldsymbol{y} \in \mathbb{C}^m$ を用いて $\boldsymbol{x} = V_m\boldsymbol{y}$ と表されるため，式 (4.7) は

$$\min_{\boldsymbol{y} \in \mathbb{C}^m} \|\mathrm{e}^{tA}\boldsymbol{x}_0 - V_m\boldsymbol{y}\|_2$$

と等価である．この解は $\boldsymbol{y} = V_m^{\mathsf{H}} \mathrm{e}^{tA} \boldsymbol{x}_0$ より，式 (4.7) の解は次式となる．

$$(\boldsymbol{x}(t) \approx)\ \boldsymbol{x}_m = V_m V_m^{\mathsf{H}} \mathrm{e}^{tA} \boldsymbol{x}_0. \tag{4.8}$$

以下では，クリロフ部分空間 $\mathcal{K}_m(A, \boldsymbol{x}_0)$ の正規直交基底をアーノルディ法により生成し，解 (4.8) の近似解を求めることを考えよう．まず，アーノルディ法から $\boldsymbol{x}_0 = \|\boldsymbol{x}_0\|_2 V_m \boldsymbol{e}_1$（ただし，$\boldsymbol{e}_1 = [1, 0, \ldots, 0]^{\mathsf{T}}$）より，$\boldsymbol{x}_m = \|\boldsymbol{x}_0\|_2 V_m (V_m^{\mathsf{H}} \mathrm{e}^{tA} V_m) \boldsymbol{e}_1$ となる．さらに，アーノルディ法より $V_m^{\mathsf{H}} A V_m = H_m$（ヘッセンベルグ行列）となることを用いて，$V_m^{\mathsf{H}} \mathrm{e}^{tA} V_m \approx \mathrm{e}^{t V_m^{\mathsf{H}} A V_m} = \mathrm{e}^{tH_m}$ で近似すると次式が得られる．

$$\boldsymbol{x}_m = \|\boldsymbol{x}_0\|_2 V_m (V_m^{\mathsf{H}} \mathrm{e}^{tA} V_m) \boldsymbol{e}_1 \approx \|\boldsymbol{x}_0\|_2 V_m \mathrm{e}^{tH_m} \boldsymbol{e}_1. \tag{4.9}$$

$\mathrm{e}^{tH_m} \boldsymbol{e}_1$ は小規模 $(m \times m)$ の行列指数関数とベクトルの積であり，e^{tH_m} のパデ近似と $\boldsymbol{e}_1$ の積は $\mathrm{O}(m^2)$ で計算できる[5])．

以上が基本的な枠組みであるが，特に行列 A がエルミート行列であるとき，m の与え方や並列計算について応用的な研究が行われている [169]．以下にその概略を述べよう．行列 A がエルミート行列のとき H_m もエルミート行列になるため，H_m はユニタリ行列 Q により対角化可能である．そこで，$H_m = Q_m D_m Q_m^{\mathsf{H}}$（$D_m$ は H_m の固有値を対角成分に並べた対角行列）を用いると式 (4.9) は

$$\boldsymbol{x}_m \approx \|\boldsymbol{x}_0\|_2 V_m \mathrm{e}^{tH_m} \boldsymbol{e}_1 = \|\boldsymbol{x}_0\|_2 V_m Q_m \mathrm{e}^{tD_m} Q_m^{\mathsf{H}} \boldsymbol{e}_1 \tag{4.10}$$

となる[6])．e^{tD_m} は式 (4.6) を用いればよいため，e^{tD_m} に対してパデ近似を行わなくてよい．さらに文献 [169] では許容誤差に応じた適切なパラメータ m の設定に関して以下の評価式が役立つことがいくつかの数値例を通して示されている．

定理 4.16（**[78, Theorem 2]**） $A \in \mathbb{C}^{n \times n}$ はエルミート半負定値行列[7])とし，すべての固有値が区間 $[-4\rho, 0]$ に属するとする．このとき，以下が成り立つ．

---

5) パデ近似された行列とベクトル $\boldsymbol{v}$ の積を行う際に，H_m をヘッセンベルグ行列とした $H_m^{-1} \boldsymbol{v}$ の形の計算が必要である．この演算量が $\mathrm{O}(m^2)$ になることに由来する．

6) $\mathcal{K}_m(A, \boldsymbol{x}_0)$ の基底の生成法については，基底の直交性を重視しているためランチョス法ではなくハウスホルダー変換による直交化をとり入れたアーノルディ法を用いている．

7) A はエルミート行列かつすべての固有値が 0 以下であることを意味する．

$$\|\mathrm{e}^{tA}\boldsymbol{x}_0 - \|\boldsymbol{x}_0\|_2 V_m \mathrm{e}^{tH_m}\boldsymbol{e}_1\|_2 \leqq \begin{cases} c \cdot \mathrm{e}^{\frac{-m^2}{5\rho t}} & (\sqrt{4\rho t} \leqq m \leqq 2\rho t), \\ c \cdot \frac{1}{\rho t \mathrm{e}^{\rho t}} \cdot \left(\frac{\mathrm{e}\rho t}{m}\right)^m & (2\rho t \leqq m), \end{cases}$$

ここで $c = 10\|\boldsymbol{x}_0\|_2$ である．

具体的には，定理 4.16 では行列 A がエルミート半負定値行列であるため，最小固有値 $\lambda_{\min}$（仮定より行列 A の絶対値最大の固有値に対応する）を推定して $\rho = -\lambda_{\min}/4$ とし，興味のある時刻 t に対し許容誤差（例えば 10^{-12}）以下になるように右辺の上界の式を利用して m を定める．

4.5　行列三角関数

ここでは，**行列三角関数**として**行列正弦関数** $\sin(A)$ と**行列余弦関数** $\cos(A)$ を扱う．これらは，通常の $\sin(x)$ と $\cos(x)$ のマクローリン展開の展開係数を用いて

$$\sin(A) = A - \frac{1}{3!}A^3 + \frac{1}{5!}A^5 - \frac{1}{7!}A^7 + \cdots,$$
$$\cos(A) = I - \frac{1}{2!}A^2 + \frac{1}{4!}A^4 - \frac{1}{6!}A^6 + \cdots$$

で定義される．行列指数関数と同様に，これらの級数は任意の正方行列 $A \in \mathbb{C}^{n\times n}$ に対して収束する．つまり，任意の正方行列に対して上述の定義は有効である．以下に基本的な性質をまとめておこう．これらは，行列指数関数の定義を用いると容易に示される．

定理 4.17（行列三角関数の性質） $A, B \in \mathbb{C}^{n\times n}$ に対して以下が成り立つ．

1) $\mathrm{e}^{iA} = \cos(A) + i\sin(A)$,
2) $\sin(A) = (\mathrm{e}^{iA} - \mathrm{e}^{-iA})/2i$,
3) $\cos(A) = (\mathrm{e}^{iA} + \mathrm{e}^{-iA})/2$,
4) $\sin(-A) = -\sin(A)$, $\cos(-A) = \cos(A)$,
5) $\sin(A)^2 + \cos(A)^2 = I$,
6) $\sin(A \pm B) = \sin(A)\cos(B) \pm \cos(A)\sin(B)$（$AB = BA$ のとき），
7) $\cos(A \pm B) = \cos(A)\cos(B) \mp \sin(A)\sin(B)$（$AB = BA$ のとき）．

Algorithm 46 行列三角関数の計算：$S = \sin(A)$, $C = \cos(A)$

1: $X = \mathrm{e}^{iA}$;
2: A が実行列のとき
3: 　$S = \mathrm{Im(X)}$（行列 A の虚部）；$C = \mathrm{Re(X)}$（行列 A の実部）；
4: A が複素行列のとき
5: 　$S = \frac{1}{2i}(X - X^{-1})$; $C = \frac{1}{2}(X + X^{-1})$.

定理 4.17 の 2) と 3) は，定理 4.17 の 1) から直ちに導かれる．公式 2) と 3) より，行列正弦関数と行列余弦関数は行列指数関数から得られるため，これらを数値計算に活用できる．なお，行列 A が実行列のときは，定理 4.17 の 1) から，行列余弦関数 $\cos(A)$ の各成分は行列指数関数 e^{iA} の各成分の実部にそれぞれ対応し，行列正弦関数 $\sin(A)$ は，e^{iA} の虚部に対応する．以上をまとめると，Algorithm 46 が得られる．

4.6　行列対数関数

行列 $A \in \mathbb{C}^{n\times n}$ に対して $\mathrm{e}^X = A$ を満たす行列 X を，A の**行列対数関数**という．行列平方根では行列主平方根の概念（定理 4.12）があった．行列対数関数にも同様の概念があり，それを定理 4.18 に示す．

定理 4.18（行列主対数関数） $A \in \mathbb{C}^{n\times n}$ の固有値は，複素数平面において負の実軸上（0 を含む）に存在しないとする．このとき，$\mathrm{e}^X = A$ を満たす X は一般に一意ではないが，複素数平面の帯状領域 $\{z \in \mathbb{C} \mid -\pi < \mathrm{Im}(z) < \pi\}$ に X のすべての固有値が存在するという条件下では，X は一意に存在する．

定理 4.18 の行列 X のことを**行列主対数関数**といい，記号で $\log(A)$ と表す．$\log(A)$ を計算する際に重要な性質を述べておこう．

定理 4.19（行列主対数関数の性質） $A \in \mathbb{C}^{n\times n}$ の固有値は，複素数平面において負の実軸上（0 を含む）に存在しないとする．このとき，$-1 \leqq \alpha \leqq 1$ に対して $\log(A^\alpha) = \alpha \log(A)$ が成り立つ．特に，$\log(A^{-1}) = -\log(A)$, $\log(A^{1/2}) = (1/2)\log(A)$ である．

定理 4.19 の証明は，[76, Theorem 11.2] の証明を参照されたい．

以下では，$\log(A)$ の数値計算法について述べる．行列 A は $\rho(A-I)<1$[8] を満たすとき，$\log(A)$ は以下のように級数展開できることが知られている．

$$\begin{aligned}\log(A) &= \log(I+(A-I)) \\ &= (A-I)-\frac{1}{2}(A-I)^2+\frac{1}{3}(A-I)^3-\frac{1}{4}(A-I)^4+\cdots \qquad (4.11)\end{aligned}$$

しかしながら，行列 A は通常 $\rho(A-I)<1$ を満たさないため，式 (4.11) を適用できない．そこで，定理 4.19 から自然数 k に対して

$$\log(A)=k\log(A^{1/k})$$

が成り立つことと，行列 A の k 乗根 $A^{1/k}$ は，k が大きくなるにつれて単位行列 I に近づくことに着目すると，式 (4.11) から

$$\begin{aligned}\log(A^{1/k}) &= \log(I+(A^{1/k}-I)) \\ &= (A^{1/k}-I)-\frac{1}{2}(A^{1/k}-I)^2+\frac{1}{3}(A^{1/k}-I)^3+\cdots \qquad (4.12)\end{aligned}$$

が収束するような k を与えればよい．実際の計算では，$k=2^m$ とし，式 (4.12) の右辺は $\log(1+x)$ をパデ近似（有理関数近似）したものを用いる．$\log(I+X)$ に対する対角パデの近似の例を次式に示す．

$$\begin{aligned}R_{1,1}(X) &= (2I+X)^{-1}(2X), \\ R_{2,2}(X) &= (6I+6X+X^2)^{-1}(6X+3X^2), \\ R_{3,3}(X) &= (60I+90X+36X^2+3X^3)^{-1}(60X+60X^2+11X^3).\end{aligned}$$

以上をまとめた計算法を Algorithm 47 に示す．なお，行列 2^m 乗根の計算については 4.3 節を参照のこと．Algorithm 47 に対する近年の改良版については文献 [6] を参照されたい．

一方，行列指数関数を経由することにより，行列対数関数を計算することも可能である．ニュートン法に基づく数値計算法を Algorithm 48 と Algorithm 49 に示す．Algorithm 48 は $\log(A)$ に局所的 2 次収束することが知られており，Algorithm 49 は $\log(A)$ に局所的 3 次収束することが知られている．

[8] $\rho(X)$ を行列 X のスペクトル半径といい，行列 X の絶対値最大の固有値を $\lambda_{\max}$ として $\rho(X)=|\lambda_{\max}|$ で定義される．

Algorithm 47 行列対数関数 $\log(A)$ の数値計算法

1: $\rho(A^{1/2^m} - I) < 1$ となる自然数 m を与える；
2: $X = A^{1/2^m} - I$;
3: $Y = R_{q,q}(X)$（対角パデ近似）；
4: $\log(A) \approx 2^m Y$.

Algorithm 48 行列対数関数のためのニュートン法 (1)：$X = \log(A)$

1: $AX_0 = X_0A$ となる X_0 を選ぶ（例えば $X_0 = A$）；
2: **for** $k = 0, 1, \ldots,$ until convergence **do**
3: $\quad X_{k+1} = X_k - I + \mathrm{e}^{-X_k}A$.
4: **end for**

Algorithm 49 行列対数関数のためのニュートン法 (2)：$X = \log(A)$

1: $AX_0 = X_0A$ となる X_0 を選ぶ（例えば $X_0 = A$）；
2: **for** $k = 0, 1, \ldots,$ until convergence **do**
3: $\quad X_{k+1} = X_k + \frac{1}{2}\left(\mathrm{e}^{-X_k}A - A^{-1}\mathrm{e}^{X_k}\right)$.
4: **end for**

なお，Algorithm 49 において，$Y = \mathrm{e}^{-X_k}A$ とおくと，$Y^{-1} = A^{-1}\mathrm{e}^{X_k}$（定理 4.14 の 3) を用いた）より，$X_{k+1} = X_k + (Y - Y^{-1})/2$ となる．このように実装すると，Algorithm 49 の演算量は概ね Algorithm 48 の演算量と Y^{-1} の演算量との和になる．Y^{-1} の演算量は行列指数関数の演算量と比較すると十分に小さいため，Algorithm 48 と Algorithm 49 の演算量はほぼ同じであり，Algorithm 49 は局所的 3 次収束であることから Algorithm 49 の方が一般に高速である．

なお，行列 A が正定値エルミート行列のとき，A をシューア分解 $A = QTQ^{\mathsf{H}}$ すると T は対角行列 D になるため，$\mathrm{e}^X = A \Leftrightarrow \mathrm{e}^X = QDQ^{\mathsf{H}} \Leftrightarrow Q^{\mathsf{H}}\mathrm{e}^XQ = D \Leftrightarrow \mathrm{e}^{Q^{\mathsf{H}}XQ} = D$ となる．ここで $M = Q^{\mathsf{H}}XQ$ とおくと，$\mathrm{e}^M = D$ を満たす M は対角行列 D の対角成分 $\lambda_1, \lambda_2, \ldots, \lambda_n$ を用いて $M = \mathrm{diag}(\log(\lambda_1), \ldots, \log(\lambda_n))$ となる．M の定義から $X = QMQ^{\mathsf{H}}$ より，$\log(A)$ は次式で計算できる．

$$\log(A) = Q \begin{bmatrix} \log(\lambda_1) & & \\ & \ddots & \\ & & \log(\lambda_n) \end{bmatrix} Q^{\mathsf{H}}. \tag{4.13}$$

一般に行列 A が定理 4.18 の仮定を満たし，かつ対角化可能 $A = XDX^{-1}$ であ

れば式 (4.13) と同様な計算が可能であるが，X の条件数が高い行列に対しては数値的に不安定になる．

第5章 連立一次方程式の数値解法における並列計算

本章では，連立一次方程式の解法を高性能実装するために必要な基本事項を説明する．

5.1 節では，並列処理の基礎を説明する．並列処理の形態について，並列計算機の分類を基に説明する．並列処理においては，配列データを並列計算機にどのように分散するかが重要になる．そのため，よく用いられているデータ分散方式について説明する．また，並列処理で必須となるデータ通信方式と，よく使われている通信ライブラリ Message Passing Interface (MPI) における実装例を解説する．

5.2 節では，連立一次方程式の直接解法をとりあげ，第 1 章で解説した LU 分解法の並列アルゴリズムを中心に説明する．また，よく使われる数値計算ライブラリについても説明する．

5.2 節では，連立一次方程式の反復解法をとりあげ，第 1 章で解説したクリロフ部分空間反復法に適用できる前処理方式を中心に，近年のマルチコア，メニーコア環境で高性能を達成するアルゴリズムについて解説する．また，疎行列のための行列格納方式について述べ，反復解法に適用したときの性能について論じる．

5.1 並列処理の基礎

5.1.1 並列処理の形態

本項ではまず，並列処理の処理形態について説明する．

計算機の物理メモリの違いによる並列計算機の分類について述べる．

- **共有メモリ型並列計算機**：メモリに対して，複数のCPUからアクセスできる並列計算機.
- **分散メモリ型並列計算機**：メモリが分散されており，各CPUからは直接つながっているメモリ以外は直接参照できない並列計算機.

共有メモリ型並列計算機の構成単位を**ノード**と呼ぶ．ノード内にあるCPUのことを**コア**と呼ぶ．分散メモリ型並列計算機は，複数のノードから構成される.

(1) スレッド並列化

共有メモリ型並列計算機で動作する並列プログラミング形態として，**スレッドによる並列化**がある．スレッドによる並列化が可能なプログラミングとして，**OpenMP** [178, 104] を用いたスレッド並列化がある.

(2) プロセス並列化

分散メモリ型並列計算機において動作するプログラミング形態としてMessage Passing Interface (MPI) [103, 131, 147, 180, 8] による**プロセス**並列化がある.

(3) NUMA

近年の共有メモリ型計算機構成では，コアから最も近い共有メモリのアクセス時間と，遠隔の共有メモリへのアクセス時間が異なる計算機構成がある．このような共有メモリ型の計算機構成のことを，**Non Uniform Memory Access** (**NUMA**) と呼ぶ．NUMA構成の共有計算機では，アクセス時間が等しい近接の共有メモリに連結した複数コアをまとめて構成されるハードウェア単位のことを**ソケット**と呼ぶことがある.

(4) ハイブリッドMPI/OpenMP並列化

分散メモリ型並列計算機は，共有メモリ型並列計算機をノードとして利用し構成される．そのため，ノード外の並列化をMPI並列化（プロセス並列化）で行い，かつ，ノード内の並列化をOpenMP（スレッド並列化）で行うことが可能である．このような並列形態を，**ハイブリッドMPI/OpenMP並列化**と呼ぶ．特に，スレッド並列化の実装はOpenMPだけではない．近年，**Graphics Processing Unit** (**GPU**) に代表される，演算を加速する**演算アクセラレータ**の利用が盛んである．GPUでは，スレッド並列化として**CUDA**を利用できる．したがって，MPI と CUDA，もしくは，MPI と OpenMP と CUDA によるハイブリッド MPI 実行も可能である．

OpenMP においては，記述により CUDA などの GPU 向けプログラムを自動生成できる仕様が version 4.0 [178] から制定されている．また，演算アクセラレータによる演算を行える言語 OpenACC [176][177] が普及しつつある．したがって今後，ノード内並列化に GPU を利用する形態も盛んになると考えられる．

(5)　よくある誤解とハイブリッド MPI/OpenMP 実行の種類

MPI は分散メモリ型並列計算機を想定して設計された並列プログラミング形態のため，共有メモリ計算機では動作しないという誤解がある．これは，並列処理における物理構成と論理構成の違いから生じる．MPI は論理構成としての分散メモリを実現しているため，物理構成が共有メモリ型の並列計算機上でも動作する．

例えば，1 ノードあたり 16 コアの共有メモリ型並列計算機では，以下の構成でのハイブリッド MPI/OpenMP 実行が可能である：P1T16, P2T8, P3T4, P4P4, P5T3, P6T2, P7T2, P8T2, ..., P16T1．ここで，PXTY は，MPI プロセス数が X，OpenMP スレッド数が Y を意味している．また，$X \times Y$ が 16 以下の実行形態では，利用しないコアがある状態での実行である．

P∗T1 の実行形態では，OpenMP のスレッド実行がない形態の実行である．このような実行形態を**ピュア MPI 実行**，もしくは，**フラット MPI 実行**と呼ぶ．

5.1.2　データ分散

(1)　負荷分散との関係

数値計算処理を並列化するに当たり，データ分散とそれに伴う負荷分散について考慮しなくてはならない．行列演算においては，データ分散の対象は行列になる．行列を表現するデータ構造の要素を，共有メモリ型や分散メモリ型の並列計算機に分散することになる．

共有メモリ型並列計算機へのデータ分散とは，ノードを構成する各コアに，行列のどの部分を担当させるかを決めることである．一方，分散メモリ型並列計算機へのデータ分散とは，行列の一部分を担当するノードへ割り付ける（もしくは，ノードへデータを送信する）ことである．

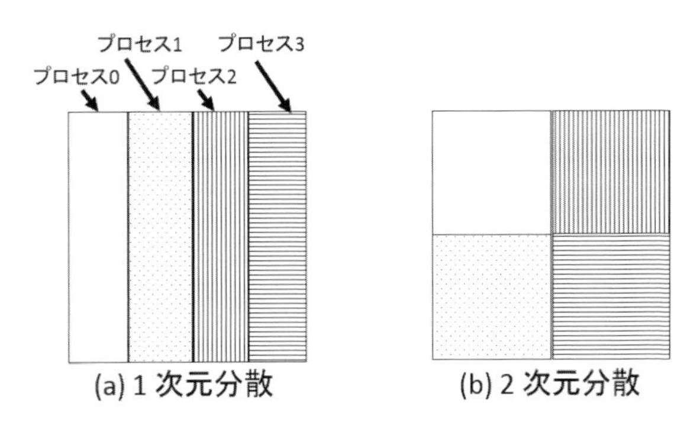

図 5.1 1次元分散と2次元分散の例

密行列の場合，扱うべきデータ構造は2次元配列となるため，2次元の配列の要素をデータ分散する．1.1.4項で紹介された疎行列用の解法で扱われる疎行列の場合にも，疎行列を表現するデータ構造の配列要素をデータ分散することになる．

以降データ分散すべき対象を密行列とし，データ構造として2次元配列が確保されている場合を想定する．

(2) 1次元分散方式と2次元分散方式

2次元配列をデータ分散する際，データ分割方式は1次元と2次元がある．分散メモリ型の並列計算機を考慮し，プロセス間にデータ分散する場合の例を，図5.1に示す．

図5.1では，分散対象となる配列に対して，4プロセス（プロセス0番〜プロセス3番）へのデータ分散を示している．ここで，分散データを集めると全体の配列を表現していると考え，それぞれのプロセスには配列の一部しか所有していないことに注意する．

また，図5.1は列方向である j 方向を分割しているが，転置された行列と見なした i 方向を分散する方式も同様に1次元分散である．そのため，図5.1(a)の分散を，**1次元列方向分散**と呼ぶ．一方で，転置して行方向に分散する方式を，**1次元行方向分散**と呼ぶ．

ところで，1次元分散と2次元分散とでは，どちらのほうが並列計算で高速となるだろうか．

この答えは，対象となる計算に依存する．例えば，行列 A の要素 a_{ij} に対して均等に演算する場合——例えば a_{ij}^2 を計算する場合——では，1 次元分散と 2 次元分散で性能の差がない．なぜなら，データ分散にともなう演算負荷の違いが，プロセス 0〜プロセス 3 の間でないからである．

一方，各要素 a_{ij} を用いた計算の演算量が異なる場合には，データ分散方式の違いでプロセス間の演算負荷が異なる．結果として並列処理を行う際に実行時間の差が出る．例えば，要素 a_{ij} の演算量が $j \cdot a_{ij}$ で表される場合，行番号 i が大きいほど演算量が大きくなる．その場合に図 5.1 では，(a) の 1 次元分散列方向分散ではプロセス 0〜プロセス 3 で均一になるのに対し，(b) の 2 次元分散ではプロセス 0 とプロセス 2 の演算負荷が少なく，プロセス 3 とプロセス 4 の演算負荷が最も多くなる．したがって，この場合は 1 次元分散のほうがよい．実例としては，1.1.2 項で紹介した LU 分解が挙げられる．

以上に加え，通信パターンの影響（通信時間の増大）がデータ分散にも影響する．

このように，どのデータ分散が最も良いかは，対象の演算に大きく依存するため，注意深い検討が必要である．

(3)　ブロック分散方式

図 5.1 のデータ分散では演算の分布により，1 次元分散と 2 次元分散のどちらでも負荷分散の均等化ができない場合がある．例えば，要素 a_{ij} の演算量が $i \cdot j \cdot a_{ij}$ で表される場合である．

負荷分散が達成できない理由は，行方向，もしくは，列方向の要素を請け負うプロセスが，各プロセスで 1 度しか現れないことによる．図 5.1 のように，行および列でデータ分散の幅を固定し，一度しかプロセス割り当てを行わないデータ分散方式を**ブロック分散**と呼ぶ．また，データ分散の幅のことを**ブロック幅**と呼ぶ．

図 5.1 のブロック分散では，データを割り当てる行および列の幅は一定である．今，行列サイズを $n \times n$ の正方行列とする．このとき，全体プロセス数を p プロセスとすると，1 次元分散のブロック幅 ib_{1D} は以下で表される．

$$ib_{1D} = n/p. \tag{5.1}$$

今，データ分散された各プロセスが所有する行列の一部について，大域のインデックス (1〜n) を付けた行列を $a^{global}_{i_g,j_g}$ と記載する．一方，局所的なインデックス (1〜n) を付けた行列を $a^{local}_{i_l,j_l}$ と表す．$a^{global}_{i_g,j_g}$ を所有するプロセス番号 0〜$p-1$ を返す関数を $Owner()$ とする．$a^{global}_{i_g,j_g}$ を所有するプロセスにおける局所的なインデックスを返す関数を $LocalInd()$ とする．

このとき，1次元ブロック分散では，以下になる．

$$Owner(a^{global}_{i_g,j_g}) = (j_g - 1)/ib_{1D}, \tag{5.2}$$

$$LocalInd(a^{global}_{i_g,j_g}) = (j_g - 1)\ \%\ ib_{1D} + 1, \tag{5.3}$$

ここで，% は剰余演算を意味する．このとき，$a^{local}_{i_l,j_l}$ のインデックスは以下となる．

$$i_l = i_g, \tag{5.4}$$

$$j_l = LocalInd(a^{global}_{i_g,j_g}). \tag{5.5}$$

2次元分散では，プロセスの2次元構成を考慮しないといけない．今，全体のプロセス数 p を $p = p_x \times p_y$ とする．このような2次元プロセス構成のことを，**プロセス・グリッド**と呼ぶ．プロセス・グリッドが正方になること，すなわち $p_x = p_y = \sqrt{p}$ を仮定すると，ブロック幅 ib_{2D} は以下で表される．

$$ib_{2D} = n/p_x. \tag{5.6}$$

また，2次元分散では，プロセス番号を2次元に拡張する．いま，プロセス i 番を p_k, $(k = 0, 1, \ldots, p-1)$ と記述する．このとき，2次元化されたプロセス番号を $p_{(i,j)}$ とする．

$$Owner_i(a^{global}_{i_g,j_g}) = (i_g - 1)/ib_{2D}, \tag{5.7}$$

$$Owner_j(a^{global}_{i_g,j_g}) = (j_g - 1)/ib_{2D}. \tag{5.8}$$

となる．同様に，2次元化されたプロセス番号を返す

このとき，2次元ブロック分散では，以下になる．

$$Owner(a^{global}_{i_g,j_g}) = (j_g - 1)/ib_{1D}, \tag{5.9}$$

$$LocalInd(a^{global}_{i_g,j_g}) = (j_g - 1)\ \%\ ib_{1D} + 1. \tag{5.10}$$

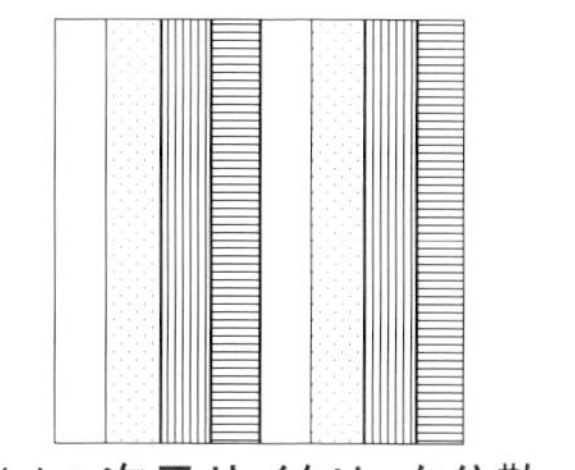

(a) 1 次元サイクリック分散

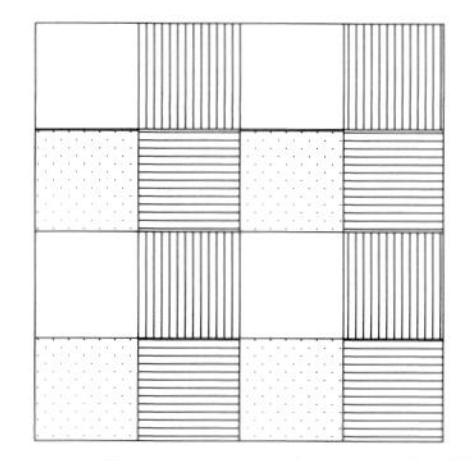

(b) 2 次元サイクリック分散

図 5.2 サイクリック分散の例

(4) サイクリック分散方式

行および列でブロック幅は固定するが，プロセス割り当てを 2 度以上行う方式がある．プロセス割り当ての方法に任意性があるが，実装の簡便性から，循環するように割り当てる方式が一般的である．ここで，循環するように割り当てるとは，4 プロセスの場合，プロセス番号を 0, 1, 2, 3, 0, 1, . . . のように割り当てることとする．このようなデータ分散方式を**サイクリック分散**と呼ぶ．図 5.2 に，サイクリック分散の例を示す．

図 5.2 のサイクリック分散では，ブロック幅 ib_{1D} を 1 以上にとることができる．ブロック分散は，サイクリック分散の特殊な例（循環しない割り当て）と見なすことができる．

1 次元列サイクリック分散では，以下になる．

$$Owner(a^{global}_{i_g,j_g}) = ((j_g - 1)/ib_{1D})\ \%\ p, \tag{5.11}$$

$$\begin{aligned} LocalInd_{(}a^{global}_{i_g,j_g}) &= ((j_g - 1)\ \%\ ib_{1D}) \\ &\quad + ((i_g - 1)/(ib_{1D} * p) - 1)ib_{1D} + 1. \end{aligned} \tag{5.12}$$

以上より，$a^{local}_{i_l,j_l}$ のインデックスは

$$i_l = i_g, \tag{5.13}$$

$$j_l = LocalInd(a^{global}_{i_g,j_g}). \tag{5.14}$$

いま，プロセッサ・グリッドにおいて，x 方向のプロセスに関する関数を $Owner_x()$, $LocalInd_x()$ とし，y 方向のプロセスに関する関数を $Owner_y()$, $LocalInd_y()$ とする．このとき，2 次元サイクリック分散では，以下になる．

$$Owner_x(a^{global}_{i_g,j_g}) = ((i_g - 1)/ib_{2D}) \,\%\, p_x, \tag{5.15}$$

$$Owner_y(a^{global}_{i_g,j_g}) = ((j_g - 1)/ib_{2D}) \,\%\, p_y. \tag{5.16}$$

$$\begin{aligned} LocalInd_x(a^{global}_{i_g,j_g}) &= ((i_g - 1) \,\%\, ib_{2D}) \\ &\quad + ((i_g - 1)/(ib_{2D} * p_x) - 1)ib_{2D} + 1, \end{aligned} \tag{5.17}$$

$$\begin{aligned} LocalInd_y(a^{global}_{i_g,j_g}) &= ((j_g - 1) \,\%\, ib_{2D}) \\ &\quad + ((i_g - 1)/(ib_{2D} * p_x) - 1)ib_{2D} + 1. \end{aligned} \tag{5.18}$$

以上より，$a^{local}_{i_l,j_l}$ のインデックスは，以下になる．

$$i_l = LocalInd_x(a^{global}_{i_g,j_g}), \tag{5.19}$$

$$j_l = LocalInd_y(a^{global}_{i_g,j_g}). \tag{5.20}$$

$ib_{2D} = 1$ のときの2次元サイクリック分散のことを，**サイクリック・サイクリック分散**と呼ぶ．また，$ib_{2D} > 1$ のときの2次元サイクリック分散のことを，**ブロック・サイクリック分散**と呼ぶ．

(5) 一般化されたデータ分散

ここまで紹介したブロック分散とサイクリック分散は，数学的に規則性のあるデータ分散である．そのため，大域インデックス i_g, j_g から，データを所有するプロセス番号や局所インデックス i_l, j_l を計算で求められる．そのため，プログラミングの際，データ分散のために必要なメモリ確保が要らないというメリットがある．

一方で，規則性のあるデータ分散方式では負荷分散を良く保てない演算も存在する．その場合は，データ分散のやり方を一般化する必要がある．一般化したデータ分散の例を図5.3に示す．

図5.3では，(i) データとプロセスの割り当ての順序（図5.3(a)），(ii) ブロック幅，(iii) データとプロセスの割り当ての順序とブロック幅の双方（図5.3(b)）の任意性がある．

図5.3のデータ分散を実現するには，関数 $Owner()$ や $LocalInd()$ に相当する配列を行列の次元数分，例えば，n 次元行列であれば a(1)~a(n) まで所有する必要がある．そのため，これらの配列をデータ分散しないとメモリ量が多くなり，扱う問題サイズの大きさが限定される場合がある．

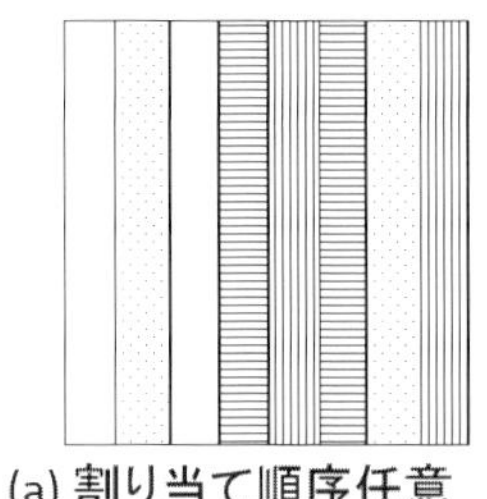

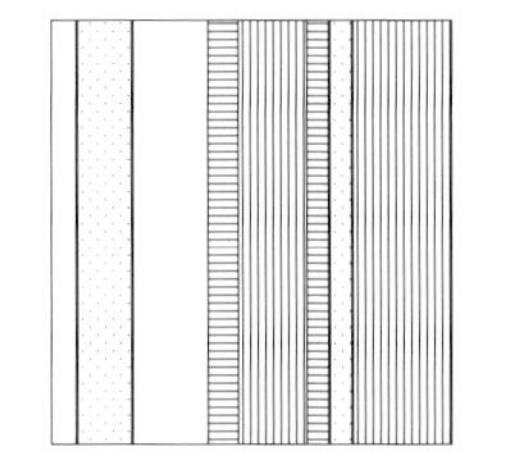

図 5.3 一般化されたデータ分散の例

一方，実行前に最適なデータ分散を決められない場合がある．今まで示したように，実行前にデータ分散を決めることを**静的**なデータ分散という．一方で，実行時にデータ分散を決めることを**動的**なデータ分散という．

動的なデータ分散を行うことは，一般に MPI などのプロセス並列化では困難である．一方，OpenMP などのスレッド並列化では容易であり，場合により，専用の記述言語が存在する．例えば，OpenMP における **schedule (dynamic) 節**が相当する．

5.1.3 データ分散方式と実装

(1) データ分散のやり方

データ分散の実装には，以下の 2 通りが存在する．ここで，$A^{global} = \left[a^{global}_{i_g,j_g}\right]$, $A^{local} = \left[a^{local}_{i_l,j_l}\right]$ とする．

- **逐次インタフェース**：あるプロセス（マスタ・プロセス）が大域行列 A^{global} を持ち，通信を伴う通信で，すべてのプロセスに局所行列 A^{local} を送る．行列生成に逐次プログラムの利用が可能なため利用しやすい反面，データ分散の時間が無視できない．
- **分散インタフェース**：すべてのプロセスが，通信なしで，局所行列 A^{local} を生成する．行列生成を並列化しなくてはならず利用が難しいが反面，高性能である．

逐次インタフェースは利用しやすいが，大域行列を所有するためメモリ量が圧迫され，大規模問題を取り扱えない．また，データ分散に伴う通信時間がか

Algorithm 50 2次元サイクリック分散での並列化された行列・行列積

1: **for** $i = 1, n$ **do**
2: 　**for** $j = 1, n$ **do**
3: 　　**for** $k = 1, n$ **do**
4: 　　　`if` $((Owner_x(c_{i,j}^{global})$ `.eq.` $myid_x)$ `.and.` $(Owner_y(c_{i,j}^{global})$ `.eq.` $myid_y))$ `then`
5: 　　　　$i_l = LocalInd_x(c_{i,j}^{global})$
6: 　　　　$j_l = LocalInd_y(c_{i,j}^{global})$
7: 　　　　$c_{i_l,j_l}^{local} = c_{i_l,j_l}^{local} + a_{i_l,j_l}^{local} \cdot b_{i_l,j_l}^{local}$
8: 　　　`end if`
9: 　　**end for**
10: 　**end for**
11: **end for**

かるため，並列化による速度向上が得られないことがある．通常，プロセス並列による実行では，分散インタフェースをとる．

(2)　関数を利用した方法

ここでは，データ分散が終了したあとに行う並列の演算について，密行列・行列積の例で紹介する．

2次元サイクリック分散による並列化は，Algorithm 50 のようになる．ここで，C^{global} は行方向サイクリック分散，A^{global}, B^{global} は分散されていない（各プロセスで重複して所有している）とする．Algorithm 50 では，i および j ループが各プロセスで並列動作することを仮定する．すなわち，$i, j = 1, 2, \ldots, n$ のカウントが各プロセスで並列に行われる．また，$myid_x$ と $myid_y$ は，自プロセス番号の2次元表記である．

実際の MPI などでの実装では，i および j ループの範囲は，各プロセスが担当する大域インデックスの範囲しか回らないように設定し，Algorithm 50 の4行目の `if` 文を削除する．

(3)　分散データ配列を利用した方法

関数 $Owner()$ に相当する配列にプロセス番号を収納し，関数 $LocalInd()$ に相当する配列に局所行列のインデックスを収納した上で，Alg. 50 の4行目を書き換えると，任意のデータ分散でも演算が可能である．

5.1.4　通信処理

(1)　通信の種類

通信には，一般的に以下の 2 種がある．

- **同期通信**：送信が，相手となる受信が発行され，送信データが完全に送られる（自ノードの送信バッファに書き込まれるか，相手の受信バッファに書き込まれるか）まで終了しない．逆に受信も，相手の送信が発行され，受信データが完全に受信されるまで終了しない．
- **非同期通信**：送信および受信は，相手となる受信および送信が発行されなくても終了する．送信データを完全に送ったか，もしくは，受信データを完全に受信したかは，プログラマが保証する．一般に，データの送受信を検査する機能とともに利用される．

基本となる通信は同期通信であるが，並列性が増えるにつれて（例えば，プロセス数が増えるにつれて），同期待ち時間が顕著になる．その場合は並列化効率が悪化する．非同期通信は，プログラミングをうまくすることで，通信と演算を同時に行うようにできる．そのため，非同期通信を利用すると，並列性が増える状況でも通信時間を見えないようにすること（**通信隠蔽**）ができる．

(2)　MPI での実例と注意

実際の通信インタフェースについて紹介する．ここでは，MPI を例に挙げる．

同期通信として MPI では，送信関数（手続き）**MPI_Send** と，受信関数（手続き）**MPI_Recv** が規定されている．なお，MPI では同期通信のことを**ブロッキング通信**と呼ぶ[1)]．

一方，非同期通信として MPI では，送信関数（手続き）**MPI_Isend** と，受信関数（手続き）**MPI_Irecv** が定義されている．なお，MPI では同期通信の

1) MPI のブロッキング通信は，厳密には同期通信ではない．理由は，MPI のデフォルトである**標準通信モード**では，システムバッファがある場合は，システムバッファにデータをコピーして，即座にプログラムに戻る挙動をする．すなわち，システムバッファにコピーできるような小さいメッセージサイズの通信をするときには，対応する受信関数や送信関数が呼ばれなくても処理を終了する．そのため，同期通信ではない．同期通信を保証するには，**同期通信モード**の関数を呼ぶ（例えば，**MPI_Bsend**）．

ことを**ノン・ブロッキング通信**と呼ぶ[2)]．ノン・ブロッキング通信の送信データおよび受信データの送信や受信を確認する関数（手続き）に，**MPI_Wait** がある．MPI_Wait で指定された通信データが完全に送信もしくは受信されるまでプログラムに戻らない．

非同期関数を利用すると，理論的には即座にプログラム上に戻るため，送信もしくは受信関数呼び出しの直後に通信に影響しない演算を記述することで，通信隠蔽を狙えるコードになる．条件としては，通信時間が記述した演算時間よりも大きいことが必要である．

複数のプロセスが協調しながら通信と演算を行うことも多い．例えば，プロセス間において加算をする場合である．このような通信を**集団通信**と呼ぶ．集団通信の MPI 関数としては，プロセス間の総和，最大値などを求めることができる **MPI_Allreduce** がある．MPI version 3.0 以降では，集団通信関数での非同期関数が提供されている．例えば，`MPI_Allreduce` の非同期関数は **MPI_Iallreduce** である．このため，既存の MPI プログラムに対する非同期化がやりやすくなる．

一方，想定外の理由で非同期通信の効果が帳消しになることがある．筆者の経験で生じた事例を以下に挙げる．

- 非同期通信のために，通信用の配列（通信バッファ）へのデータコピーが必要となる．このとき，このデータコピー時間が通信時間に対して極めて大きくなり，通信隠蔽の効果を相殺する．
- 非同期通信関数の実装が，通信と演算をオーバーラップするようになっていない．例えば，MPI を実現するライブラリの実装について，実際の通信開始が `MPI_Wait` が呼ばれてから行う実装になっていることがある．この場合は，通信隠蔽のための演算と通信のオーバーラップがされないため，非同期通信関数を用いた実装の効果がない．

---

2) MPI では複雑なことに，ノン・ブロッキング通信においても，デフォルトは標準通信モードである．これはすなわち，MPI_Isend は相手の受信にかかわらずプログラムに戻るが，システムバッファにコピーできるような小さなメッセージサイズのときは，まずシステムバッファにコピーされる．この場合，相手の受信プロセスが完全にデータを受信しなくても，MPI_Wait 関数はユーザプログラムに戻る．

5.2 直接法

5.2.1 LU 分解法

本項では，連立一次方程式の求解でよく用いられる解法の一つである，**LU 分解法**について説明する．既に第 1 章で説明したように LU 分解法は，行列の LU 分解と LU 分解された行列 L と U を用いて解を求める方法である．

ここではまず，数学的には厳密解を求めることができる**直接解法**について，並列化の観点から説明する．また行列 A は密行列であることを想定した並列アルゴリズムを紹介する．

(1) ガウスの消去法に基づく LU 分解のデータアクセスパターン

既に 1.1.2 項で解説をしているが，LU 分解には以下に示す 3 種の変種がある．この変種ごとに，異なる並列性を有する [103].

- **外積形式ガウス法**（**KIJ 形式**）：手計算で行う消去法を基に導出されるアルゴリズムに基づく変種である．
- **内積形式ガウス法**（**IKJ 形式**）：LU 分解の行列 L の対角要素を 1 に固定して導出される変種である．
- **クラウト法**：LU 分解の行列 U の対角要素を 1 に固定して導出される変種である．

以上の変種のデータアクセスパターンを図 5.4 に示す．図 5.4 のデータアクセスパターンは，LU 分解法の並列化の性能に影響する．

(2) 外積形式ガウス法の並列性

外積形式ガウス法は図 5.4(a) に示したとおり更新領域が大きい．図中の「参照と更新」の領域はピボット列である．また,「参照領域」はピボット行である．このピボット行とピボット列の情報を所有していれば，更新領域の計算は並列に行える．k ステップにおけるピボット列とピボット行の要素数は $2(n-k+1)$ であり，更新領域の要素数は $(n-k)^2$ であるため，必要なデータであるピボット行とピボット列の通信時間よりも演算量の方が大きいと見積もれる．そのため，行列 A をどのようにデータ分散しても，原理的に並列化ができる．数値計算アルゴリズムやプログラムでの並列化では，多くがこの外積形式ガウス法を採用

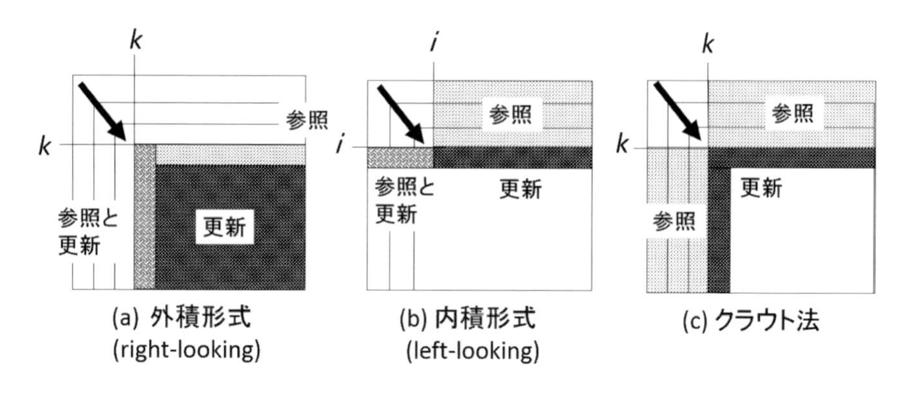

図 5.4 LU 分解における変種のデータアクセスパターン

している．特に，通信コストの高い分散メモリ型並列計算機での並列化（MPI 並列化）では，通常，外積形式ガウス法が利用されている．

注意すべきはデータ分散のやり方である．外積形式ガウス法に限定せず LU 分解のアルゴリズムでは，演算対象領域が少しずつ小さくなっていく．図 5.4(a) では，k の値は 1 から $n-1$ まで 1 ずつ増加していく．このことに注意すると，プロセス並列化において単純なブロック分散をデータ分散に採用する場合，1 次元分散でも 2 次元分散でも最後の領域を持つプロセスが最も多くの演算量を所有する．結果として，並列実行時の負荷バランスが劣化し，高い台数効果を得ることができない．

この問題を解決するには，サイクリック分散を採用することである．ところがサイクリック分散を採用する場合，ブロック幅 1 の形式を採用すると，k を増加させるたびに，必要なデータであるピボット行とピボット列のデータ送受信を行わないといけない．そのため，通信時間の増加につながる．この問題を回避するには，ブロック幅を 2 以上としたブロックサイクリック分散を採用し，後述のブロック化による通信回数削減のアルゴリズムを利用する．ブロック幅は性能に影響するため，値を変化させて最適な値を探す必要がある．最適なブロック幅は行列サイズ，並列数，通信性能に依存する．

プロセス・グリッドの形状も性能に影響する．一般に，正方形となるプロセス・グリッドのほうが，長方形のものよりも性能が良い．$p_x < p_y$ のときは，メッセージの同時発行数が正方形となるプロセス・グリッドよりも少なくなる

が，1 メッセージ当りのデータ量が多くなる．$p_x > p_y$ のときは，この逆である．メッセージ数が多くなると通信立ち上がり時間（メッセージサイズが 0 のときでも必要となる時間）の総和が増加し，1 メッセージ当りのデータ量が多くなるとメッセージ転送時間の総和が増加する，このトレードオフとなる正方形のプロセス・グリッドのときが最高速となる場合が多いからである．

(3) 内積形式ガウス法の並列性

内積形式ガウス法は図 5.4(b) に示したように，更新行の上部に参照領域がある．そのため行方向分散をすると，以下の 2 点から並列化が困難である：(1) 主演算となる更新行が特定のプロセスにしか存在しないため計算が分割できない，(2) 参照行が別プロセスにあるため分散データすべてに対して通信が必要である．このことから，列方向分散をしないと並列性が抽出できない．この特性は，スレッド並列にしても同じである．

列方向分散を考える．この場合は，参照領域が同一プロセス内に存在するため，データ量が少ない参照と更新領域のデータを通信で得れば，並列処理が可能となる．したがって，並列処理は，プロセス並列とスレッド並列の双方で可能となる．なおブロック分散時の負荷バランスの劣化は外積形式と同様に生じる．そのため，サイクリック分散のほうが望ましい．

(4) クラウト法の並列性

クラウト法は図 5.4(c) に示したように，参照領域が注目列の第 k 列の左側，および注目行の第 k 行の上部にあるため，プロセス並列ではどのようなデータ分割をしても参照すべきデータを通信しないと更新行と更新列の計算ができない．そのため通信時間が増大し，並列処理に向いていない．一方でスレッド並列では，共有メモリ内のデータを各スレッドで参照すればよいため，並列処理が可能となる．

一方クラウト法以外の 2 変種では，主領域のアクセスの幅は n から 2 まで少しずつ小さくなっていく．ところがクラウト法では，更新行と更新列のサイズが $1/2n$ より大きいときは更新行と更新列のアクセス主体のループを作る．一方で，更新行と更新列のサイズが $1/2n$ 以下になるときにはデータ参照行およびデータ参照列のサイズが 1/2 以上になることを利用し，データ参照行およびデータ参照列中心のループにすることで，最内のループ長を常に 1/2 以上にす

Algorithm 51 前進代入

```
1: for k = 1, n do
2:     c_k = b_k
3:     for j = 1, k − 1 do
4:         c_k = c_k − l_kj · c_j
5:     end for
6: end for
```

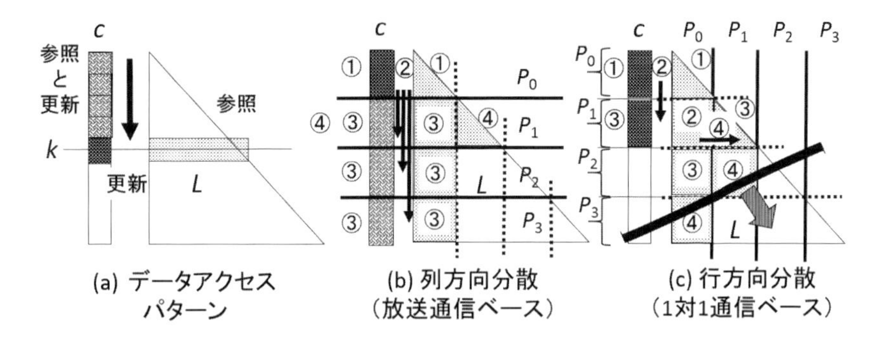

図 **5.5**　前進代入のデータアクセスパターンと並列化

ることができる．このようにループ長を長く保つことでデータアクセス時間を隠蔽できる計算機（例えば，ベクトル計算機）では，クラウト法の演算効率を高くすることができる．

(5)　前進代入および後退代入の並列化

第1章で説明したように，行列 A のLU分解を行った後は，前進代入 $Lc = b$，および後退代入 $Ux = b$ を解くことで解ベクトル x を得る．前進代入も後退代入も似たようなデータアクセスパターンになるため，どちらか一方の並列処理の形態を理解しておけば応用できる．そのためここでは，前進代入の並列化を説明する．

Algorithm 51 に前進代入を示す．

図 5.5 に，Algorithm 51 の前進代入のデータアクセスパターンと並列化を示す．

前進代入の並列化では，列方向分散と行方向分散で並列化の方針が異なる．4 プロセス並列 (P_0, P_1, P_2, P_3) を考える．ベクトル b, c はブロック分散とする．

図 5.5(b) は行列 L を列方向分散する例である．この場合には，各プロセスが担当する c のブロックを決めるために必要な L の領域すべてを各プロセスは所有している．しかし，必要な c のデータ（ブロック）はほかのプロセスが所有している．そのため，まず計算に必要な領域すべてを持っている P_0 が計算を行う (①)．次に，P_0 が決定した c のブロックはすべてのプロセスで必要となるため，それを放送する (②)．その後，得られた L のブロックと各プロセスが有する c の参照領域を用いて，各プロセスが計算する c のブロックの一部が計算できる (③)．その後，P_1 が計算する c のブロックの値を決定する (④)．以後，同様に計算を進める．

図 5.5(c) は行列 L を行方向分散する例である．この場合には，L の参照領域すべてを各プロセスですべて所有していない．そのため，P_0 で更新して決定した c のブロック（図中の①）を用いて，P_0 が所有する L の参照領域を用いて P_0 以外のプロセスが有する c のブロックで必要となる計算について P_0 が途中の計算のみ行える．このことを利用し，以下のように処理を分けて計算する．

まず c の決定したデータ（図中の①）を利用し，P_0 が所有する L の参照部分 (②) を用いて P_1 が所有する c の計算に必要な演算の一部を行い，その結果を P_1 に送信する (②)．次に，P_0 は P_2 の c の計算に必要な計算の一部を所有している L の一部 (③) で行う．同時に，P_1 は先程 P_0 から受信した計算結果を基に自分の持っている L の参照領域の一部 (③) を利用して，c の値を確定できる (③)．次に，P_0 は，P_2 が所有する c の計算に必要な計算の一部を P_1 に送信する (④)．その後，P_3 が所有する c の計算に必要な計算の一部を所有する L の一部 (④) を利用して行う．同時に P_1 は，P_0 から受け取ったデータと，自分が所有する L の一部 (④) を利用して，P_2 が所有する c の一部の計算をすることができる．

以上のように行方向分散では 1 対 1 通信で実装できる．また，L の対角方向の演算ブロックを並列計算され，その並列化が右下に流れていく．行列の対角部分で最も並列性が高くなる．このような並列処理の形態を**ウエーブフロント法**もしくは**超平面法**と呼ぶ．

列方向分散では，放送処理が必要であり，全プロセスの同期が避けられない．そのため，高プロセス実行で並列性能が低下する．一方，行方向分散では 1 対 1 通信のみで実現されるため，ノン・ブロッキング通信を導入することで，通信と計算を同時に行うことができる．そのため，通信時間の隠蔽が可能となり，高プロセス数の実行で効果的となる．

(6)　ピボット選択の並列化

ピボット選択は全プロセスで同期的に行わなければならず，可能であれば行わない方が望ましい．しかしながら数値的安定性のため，特殊な行列の場合を除きピボット選択を実装しなくてはならない．

ピボット選択は最大値を求める処理のため，まず各プロセスが有するピボット列の最大値を求める．その後，プロセス間での最大値をとる．この最大値をプロセス間でとる処理は，MPI では **MPI_Allreduce** 関数を利用することで求めることができる．

プロセス間の同期を避けるため，ピボット列はなるべく同一のプロセス内に所有されているほうが望ましい．したがって，列方向分散のほうがピボット選択の通信を考慮すると望ましい．第 1 章で紹介した**縦ブロックガウス法**は，ピボット選択の通信時間がない並列アルゴリズムであり，後ほど説明する．

5.2.2　ブロック化と BLAS3 演算

密行列の演算においては，行列・行列積を用いる演算のほうが，それ以外の演算，例えば行列・ベクトル積を用いる演算よりも演算効率の良い実装ができる．この理由は，行列・行列積は行列サイズを n とし正方行列を仮定すると，データ領域は $O(n^2)$ に対し演算量は $O(n^3)$ であるため，キャッシュなど高速なメモリ上へデータをおき再利用する実装ができるからである．

行列・行列積は自ら実装するよりも，高速な数値計算ライブラリを利用する方が性能が良い．数値計算ライブラリにおいて密行列の演算を規格化したものに **BLAS** (Basic Linear Algebra Subprograms)[3] がある．BLAS のうち，行列・行列積を提供する規格が**レベル 3 BLAS** (**BLAS3**) である．

BLAS3 演算を主演算にするようにアルゴリズムを変更することを**ブロック化**という．ブロック化はコア単体性能を向上させることに寄与する．一方，ブロック単位で通信を行うことで通信回数を削減し，結果として通信時間の削減にも寄与する．ここでは，LU 分解におけるブロック化アルゴリズムの並列化

[3] http://www.netlib.org/blas/

を紹介する．

(1) 外積形式ブロック形式ガウス法の並列化

1.1.2 項で解説した**外積形式ブロック形式ガウス法**では，行列 A を $M \times M$ 個の小行列（大きさは，$N/M \times N/M$）に分割するが，この分割した小行列単位でデータ分散することで，並列処理が可能となる．また $N/M \times N/M$ をキャッシュサイズに収まるように選ぶことで，コア内での演算の高性能化と高並列化効率の双方が実現できる．

プロセス並列化では，小行列単位でデータを分散すると，小行列単位での送受信が生じる．そのため，行列 A のサイズ N に対してあまりに小さな N/M を設定すると通信回数が増加して並列処理の効率が悪くなる．一方，あまりに大きな N/M を設定すると負荷バランスが悪くなる．したがって，演算の単位である $N/M \times N/M$ とデータ分散のブロック幅は別にとるべきである．例えば，データ分散のブロック幅について 4 個分の小行列をとり，$4N/M \times 4N/M$ のブロック幅でデータ分散できるようにすべきである．このように演算ブロック幅とデータ分散ブロック幅を別にとれるように並列アルゴリズムの設計をすべきであることが，いくつかの論文で指摘されている．

(2) 縦ブロックガウス法の並列化

縦ブロックガウス法は，列方向ブロック分散に特化した LU 分解のアルゴリズムと考えることができる．いま，図 5.4(a) の外積形式の LU 分解のデータアクセスパターンを基に，縦ブロックガウス法を説明する．

図 5.6 に，縦ブロックガウス法のデータアクセスパターンを示す．

図 5.6 では，列方向ブロックサイクリック分散により，ブロック幅 m で分散されているとする．いま，k ステップ目（KIJ 形式の K ループの K の値）の分解を行う．

このとき，k 行から $k+m-1$ 行を有するプロセス（ここで，P_0 とする）は，プロセス内にある行列 A の一部のみで LU 分解を進めることができる．なぜなら，ピボット行とピボット列を所有しているからである．そのため，k ステップの LU 分解を行う（図 5.6(a)）．次に，$k+1$ ステップの LU 分解を考えると，k ステップで更新された行列 A のデータを利用することで $k+1$ の LU 分解をすることができる（図 5.6(b)）．同様に，$k+2$ ステップの LU 分解も行える（図

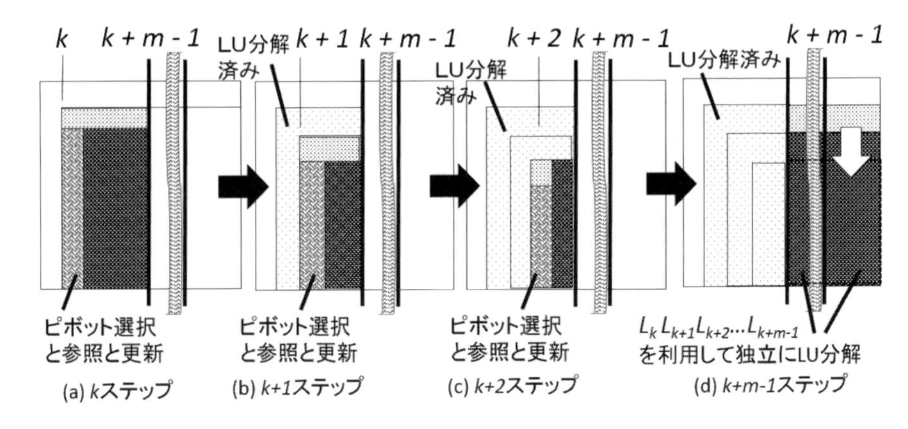

図 5.6 縦ブロックガウス法のデータアクセスパターン

5.6(c))．最終的に，データ分散幅である m ステップ分の LU 分解を行える．このとき，k 行から $k+m-1$ 行を有するプロセス以外はピボット列が存在しないため，LU 分解を進めることができない．

いま，プロセス P_0 は，ピボット列と消去係数を含む行列 L_k, L_{k+1}, L_{k+2}, ..., L_{k+m-1} を有する．この情報があれば，そのほかのプロセスも，所有している行列 A の一部のデータのみで，k ステップから $k+m-1$ ステップまでの LU 分解を並列に行うことができる．このため，P_0 はすべてのプロセスに L_k, L_{k+1}, L_{k+2}, ..., L_{k+m-1} を送信する．プロセス P_0 以外のプロセスは，この受信後に並列化に LU 分解を行う（図 5.6(d)）．

縦ブロックガウス法は，従来の LU 分解に対していくつかのメリットがある．それを以下に述べる．

まず，通信回数の削減が可能である．ブロック化を行わない並列化では，ステップごとに L_k を所有するプロセスはすべてのプロセスに L_k を送信しないといけない．しかし，ブロック幅 m の縦ブロックガウス法では，通常の LU 分解に対して通信回数を $1/m$ 回に削減できる．そのため，高プロセス実行に向く．

次にブロック化により，主演算が二重ループからブロック幅 m を含む三重ループになる．三重ループになると，BLAS3 演算が利用できるため，演算効率の高い数値計算ライブラリを利用できる．この BLAS3 演算は，第1章で説明した「多段多列消去法」と呼ばれる．

最後に，通信回数を減らすだけではなく，通信にノン・ブロッキング通信を使うことで，演算と通信を同時に行う実装が可能となる．通信時間の隠蔽が可能となり，高プロセス実行時の並列実行効率が良くなる．

5.2.3　疎行列ダイレクトソルバの並列化

1.1.4 項で説明したように，疎行列の直接解法を行う**疎行列ダイレクトソルバ**を並列化する場合は，**オーダリング**を利用して並列性を高めた上で，**消去木**を作成し並列性を抽出した上でデータ分散を決定して並列処理を行う．

疎行列ダイレクトソルバにおいて，スーパーノード単位で行うライブラリに **SuperLU**[4]がある．また，マルチフロンタル法ベースのライブラリには **MUMPS**[5]がある．

5.2.4　数値計算ライブラリ

(1)　LAPACK と ScaLAPACK

密行列の連立一次方程式や固有値問題を解く場合，多種のアルゴリズムを備え高性能実装された数値計算ライブラリを用いるのがよい．

スレッド並列化したライブラリとして **LAPACK** (Linear Algebra PACKage)[6]がある．また，プロセス並列化したライブラリとした **ScaLAPACK** (Scalable Linear Algebra PACKage)[7]がある．これらは，フリーソフトウェアであるので用いる計算機環境にインストールすることができる．またスパコンを利用する場合は，通常はスパコンを提供するベンダにより最適化したライブラリがインストールされているため，それを利用することができる．

LAPACK は BLAS ライブラリを用いて作られている．ScaLAPACK は，LAPACK と BLAS を用いて作られている．そのため，高性能な BLAS ライブラリをインストールすることで，高性能な LAPACK や ScaLAPACK ライブラリが利用可能となる．高性能な BLAS ライブラリは，商用ソフトウェアのほか，**GOTO BLAS** などのフリーソフトウェアも存在する．

---

[4] http://crd-legacy.lbl.gov/ xiaoye/SuperLU/
[5] http://mumps.enseeiht.fr/
[6] http://www.netlib.org/lapack/
[7] http://www.netlib.org/scalapack/

(2) ハイブリッド MPI 実行を行うには

ScaLAPACK で呼ばれる数値計算ライブラリにおいて，ハイブリッド MPI 実行を行うことは容易である．BLAS ライブラリは通常，逐次版に加えてスレッド並列版も提供されているため，主演算となる BLAS レベルでスレッド並列化ができる．そのため，上位の ScaLAPACK で MPI 実行，下位の BLAS でスレッド実行のハイブリッド MPI 実行ができる．このとき，ピュア MPI 実行では，BLAS は逐次版を指定しないと，極端な性能劣化もしくは実行できないことがあるため注意する．

(3) データ分散幅と上位ルーチンの並列性の問題

数値計算ライブラリを用いる際の問題は，スレッドもしくはプロセス当りの問題サイズである．BLAS を含む数値計算ライブラリの最適化は，大規模な問題サイズにおいて高性能が実現されるアルゴリズムや実装がなされていることが普通である．そのため，スレッドもしくはプロセス当りの問題サイズが小さい場合，数値計算ライブラリを利用すると性能が低下することもある．

特に，プロセス数やスレッド数の大きな実行をする際は注意が必要である．2018 年現在の CPU の中には，200 スレッド超で動作するメニーコア型 CPU が広く普及している．このとき全体の行列サイズが 4000 次元の計算を考えると，全体行列では大規模な行列となる．しかし，スレッド当りでは約 280 次元相当まで縮小しており，もはや大規模サイズとはいえない．今後の計算機トレンドでは，ノード内の並列性は数千並列に達することが予想されるため，さらなる注意が必要である．

プロセス並列化をする場合は，データ分散のブロック幅を考慮する必要がある．コア数の増加のトレンドを考慮すると，今後 1000 万を超える並列性が実現される．このような状況下では，データ分散幅に 32 をとったブロック分散だけでも全体行列の次元数は 70 万元を超える．さらに悪いことに，単純な並列アルゴリズムでは，データ分散幅と演算単位（例えば，ブロック化アルゴリズムのブロック幅）を同一に設計していることが多い．その状況では，演算負荷を均等に割り当てられることができなくなり，激しい負荷バランスの劣化を引き起こし，並列性能が悪化する．

以上のように，エクサスケールに向けた超並列環境において数値計算ライブラリを使う場合，主演算である連立一次方程式の解法ルーチンを呼び出す上位のプログラムの作り方の再検討が必要となるだろう．

5.3 マルチコア，メニーコア環境における前処理付き反復法

5.3.1 はじめに

近年プロセッサのマルチコア化，メニーコア化が進み，大規模並列計算におけるプログラミングモデルとして，複数のコアを有するノード（またはソケット）内にOpenMP (Open Multi-Processing) [179] に代表されるスレッド並列，ノード間に MPI (Message Passing Interface) [146] に代表されるメッセージパッシングを適用した「Hybrid」並列プログラミングモデルが主流となっている．

MPI (Message Passing Interface) とは，分散メモリ型並列計算機において，プロセッサ間の通信を行なうための標準化された規格である．ライブラリ化された実装として，フリーウェア，商用ベンダによる独自の実装が存在し，Fortran, C などからサブルーチン，関数として呼び出すことができる．プログラマが精密なチューニングを行えるが，利用にあたっては明示的に手続きを記述する必要がある．

OpenMP は，元々共有メモリ型並列計算機上での並列計算プログラミングを実現するための規格であり，ソースコードに指示行（ディレクティヴ，directive）を挿入することで容易にループ処理の並列化が実施できる．マルチコア，メニーコアプロセッサ内の並列化にも使用可能である．OpenMP 4.0 以降では GPU などのアクセラレータ，コプロセッサへの適用も考慮されている [179].

並列計算における個々の単位のことを, MPI ではプロセス (process), OpenMP ではスレッド (thread) と言う．本節では特に OpenMP を使用したノード内の並列化について述べる．有限体積法アプリケーションから導出される係数行列を前処理付き反復法（ICCG 法）によって解く手法について，実装例も交えて説明する．本節では，以下に示すような基本的なループ並列化用の指示行のみ使用している．

- Fortran：`!$omp parallel`，`!$omp parallel do`
- C 言語：`#pragma omp parallel`，`#pragma omp parallel for`

表 5.1 各計算環境（1 ソケット）の概要

略称	FX10	KNC	BDW
名称	Fujitsu SPARC64 IX fx	Intel Xeon Phi 5110P (Knights Corner)	Intel Xeon E5-2695 v4 (Broadwell-EP)
動作周波数（GHz）	1.848	1.053	2.10
コア数（有効スレッド数）	16 (16)	60 (240)	18 (3)
使用スレッド数	16	240	18
メモリ種別	DDR3	GDDR5	DDR4
理論演算性能（GFLOPS）	236.5	1,010.9	604.8
主記憶容量（GB）	32	8	128
理論メモリ性能（GB/sec）	85.1	320	76.8
キャッシュ構成	L1:32KB/core L2:12MB/socket	L1:32KB/core L2:512KB/core	L1:32KB/core L2:256KB/core L3:45MB/socket
コンパイラ	富士通社製コンパイラ	Intel Comliler (Ver.16/Intel Parallel Studio XE 2016)	
コンパイラオプション	-Kfast, openmp	-O3 -openmp -mmic -align array64byte	-O3 -qopenmp -ipo -xCORE-AVX2 -align array32byte

本節では以下の 3 種類の計算機環境の 1 ソケットを使用した：

- **KNC**：Intel Xeon Phi 5110P (Knights Corner)
- **IVB**：Intel Xeon E5-2680 v2 (IVBridge-EP)
- **BDW**：Intel Xeon E5-2695 v4 (Broadwell-EP) (Reedbush-U)

プログラムは Fortran90 で記述してあり，Intel Comliler (Ver.16) /Intel Parallel Studio XE 2016 を使用した．表 5.1 に計算機環境，コンパイルオプションの概要を示す．

5.3.2 Poisson 3D

本項で対象とするアプリケーションは図 5.7 に示す差分格子によってメッシュ分割された 3 次元領域において，以下のポアソン方程式を解く Poisson 3D と

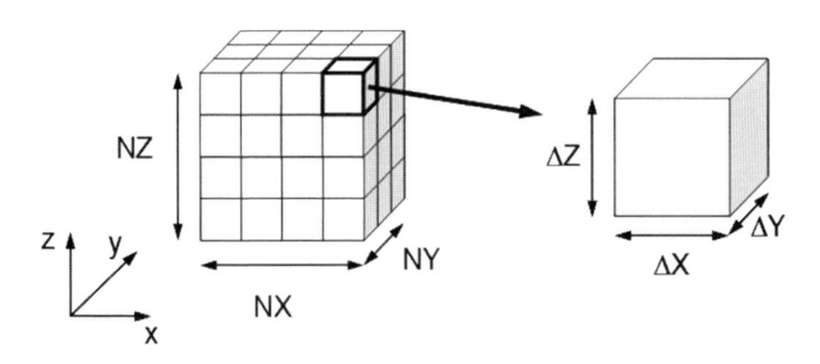

図 5.7 Poisson 3D の解析対象，差分格子の各メッシュは直方体 (辺の長さは ΔX, ΔY, ΔZ)，X, Y, Z 各方向のメッシュ数は NX, NY, NZ

いうプログラムである [156][159][160][65]：

$$\Delta\phi = \frac{\partial^2\phi}{\partial x^2} + \frac{\partial^2\phi}{\partial y^2} + \frac{\partial^2\phi}{\partial z^2} = f \tag{5.21}$$

$$\phi = 0 \ @ \ z = z_{\max} \tag{5.22}$$

形状は規則正しい差分格子であるが，プログラムの中では，一般性を持たせるために，有限体積法に基づき，非構造格子型のデータとして考慮する．図 5.7 における任意のメッシュ i の各面を通過するフラックスについて，式 5.21 により以下に示す式 5.23 のような釣り合い式が成立する：

$$\sum_{k=1}^{6}[\frac{S_{ik}}{d_{ik}}(\phi_k - \phi_i)] + V_i f_i = 0 \tag{5.23}$$

ここで，S_{ik}：メッシュ i と隣接メッシュ k 間の表面積，d_{ik}：メッシュ $i-k$ 重心間の距離，V_i：メッシュ i の体積，f_i：メッシュ i の体積あたりフラックスである．3 次元問題の場合，各直方体メッシュは 6 個の面を持っているため，隣接メッシュ数は（最大で）6 であり，式 (5.23) 左辺第 1 項は $k = 1$〜6 の和となっている．

式 (5.23) を図 5.7 の 3 次元領域に適用し，整理するとメッシュ i について式 (5.24) のようになる．また図 5.8 に示すような六つの隣接メッシュを定義すると式 (5.24) は式 (5.25) のような形に展開できる：

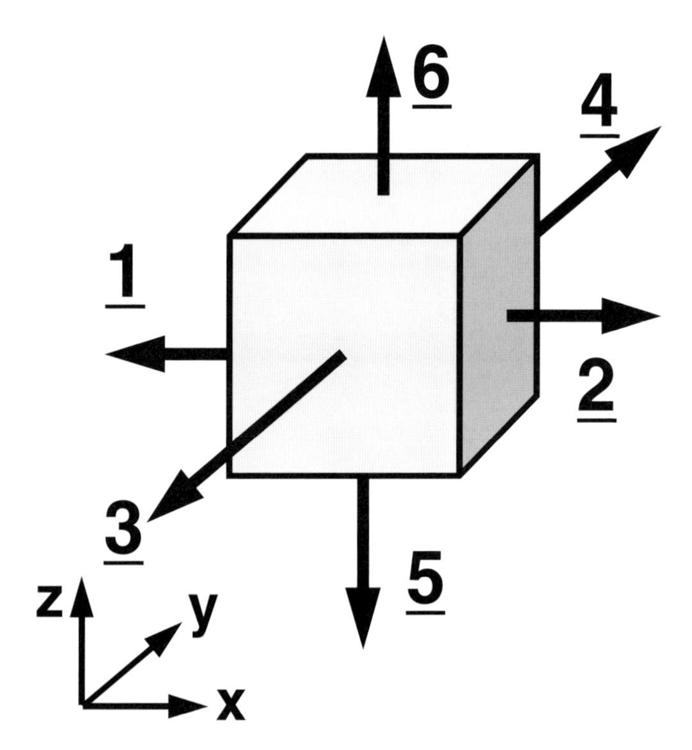

図 5.8　局所面番号，隣接メッシュナンバリング

$$[\sum_{k=1}^{6}\frac{S_{ik}}{d_{ik}}]\phi_i - [\sum_{k=1}^{6}\frac{S_{ik}}{d_{ik}}\phi_k] = V_i f_i \tag{5.24}$$

$$\frac{\phi_{k=1}-2\phi_i+\phi_{k=2}}{\Delta X^2}+\frac{\phi_{k=3}-2\phi_i+\phi_{k=4}}{\Delta Y^2}+\frac{\phi_{k=5}-2\phi_i+\phi_{k=6}}{\Delta Z^2}=f_i \tag{5.25}$$

これは各メッシュ i について成立する式であるので，全メッシュ数を N とすると，N 個の方程式を連立させて，境界条件を適用し，連立一次方程式 $A\boldsymbol{\phi}=\boldsymbol{b}$ を解くことに帰着される．式 (5.24) の左辺第 1 項は A の対角項，第 2 項は非対角項，右辺は $\boldsymbol{b}$ に対応している．各メッシュ i に対応する非対角成分の数は最大 6 個であるので，係数行列 A は疎 (sparse) な行列となる．Poisson 3D では，Compressed Row Storage (CRS) [187] という手法によって疎行列の非零成分のみを記憶している．図 5.9(a) は CRS によって記憶した係数行列を使用して行列・ベクトル積 $Ax=y$ を計算するプログラムの例 (Fortran) である．ここでは対角成分 D と非零非対角成分 AMAT を分けて記憶しているが，Poisson

```
do i= 1, N
  Y(i)= D(i)*X(i)
  do k= index(i-1)+1, index(i)
    Y(i)= Y(i) + AMAT(k)*X(item(k))
  enddo
enddo
```
(a)

```
do j= 1, N
  do i= 1, N
    Y(i)= Y(i) + ADEN(i,j)*Y(j)
  enddo
enddo
```
(b)

図 5.9　行列・ベクトル積のプログラム例，(a) CRS 形式による記述例，(b) 係数行列を密行列とした場合：`X(i)`, `Y(i)`：変数ベクトル，`ADEN(i,j)`：密行列の成分，`index(i)`：各行の非零非対角成分数，`item(k)`, `AMAT(k)`：疎行列の非零非対角成分に対応した列番号，係数，`D(i)`：疎行列の対角成分

3D ではさらに非零非対角成分の上下三角成分を別々の配列に格納している．図 5.9(b) は密な行列と仮定して，全成分を記憶した場合のプログラム例である．プログラムは簡単であるが，係数行列の格納に必要な記憶容量が N^2 に比例するので（N は未知数総数），大規模問題向けではない．CRS 形式は，密行列形式と比較すると，間接参照が多くなり，メモリ性能がアプリケーション全体の性能を決定する．したがって疎行列演算は memory bound であると言うことができる．

5.3.3　ICCG 法の概要

係数行列 $[A]$ は，式 (5.25) からも類推されるように，対称かつ正定 (symmetric positive definite) であり，このような行列に対しては，通常は Krylov 部分空間法の一種である共役勾配法（conjugate gradient method，CG 法）が使用される [187].

Krylov 部分空間法の収束は係数行列の性質（固有値分布）に強く依存するため，前処理を適用して固有値が 1 の周辺に集まるように行列の性質を改善する [187]．前処理行列を M とすると，$\tilde{A} = M^{-1}A$, $\tilde{\boldsymbol{b}} = M^{-1}\boldsymbol{b}$ として（M^{-1} を右から乗ずる場合もある），すなわち $\tilde{A}\phi = \tilde{\boldsymbol{b}}$ という方程式を代わりに解くことになる．M^{-1} が A^{-1} をよく近似した行列であれば $\tilde{A} = M^{-1}A$ は単位行列に近くなり，それだけ解きやすくなる．前処理付き CG 法のアルゴリズムの概要は以下のようになる．

前処理手法としては，対称行列向けに広く使用されている不完全コレスキー分解 (Incomplete Cholesky Factorization, IC) を使用する [187]．Poisson 3D

Algorithm 52 前処理付き CG 法（共役勾配法）のアルゴリズム [187]

1: Compute $\boldsymbol{r}_0 = \boldsymbol{b} - A\boldsymbol{x}_0$; $\beta_{-1} = 0$; $\boldsymbol{p}_{-1} = \boldsymbol{0}$;
2: **for** $k = 0, 1, \ldots$, until convergence **do**
3: Solve $M\boldsymbol{z}_k = \boldsymbol{r}_k$; $\rho_k = (\boldsymbol{r}_k, \boldsymbol{z}_k)$;
4: if $(k \neq 0)$ $\beta_k = \rho_k / \rho_{k-1}$;
5: $\boldsymbol{p}_k = \boldsymbol{z}_k + \beta_{k-1}\boldsymbol{p}_{k-1}$;
6: $\alpha_k = (\boldsymbol{r}_k, \boldsymbol{z}_k)/(\boldsymbol{p}_k, A\boldsymbol{p}_k)$;
7: $\boldsymbol{x}_{k+1} = \boldsymbol{x}_k + \alpha_k \boldsymbol{p}_k$; $\boldsymbol{r}_{k+1} = \boldsymbol{r}_k - \alpha_k A\boldsymbol{p}_k$;
8: **end for**

の係数行列は対称であるが，プログラム内では上下三角成分を別々に記憶している [156]．コレスキー分解 (Cholesky Factorization) は対称行列を $A = LL^T$ または $A = LDL^T$ のように係数行列を上下三角行列の積に分解し，前進後退代入によって連立一次方程式の解を求める直接法 (Direct Method) の一種である．非対称行列向けには $A = LU$ とする LU 分解 (LU Factorization) が使用される．

Poisson 3D の場合は A は疎な行列であるが，L は必ずしもそうではなく，もともと 0 であったところに非ゼロ成分 (fill-in) が生じる場合もある．不完全コレスキー分解ではこの fill-in のレベルや数を制御して，前処理行列を生成する．実用的には，IC(0)（カッコ内は fill-in のレベル），すなわち fill-in を全く考慮しない場合でも，広範囲の問題に対応できる．Poisson 3D でも fill-in を考慮しない IC(0)[187] を使用する．IC(0) では，元の行列 A と前処理行列 M の非ゼロ成分の位置が同じとなる．

不完全コレスキー分解を前処理手法とする共役勾配法を ICCG 法と呼ぶ．ICCG 法では，不完全コレスキー分解生成時，前進代入，後退代入でメモリへの書き込みと参照が同時に生じ，データ依存性が発生する可能性があるため，リオーダリングが必要である [159][160][65][187][155][157][158]．

Poisson 3D では，コレスキー分解の一種である，修正コレスキー分解 (modified Cholesky factorization) を適用している．修正コレスキー分解は，通常のコレスキー分解 $M = \tilde{L}\tilde{L}^T$ の代わりに以下に示すような $M = \tilde{L}\tilde{D}\tilde{L}^T$[156][187] を用いる手法である．

$$\begin{pmatrix} a_{11} & a_{12} & a_{13} & a_{14} & a_{15} \\ a_{21} & a_{22} & a_{23} & a_{24} & a_{25} \\ a_{31} & a_{32} & a_{33} & a_{34} & a_{35} \\ a_{41} & a_{42} & a_{43} & a_{44} & a_{45} \\ a_{51} & a_{52} & a_{53} & a_{54} & a_{55} \end{pmatrix} = \begin{pmatrix} l_{11} & 0 & 0 & 0 & 0 \\ l_{21} & l_{22} & 0 & 0 & 0 \\ l_{31} & l_{32} & l_{33} & 0 & 0 \\ l_{41} & l_{42} & l_{43} & l_{44} & 0 \\ l_{51} & l_{52} & l_{53} & l_{54} & l_{55} \end{pmatrix}$$

$$\times \begin{pmatrix} d_1 & 0 & 0 & 0 & 0 \\ 0 & d_2 & 0 & 0 & 0 \\ 0 & 0 & d_3 & 0 & 0 \\ 0 & 0 & 0 & d_4 & 0 \\ 0 & 0 & 0 & 0 & d_5 \end{pmatrix} \begin{pmatrix} l_{11} & l_{21} & l_{31} & l_{41} & l_{51} \\ 0 & l_{22} & l_{32} & l_{42} & l_{52} \\ 0 & 0 & l_{33} & l_{43} & l_{53} \\ 0 & 0 & 0 & l_{44} & l_{54} \\ 0 & 0 & 0 & 0 & l_{55} \end{pmatrix}$$

Poisson 3D では，$l_{ii} \cdot d_i = 1$ という条件の下で，fill-in が生じないものと仮定し，さらに 3 次元形状の特性を利用して [158]，下記のように近似行列 $\tilde{L}$, $\tilde{D}$ の各成分の近似値を定めている．前処理行列の非零非対角成分は元の行列と同じであり，対角成分 $\tilde{d}_i$ を求めるだけで良い：

$$\tilde{d}_i = (a_{ii} - \sum_{k=1}^{i-1} \tilde{l}_{ik}^2 \cdot d_k)^{-1} = \tilde{l}_{ii}^{-1} \tag{5.26}$$

$$\tilde{l}_{ik} = a_{ik} \tag{5.27}$$

前処理付き CG 法の $M\boldsymbol{z} = [\tilde{L}\tilde{D}\tilde{L}^T]\boldsymbol{z} = \boldsymbol{r}$ を解く $(\boldsymbol{z} = [\tilde{L}\tilde{D}\tilde{L}]^{-1}\boldsymbol{r})$ 部分では：

- 前進代入　$\tilde{L}\boldsymbol{y} = \boldsymbol{r}$
- 後退代入　$\tilde{D}\tilde{L}^T\boldsymbol{z} = \boldsymbol{y}$

のようにして $\boldsymbol{z}$ を計算する．

ICCG 法は以下に示すような 4 種類のプロセスから構成されている：

1. 内積
2. 行列・ベクトル積
3. ベクトル定数倍加減 (DAXPY)
4. 前処理（前進・後退代入）

このうち 1.〜3. は OpenMP の指示行 (directive) を挿入するだけで容易に並列

```
do i= 1, N
  Z(i)= R(i)
  do k= indexL(i-1)+1, indexL(i)
    Z(i)= Z(i) - AL(k)*Z(itemL(k))
  enddo
  Z(i)= Z(i)/DD(i)
enddo
```

図 5.10　ICCG 法の前処理部分 (solve $M\boldsymbol{z} = \boldsymbol{r}$) における前進代入 (Forward Substitution) の例，R(i), Z(i)：ベクトル，indexL(i), itemL(k), AL(k)：疎行列の下三角成分に関連する配列，DD(i)：行列 $\tilde{D}$ の対角成分

化が可能である．図 5.10 は前処理における前進代入部分のプログラム例であるが，Z(i) を計算するのに，右辺にほかのメッシュで計算した Z(itemL(k)) を参照している．反復法に先立って実施する修正不完全コレスキー分解の部分でも同様である．

このようなメモリへの書き込みと読み出しが同時に発生する可能性のある「データ依存性 (data dependency)」を含むループに無理矢理 OpenMP 指示行を挿入して並列化を実施すると，非常に長い計算時間を要したり，正しい計算結果を得られない場合がある．計算を実行するたびに反復回数が変わる場合もある．

5.3.4　色付け＋リオーダリング手法

(1)　概要

ICCG 法の前処理部分（前進後退代入）の並列化のためには，こうしたデータ依存性の除去，すなわち右辺で参照される Z(itemL(k)) の内容が，左辺で Z(i) を計算している間に「絶対に変わらない」ことを保証する必要がある．要素間の接続に関する情報を基に，お互いに依存性を持たない要素群を同じ色 (coloring) に色付け (coloring) することによって，色内での並列処理が可能となる [158]．通常は，色付けしたのちに，色番号の順番に各メッシュを再番号付け (reordering, リオーダリング) する．図 5.11 は，このような色付け (coloring) ＋再番号付け (reordering, リオーダリング) によって書き換えられた前進代入部分である．OpenMP の指示行を挿入し，並列化されている (OpenMP のパラメータは省略)．同じ色に属するメッシュは互いに依存性を持たず，独立，すなわち並列に

```
!$omp parallel
      do icol= 1, NCOLORtot
!$omp do
        do i= COLORindex(icol-1)+1, COLORindex(icol)
          Z(i)= R(i)
          do k= indexL(i-1)+1, indexL(i)
            Z(i)= Z(i) - AL(k)*Z(itemL(k))
          enddo
          Z(i)= Z(i)/DD(i)
        enddo
      enddo
!$omp end parallel
```

図 5.11 色付け(coloring)＋再番号付け(reordering, リオーダリング)を適用した前進題入部のOpenMPによる並列化例, NCOLORtot：総色数, COLORindex(icol)：各色に含まれる要素数

計算を実行可能である．右辺に現れる要素は，左辺とは異なる「色」に属することが保証されているため，左辺を計算する間は右辺に現れるZ(itemL(k))の値は不変である．

(2) マルチカラー法（Multicoloring, MC）

多色色付けまたはマルチカラー法(Multicoloring, MC)は互いに独立で依存関係を持たない要素を同じ色に色付けする方法である．Poisson 3Dの計算対象は2色のみを使って色付けすることが可能であり，2色による色付けをRed-Black Coloringと呼ぶこともある．MC法はアルゴリズムも簡単であり，高い並列性能とスレッド間の負荷分散を容易に達成可能であるが，収束は一般的に悪く，Poisson 3Dの場合には，元の規則正しい辞書式番号付けの場合と比較して収束が悪化する．一般的に，色数を増やすことによって収束を改善できるが，後述するように，OpenMPのオーバーヘッドにより性能が低下する場合があることが知られている[159][160][65].

(3) カットヒル・マキー(CM)法，逆カットヒル・マキー(RCM)法

レベルセットによる並べ替え法であるカットヒル・マキー(Cuthill-McKee, CM)法，逆カットヒル・マキー(Reverse Cuthill-McKee, RCM)法[187]は，元々，疎行列のバンド幅やプロフィルを減少させることで，ガウスの消去法やLU分解におけるfill-inを減少させ，効率的な計算を実施するための手法である

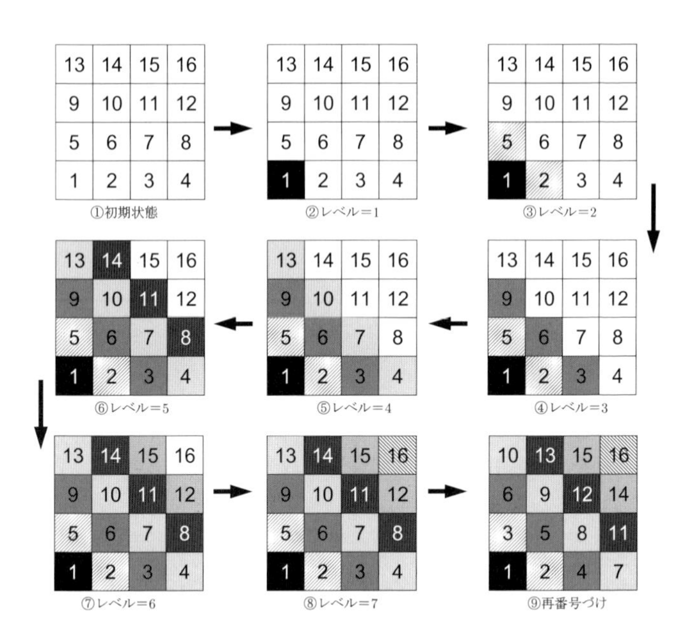

図 5.12 CM 法による色付け + reordering

[187][171][34]．MC 法の「色」は CM 法，RCM 法では「レベル (level)」と呼ばれるが，レベル内の各要素が依存関係を持たないような条件を付加することによって，並列計算向けの色付け法としても使用することができる．CM 法のアルゴリズムは下記のようになる：

Algorithm 53 カットヒル・マキー (Cuthill-McKee, CM) 法 [187]

1: 各要素に隣接する要素数を「次数 (degree)」とし，最小次数の要素を「レベル=1」の要素とする
2: 「レベル=k-1」の要素に隣接する要素を「レベル=k」とする．同じレベルに属する要素はデータ依存性が発生しないように，隣接している要素同士が同じレベルに入る場合は一方を除外する (現状では先に見つかった要素を優先している)．すべての要素にレベル付けがされるまで「k」を一つずつ増やして繰り返す．
3: すべての要素がレベル付けされたら，レベルの順番に再番号付けする．

図 5.12 に CM 法のアルゴリズムの適用例を示す．RCM 法は CM 法を適用した後に，レベル，要素の番号を逆順に振り直す方法である．CM 法と比較して，fill-in を削減するのに有効であるが，Poisson 3D に使用されている図 5.7, 5.12

に示すような規則正しい形状では影響がない.

(4)　サイクリックマルチカラー・逆カットヒルマキー (CM-RCM) 法

MC 法と CM 法の大きな違いは，CM 法では，同一レベル（色）における各要素の独立性だけでなく，計算順序を考慮して，レベル間の依存性を考慮している点にある．したがって，CM 法，RCM 法を適用した場合の方が MC 法と比較して，収束性は良い．しかし，CM 法，RCM 法は各レベルに含まれる要素数が非常に少ない場合があり，その場合はスレッド間負荷バランスが悪化して，並列性能が低下する．また，CM 法，RCM 法のレベル数は，各問題のグラフによって一意に決定されるため，レベル数が非常に大きくなって，OpenMP のオーバーヘッドが大きくなることが懸念される.

この問題を解決する手法として，RCM 法によって並び替えを施された要素に対して，さらにサイクリックに再番号付けするサイクリックマルチカラー (Cyclic Multicoloring, CM) 法を適用する手法，すなわちサイクリックマルチカラー・逆カットヒルマキー (CM-RCM) 法が考案されている [227]．図 5.13 は CM-RCM 法による並び替え例である．ここでは，4 色に色分けされており (CM-RCM(4))，例えば，RCM の第 1，第 5，第 9，第 13 組の要素群が CM-RCM 法の第 1 色に分類されている．各色には 16 の要素が含まれている．CM-RCM 法における色数は，各色内の要素が依存性を持たない程度に充分大きい必要がある.

(5)　色数と反復回数の関係

MC 法の色数の ICCG 法の収束性への効果については，これまで様々な研究によって説明が試みられているが，[33] においては「非適合節点 (Incompatible Nodes, ICN)」の概念に基づいて説明されている．図 5.7 などに示した 16 要素の 2 次元体系において，節点番号順に前進代入あるいは Gauss-Seidel のような操作を施した場合，節点 1 以外の節点はすべて，番号の若い要素の影響を受ける．ICN とは，この図における要素 1，すなわち，ほかの要素から影響を受けない要素のことである（図 5.14(a)）．[33] によれば，一般に ICN の数が少ないほど，ほかの要素の計算結果の効果を考慮しながら計算が実施されていることから，収束が良い.

2 色に塗り分ける red-black ordering の場合，多くの ICN を持つ (図 5.14(b))．また，色数を増やして，4 色にすると，図 5.14(c) に示すように，ICN の数は減

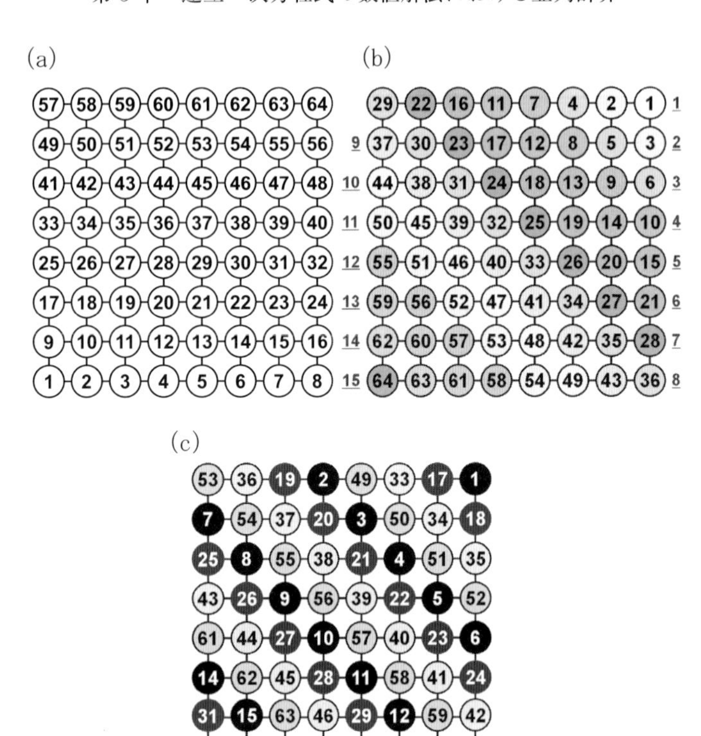

図 5.13 CM-RCM 法による色付けとリオーダリング，(a) 元のグラフ，(b) RCM 法によるリオーダリング（数字はレベルセット番号），(c) CM-RCM 法による再リオーダリング（4 色：CM-RCM(4)），各色内の要素数は 16 でバランス

少する．基本的に色数を増加させると ICN の数は減少する（非常に複雑な形状の場合などで例外はあるが）．また，CM 法の場合は，図 5.14(d) に示すように ICN の数は 1 である．MC 法では，各色における要素の独立性のみが考慮されているのに対して，CM 法，RCM 法では，各レベル（色）における要素の独立性とともに，各レベル（色）間の依存性についても考慮されており，不完全修正コレスキー分解，前進後退代入における計算順序に適合した並び替えとなっている．

図 5.15(a)(b) は，10^6 要素 (NX = NY = NZ = 100) における，色数と収束までの反復回数，ICN の数の関係を示したものである．図 5.16(a)(b) は，FX10（表 5.1）の 1 ノード（16 コア，16 スレッド）を使用して並列化して計算した，

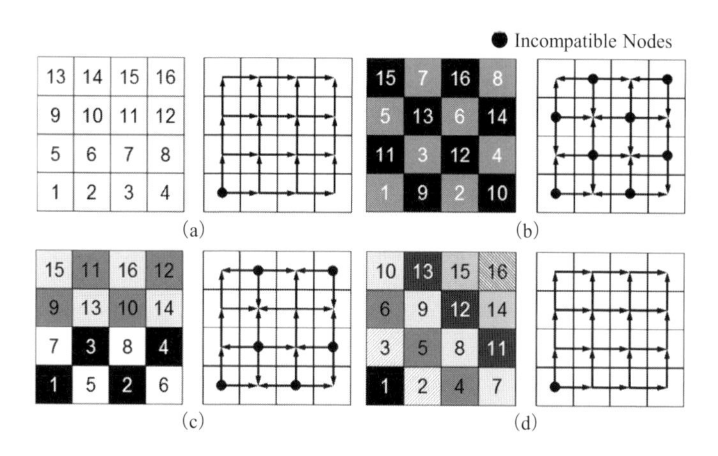

図 5.14　Incompatible Nodes，(a) 元のグラフ，(b) MC 法（色数：2），(c) MC 法（色数：4），(d) CM 法（レベル数：7 [227][33]）

ICCG 法の計算時間 (IC 分解部を除く)，ICCG 法 1 反復あたりの計算時間である．MC 法，CM-RCM 法ともに色数が増加すると，ICN，反復回数が減少していることがわかる．CM-RCM 法は色数 = 2 のときを除くと，MC 法よりも ICN の数が大幅に減少しており，収束も MC 法と比較して良好である．CM-RCM 法は色数最大のとき，RCM 法と同じになる（このケースでは 298 色）．色数が増加すると，ICN，反復回数ともに CM-RCM 法は RCM 法に近づいていることがわかる．図 5.15(a) では，収束までの反復回数は色数とともに概ね減少しているが，図 5.16(a) から明かなように，必ずしも計算時間は減少していない．それは，図 5.16(b) に示すように，色数が増加すると 1 反復あたりの計算時間は増加するためである．色数が増加すると，各色内の要素数は減少するため，並列計算の粒度 (granularity) という観点からの計算効率は低下する．特に RCM の場合は要素数が非常に少ないレベルが存在するため，並列計算効率が低下する可能性がある．また，色数が増加すると図 5.11 からもわかるように OpenMP の同期回数が必然的に増加し，オーバーヘッドの影響が無視できなくなる．計算時間の観点からは，CM-RCM(20)（CM-RCM 法，20 色）程度が最適ということになる．計算時間は色数増加による反復回数減少，計算効率低下の両者の影響を考慮しなければならない．計算前に計算時間の観点から最適な色数を知ることは困難であり，今後の課題である．

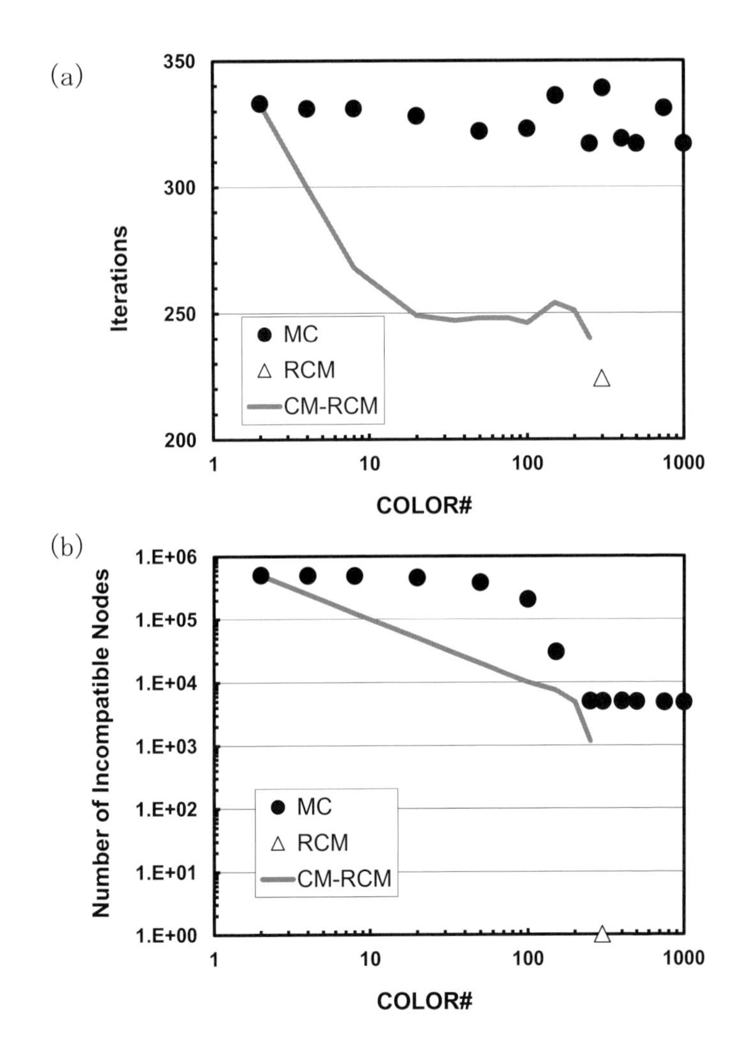

図 5.15　ICCG 法の収束（反復回数），Incompatible Node（ICN）の数と色数の関係，(a) 反復回数，(b) Incompatible Node (ICN) 数（10^6 要素，NX = NY = NZ = 100）

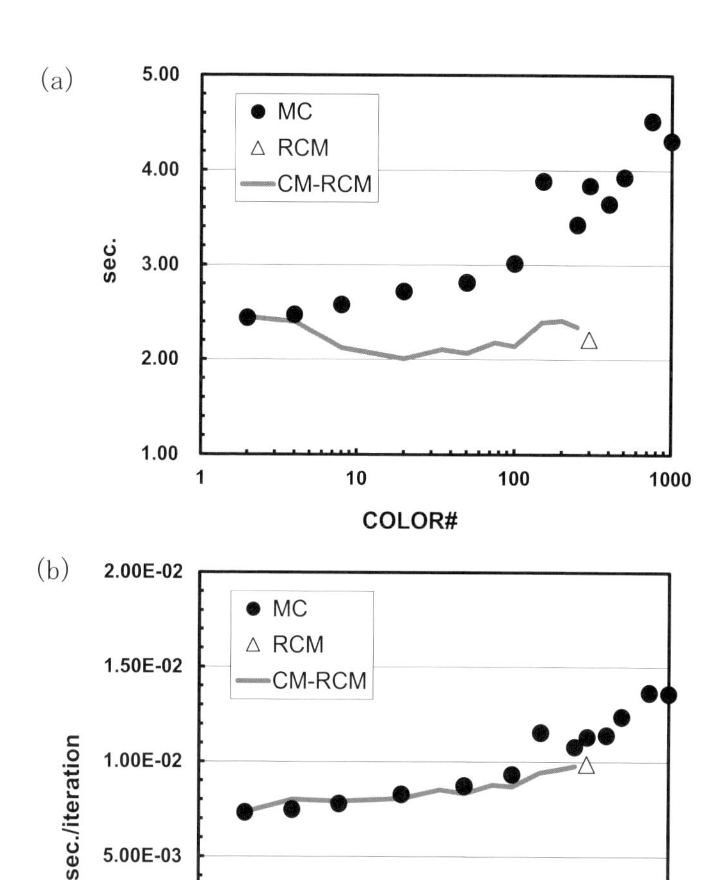

図 5.16 ICCG 法の計算時間，1 反復あたり計算時間と色数の関係 (FX10)，(a) 計算時間，(b) 1 反復あたり計算時間（10^6 要素，NX = NY = NZ = 100）

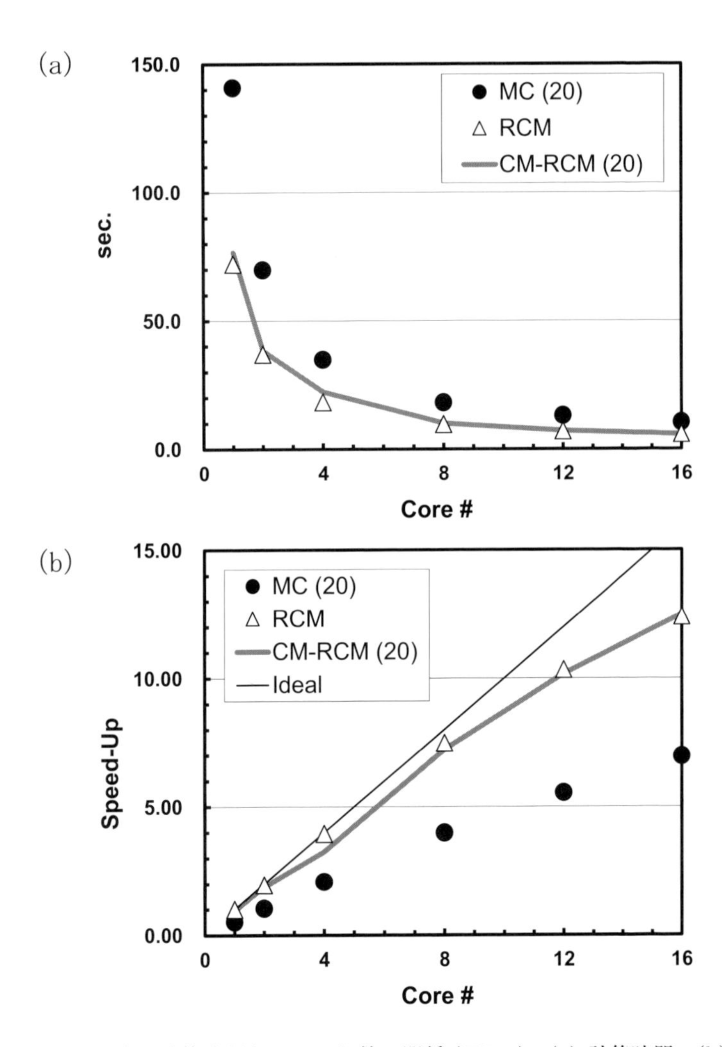

図 5.17 ICCG 法の計算時間とスレッド数の関係 (FX10)，(a) 計算時間，(b) RCM 1 スレッドの計算時間に基づくスピードアップ率 (2,097,152 ($=128^3$) 要素，NX = NY = NZ = 128)

図 5.17(a) は，2,097,152 (=128^3) 要素 (NX = NY = NZ = 128) において，MC(20) (MC 法，20 色)，RCM，CM-RCM(20) の 3 者について，FX10 上でスレッド数を 1 から 16 まで変化させた場合の計算時間の比較である．収束までの反復回数はそれぞれ，MC(20)：506 回，RCM：287 回，CM-RCM(20)：318 回である．スレッド数が少ない場合は反復回数が少ない分 RCM が CM-RCM(20) よりやや速いが，スレッド数 16 の場合には逆に RCM：5.82 秒，CM-RCM(20)：5.77 秒と逆転している．図 5.17(b) によると，各ケースとも 1 スレッドから 16 スレッドまで良好にスケールしているが，各ケースの 1 スレッドの計算時間に基づくスピードアップ比率は 16 スレッドにおいて，MC(20)：13.6 倍，CM-RCM(20)：13.3 倍に対して，RCM：12.4 倍とやや性能が低いのは色数が多く，スレッド間負荷分散が悪化しているためと考えられる．

計算時間の観点からの最適な色数は，問題サイズ，境界条件，計算機環境，スレッド数の影響を強く受けるため，あらかじめ予測することは困難であり，今後の研究の進展が望まれる分野である．

5.3.5 様々な最適化手法・計算例

(1) Coalesced/Sequential Numbering

ここまで，ICCG 法の並列化のためにデータ依存性を除去する方法として：

- 同一の色（またはレベル）に属する要素は独立であり，並列に計算可能
- 「色」の順番に各要素を番号付けする
- 色内の要素を各スレッドに振り分ける

という方式で色付け + reordering を採用してきた．このような方法（coalesced numbering，図 5.18(a)）ではメッシュの番号は「色」の順番となっている．このような方式を採用すると，次の色へ移動するときに各スレッドで扱うメッシュに相当するデータのアドレス変動が大きくなるため，通常各コアに配置されている L1 キャッシュ上のデータが棄却されてしまう，いわゆる L1 キャッシュミスが生じる可能性が大きくなる．色数が増えるとこのような L1 キャッシュミスの増加はより顕著となる．

一方，メッシュをさらに再番号付けして，メッシュ番号が各スレッド上で連

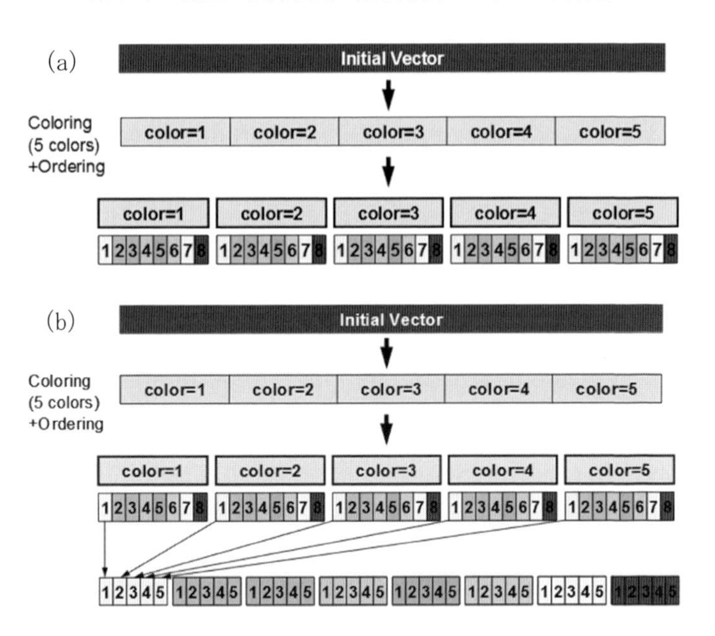

図 5.18　要素の番号付け，(a) 色番号順に番号付け (Coalesced Numbecring)，(b) 各スレッド上の要素番号が連続となるように再番号付け (Sequential Numbering)

続となるようにすると，このような L1 キャッシュミスの可能性はやや低下すると考えられる．このような方法を sequential numbering という（図 5.18(b)）．

ICCG 法の前処理の前進代入の部分を並列化した例を，coalesced/sequential numbering 各々について図 5.19(a)(b) に示す．一見，両者は違わないが，indexPC(ip,icol)：色番号にしたがって番号付け，indexPS(icol,ip)：スレッド番号にしたがって番号付け，の部分が異なっている．

(2)　行列格納法：CRS，ELL

疎行列計算は間接参照を含むため memory-bound なプロセスである．したがって疎行列演算において，演算性能と比較してメモリ転送性能の低い昨今の計算機の性能を引き出すことは困難である．係数行列の格納形式が性能に影響することは広く知られており，様々な手法が提案されている．

Compressed Row Storage (CRS) 形式は，図 5.9，図 5.20(a) に示すように疎行列の非零成分のみを記憶する方法である．Ellpack-Itpack (ELL) 形式は各行における非零非対角成分数を最大非零非対角成分数に固定する方法であり（図

```
(a) Coalesced Numbering

!$omp parallel
      do icol= 1, NCOLORtot
!$omp do
        do ip= 1, PEsmpTOT
        do i= indexPC(ip-1,icol)+1, indexPC(ip,icol)
          Z(i)= R(i)
          do k= indexL(i-1)+1, indexL(i)
            Z(i)= Z(i) - AL(k)*Z(itemL(k))
          enddo
          Z(i)= Z(i)/DD(i)
        enddo
        enddo
      enddo
!$omp end parallel

(b) Sequential Numbering

!$omp parallel
      do icol= 1, NCOLORtot
!$omp do
        do ip= 1, PEsmpTOT
        do i= indexPS(icol-1,ip)+1, indexPS(icol,ip)
          Z(i)= R(i)
          do k= indexL(i-1)+1, indexL(i)
            Z(i)= Z(i) - AL(k)*Z(itemL(k))
          enddo
          Z(i)= Z(i)/DD(i)
        enddo
        enddo
      enddo
!$omp end parallel
```

図 5.19 前進代入部の実装例，(a) Coalesced Numbering，(b) Sequential Numbering

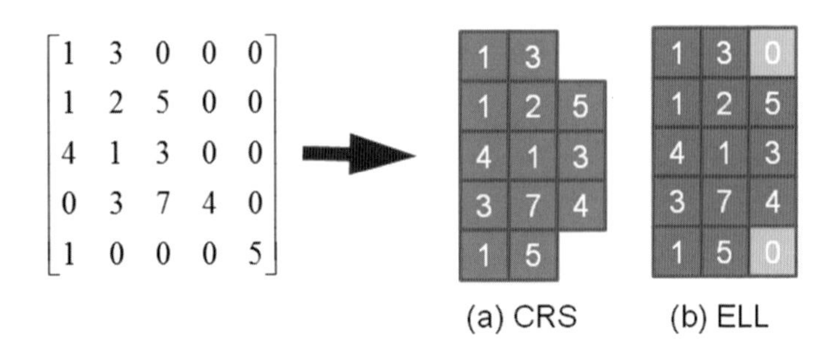

図 5.20　疎行列の格納形式，(a) CRS，(b) ELL

5.20(b))，実際に非零非対角成分が存在しない部分は係数 = 0 として計算する．CRS と比較して高いメモリアクセス効率が得られることが知られているが，計算量，必要記憶容量ともに増加する．非零非対角成分数が不均質な場合には，その数によって使用配列を変化させる Sliced ELL 形式が提案されている [140].

これまで，行列格納形式に関する研究は行列・ベクトル積に関するものが主であったが，筆者らは IC 法，ILU 法（Incomplete LU Factorization，非対称行列向けの前処理手法）などの前処理のようなデータ依存性を有するプロセスについて検討を実施している [159][160][161]．差分法に見られるような規則正しいメッシュでは，各行における非零非対角成分数がほぼ固定されているため，その性質を適用することが可能である．本節で対象としている図 5.7 に示すような形状では，辞書的な初期番号付けにおいては，上三角成分（自分より番号の大きい隣接要素)，下三角成分（自分より番号の小さい隣接要素）の最大数は各要素において最大 3 であり，容易に ELL 形式を適用できる．スレッド並列化のためのリオーダリングに RCM 法を適用した場合もこの関係は変わらない [159][160][161]．また，CM-RCM 法を適用した場合は，図 5.21 に示すように，総色数を NC とする CM-RCM (NC) の場合，以下のようになることがわかっている [160]：

- 第 1 色：下三角成分数：0，上三角成分数：最大 6
- 第 2 色〜第 (NC − 1) 色：上下三角成分ともに最大 3
- 第 NC 色：下三角成分数：最大 6，上三角成分数：0

本節では，このような性質を利用し，Sliced ELL の考え方を導入した改良型

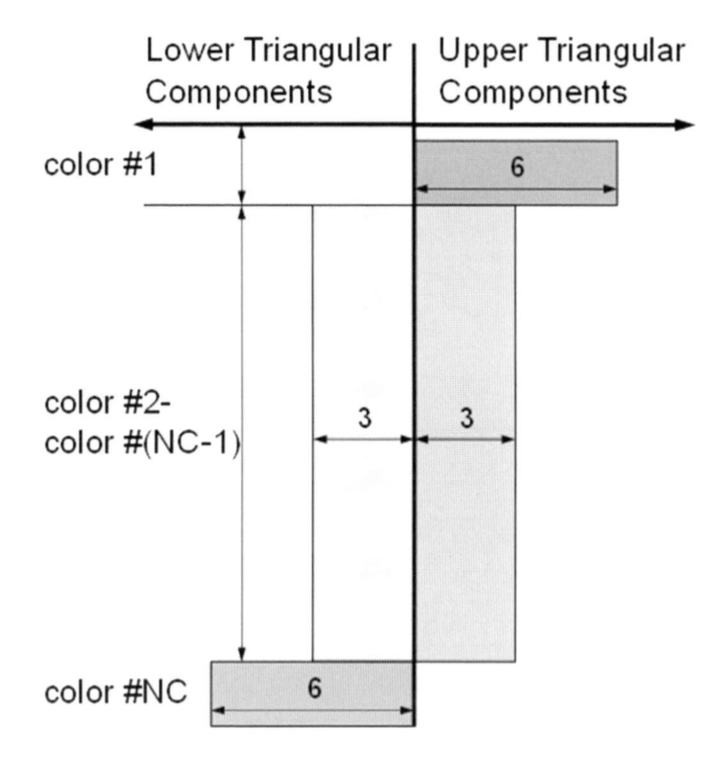

図 5.21 CM-RCM 法における上下三角成分数（NC：総色数）[160]

ELL 法を適用した例 [160] を紹介する．図 5.22 は改良型 ELL による行列・ベクトル積の計算例で，係数行列について第 1・2・〜・(NC − 1)・NC 色にそれぞれ異なった配列を割り当てている．

(3) 計算結果

表 5.1 に示した 3 種類の計算機環境について，2,097,152 (=128^3) 要素 (NX = NY = NZ = 128) において，CM-RCM 法，RCM 法を適用し：

- ケース 1：Coalesced numbering + CRS
- ケース 2：Sequential numbering + CRS
- ケース 3：Sequential numbering + 修正型 ELL

の 3 種類の方法を比較した．図 5.23 は収束までの ICCG 法の反復回数と色数

```
      do icol= 1, NCOLORtot
        if (icol.eq.1) then
          do i= COLORindex(icol-1)+1, COLORindex(icol)
            Y(i)= D(i)*X(i)
            do k= 1, 6
              Y(i)= Y(i) + AU_6(k,i)*X(IAU_6(k,i))
            enddo
          enddo
         else if (icol.le.NOCOLORtot-1) then
          do i= COLORindex(icol-1)+1, COLORindex(icol)
            Y(i)= D(i)*X(i)
            do k= 1, 3
              Y(i)= Y(i) + AU_3(k,i)*X(IAU_3(k,i))
     &                   + AL_3(k,i)*X(IAL_3(k,i))
            enddo
          enddo
         else
          do i= COLORindex(icol-1)+1, COLORindex(icol)
            Y(i)= D(i)*X(i)
            do k= 1, 6
              Y(i)= Y(i) + AL_6(k,i)*X(IAL_6(k,i))
            enddo
          enddo
        endif
      enddo
```

図 5.22 修正 ELL 法を Poisson 3D の行列・ベクトル積に適用した例，図 5.21 の各色で疎行列に関する配列が異なっている [160]

の関係である．

図 5.24(a) は FX10，BDW についてケース 1，ケース 2 を比較した例である．BDW では全体的に sequential が良いが，FX10 の場合は：

- 色数が少ない場合には両者は変わりなく，coalesced が良い場合もある（20〜30 色）
- 色数が増加して RCM に近づいた場合，両者には明瞭な差異が認められ，sequential が良くなる

という傾向が見られる．表 5.2 は FX10 のプロファイラから算出した L1 ミス率である．CM-RCM(2) $\Rightarrow$ RCM (=CM-RCM(382)) とすることによって，キャッシュミス率は全体的に増加していることがわかる．CM-RCM(2) の場合

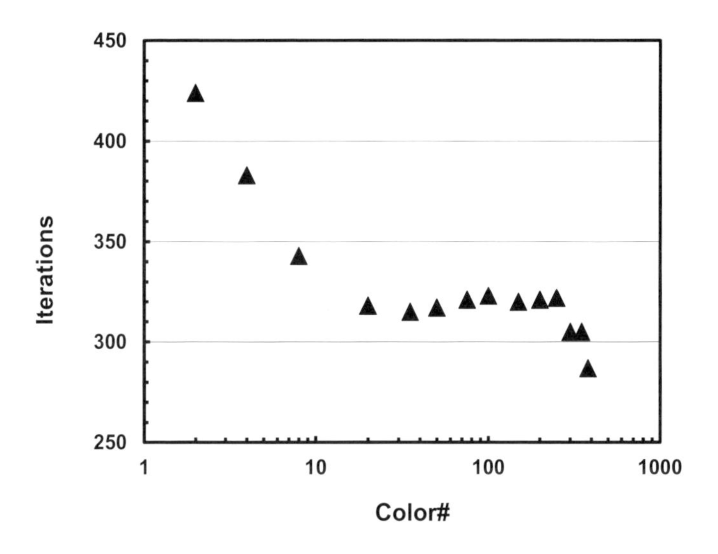

図 5.23 ICCG 法の計算結果：反復回数（2,097,152 ($=128^3$) 要素，NX = NY = NZ = 128）

表 5.2 ICCG 法ソルバーの計算性能 (FX10)：L1 キャッシュミス率 (%)，プロファイラによる性能諸元，RCM：レベル数 382

	Case-1: CRS + Coalesced	Case-2: CRS + Sequential	Case-3: ELL + Sequential
CM-RCM(2)	25.5	25.6	5.42
RCM	37.7	29.3	16.5

は coalesced（ケース 1）と sequential（ケース 2）の明瞭な差は認められないが，RCM（色数最大）では図 5.24(a) に示したのと同様な顕著な差となって現れている．図 5.24(b) は図 5.24(a) に KNC の結果を重ねたものである．KNC についても coalesced と sequential の差は色数の増加とともに明瞭となっている．FX10，BDW については ICCG 法の計算時間の観点からは 20～40 色程度が最適であるものの，色数が増えても計算時間の大きな変化はない．しかしながら KNC については，10 色程度が最適で，色数が増加するとともに極端に計算時間が増加している．スレッド数が 240 と多いため，色数が増えた場合の OpenMP 同期オーバーヘッドの影響が顕著であるためと考えられる．

図 5.25 はケース 3 (ELL + Sequential) の結果である．FX10，KNC はケー

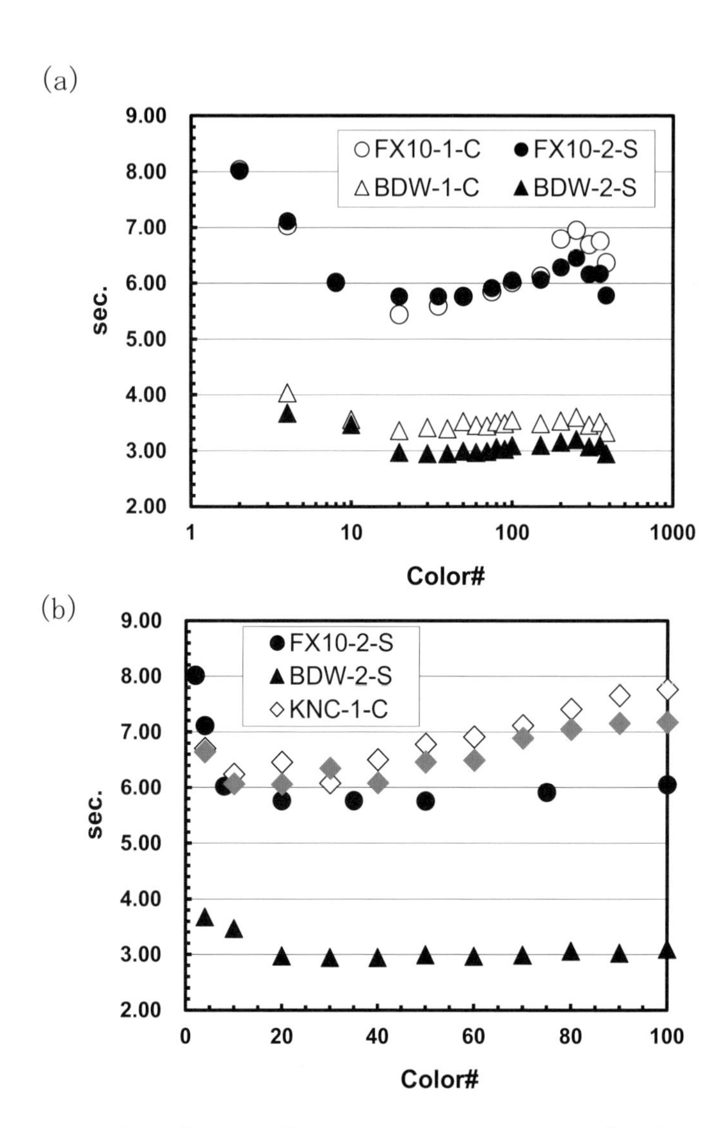

図 5.24　ICCG 法の計算結果：計算時間 (CRS)（2,097,152 (=128^3) 要素，NX = NY = NZ = 128）

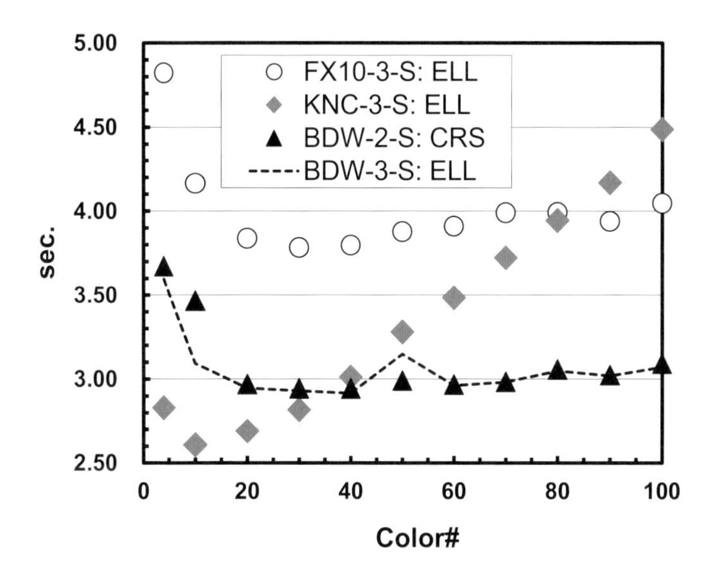

図 5.25 ICCG 法の計算結果：計算時間 (ELL) (2,097,152 (=128^3) 要素，NX = NY = NZ = 128)

ス 2 (CRS + Sequential) と比較して顕著な性能改善が見られ，表 5.2 に示すように FX10 における L1 キャッシュミス率も低下しており，色数が少ない場合には 5%程度となっている．表 5.3 は FX10 について，プロファイラによる分析結果を示したものであり，ケース 2，ケース 3 を比較している．命令数，SIMD 化率，メモリースループットのすべての点で，ELL による改善の結果が示されている．KNC は最適ケース (CM-RCM(10)) では 6.06 秒⇒ 2.61 秒と約 2.32 倍の性能改善が達成されている．一方で，BDW では CRS と ELL の差はほとんどない．これは Intel Sandy-Bridge 世代以降で導入されているアウト・オブ・オーダー実行 (out-of-order execution) の影響によるものと考えられている．

(4) First Touch Data Placement

計算ノード内に複数のソケットを含むような NUMA アーキテクチュア (Non-Uniform Memory Access) では (図 5.26 参照)，ほかのソケットのメモリのデータにアクセスすることが可能であるが，ローカルメモリへのアクセスと比べて時間がかかるため，できるだけ使用するデータをローカルメモリに確保する必要がある．

表 5.3 ICCG 法ソルバーの計算性能 (FX10)：プロファイラによる性能諸元，上段：CM-RCM(20)，下段：RCM：レベル数 382

	Instructions	SIMD (%)	Memory Access Throughput (%)
Case-2:	1.83×10^{11}	7.17	50.2
CRS + Sequential	1.83×10^{11}	6.90	44.5
Case-3:	6.71×10^{10}	16.3	69.8
ELL + Sequential	5.96×10^{10}	16.2	67.0

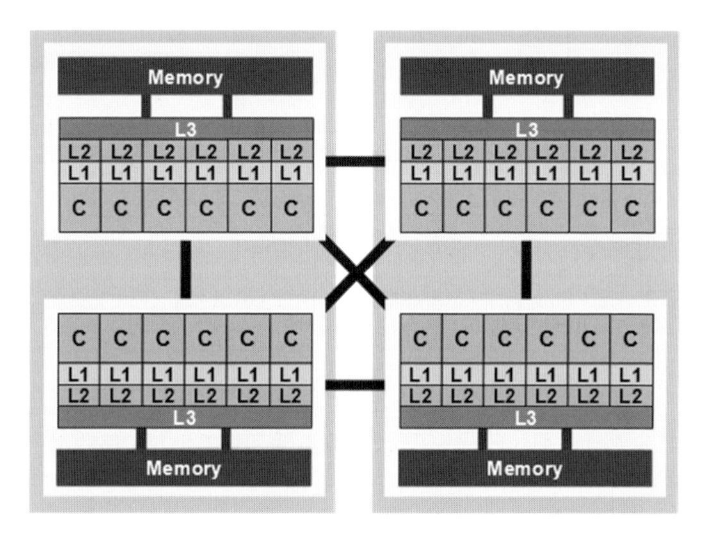

図 5.26 NUMA (Non-Uniform Memory Access) ノードの例：ray XE6（C：core, L1/L2/L3：L1/L2/L3 キャッシュ，Memory：メモリ）[167]

NUMA アーキテクチャでは，プログラムにおいて変数や配列を宣言した時点では，物理的メモリ上に記憶領域は確保されず，ある変数を最初にアクセスしたコア（の属するソケット）のローカルメモリ上に，その変数の記憶領域が確保される．これを First Touch Data Placement [129] と呼び，配列の初期化手順により得られる性能が大幅に変化する場合があるため，注意が必要である．

例えばある配列を初期化する場合，特に指定しなければ0番のソケットで初期化が行われるため，記憶領域は0番ソケットのローカルメモリ上に確保される．したがって，ほかのソケットでこの配列のデータをアクセスする場合には，必ず0番ソケットのメモリにアクセスする必要があるため，高い性能を得ることは困難である．

配列の初期化を，実際の計算の手順にしたがって OpenMP を使って並列に実施すれば，実際に計算を担当するソケットのメモリにその配列の担当部分の記憶領域が確保され，より効率的に計算を実施することができる．ここまでの計算では，1 ソケットのみを使った計算であったので，そのようなことを考慮する必要はなかった．本計算で使用した BDW (Intel Broadwell-EP) の 1 ノードは 2 ソケットから構成される NUMA アーキテクチャによっているため，ケース 1 (CRS + Coalesced) の最適ケース (CM-RCM(40)) について，1 ノード，2 ソケットを使用した計算を実施し，配列の初期化手法として：

- 並列化せず 0 番ソケットで行った場合（ケース A）
- 並列化して，実際に計算を担当するコア上で初期化した場合（ケース B）

の 2 ケースを検討した．1 ソケットの場合の計算時間は 2.94 秒であるが：

- ケース A：2.34 秒（1.26 倍の加速）
- ケース B：1.61 秒（1.83 倍の加速）

という結果が得られ，First Touch Data Placement を考慮することの重要性が示されている．

5.3.6 まとめ

本節では，特に OpenMP を使用したノード内の並列化について，疎行列を ICCG 法で解く場合の，データ依存性を回避するための reordering 手法，その実装法，様々な計算機上での計算結果について紹介した．問題設定（境界条件，問題規模も含む），ハードウェアの特性によって，最適な色数は大きく変化するため，あらかじめ最適色数を決定することは難しく，今後の重要な研究課題である．本節ではマルチコア，メニーコア CPU を対象としたため，sequential numbering が coalesced numbering より効率が高かったが，GPU では coalesced numbering の方が良いことは広く知られており [175]，注意が必要である．

第 6 章 固有値・特異値問題における並列計算

本章では固有値・特異値問題における並列計算手法について述べる．

6.1 節では直接法について，並列計算を含む高性能計算の手法を説明する．固有値・特異値問題に対する直接法では，直交変換により行列の変形を行う部分の計算コストが支配的である．そこで，数値計算における代表的な直交変換であるハウスホルダー変換に関する高性能計算手法を紹介する．ハウスホルダー変換による行列の変形を素朴に実装すると，行列・ベクトル積 (Level-2 BLAS) 相当の処理となり，近年の計算機で高い性能を得ることが難しい．この問題を解決するために，行列積を利用する手法が提案されており，6.1 節では，それらの手法を概説する．その後，実対称行列の三重対角化を例として，具体的な分散並列実装の様子を説明する．特に，分散並列実装では，各プロセスへのデータの配置とプロセス間の通信の様子を把握することが重要であるので，これらに主眼をおいて説明する．上記の内容に加え，三重対角化を行った後の行列に対する固有値計算手法の並列化や通信回避型アルゴリズムなどの最新の手法を 6.1 節の最後に紹介する．

6.2 節では射影法に属する固有値解法の並列アルゴリズムや並列実装について述べる．アーノルディ法やランチョス法では，その計算の主要部である疎行列・ベクトル積の高性能な並列化が重要である．疎行列・ベクトル積の共有メモリ型並列化については第 7 章で述べられているところだが，分散メモリ型並列化では通信レイテンシの影響を減らすこと，つまり通信回数を削減することが重要である．ブロックアーノルディ法やブロックランチョス法は，通常のアーノルディ／ランチョス法と比較して 1 基底あたりの通信回数が少なくなることから通信回数削減の観点で優れていることを示す．クリロフ部分空間法における通信回数削減のアプローチとして Matrix Powers Kernel という，与えられた行列多項式群を一度にまとめてベクトルに作用させることでクリロフ列を生成する手法があり，これを活用する通信回避型 (Communication Avoiding) のアーノルディ法について紹介する．直交化部分の通信回数も同様に減らす目的で，6.1 節で述べられる TSQR やコレスキー QR が通信回避型アルゴリズムの構成要素として活用される点が興味深い．6.2 節では続いて階層的並列性をもつ固有値解法である櫻井・杉浦法の分散並列実装について述べる．櫻井・杉浦法では 1 積分領域あたり 2 階層の階層的並列性があるが，この 2 階層分に着目した分散並列実装について紹介する．

6.1 直接法

本節では，固有値・特異値問題に対する直接法について，並列計算を含む高性能計算の技法について説明する．固有値・特異値問題に対する直接法は，基本的に，

- **ステップ 1**：直交変換による行列の変形
- **ステップ 2**：変換後の行列の固有値（特異値）の計算
- **ステップ 3**：固有ベクトル（特異ベクトル）の逆変換

の三つのステップから構成される．上記の三つのステップのうち，ステップ 1 と 3 は密行列とベクトルに関する基本演算 (BLAS) で構成される有限回の計算であるが，一方でステップ 2 は三重対角行列や二重対角行列などの特殊な構造を有する行列に対する反復法が中心となる．前者については，並列化を含む高性能計算手法がある程度確立しているが，後者については，特に分散並列化の方法を中心に現在も研究の余地が残っている状況である．今回は，ページ数の都合もあり，主に前者とそれに関連した話題を中心に説明する．また，アルゴリズムの実装においては，高性能計算の観点から，アルゴリズムの変形などを行っている．そこで，最初に，高性能計算を踏まえたアルゴリズムの実際の様子を説明し，その後に，具体的な並列計算の様子を述べる．

6.1.1　ハウスホルダー変換に関する高性能計算手法

密行列の固有値・特異値問題に対する直接法をはじめ，数値計算アルゴリズムで密行列を都合の良い形に変形する場合，数値安定性の理由から直交変換がよく利用され，ハウスホルダー変換はその代表例である．そこで，最初に，ハウスホルダー変換に関する高性能計算手法を簡単に説明する．

ハウスホルダー変換は

$$H := I - \beta \boldsymbol{u}\boldsymbol{u}^\top, \quad \beta := \frac{2}{\boldsymbol{u}^\top \boldsymbol{u}} \tag{6.1}$$

の形で表される直交変換である．実際のアルゴリズムでは，ハウスホルダー変換を用いて行列を変換することになり，

$$HA = \left(I - \beta_i \boldsymbol{u}_i \boldsymbol{u}_i^\top\right) A =: A' \tag{6.2}$$

のような計算を行う．式 (6.2) の計算を実際にプログラムとして実装する場合，ハウスホルダー変換（行列 H）を陽的に形成するのではなく，1) $A^\top \boldsymbol{u}_i = \boldsymbol{w}^\top$，2) $A - \beta_i \boldsymbol{u}_i \boldsymbol{w}^\top$，という形で行う．ここで，高性能計算の視点から重要な点としては，この 2 種類の計算（行列・ベクトル積と行列のランク 1 更新）はどちらも Level-2 の BLAS に分類されるものであり，計算機のメモリアクセス性能に律速される．つまり，近年の計算機では，高い性能が一般的に期待できないということになる．

次に，

$$H_p \cdots H_1 A =: A' \tag{6.3}$$

と複数個（ここでは p 個）のハウスホルダー変換を作用させる場合を考える．なお，ここでは p 個のハウスホルダー変換が事前にすべて与えられている場合を考える．式 (6.3) の計算を式 (6.2) の繰り返しとして，ハウスホルダー変換を一つずつ作用させると，上述のように，Level-2 BLAS の演算のみを繰り返すこととなり，高性能計算の観点からは好ましいとは言えない．そこで，以下で述べる，行列積 (Level-3 BLAS) を利用する方法を用いることが多い．

複数個のハウスホルダー変換の積は，

$$\left(I - \beta_1 \boldsymbol{u}_1 {\boldsymbol{u}_1}^\top\right) \cdots \left(I - \beta_p \boldsymbol{u}_p {\boldsymbol{u}_p}^\top\right) = I - YTY^\top \tag{6.4}$$

と行列の形で表現できる．ここで，$Y = [\boldsymbol{u}_1 \ \cdots \ \boldsymbol{u}_p]$ であり，T は $p \times p$ の上三角行列である．式 (6.4) は compact WY 表現と呼ばれる [198]．式 (6.4) の三角行列 T の計算方法としては，例えば，

$$\left(I - Y_1 T_1 {Y_1}^{\mathsf{T}}\right)\left(I - Y_2 T_2 {Y_2}^{\mathsf{T}}\right) = I - [Y_1 \ Y_2] \begin{bmatrix} T_1 & X \\ O & T_2 \end{bmatrix} [Y_1 \ Y_2]^{\mathsf{T}}$$

として，両辺を展開すると，

$$X := -T_1 {Y_1}^{\mathsf{T}} Y_2 T_2$$

となるので，これを再帰的に行うことで T を求めることができる．式 (6.4) を用いると，式 (6.3) の計算は

$$(6.3) \ \Leftrightarrow \ (I - YTY^{\mathsf{T}})A =: A, \tag{6.5}$$

となり，3回の行列積で計算を行うことができる．演算回数としては，compact WY 表現の行列 T を計算するコストが増加するが，ハウスホルダー変換の作用を計算する部分が $\mathrm{O}(n^2 p)$ であるのに対して，T の計算は $\mathrm{O}(np^2)$ のコストとなる．したがって，$p \ll n$ であれば，増加分の演算量は無視することができ，高度にチューニングされた行列積を利用することで実効効率が向上するため，全体の計算時間としては，compact WY 表現を用いる場合の方が短くなることが多い．

(1)　ハウスホルダー QR 分解のブロック化

ハウスホルダー変換に対する compact WY 表現を利用して，アルゴリズムの高性能化を行った例として，ハウスホルダー変換を用いた QR 分解の計算（ハウスホルダー QR 分解）のブロック化を紹介する．

A を $m \times n$ $(m > n)$ の実行列とする．行列 A に対する，ハウスホルダー QR 分解の計算は，数学的には，

$$H_n \cdots H_1 A =: R \tag{6.6}$$

と書ける．ここで，R は $m \times n$ の上三角行列である．上述のように，式 (6.6) のハウスホルダー変換を個別に行列に作用させた場合，計算が Level-2 BLAS

となるため得策ではない．しかし，ハウスホルダー QR 分解の場合，i 番目のハウスホルダー変換は，$i-1$ 番目までのハウスホルダー変換で更新された行列（の i 列目）から生成される．したがって，行列の更新を行わず，先にハウスホルダー変換を全部求めて，compact WY 表現の形で行列を更新することは困難である．そこで，アルゴリズムのブロック化（パネル化）を行い，部分的に行列の更新を compact WY 表現を用いて行列積として行う．以下では，この方法の基本となるアイディアを紹介する．

式 (6.6) の計算の最初の p ステップ，つまり，

$$H_p \cdots H_1[A_1\ A_2] =: [R_1\ A_2'] \tag{6.7}$$

を考える．ここで，A_1 は A の最初の p 列からなる行列であり，R_1 は $m \times p$ の上三角行列（R の最初の p 列に相当）である．式 (6.7) の計算は

$$H_p \cdots H_1 A_1 =: R_1, \quad H_p \cdots H_1 A_2 =: A_2'$$

と二つに分割することができるが，ここで，ハウスホルダー変換 $H_1, \ldots, H_p$ を生成するために必要なのは前者だけである．そこで，前者の計算（A_1 に対するオリジナルのハウスホルダー QR 分解）を行い，p 個のハウスホルダー変換を得た後，それらを compact WY 表現としてまとめて，それを用いて行列積の形で A_2 の更新を行う．すると，A_2 の更新部分で性能が向上するため，これが全体の性能向上につながる．実際のライブラリなどでは，A を複数個のブロックに分割したり，再帰的にブロックに分割したりする方法を採用している．また，ブロックの幅（先の式の p に相当）によって性能が変化する（compact WY 表現の計算コストと行列積の実行性能と行列積を適用できる部分の割合）ため，ブロック分割の方法の決定は実用において重要であり，これまでに動的計画法を用いた最適化の手法 [46] などが研究されている．

6.1.2　実対称行列の三重対角化の高性能実装

次に，本項では，実対称行列の固有値計算の最初のステップである，行列の三重対角化に関する高性能計算手法を説明する．なお，非対称行列に対するヘッセンベルク化や特異値分解における二重対角化に関しても，本質的に同様のアプローチを適用することが可能である．

A を $n \times n$ の実対称行列とする．この行列に対する三重対角化の計算は，数学的には，

$$H_{n-2}^{\top} \cdots H_1^{\top} A H_1 \cdots H_{n-2} =: T \tag{6.8}$$

と書ける．ここで，H_i は式 (6.1) で示したハウスホルダー変換である．また，T は $n \times n$ の三重対角行列である．実際のアルゴリズムでは，式 (6.8) の計算を，$A^{(0)} := A$ として，

$$A^{(i)} := H_i^{\top} A^{(i-1)} H_i = (I - \beta_i \boldsymbol{u}_i \boldsymbol{u}_i{}^{\top})^{\top} A^{(i-1)} (I - \beta_i \boldsymbol{u}_i \boldsymbol{u}_i{}^{\top}) \tag{6.9}$$

という形で，逐次的に行う．なお，H_i（本質的には $\boldsymbol{u}_i$）は $A^{(i-1)}$ の i 行（列）目を三重対角化するように生成されるため，基本的には，1列（列）ずつ，三重対角化を行う計算となる．

さて，式 (6.9) の計算を行う際，片側ずつハウスホルダー変換の作用を計算するのは，A の対称性を利用できないため得策ではない．そこで，

$$(I - \beta_i \boldsymbol{u}_i \boldsymbol{u}_i^{\top})^{\top} A^{(i-1)} (I - \beta_i \boldsymbol{u}_i \boldsymbol{u}_i{}^{\top}) = A^{(i-1)} - \boldsymbol{u}_i \boldsymbol{v}_i{}^{\top} - \boldsymbol{v}_i \boldsymbol{u}_i{}^{\top} \tag{6.10}$$

と式を変形し，行列のランク2更新として，両側からのハウスホルダー変換の作用をまとめて計算する．なお，

$$\boldsymbol{v}_i := \beta_i \boldsymbol{w}_i - \frac{\beta_i^2 (\boldsymbol{w}_i{}^{\top} \boldsymbol{u}_i)}{2} \boldsymbol{u}_i, \quad \boldsymbol{w}_i := A^{(i-1)} \boldsymbol{u}_i$$

である．式 (6.10) の形で計算することで，A の対称性を利用し，行列の上（下）三角部分のみを更新すればよいことになり，演算回数を削減することが可能となる．

(1) ドンガラの手法

上述の式 (6.10) の形で三重対角化の計算を行った場合，演算量の主要部は $\boldsymbol{w}_i$ の計算過程で生じる行列・ベクトル積と A に対するランク2更新の二つである．これらの計算は，BLAS としては Level-2 に分類される計算であり，計算機のメモリアクセス性能に律速されるため，基本的に高い実効性能が期待できない．また，ハウスホルダー QR 分解と行列の三重対角化では，どちらもハウスホルダー変換による行列の変換ではあるものの，前者は片側のみからハウスホルダー変換を作用させる計算（片側変換），後者は両側から作用させる計算（両側変換）

と大きな違いがある．そのため，ハウスホルダー QR 分解のブロック化のように，部分的な計算を先に行い，残りを行列積で行うことが容易ではない．このような状況に対して，ドンガラらにより提案された，三重対角化において部分的に行列積を利用する手法（ドンガラの手法）[35, 36] を以下で紹介する．

三重対角化の最初の p ステップの計算は，

$$\begin{aligned} A^{(p)} &= H_p^\top \cdots H_1^\top A^{(0)} H_1 \cdots H_p \\ &= A^{(0)} - \sum_{i=1}^{p} \left(\boldsymbol{u}_i \boldsymbol{v}_i^\top + \boldsymbol{v}_i \boldsymbol{u}_i^\top \right) \\ &= A^{(0)} - (UV^\top + VU^\top) \end{aligned} \tag{6.11}$$

と書くことができる．ただし，

$$U := [\boldsymbol{u}_1 \ \cdots \ \boldsymbol{u}_p], \quad V := [\boldsymbol{v}_1 \ \cdots \ \boldsymbol{v}_p] \tag{6.12}$$

である．

今，式 (6.12) の U, V が得られていると仮定する．すると，式 (6.11) より，$A^{(P)}$ の任意の要素を独立に計算することが可能となる．つまり，行列全体を更新することなく，H_{p+1}（本質的には $\boldsymbol{u}_{p+1}$）を求めることができる．次に，$\boldsymbol{v}_{p+1}$ の計算を考えると，$\boldsymbol{w}_{p+1}$ を計算する必要があるが，これは

$$\begin{aligned} \boldsymbol{w}_{p+1} &= A^{(p)} \boldsymbol{u}_{p+1} \\ &= (A^{(0)} - (UV^\top + VU^\top)) \boldsymbol{u}_{p+1} \\ &= A^{(0)} \boldsymbol{u}_{p+1} - U(V^\top \boldsymbol{u}_{p+1}) - V(U^\top \boldsymbol{u}_{p+1}) \end{aligned} \tag{6.13}$$

という形で求めることができる．以上のことから，行列全体の更新をすることなく，

$$U^+ := [U \,|\, \boldsymbol{u}_{p+1}], \quad V^+ := [V \,|\, \boldsymbol{v}_{p+1}]$$

と計算を 1 ステップ進めることが確認できる．

上記の一連の流れにより，$A^{(0)}$ から，行列全体を更新することなく，p ステップ分に相当する U, V を計算し，式 (6.11) の形で行列積により行列の更新を一度に行う，という手法がドンガラの手法の本質である．この手法を用いることで，

オリジナルの方法において1ステップごとにランク2更新で行列を更新していた部分が，p ステップ分を一度に行列積で計算できることになる．p が行列サイズに対して十分小さい場合は，ドンガラの手法により増加する演算量は無視できるため，行列の更新部分の実行性能が向上し，全体の計算時間が短縮することが期待できる．ただし，ベクトル $\boldsymbol{w}$ の計算において必要となる行列・ベクトル積は依然として残っているため，この部分がボトルネックとなる可能性がある．

(2) ビショフの手法

ドンガラの手法では，Level-2 BLAS による処理が依然として全体の約半分を占めており，近年の計算機環境では性能向上に限界があることが指摘されている．これに対して，より計算の大部分を行列積で行うことで，さらなる性能向上を図る手法がビショフらにより提案された（ビショフの手法）[19]．以下では，この手法の概要を説明する．

オリジナル（やドンガラ）の三重対角化は，入力行列を直接三重対角行列に変換するが，ビショフの手法では，帯行列を経由して三重対角行列に変換する（前者を1ステージ型，後者を2ステージ型のアルゴリズムと呼ぶ）．具体的には，入力行列された実対称行列 A に対して，直交変換（実際には複数個の直交変換の積）を用いて，

$$Q_1{}^\top A Q_1 =: B$$

と，帯行列 B に変換する．その後，別の直交変換を用いて，

$$Q_2{}^\top B Q_2 =: T$$

と帯行列を三重対角行列 T に変換する．

実対称行列から帯行列への変換の様子は図6.1に示した通りである．オリジナルの三重対角化の計算と同様に，ブロック行（列）単位で帯行列に変換する．具体的には，

$$W_1{}^\top \begin{pmatrix} A_{11} & A_{21}^\top & A_{31}^\top & A_{41}^\top \\ A_{21} & A_{22} & A_{32}^\top & A_{42}^\top \\ A_{31} & A_{32} & A_{33} & A_{43}^\top \\ A_{41} & A_{42} & A_{43} & A_{44} \end{pmatrix} W_1 =: \begin{pmatrix} A_{11} & R_{21}^\top & O & O \\ R_{21} & \bar{A}_{22} & \bar{A}_{32}^\top & \bar{A}_{42}^\top \\ O & \bar{A}_{32} & \bar{A}_{33} & \bar{A}_{43}^\top \\ O & \bar{A}_{42} & \bar{A}_{43} & \bar{A}_{44} \end{pmatrix} \tag{6.14}$$

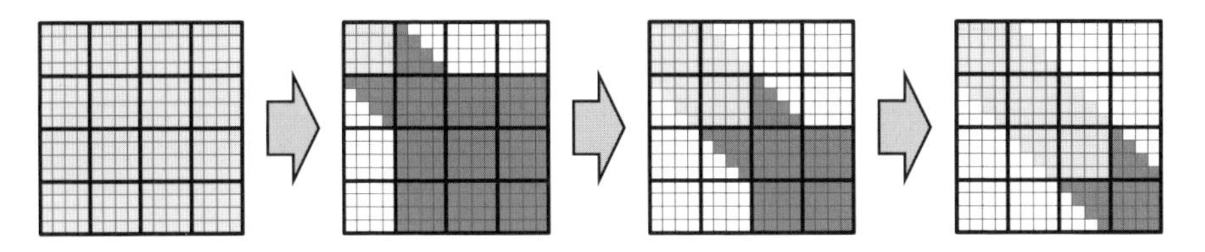

図 6.1 ビショフの手法における帯行列化の様子

という形で表される．ここで，R_{21} は上三角行列，$\bar{A}_{ij}$ は変換で更新された部分を表す．直交変換 W_1 の作り方としては，

$$\tilde{W}_1^\top \begin{bmatrix} A_{21} \\ A_{31} \\ A_{41} \end{bmatrix} = \begin{bmatrix} R_{21} \\ O \\ O \end{bmatrix}$$

とする直交変換 $\tilde{W}_1^\top$ を求める問題に帰着される．これは，ハウスホルダー QR 分解を行い，得られたハウスホルダー変換を compact WY 表現にまとめることで，解決できる．すなわち，

$$\tilde{W}_1 = I - Y_1 T_1 Y_1^\top, \quad \tilde{W}_1 = \begin{pmatrix} I_p & O \\ O & \tilde{W}_1 \end{pmatrix} \tag{6.15}$$

という形で直交変換を生成できる．なお，A_{11} のサイズを $p \times p$ としている．

帯行列化の計算では，式 (6.15) に示した形の直交変換を行列の両側から作用し，行列を変換する．この計算は，オリジナルの三重対角化の計算と非常によく似た構造となっており，式 (6.15) の直交変換を作用させる際は，式 (6.10) と同じように，行列の対称性を利用する形で行うことが可能である．また，ドンガラの手法のアイディアを応用することも可能であり，ビショフの手法とドンガラの手法を組み合わせた手法がウーらにより提案されている [230].

次に，帯行列から三重対角行列への変換について簡単に説明する．この部分の計算は，村田法（あるいは Successive Band Reduction）と呼ばれる方法 [151, 122] で行われる．具体的には，図 6.2 に示したように，局所的な直交変換（ハウスホルダー変換）を用いた処理であり，bulge chasing と呼ばれる形の処理である．図 6.2 に示した処理のポイントは，局所的な直交変換の作用する範囲が変わらない（図中の太枠のサイズが変わらない）という点である．帯行列

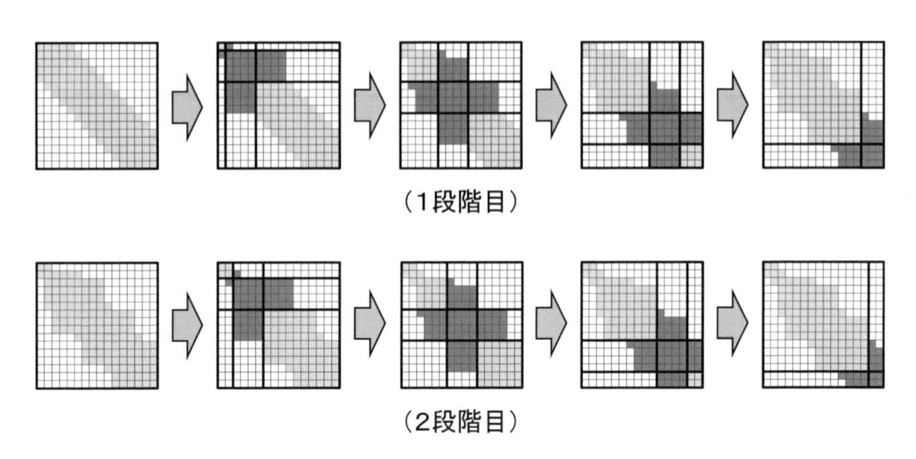

図 6.2 村田法による帯行列の三重対角化の様子

の左上から右下に一連の処理を行うことで，1 行（列）を三重対角化することができる．

ビショフの手法 (2 ステージ型の三重対角化) の長所と短所を簡単に説明する．長所としては，三重対角化の最初のステップ（帯行列化）の計算が，式 (6.15) に示したように，行列の形となるため，基本的の行列積のみで計算を行うことが可能となる点である．これは，ドンガラの手法において，半分の計算が行列・ベクトル積のままである，という点を解消している．また，2 番目のステップ（帯行列から三重対角行列への変換）の計算量は，帯幅を p とすれば，$\mathrm{O}(pn^2)$ となり，最初のステップ $\mathrm{O}(n^3)$ に比べて，p が十分小さい場合には無視できる．したがって，三重対角化全体として，行列積を十分に利用できることから，高い性能が期待できる．

一方，三重対角化の 2 段階化に伴い，固有ベクトルの逆変換の計算も 2 段階となる．逆変換の計算は，1 段階の三重対角化の場合と比べて，演算量が単純に 2 倍となってしまう．また，帯行列から三重対角行列への変換に対応する逆変換の計算は，用いられる直交変換が局所的であるため，密行列から三重対角行列（あるいは帯行列）への変換に対応する逆変換（詳細は後述）と比べて，実行性能が低くなる傾向にある．したがって，ビショフの方法では，固有ベクトルの逆変換のコストが増加するという欠点がある．

上記の長所と短所の大きさは，使用する計算機環境によって異なるため，一概にビショフのアルゴリズムの良し悪しを議論することは難しい．一般的な理解としては，求める固有ベクトルの本数が少ない場合には，ビショフの手法が有効となることが知られている．また，GPU など，行列積が非常に高性能な環境では，それを十分に活用することが重要となるため，ビショフの手法が有効であるということが報告されている [231].

6.1.3　三重対角化の分散並列実装の概要

実対称行列の三重対角化について，分散並列環境向けの並列実装方法の概要を説明する．なお，簡単のため，オリジナルの三重対角化のアルゴリズム（式 (6.10) の形）を対象とし，MPI を用いた並列化を行う．以下では，データの分散方法を述べた後，最初の 1 行（列）を三重対角化する処理について，その内容を説明する．

(1)　準備：データの分散方法

今回は簡単のため，9×9 の行列で説明する．また，MPI プロセスは 3×3 の正方形のプロセスグリッドに配置された 9 個を用いるとする．行列データは対称性を利用して，下三角部分のみを保持するとし，2 次元サイクリック・サイクリック分散で各プロセスにデータを分散するとする．データの分散の様子は図 6.3 に示した通りとなる．なお，図中で行列要素にインデックスがない部分は，対称性によりデータを保持していない部分である（実際のプログラム中では，BLAS ルーチンを利用する便宜上，ゼロとすることが多い）.

(2)　ステップ 1：ハウスホルダー変換の生成

まず，最初の 1 行（列）を三重対角化するために，ハウスホルダー変換を生成する必要がある．ハウスホルダー変換は，行列の 1 行目の要素（列ベクトル）を基に計算される．したがって，この要素を保持している，プロセス P11, P21, P31 がこの計算を担当する．具体的には，列ベクトルの内積が必要なので，まず，各プロセスが部分的な内積の結果を計算し，その後，上記の三つのプロセスの間で `MPI_Allreduce` により，総和をとって，内積の値を得る．この結果を使って，ハウスホルダー変換のベクトル $\boldsymbol{u}$ を，行列 A の列ベクトルと同じ分散形式で，生成することができる．

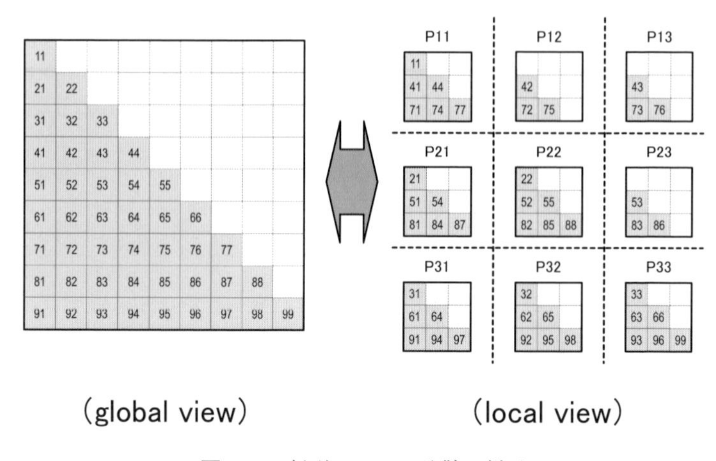

図 6.3　行列データの分散の様子

次に，ステップ2の行列・ベクトル積で各プロセスがハウスホルダー変換（の一部）を必要とするので，これを踏まえて，データの分散を行う．最初に，P11, P21, P31 をルートとし，行方向にベクトル $\boldsymbol{u}$ のデータを `MPI_Bcast` で分散する．次に，$\boldsymbol{u}^\top$ に対応したデータに関して，プロセスグリッドの対角に位置する，P11, P22, P33 をルートとし，列方向に `MPI_Bcast` で $\boldsymbol{u}^\top$ のデータを分散する．以上の2回の集団通信により，各プロセスは，自分が保持する行列の行および列のインデックスに対応した $\boldsymbol{u}$ の成分をすべて保持している状態となる．以上の様子は，図6.4に示されている．

(3)　ステップ2：行列・ベクトル積の計算

次に，式(6.10)の $\boldsymbol{v}$ の基となる $\boldsymbol{w}$ を計算するために，A と $\boldsymbol{u}$ の積を計算する．まず，A の対称性を利用し，

$$A = A_L + A_D + A_L^\top$$

と A を狭義下三角部分 A_L と対角要素 A_D に分割し，行列・ベクトル積の計算を

$$\boldsymbol{w} = A\boldsymbol{u} = (A_L + A_D + A_L^\top)\boldsymbol{u} = (A_L + A_D)\boldsymbol{u} + (\boldsymbol{u}^\top A_L)^\top$$

と変形する．そして，

$$\boldsymbol{x} := (A_L + A_D)\boldsymbol{u}, \quad \boldsymbol{y}^\top := (\boldsymbol{u}^\top A_L)^\top$$

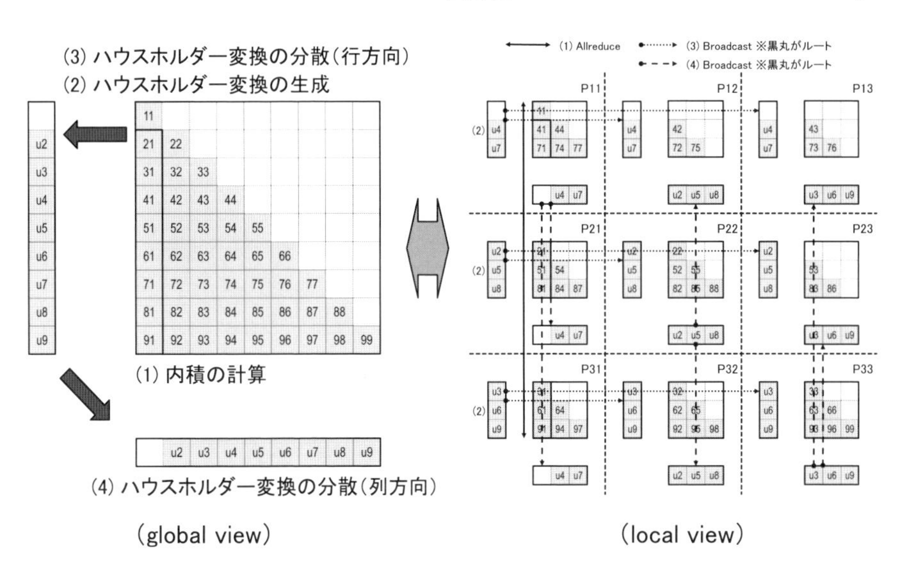

図 6.4 ハウスホルダー変換の生成と分散の様子

とする．

さて，ステップ 1 により，各プロセスは，$\boldsymbol{x}$ と $\boldsymbol{y}$ の計算に関して，自分の保持している行列要素に対応する $\boldsymbol{u}$ を保持している．したがって，$\boldsymbol{x}$ と $\boldsymbol{y}$ の部分的な値を独立に計算することができる．$\boldsymbol{x}$ と $\boldsymbol{y}$ の計算後，列方向に $\boldsymbol{y}$ に関して MPI_Allreduce で加算することで，各プロセスは完全な $\boldsymbol{y}$（の一部要素）を保持する状態となる．次に，$\boldsymbol{x}$ と $\boldsymbol{y}$ の保持しているインデックスが同じである，P11, P22, P33 は，$\boldsymbol{x}$ に $\boldsymbol{y}$ を加える．そして，今度は行方向に，$\boldsymbol{x}$ について MPI_Allreduce で加算する．これらの一連の処理により，各プロセスの保持している $\boldsymbol{x}$ には，$\boldsymbol{w}$ の値が格納される状態となる．以上の様子を図に示すと，6.5 の通りとなる．

(4) ステップ 3：ベクトル $\boldsymbol{v}$ の計算

次に，ステップ 2 で得られた $\boldsymbol{w}$ から，式 (6.10) の $\boldsymbol{v}$ を計算する．まず，$\boldsymbol{w}$ と $\boldsymbol{u}$ の内積を計算する必要があるが，ステップ 2 が済んだ段階で，各プロセスは内積を部分的に計算するめに必要な $\boldsymbol{w}$ と $\boldsymbol{u}$ の要素を保持している．そこで，各プロセスが独立に内積計算をした後，列方向に MPI_Allreduce で総和をとることで，$\boldsymbol{w}^{\top}\boldsymbol{u}$ の値をすべてのプロセスが得ることができる．

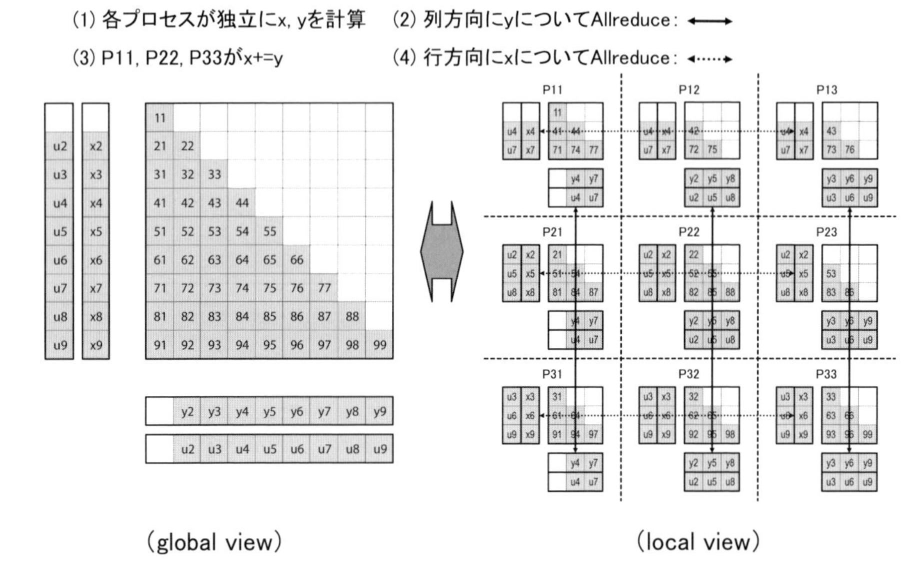

図 6.5　行列・ベクトル積の分散並列計算の様子

次に，この内積の結果を用いて，$\boldsymbol{w}$ と $\boldsymbol{u}$ の線形結合を計算することで $\boldsymbol{v}$ を得ることができるが，これはベクトルの成分ごとに独立して計算できる．よって，各プロセスがこの計算を行うことで，各プロセスが保持している行のインデックスに対応する $\boldsymbol{v}$ の要素を得る．最後に，ステップ4の計算で必要になるため，各プロセスが保持している列のインデックスに対応する $\boldsymbol{v}$ を保持するように，データの分散を行う．これは，ステップ1と同じで，P11, P22, P33 がそれぞれルートとなり，行方向に MPI_Bcast で分散する．一連の処理の様子は，図6.6に示した通りであり，この段階で，各プロセスは，自分の保持する行列の要素の列と行の両方に対応した $\boldsymbol{u}$ と $\boldsymbol{v}$ の要素を保持している状態となる．

(5)　ステップ4：行列のランク2更新の計算

最後に，$\boldsymbol{u}$ と $\boldsymbol{v}$ を用いて，行列のランク2更新により，A を更新することで，三重対角化の一段階が完了する．すでに述べたように，ステップ3が完了した段階で，各プロセスは，自分が保持している要素をランク2更新するために必要な $\boldsymbol{u}$ と $\boldsymbol{v}$ の要素をすべて所有している．したがって，このステップでは特に通信は必要なく，各プロセスが独立にランク2更新を計算すればよい．

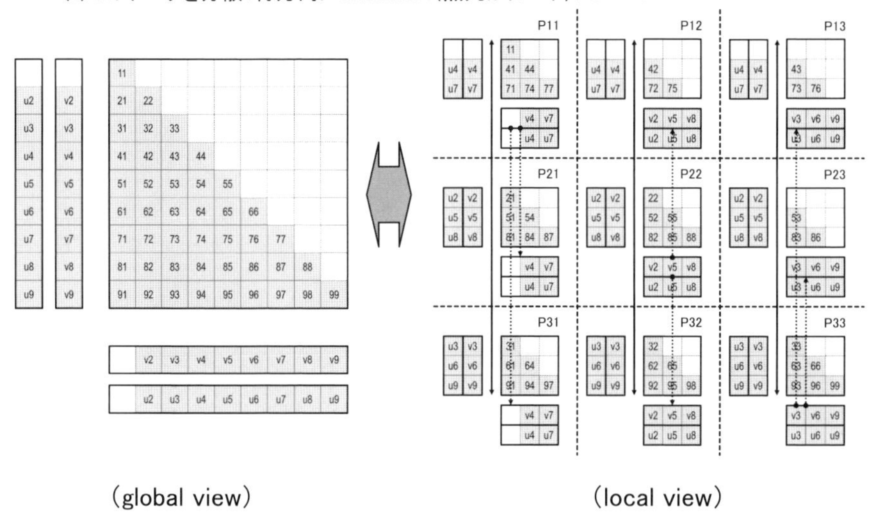

図 6.6　ベクトル $\boldsymbol{v}$ の計算の様子

(6)　三重対角化の分散並列実装のまとめ

三重対角化は，内積や行列・ベクトル積など，ベクトルと行列に関する基本的な演算で構成されており，その計算自体はデータ並列という形で素直に並列処理をすることが可能である．しかし，分散並列化でポイントとなるのは，計算で必要となるデータを誰が所持していて，それをどのように（再）分散するか，という点である．各ステップ内の計算は完全に並列に計算できたとしても，ステップ間でデータの移動をする必要があるため，これを最小限とすることが，分散並列計算の効率を上げるために重要となる．また，三重対角化で，今回のように行列の半分しか保持していない場合は，さらにデータの移動が複雑になるため，注意が必要である．なお，ドンガラやビショフの手法を用いた場合，あるいは，ヘッセンベルク化や二重対角化においても，細かい部分での計算やデータ移動は異なるが，基本的な考え方は，本項で説明したものと同じとなる．

6.1.4　三重対角化以外の処理に関する高性能計算手法

(1)　固有ベクトルの逆変換

固有ベクトル（あるいは特異ベクトル）の逆変換の計算は，すでに三重対角化で使用したハウスホルダー変換がすべて得られている状況で行う．したがって，ハウスホルダー変換をあらかじめ compact WY 表現としてまとめ，それを固有ベクトルを並べた行列に行列積として作用させることができる．さらに，compact WY 表現の計算，そのデータの分散，そして，compact WY 表現の作用の計算を同時に行うことも可能である．そのため，通信時間を演算時間で隠蔽することもできる．このような理由から，固有ベクトルの逆変換の計算は，非常に効率的に行うことでできる．なお，ビショフの手法の際に述べたように，帯行列から三重対角行列へ変換する計算に対応する逆変換の場合，局所的な直交変換で，compact WY 表現を用いて効率的に行うことが容易ではないので注意が必要である．

(2)　三重対角行列の固有値・固有ベクトルの計算

三重対角行列の固有値・固有ベクトルの計算については，冒頭で述べたように，三重対角化やその逆変換と大きく特徴が異なる．反復法的な性質を持ち，条件判定があり，実装の際には計算精度や安定性への注意も必要となるため，現時点でも，決定的な高性能な実装方法が確立されていない．さらに，分散並列計算という点では，上記のような理由から，特に多数のノード（プロセス）における効率的な実装が容易ではない状況となっている．

対称な三重対角行列の固有値を計算するためのよく知られた QR 法の場合，ギブンス回転を用いた bulge chasing の形の計算が主要となる．共有メモリ型の並列計算機向けに実装する場合，パイプライン型の並列化を行い，異なる bulge が干渉しないように，並列計算を行う実装がよく知られている [134]．しかし，このアプローチで分散並列実装を行う場合，bulge 同士の干渉を制御するためにプロセス間で通信をする必要があり，実装が煩雑となる．また，最近の大規模な分散並列環境においては，十分な並列性が存在するとも限らない．このような理由から，大規模な分散並列環境向けに，近年開発が行われているライブラリでは，QR 法はあまり採用されていない．

近年，並列環境向けの固有値計算ライブラリにおいて，よく用いられている手法は分割統治法である．分割統治法は，十分な並列性を持ち，また，実行時間の大半は固有ベクトルの更新における行列積である．このような点で，近年の並列計算機の特徴に合致しており，最新のライブラリにおいて採用されることが多い．しかし，分割統治法の実装方法については検討すべき課題が多く，ScaLAPACK で採用されている実装は，以前の規模の小さい分散並列計算機を想定したものとなっている [217]．そのため，より多数のノードを用いる場合には，並列化の方法が非効率的となり，その改善が求められている [77]．

QR 法や分割統治法以外の固有値計算の方法としては，MRRR 法や二分法が存在する．MRRR 法は比較的新しい方法であり，高性能な実装方法や並列化の方法が十分に研究されていない．一方，二分法については，並列環境向けの実装方法も研究されているが，固有ベクトルを求めるためには，シフト付き逆反復法を行い，さらに，固有ベクトルの直交性を保証するために，再直交化の計算が必要となる．そのため，計算時間の意味で，分割統治法などが好まれることが多く，あまりライブラリなどで採用されてはいない状況である．

6.1.5　通信回避型アルゴリズム

近年の分散並列計算機システムでは，演算性能に対して，ネットワークを介した通信の性能が相対的に大きく劣っており，特に，通信のレイテンシ（セットアップコスト）が，1 個当たりのデータを送信するコスト（メモリバンド幅の逆数に相当）に比べて大きいことが知られている．このような背景から，通信コストを削減するための有力なアプローチとして，通信回数の削減（通信回避）に関する研究が活発に行われている．

以下では，縦長行列に対する QR 分解の計算に関して，通信回避型アルゴリズムの研究の状況を紹介する．

(1)　ハウスホルダー QR 分解の分散並列化

最初に，従来のハウスホルダー QR 分解の分散並列化の概要を説明し，通信回数がどの程度なのかを示す．A を $m \times n$ の行列とし，特に縦長 $(m \gg n)$ であるとする．この行列の QR 分解の計算を，P 台のネットワークで結合された計算ノードを用いて行うとする．なお，分散並列化は MPI を用いて行うことを想定し，ノード当たり 1 プロセスであるとする．また，簡単のため，プロセス内の計算はスレッド並列化は行わないとする．以下，初期の行列データは，行列を列方向に分割 ($A^\top = [A_1^\top \ \cdots \ A_P^\top]$) し，$p$ 番目のプロセスは A_p を保持しているとする．

ハウスホルダー QR 分解を分散並列化する場合，基本的に，BLAS のルーチン単位で並列化することになる．まず，ハウスホルダー変換を生成するためには，A のある列ベクトルの 2 ノルムが必要となる．そこで，各プロセスで列ベクトルの要素の 2 乗和を計算し，それを MPI_Allreduce で集約する．この結果から，ハウスホルダー変換のベクトル $\boldsymbol{u}$ を計算することができる．ただし，$\boldsymbol{u} = [\boldsymbol{u}_1^\top \ \cdots \ \boldsymbol{u}_P^\top]^\top$ と，A と同じ形式で各プロセスが分散保持することになる．次に，ハウスホルダー変換を行列に作用させる計算では，各プロセスが $\boldsymbol{w}_p^\top = \boldsymbol{u}_p^\top A_p$ を計算し，その後，MPI_Allreduce で $\boldsymbol{w} = \Sigma_p \boldsymbol{w}_p$ を計算する．そして，各プロセスが，$A'_p = A_p - \beta \boldsymbol{u}_p \boldsymbol{w}^\top$ を計算することで，A の更新が完了する．この計算を繰り返すことで，ハウスホルダー QR 分解のアルゴリズムが実現される．また，compact WY 表現を用いる場合も，今回は説明を割愛するが，基本的に同じ考え方で分散並列化が可能である．

ハウスホルダー QR 分解を分散並列化する場合，上記のように，ハウスホルダー変換を 1 個作用させる際に 2 回の MPI_Allreduce が必要となる．したがって，行列の列数が n の場合，全体では $2n$ 回となる．

(2)　TSQR アルゴリズム

縦長行列の QR 分解に関しては，通信回避型のアルゴリズムとして，TSQR アルゴリズムと呼ばれるアルゴリズムが提案されている [32]．TSQR アルゴリズムは，ハウスホルダー QR 分解と同様に，直交変換を用いて行列を上三角化することで QR 分解を計算する手法 (orthogonal triangularization) であるが，直交変換の構造が異なる．プロセス数が 2 の場合を例として，簡単に説明すると，最初に，

$$\begin{pmatrix} Q_1^\top & O \\ O & Q_2^\top \end{pmatrix} \begin{pmatrix} A_1 \\ A_2 \end{pmatrix} = \begin{pmatrix} R_1 \\ R_2 \end{pmatrix} \tag{6.16}$$

と各行列について，個別に上三角化を行う．その後，

$$Q^\top \begin{pmatrix} R_1 \\ R_2 \end{pmatrix} = R \tag{6.17}$$

と得られた二つの上三角行列を一つの上三角行列に変換する．この手順により最終的に得られた R は元の行列の QR 分解の R であり，Q は

$$Q = \left[Q^{\top} \begin{pmatrix} Q_1^{\top} & O \\ O & Q_2^{\top} \end{pmatrix} \right]^{\top} \tag{6.18}$$

で得られる．この手順を実装する場合，最初のステップは各プロセスで独立に計算が可能であり，上三角化はハウスホルダー QR 分解で行えばよい．その後，得られた上三角行列をどちらかのプロセスに一対一通信で送信し，受信したプロセスが上三角行列を二つ並べた行列に対して，ハウスホルダー QR 分解を行えばよい．2 番目のステップの計算コストは，三角行列の（非ゼロ要素の部分の）サイズが $n \times n$ であるので，$\mathrm{O}(n^3)$ となり，1 番目のステップの（1 プロセス当たりの）計算コスト $\mathrm{O}(mn^2)$ よりも，はるかに小さい．プロセス数が P の場合には，最初に各プロセスが部分行列の QR 分解（上三角化）を独立に計算し，得られた P 個の上三角行列を，例えば，二分木に従って，通信・上三角化することを繰り返すことで，最終的に一つの上三角行列に変形することができる．

ハウスホルダー QR 分解と TSQR アルゴリズムの通信コストを比較してみると，通信回数については，ハウスホルダー QR 分解が $\mathrm{O}(n)$ 回の集団通信，TSQR アルゴリズムが $\mathrm{O}(\log_2 P)$ 回の一対一通信となる．P プロセスでの集団通信は，例えば，$\log_2 P$ 回の一対一通信によって実現することができるので，それを踏まえると，TSQR アルゴリズムの通信回数がハウスホルダー QR 分解の通信回数に対して，非常に少ないことがわかる．一方，通信するデータ量については，ハウスホルダー QR 分解では 1 回当たりのデータ量が少なく，逆に，TSQR アルゴリズムでは上三角行列を通信しており，結果として，両者のデータ量は同程度となる．最後に演算回数については，TSQR アルゴリズムでは，上三角行列を集約する計算（QR 分解）が必要となり，この部分でハウスホルダー QR 分解よりも多くなる．上三角行列の集約のための演算回数は $\mathrm{O}(n^3)$ であり，ハウスホルダー QR 分解の通信回数の $\mathrm{O}(n)$ よりも n が増えた場合の増加が急である．そのため，行列の列数が増えた場合，計算機環境によっては，TSQR アルゴリズムよりもハウスホルダー QR 分解の方が計算時間が短くなることがあり得るので，注意が必要である．

(3) コレスキー QR 分解

QR 分解に関連する話題として，グラム・シュミットの直交化についても簡単に述べておく．グラム・シュミットの直交化で縦長行列の QR 分解を計算する場合も，ハウスホルダー QR 分解の場合と同様の方法で分散並列化が可能である．ただし，基本的に 1 列ずつの処理となり，各列を処理する際にノルムや内積の計算が必要となるため，ハウスホルダー QR 分解の場合と同様，$\mathrm{O}(n)$ 回の集団通信が必要となる．一方，グラム・シュミットの直交化と同じ原理 (triangular orthogonalization) に基づいた QR 分解の計算方法として，コレスキー QR 分解が知られている．コレスキー QR 分解は，非常にシンプルなアルゴリズムで，まず $W = A^\top A$ とグラム行列を計算し，次に $R^\top R = G$ とグラム行列のコレスキー分解を計算する．そして，得られたコレスキー因子を用いて $Q = AR^{-1}$ と Q を計算することで，A の QR 分解を計算する．コレスキー QR 分解を分散並列化する場合，最初のステップにおいて，各プロセスで行列積により $A_p^\top A_p$ を計算し，`MPI_Allreduce` で結果を集約して，グラム行列を得る．その後，各プロセスが冗長にコレスキー分解を計算し，$Q_p = A_p R^{-1}$ と計算することで，計算が完了する．このことから明らかなように，コレスキー QR 分解では，集団通信が 1 回だけ必要であり，通信回避型のアルゴリズムである．さらに，基本的に行列積をはじめとする Level-3 BLAS により，計算の大部分を行うことが可能であるため，非常に高性能計算に適したアルゴリズムである．しかし，コレスキー QR 分解は数値的に非常に不安定であることが知られており，入力の行列が悪条件になるにつれ，計算で得られる Q の直交性が急激に悪くなる．近年，コレスキー QR 分解の数値不安定性を改善する手法として，コレスキー QR 分解を 2 回繰り返す手法（コレスキー QR2 法）などが研究されており，問題次第では，安定かつ高速な手法として実用的な選択肢になり得ることが報告されている [236, 47].

6.1.6 そのほかの話題

(1) 超並列環境を想定した新しい固有値計算のアプローチ

従来の（1 ステージ型の）三重対角化を行う手法はドンガラの手法を用いたとしても，行列・ベクトル積がボトルネックとなる．また，ビショフの（2 ステージ型の）手法の場合，帯行列から三重対角行列へ変換する部分に対応する逆変換のコストが問題となる．このような状況から，帯行列に行列を変換した後，帯行列の固有値と固有ベクトルを直接求めるアプローチが研究されている．現状では，三重対角ではなく，五重対角行列に変換し，五重対角行列の固有値問題を直接計算する手法が実装されており，その効果が確認されている [48]．また，ドンガラの手法による三重対角において，数式を変形することで，複数の通信をまとめて行うことを可能とし，これにより，通信のレイテンシを削減する手法が研究されている [90]．

また，超並列環境では，演算量よりも通信コストや並列性が重要になる．そこで，これらの点で優れた特徴をもつ，ブロックヤコビ法により，固有値問題・特異値問題を解くアプローチが再検討されている [120]．現状では，問題サイズに対して，相対的に多くの計算資源を利用できる場合において，従来の三重対角化を行う手法よりも，ブロックヤコビ法を用いる手法の方が計算時間が短くなることが報告されている．そのほかにも，行列の極分解を利用し，通信回数の少ない，超並列環境向けの固有値・特異値分解の計算手法 [164] なども近年提案されている．

6.2　射影法

本節では，特に断りのない限り複素非エルミート行列 A の標準固有値問題 (2.52) を扱う．$\boldsymbol{e}_j^{(i)}$ を i 次単位行列の j 番目の列ベクトル，$O_{i,j}$ を $i \times j$ の零行列とする．

6.2.1　アーノルディ法，ランチョス法の並列化

疎行列向け反復型固有値解法であるアーノルディ法やランチョス法（2.1.4 項参照）の分散並列計算を考える場合，疎行列・ベクトル積演算と，直交化の過程での内積計算において通信が必要となる．この並列化構造はクリロフ部分空間法に基づく線形方程式解法と同様である．そのためアーノルディ法やランチョス法の並列化では，CG 法などと同様に特に疎行列・ベクトル積の高性能な並列化が重要となる．通信レイテンシ削減を目指したアプローチとして，通信削減型アーノルディ法をはじめとする通信削減型クリロフ部分空間が提案されて

Algorithm 54 Block Arnoldi Method.

1: Generate a column unitary matrix $Q_1 \in \mathbb{C}^{n\times L}$
2: **for** $j = 1, 2, \ldots, m$ **do**
3: $\quad W_j = AQ_j$
4: $\quad$ **for** $i = 1, 2, \ldots, j$ **do**
5: $\quad\quad H_{i,j} = Q_i^{\mathsf{H}} W_j$
6: $\quad\quad W_j \leftarrow W_j - Q_i H_{i,j}$
7: $\quad$ **end for**
8: $\quad$ Compute QR decomposition of W_j: $Q_{j+1}H_{j+1,j} = \mathrm{qr}(W_j)$
9: **end for**
10: Form $Q = [Q_1, Q_2, \ldots, Q_m]$ and block Hessenberg H using $H_{i,j}$
11: Solve $H\boldsymbol{y} = \lambda\boldsymbol{y}$
12: Compute $\boldsymbol{u} = Q\boldsymbol{y}$

いる．これについては6.2.4項で説明する．

6.2.2 ブロックアーノルディ法，ブロックランチョス法の並列性

ブロックアーノルディ法やブロックランチョス法 [182, 14] といったブロック型解法は，基底を生成する際，疎行列・ベクトル積や内積に相当する計算の通信をまとめて行うことができるため，適切な実装を行うことにより1基底あたりの生成に関する通信回数を通常のアーノルディ／ランチョス法より減らすことができる．

Algorithm 54 にブロック修正グラム・シュミット直交化に基づくブロックアーノルディ法のアルゴリズムを示す．ブロックサイズを L とする．アルゴリズム中の行列 Q_j, W_j は $n \times L$ 行列である．

アルゴリズム11行目の H は

$$H = \begin{pmatrix} H_{1,1} & H_{1,2} & \cdots & H_{1,m-1} & H_{0,m} \\ H_{2,1} & H_{2,2} & \ddots & H_{2,m-1} & H_{2,m} \\ & H_{3,2} & \ddots & \vdots & \vdots \\ & & \ddots & \vdots & \vdots \\ & & & H_{m,m-1} & H_{m,m} \end{pmatrix}$$

のように定義される．なお，通常ブロックサイズ L は行列 A のサイズ n より十分小さい値を選ぶ．m 反復のブロックアーノルディ法により基底が mL 本生

Algorithm 55 Block Lanczos Method.

1: Generate a column unitary matrix $Q_1 \in \mathbb{C}^{n \times L}$
2: Set $Q_0 := O_{n,L}$ and $\beta_0 := O_{L,L}$
3: **for** $j = 1, 2, \ldots, m$ **do**
4: $\quad W_j = AQ_j$
5: $\quad \alpha_j = W_j^{\mathsf{H}} Q_j$
6: $\quad W_j \leftarrow W_j - Q_{j-1}\beta_{j-1}^{\mathsf{H}} - Q_j \alpha_j$
7: $\quad$ Compute QR decomposition of W_j: $Q_{j+1}\beta_j = \mathrm{qr}(W_j)$
8: **end for**
9: Form $Q = [Q_1, Q_2, \ldots, Q_m]$ and block tridiagonal T
10: Solve $T\boldsymbol{y} = \lambda \boldsymbol{y}$
11: Compute $\boldsymbol{u} = Q\boldsymbol{y}$

成される.

アルゴリズムの 3 行目に見られるように, A に関する行列・ベクトル積を行うベクトルが L 本同時に与えられる. そのため一度の A の要素のアクセスで L 本分のベクトル要素に作用させられる. これにより演算のキャッシュ利用効率が高まるのはもちろん, 分散並列計算においては L 本のベクトルを 1 本ずつ逐次に行列・ベクトル積を行う場合に比べ $1/L$ の通信回数で済む. このような性質は, 通信レイテンシが問題になる大規模並列環境では効果的である.

8 行目では QR 分解が現れるが, グラム・シュミット直交化やハウスホルダー QR ではなく, TSQR やコレスキー QR などの通信削減型アルゴリズムと組み合わせることで通信回数を抑えることができる. これはベクトルが逐次に与えられて直交化していく通常のアーノルディ／ランチョス法にはない性質である.

加えてアルゴリズム 6 行目では横長行列と縦長行列の積 $Q_i^{\mathsf{H}} W_j$ が現れ, これは計算量としては L^2 回分の内積に相当するが, 通信は Reduction 通信 1 回で済む.

行列 A が複素エルミート行列や実対称行列の場合は, その対称性を利用し, アーノルディ法からランチョス法が導出されるのと同様に, ブロックアーノルディ法からブロックランチョス法が導出される. Algorithm 55 にブロックランチョス法を示す. なお通常のランチョス法と同様にブロックランチョス法でも数値安定化のために再直交化が必要となるが, このアルゴリズム中では行っていないことに注意されたい. なお, アルゴリズム 9 行目の T は

$$T = \begin{pmatrix} \alpha_1 & \beta_1^{\mathsf{H}} & & & \\ \beta_1 & \alpha_2 & \beta_2^{\mathsf{H}} & & \\ & \beta_2 & \ddots & \ddots & \\ & & \ddots & \ddots & \beta_{m-1}^{\mathsf{H}} \\ & & & \beta_{m-1} & \alpha_m \end{pmatrix}$$

のように定義される．

ブロックアーノルディ法やブロックランチョス法は通常のアーノルディ／ランチョス法と比べ，基底生成のための1基底あたりの演算量が増えるというトレードオフがあるが，収束性の向上と相まって効果的となる場合がある．

6.2.3 Matrix Powers Kernel

本項では6.2.4項の通信回避型クリロフ部分空間法において重要であるMatrix Powers Kernel (MPK) について述べる．有限差分法や有限要素法から現れる疎行列に関する疎行列・ベクトル積の分散並列計算では，計算対象とする2次元／3次元空間を複数の領域に分け，それぞれの領域に対応するベクトルの要素を各プロセスに割り当てる．疎行列・ベクトル積の際には，通常各プロセスは自領域のベクトル要素のみでは計算を完了できないため，近隣領域に対応するプロセスと互いに必要な要素を送受信することで，計算を進める．

近年の並列計算環境では通信レイテンシが計算のボトルネックとなるため，なるべく通信回数を減らすか，通信と演算をオーバーラップさせることで通信時間を隠蔽することが，計算の高速化に対し重要である．このレイテンシの問題を回避するため，s 回分の疎行列・ベクトル積に関する通信を1回分相当の通信回数で行うMatrix Powers Kernel（以下MPK）という計算カーネルが提案・研究されている．通信回避型クリロフ部分空間法では，クリロフ部分空間の生成のためにMPKを利用し，ベクトル $\boldsymbol{v}$ に行列多項式を掛けた基底 $P_0(A)\boldsymbol{v}$, $P_1(A)\boldsymbol{v}, \ldots, P_{k-1}(A)\boldsymbol{v}$ を生成する．以下の議論のため，クリロフ部分空間の基底を列ベクトルにもつ行列 V を $V := [\boldsymbol{v}_1, \boldsymbol{v}_2, \ldots, \boldsymbol{v}_s] = [P_0(A)\boldsymbol{v}, P_1(A)\boldsymbol{v}, \ldots, P_{s-1}(A)\boldsymbol{v}]$ と定義する．なお，MPKで扱う k 次行列多項式 P_k は

$$P_{k+1}(A) = a_k A P_k(A) - b_k P_k(A) - c_k P_{k-1}(A) \tag{6.19}$$

と 3 項漸化式で表すことができるものとする．ここで $a_k \neq 0$, b_k, c_k は一般に複素のスカラーである．[79] では，MPK の手法として計算量と通信隠蔽の観点から 2 種類の異なるアプローチが示されている．以下これらを手法 A，手法 B として説明する．

一般疎行列に対する MPK の疑似コードは疎行列を表す有向グラフを用いた表現により記述されるが，ここでは簡単のため，ディリクレ境界条件における 1 次元の 3 点中心差分の有限差分法による離散化を例に，並列プロセス数を 2 として説明する．図 6.7 に MPK の計算の概略図を示す．この図は 7 次元のクリロフ部分空間を生成する例になる．図中の $\boldsymbol{v}_1$ から $\boldsymbol{v}_7$ で示される長方形がそれらベクトルを表しており，長方形内の各ブロックがベクトルの要素を表す．P_1 と P_2 はそれぞれ並列プロセスを表し，上半分の要素を P_1，下半分の要素を P_2 が担当・保持しているものとする．矢印は各ベクトル要素間の依存関係を示している．矢印の種類の意味については後述する．

手法 A

手法 A では，各プロセスが通信なしで行うことができる V の要素を事前にすべて計算する．同時に，隣接プロセスが必要とする $\boldsymbol{v}_1$ の要素（× で示されている）を非同期通信で送信する．自プロセスで行うことのできるすべての計算が終わった後，隣接プロセスからの残りの計算に必要な $\boldsymbol{v}_1$ の要素を非同期通信で受信し，$\boldsymbol{v}_2, \ldots, \boldsymbol{v}_{s+1}$ の残りの要素を計算する．本手法は自プロセス分で計算できる要素の計算と，通信をオーバラップすることができるものの，通信時間が隠蔽できるが，単純に s 回疎行列・ベクトル積を行う場合に比べ，冗長な計算が発生する．

図による説明：P_1 にとっては自プロセスで計算できる $\boldsymbol{v}_7$ の要素は上から三つ分のみである．P_1 はこれらを点線の矢印に沿って計算する．計算を開始すると同時に P_1 は P_2 が必要とする $\boldsymbol{v}_1$ の要素を非同期通信で送信する．P_1 は $\boldsymbol{v}_7$ の要素は上から三つ分の要素を計算した後，× 記号（◯ 記号内のものも含む）で示されている要素を非同期通信で P_2 から受信し，実線および白抜き矢印に沿って計算を進め $\boldsymbol{v}_7$ の残りの要素を得る．

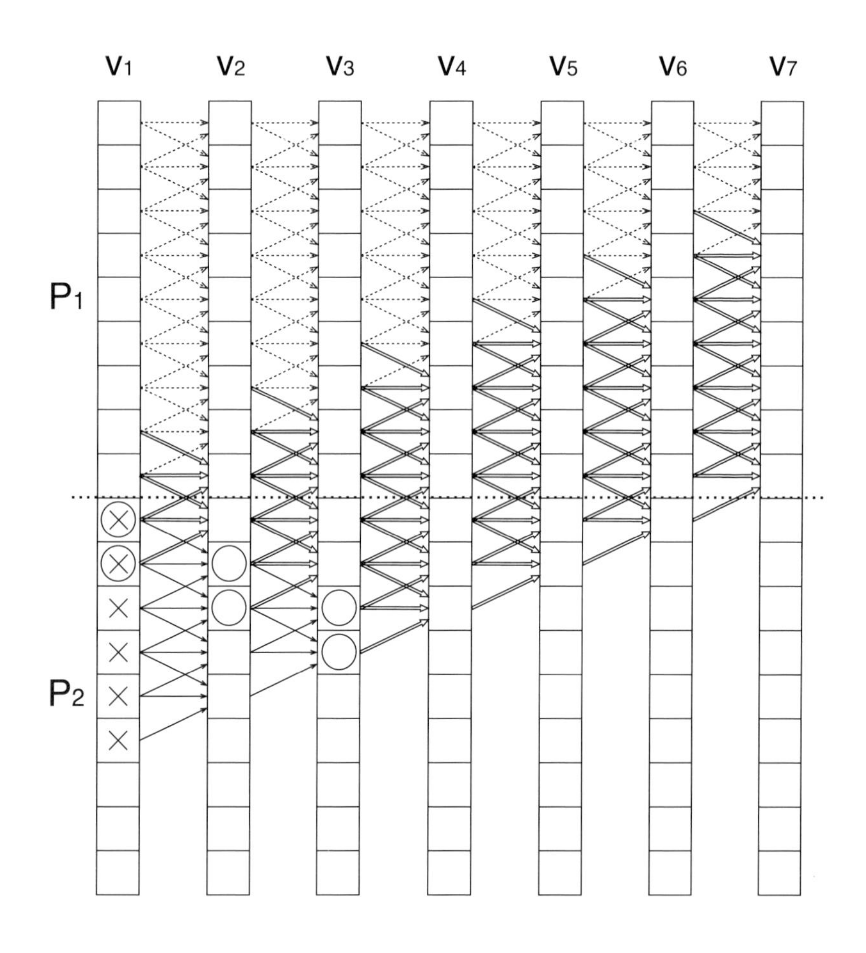

図 6.7　Matrix Powers Kernel の計算

手法 B

手法 B では，可能な限り冗長な計算が少なくなるよう，通信する要素を選ぶ．通信する要素は $\boldsymbol{v}_1$ の要素だけでなく，事前に計算した $\boldsymbol{v}_2, \boldsymbol{v}_3, \ldots$ の要素も含む．送信する要素の厳密な定義は [79] を参考にされたい．手法 B は手法 A に比較して冗長な計算が少なくなるものの，通信とオーバーラップできる演算が減る．

図による説明：図では，◯ 記号で示される要素に至るまでの依存関係（実線矢印）の計算を事前に P_2 で行い，その後 P_2 が P_1 に ◯ 記号の要素を非同期通信で送信する．P_1 は（自プロセスの要素のみでできる）点線矢印の計算が終わった後，P_2 から非同期通信で受信した ◯ 記号の要素を用いて，白抜き矢印の計算を行い，$\boldsymbol{v}_7$ の残りの要素を得る．

手法 A と手法 B のどちらが高速となるかは，演算量と通信量，通信回数（とそれらの時間）によって決まる．

6.2.4　通信回避アーノルディ法

アーノルディ法の分散並列化では，疎行列・ベクトル積と内積においてプロセス間通信が必要となる．前述したように高並列な環境で性能を発揮するためには，通信レイテンシの影響を減らすため，通信回数を減らすことが特に重要である．

本項では複素非対称行列 A の標準固有値問題

$$A\boldsymbol{x} = \lambda \boldsymbol{x} \tag{6.20}$$

に対するアーノルディ法における通信回避型のアルゴリズムを紹介する．通信回避型のクリロフ部分空間法に関しては [79] に詳しい．

(1)　s-step アーノルディ法

アーノルディ分解

$$AQ = Q^+ H^+$$

の構成を考える．ここで

$$Q := [\boldsymbol{q}_1, \boldsymbol{q}_2, \ldots, \boldsymbol{q}_s]$$

であり，その列ベクトルはアーノルディ基底である．また $Q^+ := [Q, \boldsymbol{q}_{s+1}]$ とし，H^+ は対応する上ヘッセンベルグ行列である．また，$H := H^+(1:s,:)$ とする．通常のアーノルディ過程では，それまでの基底と直交化しながら，行列 A を逐次に掛け，基底を作っていくのだが，ここでは Matrix Powers Kernel を用いて $\|\boldsymbol{v}\|_2 = 1$ である初期ベクトル $\boldsymbol{v}$ に（高々 3 項漸化式で定義される）s 次までの行列多項式を作用させることによって生成することを考える．具体的には，

$$\boldsymbol{v}_i = p_{i-1}(A)\boldsymbol{v} \quad (i = 1, 2, \ldots, s+1)$$

とし，

$$V := [\boldsymbol{v}_1, \boldsymbol{v}_2, \ldots, \boldsymbol{v}_s]$$

と $V^+ := [V, \boldsymbol{v}_{s+1}]$ を生成する．ただし $P_0(A) = 1$ とする．このとき以下の関係が成り立つ：

$$AV = V^+ B^+. \tag{6.21}$$

ここで B^+ は用いる行列多項式の定義から決まる $(s+1) \times s$ 行列であり，例えば行列多項式として単項式を用いた場合は，

$$B^+ := [\boldsymbol{e}_2^{(s+1)}, \boldsymbol{e}_3^{(s+1)}, \ldots, \boldsymbol{e}_{s+1}^{(s+1)}]$$

となる．V^+ の QR 分解 $Q^+ R^+ = V^+$ を考えると，式 (6.21) は，

$$AQR = Q^+ R^+ B^+$$

となる．ここで，$Q := Q^+(:, 1:s)$, $R := R^+(1:s, 1:s)$ である．R を移項し，

$$H^+ := R^+ B^+ R^{-1} \tag{6.22}$$

とすると

$$AQ = Q^+ H^+$$

と表せる．このように，MPK を用いることによってアーノルディ分解における s 回分の疎行列・ベクトル積の通信回数が 1 回分相当で済むようになる．行列多項式として，上記の単項式を用いると数値的に不安定になるため，チェビシェ

フ多項式やリッツ値を利用したニュートン多項式などが用いられる．ニュートン多項式の場合は，$\boldsymbol{v}_i$ は以下のように計算される：

$$\boldsymbol{v}_i = \prod_{j=1}^{i-1}(A - \mu_j I)\boldsymbol{v}.$$

また，このとき B^+ は以下のように表される：

$$B^+ = \begin{pmatrix} \mu_1 & & & & \\ 1 & \mu_2 & & & \\ & \ddots & \ddots & & \\ & & & \mu_{s-1} & \\ & & & 1 & \mu_s \\ & & & & 1 \end{pmatrix}.$$

V が良条件になるように μ_i を選ぶが，例えば μ_i にはそれまでのリスタートサイクルで得られた固有値を与えるという方式が考えられる．なお，MPK で扱う多項式は，3 項漸化式で記述できる多項式であるため，実用上 B^+ は（長方の）三重対角行列であるという仮定で十分だが，以降の議論ではより一般に（長方の）上ヘッセンベルグ行列であるとする．

(6.22) において H^+ の計算を行列構造を利用して簡略化することを考える．R を用いて R^+ を

$$R^+ = \begin{pmatrix} R & \boldsymbol{z} \\ O_{1,s} & \rho \end{pmatrix}$$

と表す．また，$B := B^+(:, 1:s)$ として B^+ を

$$B^+ = \begin{pmatrix} B \\ 0, \ldots, 0, b \end{pmatrix}$$

と表す．このとき H^+ は

$$H^+ = R^+ B^+ R^{-1} = \begin{pmatrix} RB + b\boldsymbol{z}{\boldsymbol{e}_s^{(s)}}^\top R^{-1} \\ \rho b {\boldsymbol{e}_s^{(s)}}^\top R^{-1} \end{pmatrix}$$

Algorithm 56 s-step Arnoldi.

1: **for** $j = 1, 2, \ldots$ **do**
2: Define B^+ by the polynomial for MPK
3: Compute V^+ using MPK
4: Compute $V^+ = Q^+R^+$
5: Compute $H^+ = R^+B^+R^{-1}$
6: Compute Ritz pairs using $Q := Q(:, 1:s)$ and $H := H^+(1:s, :)$
7: **if** Restart is not necessary **then**
8: **Break for loop**
9: **end if**
10: **end for**

となるため，

$$H^+ = \begin{pmatrix} RB + \boldsymbol{b}\boldsymbol{z}\tilde{\rho}^{-1}\boldsymbol{e}_s^{(s)\top} \\ \tilde{\rho}^{-1}\rho\boldsymbol{b}\boldsymbol{e}_s^{(s)\top} \end{pmatrix} \equiv \begin{pmatrix} H \\ 0, \ldots, 0, h \end{pmatrix}$$

として簡単に計算できる．ここで $\tilde{\rho} = R(s,s)$ である．以上の一連の手続きで行うアーノルディ法は s-step アーノルディ法と呼ばれる．s-step アーノルディ法のアルゴリズムを Algorithm 56 に示す．通常のアーノルディ法の s 反復では s 本逐次に与えられるベクトルに対する直交化を行うが，s-step アーノルディ法では s 本同時に与えられた行列の直交化（QR 分解）を行うため，TSQR やコレスキー QR といった通信回避型の方法を用いることができるという優れた特徴をもつ．

s-step アーノルディ法では QR 分解を用いるため，生成される基底には回転（実数の場合は符号）の自由度がある．s-step アーノルディ法で生成される上ヘッセンベルグ行列の固有値はこの自由度に対して不変であるため，s-step アーノルディ法で得られる固有値は通常のアーノルディ法で得られる固有値と数学的に同値になり問題ないが，一方で s-step アーノルディ法を基にした GMRES 法の実装を考える場合には注意が必要である．

(2) 通信回避型アーノルディ法

s-step アーノルディ法は，実用上，s が大きくなると数値的不安定性や MPK で扱えるサイズの限界からリスタートを行う必要がある．しかしながら，アーノルディ法ではリスタート長を大きくする必要がある場合があるため，そのような場合を想定し，s-step アーノルディ法を t 回繰り返すことでリスタート長

を $m = st$ としたアーノルディ法を実行すること考える．このアプローチは Communication Avoiding (CA-) Arnoldi 法や Arnoldi(s,t) 法と呼ばれる．以下本項では本手法を CA アーノルディ法と呼ぶ．

ここから，CA アーノルディ法を考える準備として，まず s-step アーノルディ法の手続きを 2 回行うことで $2s$ のアーノルディ基底を作ることを考える．1 回目の s-step アーノルディで得られたアーノルディ分解を $A\mathcal{Q}_0 = \mathcal{Q}_0^+\mathcal{H}_0^+$ とする．ベクトル $\boldsymbol{q}_{s+1} := \mathcal{Q}_0^+(:, s+1)$ を起点とし，MPK で基底を生成し，それを 1 回目のアーノルディ分解と組み合わせると

$$A[\mathcal{Q}_0, V_1] = [\mathcal{Q}_0, V_1^+]\mathcal{B}_1^+ \tag{6.23}$$

の関係が得られる．ただし，

$$\mathcal{B}_1^+ := \begin{pmatrix} \mathcal{H}_0 & O_{s,s} \\ h_0\boldsymbol{e}_1^{(s+1)}\boldsymbol{e}_s^{(s)\mathsf{T}} & B_1^+ \end{pmatrix}$$

とする．ここで $H_0 := H_0^+(1:s,:)$, $h_0 := H_0^+(s+1,s)$, B_1^+ は 1 回目と同じく MPK で用いる多項式で決まる上ヘッセンベルグ行列である．V_1，V_1^+ の第 1 列目は $\boldsymbol{q}_{s+1}$ であるため，(6.23) は $V_1^> := V_1^+(:, 2:s+1)$ と $V_1^- := V_1(:, 2:s)$ を用いると

$$A[\mathcal{Q}_0^+, V_1^-] = [\mathcal{Q}_0^+, V_1^>]\mathcal{B}_1^+$$

とも表現できる．この右辺の $[\mathcal{Q}_0^+, V_1^>]$ の QR 分解は，手続き

1. $\mathcal{R}_{0,1}^> := (\mathcal{Q}_0^+)^{\mathsf{H}} V_1^>$
2. $\tilde{V}_1^> := V_1^> - \mathcal{Q}_0^+\mathcal{R}_{0,1}^>$
3. $Q_1^> R_1^> := \tilde{V}_1^>$

により

$$[\mathcal{Q}_0^+, V_1^>] = [\mathcal{Q}_0^+, Q_1^>]\begin{pmatrix} I_{s+1} & \mathcal{R}_{0,1}^> \\ O_{s,s+1} & R_1^> \end{pmatrix}$$

と計算できる．ここで (6.23) の表現に戻り，新たに $\mathcal{R}_{0,1} := (\mathcal{Q}_0)^{\mathsf{H}} V_1$, $\mathcal{R}_{0,1}^+ := (Q_0^+)^{\mathsf{H}} V_1^+$ を定義して用いると，両辺に QR 分解を導入した式は

$$A[\mathcal{Q}_0, Q_1]\begin{pmatrix} I_s & \mathcal{R}_{0,1} \\ O_{s,s} & R_1 \end{pmatrix} = [\mathcal{Q}_0, Q_1^+]\begin{pmatrix} I_s & \mathcal{R}_{0,1}^+ \\ O_{s,s} & R_1^+ \end{pmatrix}\mathcal{B}_1^+$$

と表せる．全体のアーノルディ分解

$$A[\mathcal{Q}_0, Q_1] = [\mathcal{Q}_0, Q_1^+]\mathcal{H}_1^+$$

を構成するため，これを満たす上ヘッセンベルグ行列 $\mathcal{H}_1^+$ は結局

$$\mathcal{H}_1^+ = \begin{pmatrix} I_s & \mathcal{R}_{0,1}^+ \\ O_{s,s} & R_1 \end{pmatrix} \begin{pmatrix} \mathcal{H}_0 & O_{s,s} \\ h_0 \boldsymbol{e}_1^{(s+1)} \boldsymbol{e}_s^{(s)\mathsf{T}} & B_1^+ \end{pmatrix} \begin{pmatrix} I_s & \mathcal{R}_{0,1} \\ O_{s,s} & R_1 \end{pmatrix}^{-1}$$

と表せる．この $\mathcal{H}_1^+$ を少ない手間で計算する手続きについては後ほど述べる．

ここまで述べた手続きを k 回繰り返し基底を増やしていくことで，sk 次のアーノルディ分解

$$A\mathcal{Q}_{k-1} = \mathcal{Q}_{k-1}^+ \mathcal{H}_{k-1}^+$$

を得る．ここで $k+1$ 回目の s-step アーノルディを行い，$sk+k$ 本のアーノルディ基底を得ることを考える．$\boldsymbol{q}_{sk+1} := \mathcal{Q}_{k-1}^+(:, sk+1)$ を初期ベクトルとし MPK で $s+1$ 本の列ベクトルからなる V_k^+ を生成する．そして $V_k^> := V_k^+(:, 2:s+1)$ とした上で $[\mathcal{Q}_{k-1}, V_k^>]$ の QR 分解を行うが，手続きは先に述べたものと同様に

1. $\mathcal{R}_{k-1,k}^> := (\mathcal{Q}_{k-1}^+)^{\mathsf{H}} V_k^>$
2. $\tilde{V}_k^> := V_k^> - \mathcal{Q}_{k-1}^+ \mathcal{R}_{k-1,k}^>$
3. $Q_k^> R_k^> := \tilde{V}_k^>$

とすることができる[1]．この手続きでは，Q_{k-1}^+ の成分をまとめて $V_k^>$ から引いているが，s 本ずつ逐次に（ブロック）直交化するブロック修正グラム・シュミット直交化の手続きで行うこともでき，数値的安定性が高めることができる．このブロックグラム・シュミット直交化手続き後，直交性が悪い場合は再直交化が必要となるため，注意が必要である．ブロック修正グラム・シュミット直交化についての詳細については [79] を参照されたい．

最終的に得たい上ヘッセンベルグ行列 $\mathcal{H}_k^>$ とその最下行を除いた正方上ヘッセンベルグ行列 $\mathcal{H}_k$ を

[1] この手続きはブロック古典的グラム・シュミット直交化と呼ばれる．

$$\mathcal{H}_k^+ := \begin{pmatrix} \mathcal{H}_k \\ h_{k-1}\boldsymbol{e}_{s(k+1)}^\mathsf{T} \end{pmatrix},$$

$$\mathcal{H}_k := \begin{pmatrix} \mathcal{H}_{k-1} & \mathcal{H}_{k-1,k} \\ h_{k-1}\boldsymbol{e}_1^{(s)}\boldsymbol{e}_{sk}^{(sk)\mathsf{T}} & H_k \end{pmatrix}$$

として表しておく．MPK を行ったあとの段階では

$$A[\mathcal{Q}_{k-1}, V_k] = [\mathcal{Q}_{k-1}, V_k^+]\mathcal{B}_k^+ \tag{6.24}$$

の関係を満たしている．ただし $V_k = V_k^+(:, 1:s)$,

$$\mathcal{B}_k^+ := \begin{pmatrix} \mathcal{H}_k & O_{s,s} \\ h_{k-1}\boldsymbol{e}_1^{(s+1)}\boldsymbol{e}_{sk}^{(sk)\mathsf{T}} & B_k^+ \end{pmatrix}$$

であり，B_k^+ は MPK の多項式で決まる行列である．(6.24) の両辺に QR 分解を導入すると

$$A[\mathcal{Q}_{k-1}, Q_k]\begin{pmatrix} I_{sk} & \mathcal{R}_{k-1,k} \\ O_{s,sk} & R_k \end{pmatrix} = [\mathcal{Q}_{k-1}, Q_k^+]\begin{pmatrix} I_{sk} & \mathcal{R}_{k-1,k}^+ \\ O_{s+1,sk} & R_k^+ \end{pmatrix}\mathcal{B}_k^+$$

となる．ただし,

$$R_k^+ := \begin{pmatrix} 1 & O_{1,s} \\ O_{s,1} & R_k^> \end{pmatrix}, \tag{6.25}$$

$R_k := R_k^+(1:s, 1:s)$, $\mathcal{R}_{k-1,k}^+ := [\boldsymbol{e}_{sk+1}^{(sk+1)}, \mathcal{R}_{k-1,k}^>]$, $\mathcal{R}_{k-1,k} := \mathcal{R}_{k-1,k}^+(:, 1:s)$ である．よって $\mathcal{H}_k^+$ は

$$\mathcal{H}_k^+ = \begin{pmatrix} \mathcal{H}_{k-1} + h_{k-1}(\mathcal{R}_{k-1,k}^+\boldsymbol{e}_1^{(s+1)}\boldsymbol{e}_{sk}^{(sk)\mathsf{T}}) & \mathcal{R}_{k-1,k}^+B_k^+ \\ h_{k-1}(R_k^+\boldsymbol{e}_1^{(s+1)})\boldsymbol{e}_{sk}^{(sk)\mathsf{T}} & R_k^+B_k^+ \end{pmatrix}\begin{pmatrix} I_{sk} & \mathcal{R}_{k-1,k} \\ O_{s+1,sk} & R_k \end{pmatrix}^{-1} \tag{6.26}$$

となる．ここで $R_k^+(1,1) = 1$ のため，$R_k^+\boldsymbol{e}_1^{(s+1)} = \boldsymbol{e}_1^{(s+1)}$ であることと

$$\mathcal{R}_{k-1,k}^+\boldsymbol{e}_1^{(s+1)} = (\mathcal{Q}_k)^\mathsf{H}V_k\boldsymbol{e}_1^{(s+1)} = (\mathcal{Q}_k)^\mathsf{H}\boldsymbol{q}_{sk+1} = O_{s+1,1}$$

であることを用い，さらに (6.26) に現れている逆行列を部分行列で表すと，

$$\begin{aligned}\mathcal{H}_k^+ &= \begin{pmatrix} \mathcal{H}_{k-1} & \mathcal{R}_{k-1,k}^+ B_k^+ \\ h_{k-1}\boldsymbol{e}_1^{(s+1)}\boldsymbol{e}_{sk}^{(sk)\mathsf{T}} & R_k^+ B_k^+ \end{pmatrix} \begin{pmatrix} I_{sk} & -\mathcal{R}_{k-1,k}R_k^{-1} \\ O_{s+1,sk} & R_k^{-1} \end{pmatrix} \\ &= \begin{pmatrix} \mathcal{H}_{k-1} & -\mathcal{H}_{k-1}\mathcal{R}_{k-1,k}R_k^{-1} + \mathcal{R}_{k-1,k}^+ B_k^+ R_k^{-1} \\ h_{k-1}\boldsymbol{e}_1^{(s+1)}\boldsymbol{e}_{sk}^{(sk)\mathsf{T}} & R_k^+ B_k^+ R_k^{-1} - h_{k-1}\boldsymbol{e}_1^{(s+1)}\boldsymbol{e}_{sk}^{(sk)\mathsf{T}}\mathcal{R}_{k-1,k}R_k^{-1} \end{pmatrix}\end{aligned}$$

となる．ここでこの $\mathcal{H}_k^+$ の右下ブロックを H_k^+ とおく．その項のうちの一つ $R_k^+ B_k^+ R_k^{-1}$ は

$$\begin{aligned} R_k^+ B_k^+ R_k^{-1} &= \begin{pmatrix} R_k & \boldsymbol{z}_k \\ O_{1,s} & \rho_k \end{pmatrix} \begin{pmatrix} B_k \\ b_k \boldsymbol{e}_s^{(s)\mathsf{T}} \end{pmatrix} R_k^{-1} \\ &= \begin{pmatrix} R_k B_k R_k^{-1} + \tilde{\rho}_k^{-1} b_k \boldsymbol{z}_k \boldsymbol{e}_s^{(s)\mathsf{T}} \\ \tilde{\rho}_k^{-1}\rho_k b_k \boldsymbol{e}_s^{(s)\mathsf{T}} \end{pmatrix}\end{aligned}$$

と表せる．ここで $\tilde{\rho}_k = R_k(s,s)$ である．B_k^+ が上ヘッセンベルグ行列であることから，H_k^+ の第1項の $R_k^+ B_k^+ R_k^{-1}$ は上ヘッセンベルグ行列であり，また，第2項の $-h_{k-1}\boldsymbol{e}_1^{(s+1)}\boldsymbol{e}_{sk}^{(sk)\mathsf{T}}\mathcal{R}_{k-1,k}R_k^{-1}$ は第1行以外は零の $(s+1)\times s$ 行列であるため，この行列から $\boldsymbol{e}_1^{(s+1)}$ の代わりに $\boldsymbol{e}_1^{(s)}$ を用いて最下行を除いた行列を用いることで，H_k^+ は

$$H_k^+ = \begin{pmatrix} R_k B_k R_k^{-1} + \tilde{\rho}_k^{-1} b_k \boldsymbol{z}_k \boldsymbol{e}_s^{(s)\mathsf{T}} - h_{k-1}\boldsymbol{e}_1^{(s)}\boldsymbol{e}_{sk}^{(sk)\mathsf{T}}\mathcal{R}_{k-1,k}R_k^{-1} \\ \tilde{\rho}_k^{-1}\rho_k b_k \boldsymbol{e}_s^{(s)\mathsf{T}} \end{pmatrix}$$

と表せる．以上のことから Algorithm 57 に示す CA アーノルディ法が構成できる．CA アーノルディ法はそのアルゴリズムの構成こそ大きく異なるものの，st 回反復を行った通常のアーノルディ法と数学的に同値という点が重要である．

6.2.5　ヤコビ・デビッドソン法の並列化

ヤコビ・デビッドソン法では，修正方程式の求解が計算の主要部となる．そのため，GMRES 法などの修正方程式を解くために用いる線形方程式解法やその前処理の並列化に注力することとなる．線形方程式の反復解法の並列化については 5.2 節を参照されたい．

Algorithm 57 Communication Avoiding Arnoldi Algorithm. (block classical Gram-Schmidt version)

1: $h_0 = ||\boldsymbol{v}||_2$
2: $\boldsymbol{q}_1 = \boldsymbol{v}/h_0$
3: **for** $k = 0, 1, \ldots, t-1$ **do**
4: Define B_k^+ by the polynomial for MPK
5: Compute V_k^+ using MPK
6: **if** $k = 0$ **then**
7: Compute QR factorization $Q_0^+ R_0^+ = V_0^+$
8: Set $\mathcal{Q}_0^+ = Q_0^+$
9: Compute $\mathcal{H}_0^+ := R_0^+ B_0^+ R_0^{-1}$
10: **else**
11: $\mathcal{R}_{k-1,k}^{>} := (\mathcal{Q}_{k-1}^+)^{\mathsf{H}} V_k^{>}$
12: $\tilde{V}_k^{>} = V_k^{>} - \mathcal{Q}_{k-1}^+ \mathcal{R}_{k-1,k}^{>}$
13: **end if**
14: Compute QR factorization $Q_k^{>} R_k^{>} = \tilde{V}_k^{>}$
15: Let $\mathcal{R}_{k-1,k}^+ = [\boldsymbol{e}_{sk+1}^{(sk+1)}, \mathcal{R}_{k-1,k}^{>}]$, $\mathcal{R}_{k-1,k} = \mathcal{R}_{k-1,k}^+(:, 1:s)$
16: Let R_k^+ as eq.(6.25) and $R_k = R_k^+(1:s, 1:s)$
17: Let $\rho_k = R_k^+(s+1, s+1)$, $\tilde{\rho}_k = R_k(s,s)$ and $B_k = B_k^+(1:s, :)$
18: Compute $\mathcal{H}_{k-1,k} = -\mathcal{H}_{k-1}\mathcal{R}_{k-1,k}R_k^{-1} + \mathcal{R}_{k-1,k}^+ B_k^+ R_k^{-1}$
19: Compute $H_k = R_k B_k R_k^{-1} + \tilde{\rho}_k^{-1} b_k \boldsymbol{z}_k {\boldsymbol{e}_s^{(s)}}^{\mathsf{T}} - h_{k-1}\boldsymbol{e}_1^{(s)} {\boldsymbol{e}_{sk}^{(sk)}}^{\mathsf{T}} \mathcal{R}_{k-1,k} R_k^{-1}$
20: Compute $h_k = \tilde{\rho}_k^{-1} \rho_k b_k$
21: Form $\mathcal{H}_k^+ = \begin{pmatrix} \mathcal{H}_{k-1} & \mathcal{H}_{k-1,k} \\ h_{k-1}\boldsymbol{e}_1^{(s)} {\boldsymbol{e}_{sk}^{(sk)}}^{\mathsf{T}} & H_k \\ O_{1,sk} & h_k {\boldsymbol{e}_s^{(s)}}^{\mathsf{T}} \end{pmatrix}$
22: Form $\mathcal{Q}_k^+ = [\mathcal{Q}_{k-1}^+, Q_k^{>}]$
23: **end for**

6.2.6 櫻井・杉浦法の並列実装

櫻井・杉浦法の並列実装とそのオープンソースソフトウェアである z-Pares[2]の仕様の概略を説明する．櫻井・杉浦法において線形方程式が積分点ごとに独立に解ける並列性を高位の並列性と呼び，主に各線形方程式求解における処理の並列性を低位の並列性と呼ぶ．

このような階層的な並列化を MPI を用いて実現するため，関数（サブルーチン）`MPI_COMM_SPLIT` を用いてコミュニケータを分割する．ユーザーが元の MPI コミュニケータ（例えば `MPI_COMM_WORLD`）を `MPI_COMM_SPLIT` を用いて

[2] http://zpares.cs.tsukuba.ac.jp

```
integer :: myrank, n_procs, ierr,
integer :: orig_comm high_comm, low_comm
integer :: high_myrank, low_myrank, low_n_procs, high_n_procs

! Get information of original communicator
orig_comm = MPI_COMM_WORLD
call MPI_COMM_RANK(orig_comm, myrank, ierr)
call MPI_COMM_SIZE(orig_comm, n_procs, ierr)
! Now n_procs==4
nprocs_low = 2

! Set color and key
high_color = mod(myrank, n_procs_low)
high_key = myrank
low_color = myrank / nprocs_low
low_key = myrank

! Now split the communicator
call MPI_COMM_SPLIT(orig_comm, high_color, high_key &
        , high_comm, ierr)
call MPI_COMM_SPLIT(orig_comm, low_color, low_key &
        , low_comm, ierr)

! Get information of new communicators
call MPI_COMM_RANK(orig_comm, low_myrank, ierr)
call MPI_COMM_SIZE(orig_comm, low_n_procs, ierr)
call MPI_COMM_RANK(orig_comm, low_myrank, ierr)
call MPI_COMM_SIZE(orig_comm, high_n_procs, ierr)
```

図 6.8　MPI_COMM_SPLIT を使ったプログラム例（全体のプロセス数が 4 の場合）

高位の並列性に対応する高位コミュニケータ（以下 high_comm）と低位の並列性に対応する低位コミュニケータ（以下 low_comm）の二つのコミュニケータを生成し，その後 z-Pares に high_comm と low_comm を渡す．

例として，はじめに定義されていたコミュニケータ（ここでは MPI_COMM_WORLD）を MPI_COMM_SPLIT サブルーチンを用いて 2 種類のコミュニケータを分割する Fortran 90 プログラムを図 6.8 に示す．

なお，この例では high_key と comm_key の値は，新しいコミュニケータの rank が元のコミュニケータの rank と同じ順になるようにしているだけであり，それ以上の意味はない．MPI_COMM_SPLIT によるコミュニケータの分割の概略図を図 6.9 に示す．櫻井・杉浦法の並列階層と各 MPI コミュニケータの関係の模式図を図 6.10 に示す．

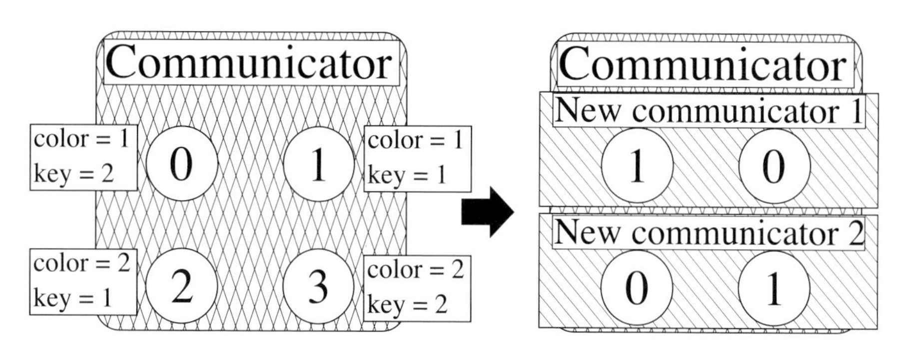

図 6.9 コミュニケータ分割の概略図

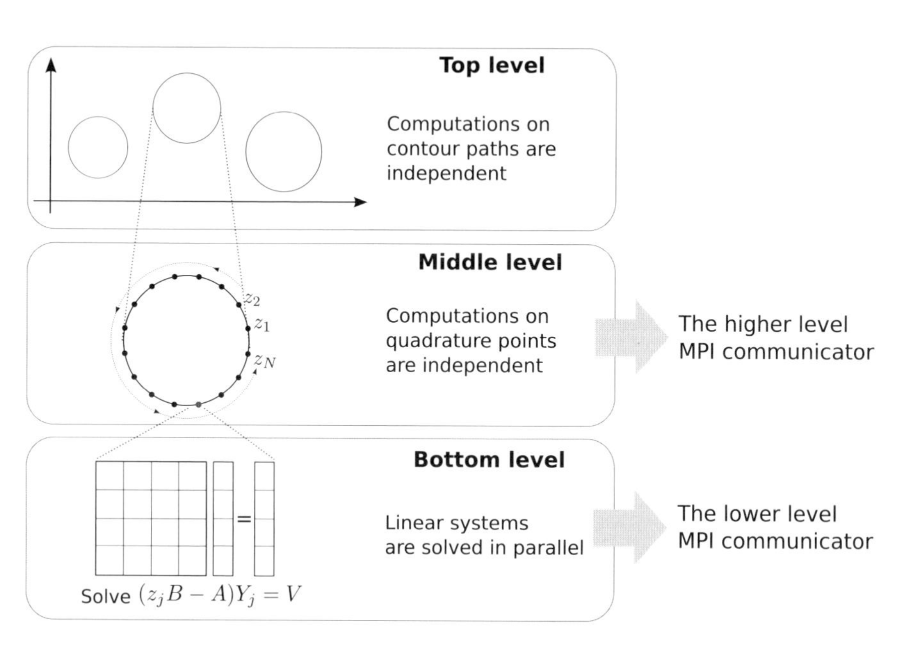

図 6.10 櫻井・杉浦法の並列階層と高位・低位 MPI コミュニケータの関係

high_comm では積分点ごとの線形方程式求解を並列に行うほか，A や B に関する行列・ベクトル積を各ベクトルごとに並列に行う．z-Pares は high_comm のプロセス数に応じて均等な負荷バランスになるよう各タスクをプロセスに割り当てる．一方，low_comm ではアルゴリズム中に現れる n 次ベクトルをすべて行方向に分散し，それらに関わる演算を並列に行う．n 次ベクトルを列ベクトルとしてもつ縦長の行列においても同様である．

元のコミュニケータ（例えば MPI_COMM_WORLD）の視点で見るとすべてのプロセスに渡り，行列 A, B のコピーが high_comm のプロセス数分だけ存在することになる．

Algorithm 58 に一般化固有値問題 $A\boldsymbol{x} = \lambda B\boldsymbol{x}$ を解く櫻井・杉浦法の並列実装の概略を示す．基本的に各シンボルの定義は 2.1.5 項のものに準ずる．

アルゴリズム中の「with low_comm」の low_comm がからむ通信によって計算することを示す．**For** 文中の「in parallel with high_comm」は，その **For** のインデックスに対し，high_comm で並列（独立）に処理することを表す．また Allreduce は MPI_ALLREDUCE サブルーチンを用いて和の縮約通信を行うことを示す．

25 行目では式では小規模な行列の一般化固有値問題をすべてのプロセスで 1 プロセスで冗長に解く．この小規模固有値問題の行列サイズは n_{basis} であり，これは最大で LM になる．ここで「冗長に解く」としているのは LM が十分小さいことを想定しており，もし大きい場合はこの固有値計算も ScaLAPACK などを用いて分散並列で計算することもできなくはないが，LM が大きい場合は特異値分解の計算量も大きくなり，これがボトルネックとなる．そのため積分領域内の固有値数が大きい場合は，積分領域を分割して，複数の積分領域で解き，それぞれの積分領域で小さい LM を与えて独立に計算する方が適切であると考えられる．

3 行目の **For** において各積分点ごとに（複数右辺ベクトルの）線形方程式を解くが，この部分を high_comm で並列処理する．線形方程式は右辺ベクトルごとに独立に解くことができるため，右辺ベクトルごとに並列に解くという選択肢もある．線形方程式を直接法で解く場合はあまりメリットがないが，クリロフ部分空間法などの反復法で解く場合は効果的となると考えられる．行列 Y_j は実際には j ごとにはメモリを確保せず，$n \times L$ の領域を使い回す．またレイリー・

Algorithm 58 Parallel implementation of the Sakurai–Sugiura method.

1: Generate V
2: Compute $W = BV$
3: **for** $j = 1, 2, \ldots, N$ in parallel with `high_comm` **do**
4: Solve $(z_j B - A)Y_j = W$ with `low_comm`
5: **for** $k = 0, 1, \ldots, M-1$ **do**
6: $\tilde{S}_k \leftarrow \tilde{S}_k + w_j \zeta_j^k Y_j$ with `low_comm`
7: **end for**
8: Compute $\alpha \leftarrow W^{\mathsf{H}} Y_j$ with `low_comm`
9: **for** $k = 0, 1, \ldots, 2M-1$ **do**
10: $\tilde{\mu}_k \leftarrow \tilde{\mu}_k + w_j \zeta_j^k \alpha$ redundantly on all processes
11: **end for**
12: **end for**
13: `Allreduce` local sum of $\tilde{S}_k$ and $\tilde{\mu}_k$ with `low_comm` for $k = 0, 1, \ldots, M-1$
14: Form $\tilde{S} = [\tilde{S}_0, \tilde{S}_1, \ldots, \tilde{S}_{M-1}]$
15: **if** it is the Rayleigh-Ritz version **then**
16: Compute SVD: $U \Sigma T^{\mathsf{H}} = \tilde{S}$ with `low_comm`
17: Determine the numerical rank m' of $\tilde{S}$ using Σ
18: **for** $i = 1, 2, \ldots, m'$ in parallel with `high_comm` **do**
19: Compute $U_A(:, i) \leftarrow AU(:, i)$ with `low_comm`
20: Compute $\tilde{A}(:, i) \leftarrow U^{\mathsf{H}} U_A(:, i)$ using `AllReduce` with `low_comm`
21: Compute $U_B(:, i) \leftarrow BU(:, i)$ with `low_comm`
22: Compute $\tilde{B}(:, i) \leftarrow U^{\mathsf{H}} U_B(:, i)$ using `AllReduce` with `low_comm`
23: **end for**
24: `AllGather` local columns of $\tilde{A}$ and $\tilde{B}$ with `high_comm`
25: Solve $\tilde{A}\tilde{\boldsymbol{p}} = \lambda \tilde{B} \tilde{\boldsymbol{p}}$ redundantly on all processes
26: Compute $\boldsymbol{x}_i \leftarrow U(:, 1 : m')\tilde{\boldsymbol{p}}_i$ for $i = 1, 2, \ldots, m'$ with `low_comm`
27: **else if** it is the Hankel version **then**
28: Form block Hankel matrices $\tilde{H}_M^{(0)}$ and $\tilde{H}_M^{(1)}$ using $\tilde{\mu}_k$
29: Compute λ_i and $\tilde{\boldsymbol{p}}_i$ redundantly on all processes by Algorithm 15
30: Let m' be numerical rank of $\tilde{H}_M^{(0)}$
31: Compute $\boldsymbol{x}_i \leftarrow S\tilde{\boldsymbol{p}}_i$ for $i = 1, 2, \ldots, m'$ with `low_comm`
32: **end if**

リッツの手法を用いた櫻井・杉浦法では A や B との積はベクトルごとに独立に行うことができるため，並列計算ができる．そのため，この部分も 18 行目の **For** にあるように，`high_comm` で並列処理する．

第7章 並列計算におけるそのほかの話題

本章では，先進的な並列数値計算の開発状況について，近年の計算機環境への適用状況を中心に解説する．

7.1 節では，マルチコア計算機対応を中心に，現在開発されている数値計算ライブラリ，数値計算ミドルウェア，および領域特化言語について紹介する．

7.2 節では，クリロフ部分空間法における主演算となる疎行列・ベクトル積において，マルチコア，メニーコア，GPU へ適用についてハードウェア特性の違いの観点から，それらの高性能実装方式について解説する．また，GPU など新しい計算機環境におけるプログラミング環境と最適化の現状についても論じる．

7.3 節では，近年，数値計算アルゴリズム／ライブラリを高性能化する技術として注目されている，自動チューニング (AT) 技術について解説する．数値計算ライブラリへの AT 適用，AT のための専用言語や性能モデルについて説明する．

7.4 節では，エクサフロップスマシンへの展望について論じる．エクサフロップスマシンを実現するには，電力当たりの性能を飛躍的に高める必要がある．そのために必要となる研究開発の事項についての最新動向を解説する．

7.1 先進的な並列数値計算の開発状況

7.1.1 数値計算ライブラリ

数値計算ライブラリにおいて早急に対応しないといけない技術要求は，すでに普及している**マルチコア計算機**への対応である．数十コアを有するマルチコア計算機はありふれており，Intel Xeon Phi に代表される数百スレッド並列が可能な**メニーコア計算機**も普及している．**PLASMA** (Parallel Linear

Algebra Software for Multicore Architectures)[1] プロジェクトでは，LAPACK や ScaLAPACK の手続きにおいてマルチコア計算機やメニーコア計算機上で性能を引き出すアルゴリズムと実装を行っている．

一方，GPU (Graphics Processing Unit) を演算に用いる計算機も普及している．GPU とマルチコア計算機とを混在させた**ヘテロジニアス環境**において，効率の良い密行列ライブラリを開発する **MAGMA** (Matrix Algebra on GPU and Multicore Architectures)[2] プロジェクトでは，GPU やメニーコア計算機上で効率の良い BLAS3 ライブラリを開発している．

一方，数百ペタフロップスのプリエクサスケール環境，およびエクサスケール環境に向けて適用できる数値計算ライブラリの技術開発には，上記で解説した ScaLAPACK プロジェクトにおける PLASMA や MAGMA を含め，いくつかのプロジェクトがすでに開始されている．

我が国においては，理化学研究所計算科学研究センター (R-CCS) で開発されている固有値ソルバ **EigenExa**[3]がある．EigenExa では通信時間削減のため，密行列対称固有値問題における相似変換において従来の三重対角化を経由せずに帯行列を経由する，新しい並列実装方式を採用しているライブラリである．

7.1.2 数値計算ミドルウェアおよび領域特化言語 (DSL)

数値計算ライブラリの機能をまとめ，特定のアプリケーションで用いられる機能に特化したソフトウェアがある．これらアプリケーションに特化してはいるが，数値計算で汎用的に使える機能を持つソフトウェアを**数値計算ミドルウェア**と呼ぶ．代表的な数値計算ミドルウェアを以下で説明する．

PETSc (Portable, Extensible Toolkit for Scientific Computation)[4]は，偏微分方程式によりモデル化された科学技術アプリケーションのための並列ソルバである．Krylov 部分空間法を用いた疎行列の連立一次方程式の解法など，多数のソルバを備えている．

Trilinos[5]は，マルチフィジックスと科学技術計算のための大規模演算用の

---

1) http://www.netlib.org/plasma/
2) http://icl.cs.utk.edu/magma/
3) http://www.aics.riken.jp/labs/lpnctrt/EigenExa.html
4) https://www.mcs.anl.gov/petsc/
5) https://trilinos.org/

オブジェクト指向のソフトウェアフレームワークである．Trilinos は，基本線形代数ライブラリ，連立一次方程式の反復解法のための前処理，および線形ソルバなどの 50 以上のパッケージを利用できる．

ppOpen-HPC[6]は，ポストペタスケールのスーパーコンピュータのための**自動チューニング機能** (AT) 付きの大規模科学技術計算アプリケーションに関するオープンソース基盤である．ppOpen-HPC では実用アプリケーションを基にし，五つの離散化方式に基づく機能を提供する．また AT 機能により，計算機環境に依存せず高性能化できる枠組みを提供する．

一方，多数の数値計算ライブラリを同一の規格で利用できると，問題の性質や計算機環境が変わったときにコード変更が不要となり有益である．固有値ソルバに特化してこの機能を提供するソフトウェアに **Rokko**[7]がある．Rokko では，逐次および並列の固有値ソルバの機能を提供し，LAPACK, EigenExa, ELPA, ScaLAPACK, SLEPc, Trilinos/Anasazi などのソルバを実行時に切り替えることができる．

また，適用アプリケーションを限定し，専用の計算機言語を提供することで，利用しやすく高性能な数値計算環境を構築する研究が多数ある．これらは，**領域特化言語** (**Domain Specific Language, DSL**) と呼ばれる．例えば，理化学研究所で開発されている **Physis**[8]がある．Physis は，ステンシル計算に特化した DSL で，GPU での高性能計算を提供している．

7.2 マルチコア CPU，メニーコアプロセッサ，GPU における疎行列基本演算（疎行列・ベクトル積など）の実装

7.2.1 ハードウェアの特徴と違い

高い演算性能やメモリ性能を持つ計算ハードウェアを作るためにはどうすれば良いだろうか．ハードウェア自体を高速に動かすことができれば高い性能が得られるかも知れないが，半導体技術の制限による問題もあり，動作速度を高速にするのはとても難しいのが現状である．そこで今日では，同時に利用可能

[6] http://ppopenhpc.cc.u-tokyo.ac.jp/ppopenhpc/
[7] http://ma.cms-initiative.jp/ja/listapps/Rokko/Rokko
[8] https://github.com/naoyam/physis

な多数のハードウェアを搭載し，並列計算により全体としての性能を向上させるという方法がとられている．CPU の中でも特に計算のためのハードウェア（計算コア）を複数搭載した CPU はマルチコア CPU と呼ばれている．2016 年末の時点で HPC 分野にて使われている主要なマルチコア CPU を見てみると，例えば Intel 社の Xeon E5/E7 シリーズでは最大 24 コアを搭載し，さらに Hyper-Threading 技術により 1 コアあたり二つのスレッドが同時実行可能となっている．また Fujitsu 社の SPARC64XIfx も 34 コアを搭載しており，IBM 社の POWER8 シリーズには 12 コアで 96 スレッドを同時実行可能なモデルがラインナップされている．

一般的に，半導体プロセスの微細化が進まない限り，CPU コア数を増やそうとすると CPU 自体が大きくなってしまい，製造が難しくなったり，販売価格を上げなくてはならなくなったりする．そのため CPU コア数を増やすには限界がある．しかし，各計算コア単体の性能を下げて単純で小さな計算コアにすれば，一つの CPU により多くの計算コアを搭載することができる．このように既存のマルチコアプロセッサよりも低性能な計算コアを多数搭載したプロセッサはメニーコアプロセッサと呼ばれている．代表的なメニーコアプロセッサの例としては Intel 社の Xeon Phi シリーズがあげられる．Xeon Phi シリーズはおおよそ 60 から 70 程度の計算コアを搭載し，さらに 1 コアあたり四つのスレッドによる並列処理が可能なプロセッサである．マルチコアプロセッサとメニーコアプロセッサの理論演算性能を比較すると，2016 年末の最新世代 CPU である Intel 社の Xeon CPU（Broadwell-EP アーキテクチャ）が 1 ソケットあたり 1.5 TFLOPS 程度の演算性能を持つのに対して，同時期の最新メニーコアプロセッサである Xeon Phi 7250（コードネーム Knights Landing）は 3 TFLOPS 程度の性能を持つ．計算コアの性能とコア数（スレッド数）のバランスを考慮すると，メニーコアプロセッサは，マルチコア CPU と比べて逐次処理性能が低い代わりに，単純で並列度の高い処理は高速に行えるプロセッサであると言える．さらに，高い演算性能を行うためにはそれに見合ったデータ供給能力が必要であるため，最新の Xeon Phi シリーズは DDR4 メモリよりもメモリバンド幅が数倍高い Multi Channel DRAM (MCDRAM) を搭載しており，高いメモリ転送性能を要求するような問題についても高い性能が期待できる．

メニーコアプロセッサよりもさらに多くの計算コアを搭載した計算ハードウェ

アも利用されている．本来は高度な画像処理を高速に行うために作られたハードウェアである GPU (Graphics Processing Unit) が，近年では並列計算機としても活用されている．HPC 分野では NVIDIA 社の Tesla シリーズが多く用いられており，GPU を主要な演算装置として用いる GPU スパコンの普及も進んでいる．これらのシステムで用いられている GPU は 1000 以上の計算コアを搭載した超メニーコアなハードウェアである．2016 年末の最新世代 GPU である NVIDIA 社の P100 GPU（Pascal アーキテクチャ）は 3000 以上の計算コアを搭載しており，理論演算性能は約 5 TFLOPS，実効メモリバンド幅も HBW2 メモリを用いることで 500 GB/sec を越えている．ただし，GPU に搭載された計算コアはすべてが独立に動作できるわけではなく，32 個などある程度の数の計算コアがひとまとまりとして動作しなければならないといった制約もある．そのため，メニーコアプロセッサよりもさらに得意な計算と不得意な計算がはっきりしており，GPU に適した計算・適したアルゴリズムを扱うときにだけ，非常に高い性能を得ることができる．

いくつかのマルチコア CPU，メニーコアプロセッサ，GPU のハードウェア構成と理論性能値を表 7.1 に示す．この表からは，クロック周波数についてはマルチコア CPU がほかのハードウェアより高速であることがわかり，コア数についてはマルチコア CPU よりもメニーコアプロセッサ，メニーコアプロセッサよりも GPU が多く搭載していることが確認できる．また，演算性能やメモリ性能は GPU が優れており，TDP（Thermal Design Power，設計上想定されている最大消費電力）とあわせて見れば電力あたりの性能についても GPU が優れていることがわかる．しかし，表に示された値はあくまで各ハードウェアが理想的に利用できたときに得られるような性能値であり，対象とする計算の内容やプログラムの内容により実際に得られる性能には差が生じる．各ハードウェアはプロセッサやメモリの数量や階層構造にそれぞれ異なる特徴を持つ（図 7.1）ため，高い性能を得るためにはそれらの違いと特徴を理解して対応するプログラムを作成せねばならない．

7.2.2 プログラミング環境

すでに第 5 章などで紹介しているように，マルチコア CPU 向けの並列化プロ

表 7.1　ハードウェア性能の比較

	マルチコアCPU		メニーコアプロセッサ		GPU	
プロセッサ名	SPARC64XIfx	Xeon E5-2695 v4 (Broadwell-EP)	Xeon Phi 5110P (Knights Corner)	Xeon Phi 7250 (Knights Landing)	Tesla K40 (Kepler)	Tesla P100 (Pascal)
コア数 / 最大同時実行可能スレッド数	32（+2 アシスタントコア）	18 / 36	60 / 240	68 / 272	2880	3584
動作周波数	2.2 GHz	2.1 GHz	1.053 GHz	1.4 GHz	745 MHz	1.480 GHz
倍精度理論演算性能	1124.6 GFLOPS	604.8 GFLOPS	1011 GFLOPS	3046 GFLOPS	1430 GFLOPS	5300 GFLOPS
搭載メモリ種別と容量	HMC 32GB	DDR4 最大 128GB	GDDR5 16 GB	DDR4 96GB + MCDRAM 16GB	GDDR5 12 GB	HBM2 16 GB
メモリ転送性能（STREAM Triad）	320 GB/s	65.5 GB/s	171 GB/s	490 GB/s (MCDRAM)	218 GB/s	534 GB/s
TDP		120 W	225 W	215 W	235 W	320 W

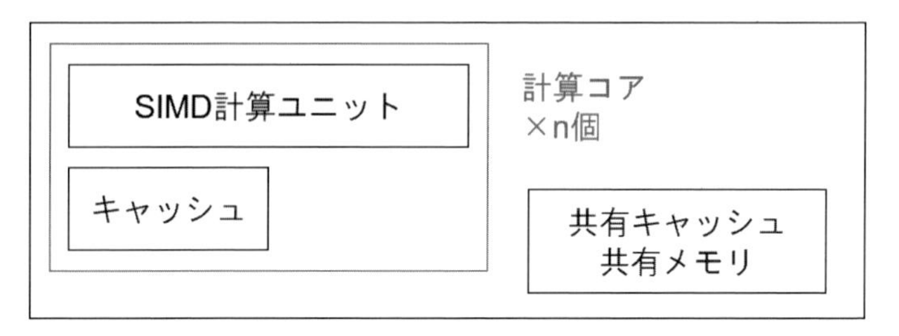

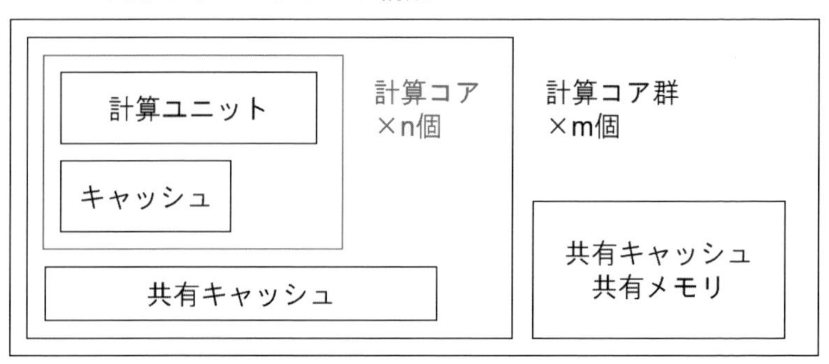

図 7.1　ハードウェア構成の概要（構成するハードウェアの数量や容量はハードウェアごとに大きく異なる）

グラミングには OpenMP や MPI が多く用いられている．では，メニーコアプロセッサや GPU 向けの並列化プログラミングについてはどうだろうか．以下では代表的なメニーコアプロセッサとして Intel 社の Xeon Phi シリーズ (Knights Corner アーキテクチャおよび Knights Landing アーキテクチャ，以下 MIC と呼ぶ) を，また代表的な GPU として NVIDIA 社の Tesla シリーズ (Kepler アーキテクチャおよび Pascal アーキテクチャ）を想定し，それぞれのハードウェアを用いたプログラミングや最適化の基本的な考え方について紹介する．

MIC においては，マルチコア CPU と同様に MPI や OpenMP を用いることができる．マルチコア CPU 用に作成したプログラム（ソースコード）に対してコンパイラオプションなどの調整を行えば，そのまま MIC 上で実行可能であり，これは MIC を使ううえでの大きなメリットとなる．ただし，十分な性能を得るためには，ハードウェアの特徴や違いを意識したアルゴリズムの選択などを行う必要がある．次項では具体的な例をいくつか紹介する．

一方，現在 GPU 向けに広く用いられている主要な並列化プログラミング環境としては，CUDA [170]，OpenCL [114]，OpenACC [176] があげられる．

CUDA は NVIDIA 社が開発した GPU 向けの開発環境であり，C 言語や Fortran を拡張した文法とデータ転送などの API 関数を用いてプログラムを作成する．NVIDIA 社の GPU でしか使うことができないが，そのぶん最新 GPU の持つ新しい機能をすぐに使えたり，ハードウェアの性能を十分に引き出すための資料やサンプルが充実しているというメリットがある．C 言語ベースの CUDA C は NVIDIA 社自身によって，また Fortran ベースの CUDA Fortran は PGI 社（現在は NVIDIA 社の子会社）によって提供されている．すでに多くの利用例や研究例が存在しており，GPU が普及する大きなきっかけとなった開発環境であると言っても過言ではない．

OpenCL は GPU のみならず様々な演算加速器（アクセラレータ）を活用するためのプログラミング環境であり，言語仕様や実行モデルは CUDA に似た部分が多い．OpenCL は CUDA とは異なり，DSP (Digital Signal Processor) や FPGA（Field Programmable Gate Array，再構成可能な集積回路）など様々なハードウェアで利用することができる．その代わり，新しい GPU の持つ最新機能への対応や，GPU に特化した最適化技術と資料の充実度では CUDA に劣る．

OpenACCは，GPU上で動作する並列化プログラムをOpenMPのように指示文を用いて簡単に作成するためのものである．GPUをOpenMPに近い使い勝手で使いたい，既存の大規模なCPU向けアプリケーションを低コストでGPU化したいといった利用者に適している．OpenACCはCUDAやOpenCLと比べると利用可能なGPUの機能や適用可能な最適化手法に制限はあるものの，対象とする計算によっては十分な性能を容易に得ることが可能である．また，OpenMP自体もGPUに対する対応が進められており，OpenMP 4.0以降の実装においては徐々にGPUに対するサポートが強化されていく予定となっている．

これらのGPU向けプログラミング言語をマルチノード環境で使う，つまり複数ノードを用いたGPUプログラミングを行う場合には，MPIを組み合わせて用いる．

7.2.3　アーキテクチャにあわせた最適化プログラミング

メニーコアプロセッサやGPUを用いた最適化プログラミングを行う際には，どのようなことを意識して行えば良いだろうか．また，それらは既存のマルチコアプロセッサ向けのプログラミングとどのような違いがあるだろうか．

本節の冒頭で紹介したように，メニーコアプロセッサやGPUはマルチコアCPUと比べて多数の計算コアを搭載しているため，計算コア単体の性能は低いという特徴がある．計算コア単体の性能は，単に同じ時間で何回の計算を行えるかという違いのみならず，分岐を含む計算をどれだけ高速に行えるかや，僅かな計算順序の違いなどによって性能がどの程度左右されるかといった点にも影響する．マルチコアCPUも条件分岐が多い計算よりも条件分岐がない計算の方が得意ではあるが，強力な分岐予測などの機能を備えているため，性能低下度合いは小さい．一方メニーコアプロセッサやGPUはマルチコアCPUと比べて分岐予測などの機能が貧弱であるため，分岐のない（少ない）プログラムに対する分岐の多いプログラムの性能低下具合が大きい傾向にある．また現在のマルチコアCPUの多くはアウトオブオーダー実行なプロセッサであるのに対して，メニーコアプロセッサやGPUにはインオーダー実行のプロセッサも多く，プログラムに記述された命令の順序（コンパイラやアセンブラが出力した命令の並び方）が性能に及ぼす影響が大きい．そのため，メニーコアプロセッサや GPU 向けのプログラムはマルチコア CPU よりも分岐が少ないシンプルな計算手順であること，またアウトオブオーダ実行されなくても良い性能が得られるような計算順序であることが望ましい．

プロセッサに搭載された多数の計算コアをすべて使い切るには，対象とする計算の並列度が高くなくてはならない．メニーコアプロセッサ向けの OpenMP プログラミングを例にすると，並列化対象ループの長さがプロセッサ数（スレッド数）未満の場合にはプロセッサ上の全コアに計算を割り当てられない．GPU の場合にはさらにコア数が多いうえに，高速なコンテキストスイッチによりメモリアクセスのレイテンシを隠蔽して高性能を得るアーキテクチャである（GPU は動作中のスレッドとそうでないスレッドの切替が高速であるため，メモリアクセス待ちなどで計算を進められない場合に別のスレッドに切り替えることで，全体として高い性能を得ることができる）ことを考えれば，物理的なコア数を越えた非常に高い並列度が必要となる．

SIMD (Single Instruction Multiple Data) は一つの命令で複数のデータを処理する計算方法である．今日の多くの CPU は SIMD 命令を備えており，Knights Corner/Landing アーキテクチャに至っては SIMD 長が 512 bit，すなわち 1 命令で八つの倍精度 (64 bit) 浮動小数点演算を同時に行うことができる．これを有効に利用できるかできないかは性能に大きく影響する．コンパイラが SIMD 命令を生成してくれそうなコードを記述すること，または手動で SIMD 命令を記述することは重要な最適化技術の一つとなる．一方，今日の GPU は SIMD 命令を備えていないものの，GPU 上の計算コアの挙動には SIMD 演算に似た部分がある．繰り返しとなるが，GPU には非常に多くの計算コアが搭載されており，すべての計算コアがそれぞれ個別の処理を行うわけではなく，32 個などのある一定の単位でグループ化されて動作する．グループ内の計算コアが個別の処理をしなくてはならないプログラムを実行しても正しい結果は得られるが，非常に低速になってしまう．SIMD 演算を使うときのように，同一グループの計算コア群が同じ計算フローをたどれるようにしたり，連続または近接したメモリ領域に同時にアクセスするようにすると，良い性能が得られる傾向がある．

GPU を用いて計算を行う際には，GPU が階層的な並列性と階層的なメモリを備えるという点にも注意する必要がある．既に述べたように GPU 上の計算コアはグループ化されているため，1 グループ単位（各グループ内）での並列計算と，全グループによる並列計算という，2 段階の並列計算を考えた計算の割り当てを考えねばならない．さらに，キャッシュとは別に同一グループ内でのみ共有される高速で小容量のメモリが搭載されていたり，グループ内で特殊な協調演算を行うシャッフル命令なども提供されていたり，低い精度の演算（16 bit 半精度浮動小数点演算）を高速に行うことのできる GPU も登場しており，これらを有効に活用できるかどうかで性能に大きな差が生じることもある．

7.2.4　疎行列・ベクトル積 (SpMV) と行列格納形式

本項では，疎行列・ベクトル積 (SpMV) を例にして，OpenMP を用いたマルチコア CPU やメニーコアプロセッサ向けのプログラム，CUDA を用いた GPU 向けのプログラム，そして OpenACC を用いた GPU 向けプログラムの基本的な最適化について考えてみることにする．

疎行列は非ゼロ要素の少ない行列であるため，密行列と同じ行列格納方法を用いるとメモリ（ストレージ）上にゼロを大量に格納せねばならなくなり，非常にメモリ効率が悪い．そのため，疎行列を格納するための様々なデータ形式が用いられている．

CRS 形式（Compress Row Storage 形式，または Compressed Sparse Row (CSR) 形式とも呼ばれる）は非常に広く用いられている疎行列格納形式の一つであり，疎行列の非ゼロ要素のみを行方向に詰めて，その配置情報を index と列番号で管理する形式である（図 7.2)．CRS 形式はゼロ要素を一切含まない形式であるため行列形状にかかわらずメモリ効率が良いものの，各要素の値を得る際に列番号を用いた間接メモリ参照が必要となるため，SpMV 計算時のメモリ負荷は大きい．

疎行列の非ゼロ要素を行方向ではなく列方向に詰めて格納する方式としては ELL 形式 (ELLpack 形式) が知られている（図 7.3)．ELL 形式では格納の際に行ごとの非ゼロ要素が異なる場合には非ゼロ要素が最も多い行にあわせてゼロを詰める．この格納形式はメニーコアプロセッサや GPU においても高い SpMV 性能を得やすい形式の一つではあるものの，対象とする行列によってはメモリ効率や SpMV 性能が低下してしまうという問題もある．

対象とする疎行列（太字は各行の先頭要素）

1	2	0	3
0	**4**	0	5
0	0	**6**	0
7	0	0	8

各行の先頭要素の位置(IRP)

各要素の列番号(COL)

要素の値(MAT)

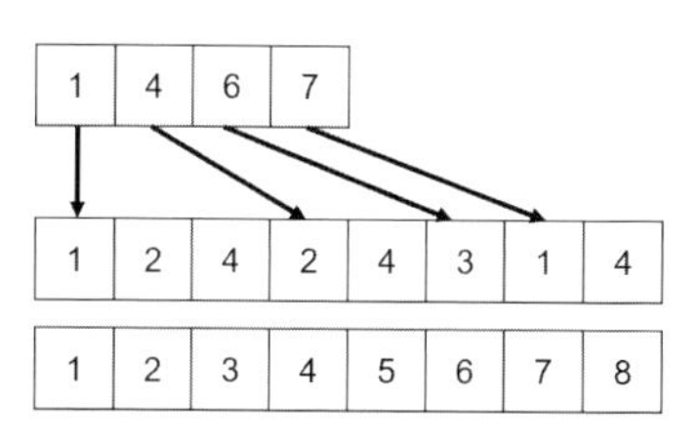

メモリアクセス順序

1	2	3	4
5	6	7	8
9	10	11	12
13	14	15	16

図 7.2 CRS 形式

対象とする疎行列

1	2	0	3
0	**4**	0	5
0	0	**6**	0
7	0	0	8

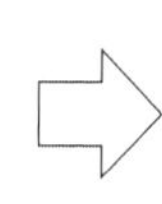

左に詰めた行列

1	2	3
4	5	0
6	0	0
7	8	0

メモリアクセス順序

1	5	9
2	6	10
3	7	11
4	8	12

要素の値(MAT)

1	4	6	7	2	5	0	8	3	0	0	0

各要素の列番号(COL)

1	2	3	1	2	4	0	4	4	0	0	0

図 7.3 ELL 形式

```
!$OMP PARALLEL DO PRIVATE (J,TMP)
DO I=1,N
  TMP = 0.0D0
  DO J=IRP(I),IRP(I+1)-1
    TMP = TMP + MAT(J)*VEC(COL(J))
  END DO
  ANS(I) = TMP
END DO
!$OMP END PARALLEL DO
```

OpenMP(Fortran)によるSpMVの実装例(CRS形式)

```
#pragma omp parallel for
private(j,tmp)
for(i=0; i<N; i++){
  tmp = 0.0;
  for(j=irp[i]; j<irp[i+1]; j++){
    tmp += mat[j] * vec[col[j]];
  }
  ans[i] = tmp;
}
```

OpenMP(C言語)によるSpMVの実装例(CRS形式)

図 7.4 OpenMP を用いた SpMV 実装 CRS 形式

このように行列格納形式にはそれぞれ良い点と悪い点があるため，疎行列格納形式自体に関する研究も数多く行われている．例えば CRS 形式については，ブロック化などの手法を組み合わせた格納形式がしばしば用いられている．また ELL 形式についても，行あたりの非ゼロ要素数に基づいてソートしてから格納する JDS 形式，疎行列を数行ごとに区切って格納する Sliced ELL 形式など，ELL 形式を元に改良を加えた行列格納形式が数多く提案されている．しかし，計算対象である疎行列の内容にかかわらず常に高いメモリ効率と（SpMV などの）演算性能を得るのは非常に難しい．対象とする行列の形状や計算ハードウェアの特徴にあわせて適切な格納形式を利用することや，CRS 形式など汎用性の高い形状との変換を適切に行うことが重要である．

7.2.5 OpenMP を用いた SpMV の実装

本項では OpenMP を用いて SpMV を並列高速化することを考える．

CRS 形式の疎行列に対する SpMV は行単位で並列に実行することができる．そのため OpenMP を用いれば図 7.4 のようにとても簡単に並列化を行うことが可能である．それでは，さらなる最適化の余地や，気をつけねばならないことはあるだろうか．

まず並列度について考えてみると，この並列計算の並列度は疎行列の行数そのものであることがわかる．そのため並列度がコア数（スレッド数）より少ない場合にはコアが遊んでしまって十分な性能が得られない可能性がある．行数の小さな疎行列を用いた計算に多大が実行時間が必要となることはあまりないと思われるが，メニーコアプロセッサの性能を十分に引き出すには計算対象に十分高い並列度が必要であることは重要である．スレッドへの計算の割り当てについては，全体をスレッド数で均等に分割するという単純なブロック分割を行えば，複数スレッドが近い領域をアクセスしてしまって競合するという問題も発生しにくくなり，高い性能が期待できる．各スレッドが 1 行ずつの列を担当していくというサイクリックな割り当てを行うと，キャッシュやメモリの競合が起きやすくなり性能が低下するため，注意せねばならない．

十分な大きさの疎行列に対する SpMV であっても，スレッド間の負荷の不均衡には注意が必要である．もし仮に，十分多くの行数を持つ疎行列にて特定の数行にのみ大量の非ゼロ要素が存在し，ほかの行にはそれぞれ数要素ずつしか非ゼロ要素が存在しなかったらどうなるだろうか．この場合，多数の非ゼロ要素を担当するスレッドの実行時間ばかりが長くなってしまい，全体としては高い性能を得ることができない．同じ非ゼロ要素数の疎行列に対する SpMV であっても，非ゼロ要素の配置によってはスレッドごとの負荷の不均衡が生じて性能に差が生じることには注意せねばならない．

このような負荷の不均衡による問題を解決する一つの方法は，ループ並列化のスケジューリング設定を変更することである．OpenMP ではループ並列化の際に schedule 節を用いてスケジューリング設定を行うことが可能である．具体的には，静的なスケジューリングである static，動的なスケジューリングである dynamic，そして動的なスケジューリングに加えてチャンクサイズ（割り当てる単位）を徐々に小さくしていく guided の三つのスケジューリング手法があり，それぞれに対してチャンクサイズを指定することができる．OpenMP デフォルトのスケジューリング設定は static による均等分割であるが，dynamic や guided といったスケジューリング手法を用いれば，負荷の不均衡による性能低下をある程度避けることができる可能性がある．ただし，最大の性能が得られるスケジューリング設定を求めることは容易ではないため，いくつかの設定を試してみる必要があるだろう．これを自動チューニングの技術を用いて簡単に利用できるようにしようという研究も行われている [173]．しかし，この方法では極端に負荷が不均衡な問題には対応できない．どのような疎行列に対しても負荷が均等となる並列化を行うためには，行単位での割り当てを行わない並列計算方法，つまり 1 行の計算を複数のスレッドに分割するような手法が必要である．具体的な実装としては，Segmented Scan 法に基づく手法が有効であ

```
DO J=1, LEN-1
!$OMP PARALLEL DO
  DO I=1, N-1
    ANS(I) = ANS(I) + MAT(J*N+I)*VEC(INDEX(J*N+I))
  ENDDO
!$OMP END PARALLEL DO
ENDDO
```

OpenMP(Fortran)によるSpMVの実装例(ELL形式)

```
for(j=0; j<len; j++){
#pragma omp parallel for
  for(i=0; i<N; i++){
    ans[i] += mat[j*N+i] * vec[index[j*N+i]];
  }
}
```

OpenMP(C言語)によるSpMVの実装例(ELL形式)

図 7.5 OpenMP を用いた SpMV 実装 ELL 形式

ると考えられる [113].

それでは ELL 形式の場合はどうだろうか．図 7.5 に ELL 形式を用いて格納された疎行列に対する SpMV の例を示す．ELL 形式は非ゼロ要素数の少ない行にはゼロを埋めているため，CRS 形式とは異なり並列実行時に計算負荷の不均衡による性能低下を考える必要はない．しかし，そもそもゼロ要素に対して計算をすること自体が冗長な計算であるため，Sliced ELL 形式などの格納形式を用いて計算回数自体を削減すること，さらに負荷の不均衡や SIMD 長との整合性などとあわせて最適化を行うことが重要である．

7.2.6 CUDA を用いた SpMV の実装

続いて本項では，CUDA を用いた GPU 向けの疎行列・ベクトル積の実装について考えてみることにする．はじめに，OpenMP を用いた CPU 向けの SpMV と同じような考えで作成した，CRS 形式の疎行列に対して SpMV 計算を行う CUDA プログラムの例を図 7.6 に示す．CUDA では GPU に行わせる処理を関数単位で指定する必要があり，接頭辞__global__の付けられた void 関数（GPU カーネル関数）として用意する必要がある．この GPU カーネル関数を <<< と >>> で囲んだ値により並列度を指定しながら呼び出すと，GPU 上の各スレッド（以下，GPU スレッドと呼ぶことにする）上で並列に実行される．GPU カーネル関数内では，専用の構造体変数を用いて GPU スレッドごとに一意な ID を得ることができる．図 7.6 では，block と thread という 2 階層の情報を用いて GPU スレッドごとの ID を得ていることがわかる．現在の GPU は，多数の計算コアが計算コア群を構成し，その計算コア群が複数搭載されて一つの GPU を構成している．GPU スレッドには，32 スレッドごとにまとめてスケジューリングが行われていたり，最も効率よく GPU を動作させるには同一計算コア群の GPU スレッドを多数（GPU の世代にもよるが 64 から 256 程度）用意せねばならないなどの特徴がある．計算コア群の ID を得るための構造体変数が blockIdx であり，計算コア群に含まれる計算コアの数は blockDim，計算コア群の中の計算コアごとの ID は threadIdx に格納されている．これらを用いて GPU スレッドごとの計算範囲を自ら算出することで，並列に計算を行っている．また，CPU-GPU 間のデータ転送は専用の API 関数を用いて行う必要がある．

CRS 形式の疎行列に対する SpMV は行ごとに独立して計算を行うことができるため，対象とする疎行列の行数が十分に多い場合，GPU スレッドごとに別々の行の計算を行えば十分な並列性を確保することができる．図 7.6 中の実装例 1 はこの考えに基づいて作成されたプログラムである．GPU スレッドごとの ID の算出方法を変えれば，ブロック的な割り当てもサイクリック的な割り当ても自由に行うことができる．この実装は確かに高い並列度を確保できるものであるが，CPU と GPU の得意なメモリアクセス方法の違いのために高い性能を得ることができない．GPU は CPU と異なり，ID の近いスレッドが近い範囲のメモリへ同時にアクセスすることで高いメモリアクセス性能を得ることができる．このメモリアクセスパターンはコアレスなメモリアクセスと呼ばれ，GPU の高いメモリアクセス性能を発揮させるために非常に重要である．この高いメモリアクセス性能を得やすい SpMV の実装方法は，同一計算コア群の複数の GPU スレッドに疎行列の 1 行を担当させることである．すなわち図 7.6 中の実装例 2 に示すような実装を行えば，近接する GPU スレッドが同時に近い範囲のメモリをアクセスするため高いメモリ性能が得られ，全体としても高性能が期待できる．なお，図中の REDUCTION という関数は計算コア群ごとに乗算結果をまとめるための処理を意味している．CUDA における高速な REDUCTION の実装については NVIDIA 社の技術資料などによくまとめられている [170]．一方，疎行列の非ゼロ要素配置は行列によって様々なケースが存在し，ある程度多くの非ゼロ要素を持つ疎行列もある一方，1 行にたかだか数個しか非ゼロ要素が存在しない疎行列も多い．さらに行ごとに非ゼロ要素数が大きく異なるような疎行列も存在する．そのため CUDA を用いて最大の SpMV 性能を得るためには，利用する GPU と対象行列の形状にあわせて適切な問題割り当て設定を行う必要がある．これらの値を最適化し良い性能を得る研究の

```
begin = blockIdx.x*blockDim.x + threadIdx.x;
step = gridDim.x*blockDim.x;
for(i=begin; i<N; i+=step){
  double tmp = 0.0;
  for(j=irp[i]; j<irp[i+1]; j++){
    tmp += mat[j] * vec[col[j]];
  }
  ans[i] = tmp;
}
```

CUDA CによるSpMVの実装例(CRS形式)1

```
begin = blockIdx.x;
step = gridDim.x;
for(i=begin; i<N; i+=step){
  double tmp = 0.0;
  for(j=irp[i]+threadIdx.x; j<irp[i+1]; j+=blockDim.x){
    tmp += mat[j] * vec[col[j]];
  }
  ans[i] = REDUCTION(tmp);
}
```

CUDA CによるSpMVの実装例(CRS形式)2

図 7.6 CUDA C による GPU 向けの SpMV の実装例（CRS 形式）

```
id = blockIdx.x*blockDim.x + threadIdx.x;
step = gridDim.x*blockDim.x;
for(j=0; j<len; j++){
  for(i=id; i<N; i+=step){
    ans[i] += mat[j*n+i] * vec[index[j*n+i]];
  }
}
```

CUDA CによるSpMVの実装例(ELL形式)

図 7.7 CUDA C による GPU 向けの SpMV の実装例（ELL 形式）

例としては文献 [148] などがあげられる．

ELL 形式の疎行列に対する SpMV は非常に単純かつ負荷の不均衡がないため，GPU にとっても容易で高速に実行が可能である．OpenMP 版と同様に行に対応するループを並列化すれば，対象とする行列の行数が小さすぎない限りは十分な並列度が得られる．前述のように非ゼロ要素数と GPU スレッドの数を考慮して最適化をする余地はあるものの，基本的には図 7.7 のような実装を行うことで良い性能が期待できる．もちろん行列の各非ゼロ要素に対応するベクトル要素を参照する際に間接参照が必要であるため，密行列計算のように高い演算性能を得ることは困難であるが，ELL 形式は CRS 形式と比べてより GPU が高い SpMV 性能を得るのに適した疎行列格納形式であると言える．

7.2.7 OpenACC を用いた SpMV の実装

本節の最後は，OpenACC を用いた GPU 向けの疎行列・ベクトル積の実装について考える．

OpenACC を用いた CRS 形式および ELL 形式の疎行列に対する SpMV の単純な実装例を図 7.8 に示す．この実装例では，OpenMP による実装と同様に，並列化可能であるループに指示文を付加することで対象ループを GPU 上の計算コア群に並列実行させている．このように，OpenACC を使うと OpenMP とほとんど同じような記述で GPU プログラムを作成することができる．ただし，性能を高めるためには CUDA と同様に階層的な並列化やメモリアクセス順序について考える必要がある．図 7.8 の実装例では各ループに対して並列化を行うか否かのみを記述しているが，OpenACC のループ並列化指示文には各ループをどのような並列度にて実行するのか，つまり計算を GPU スレッドにどのように割り当てるのかを書くことができる．GPU の実際の動作を念頭において最適な計算割り当てが行われるような指示文を記述することは，OpenACC プログラムの最適化において極めて重要である．しかし，性能は GPU の仕様と対象行列の形状に依存するため，最適な割り当て方法を求めるのは容易ではない．文献 [174] では指示文ベースの自動チューニング言語を拡張して OpenACC の最適な並列実行形状を求める仕組みを提案しているが，候補となる割り当て方法自体は利用者が考えねばならない．OpenACC を利用するユーザにとっては自動的に最適な値が求められ利用されるのが理想的であるが，現時点では難しい．

一方，今回は対象問題が単純すぎるために適用するポイントがないが，CUDA では利用可能だが OpenACC では利用不可能である（または適用しにくい）最適化の機能や手法がある点には気をつけねばならない．例えば，GPU 上に搭載された高速な共有メモリの高度な活用や，シャッフル命令のような特別な処理を行う機能の活用は，CUDA では可能であるが OpenACC では不可能であったり限定的であったりする．host_data 節，use_device 節，deviceptr 節を使いこなせば OpenACC と CUDA を併用することもできるため，CUDA と OpenACC により得られる性能に大きな差がある部分のみを CUDA で実装し，それ以外を OpenACC で実装するなどの使い方も考えるとよいだろう．

7.3　自動チューニング技術

数値計算ライブラリや数値計算アルゴリズムには，計算機ハードウェアに起因する性能パラメタ（例えば，キャッシュサイズ）や，アルゴリズムに起因する性能パラメタ（例えば，連立一次方程式の解法の前処理における 0 と見なせる値）が多数存在する．この性能パラメタについて，利用する計算機が変わった

```
#pragma acc parallel
#pragma acc loop independent
for(i=0; i<N; i++){
  tmp = 0.0;
#pragma acc loop seq
  for(j=irp[i]; j<irp[i+1]; j++){
    tmp += mat[j] * vec[icol[j]];
  }
  ans[i] = tmp;
}
```

OpenACCによるSpMVの実装例(CRS形式)

```
#pragma acc parallel
#pragma acc loop seq
for(j=0; j<len; j++){
#pragma acc loop independent
  for(i=0; i<N; i++){
    ans[i] += mat[j*N+i] * vec[index[j*N+i]];
  }
}
```

OpenACCによるSpMVの実装例(ELL形式)

図 7.8 OpenACC による GPU 向けの SpMV の実装例

り，問題の性質が変わるたびに性能チューニングすることは，手間がかかる．それればかりか，問題の性質が実行時に激しく変動する場合には，そもそも人手ではチューニングができない．

このような問題を解決するため，自動的に性能パラメタをチューニングする技術である，**自動チューニング**，もしくは，**ソフトウェア自動チューニング** [100, 101, 102, 105] が注目されている[9]．

7.3.1 数値計算ライブラリや数値アルゴリズムへの AT 適用

数値計算ライブラリにおいては，歴史的経緯から多くの AT 技術が適用されてきた．最も古いものは，BLAS3 演算における AT の適用である．このうち初期に現れたソフトウェアとして **PHiPAC** (Portable High Performance ANSI C)[10]がある．その後，実用レベルの BLAS ライブラリとして普及したのが **ATLAS** (Automatically Tuned Linear Algebra Software) である．

信号処理として科学技術計算で広く使われている**高速フーリエ変換** (Fast Fourier Transform, FFT) では，AT を適用したライブラリとして著名なものに，**FFTW**[11]，および **Spiral**[12]がある．また日本で開発されている **FFTE**[13]に

---

9) 文献 [184] では「最近の数値計算ライブラリの中にはアルゴリズムをパラメータ化し，実行時にパラメータ・スペースを検索して，該当コンピュータにとっての最善の組合わせを見つけるものがある．この技法を自動チューニング (autotuning) とよぶ．」と定義されている．ここでは，ハードウェアの特性に限定せず，問題サイズや数値特性を考慮して最適なパラメタ（実装）を選択する技術，および数値計算ライブラリに限定せず，OS やコンパイラなどの計算機システムにも適用可能な技術も AT 技術と定義している．

10) http://www1.icsi.berkeley.edu/~bilmes/phipac/

11) http://www.fftw.org/

12) http://www.spiral.net/

13) http://www.ffte.jp/

AT 機能を適用する研究もなされている．

科学技術計算では，行列の要素のほとんどが 0 である疎行列に対する演算が多い．この疎行列計算において主演算となる**疎行列・ベクトル積** (Sparse Matrix-vector Multiplication, **SpMV**) を AT するソフトウェアとして著名なのが **OSKI** (Optimized Sparse Kernel Interface)[14]である．

数値計算ミドルウェア ppOpen-HPC は AT 適用を前提に設計されている．有限差分法 (FDM) に AT を適用したコードを中心に，いくつかの実アプリケーションに AT を適用した機能が公開されている．

7.3.2　AT のための計算機環境および言語

AT のための計算機環境の研究がなされている．歴史的には，OS (Operation System) と連動する計算機システムにおいて，ファジー原理によるパラメタ調整をする機能を提供した **AutoPilot** が初期に開発された AT システムを提供する計算機環境である．現在も研究開発されているものとして，**Active Harmony**[15]がある．

チューニングのやり方を記載するレシピを提供することで，コンパイラと連動してソースコードを生成し，チューニング処理の自動化を行う AT フレームワークとして **CHiLL** が知られている．日本においては，高性能化のためのディテクティブの置き換えやループ変換の方法をレシピとして記載することで，レガシーコードの自動的な性能向上を行うフレームワークの **Xevolver**[16]が開発されている．

AT のための専用言語では，もっとも初期に AT 言語を提案したものとして，**ABCLibScript** [109] がある．ABCLibScript は，AT 対象となる箇所である AT 領域を専用言語（ディレクティブ）で指定し，AT 領域内のループを変換する指示を行う．ABCLibScript はさらに，AT を行うタイミングの規定を行っている．これらは，**インストール時 AT**，**実行起動前時 AT**，および**実行時 AT** の三つである．この三つの AT タイミングを利用した AT フレームワークの **FIBER** (Framework of Install-time, Before Execute-time, and Run-time

---

14) http://bebop.cs.berkeley.edu/oski/
15) http://www.dyninst.org/harmony
16) http://xev.arch.is.tohoku.ac.jp/ja/

Auto-tuning) [108] を初めて提案して実装したソフトウェアである．

ABCLibScript の AT 機能を強化し，ppOpen-HPC における AT 機能を提供するために開発された AT 言語が **ppOpen-AT** [107, 111, 112] である．ppOpen-AT では，ループ変換機能のうち，並列性を高める**ループ融合** (Loop Collapse), **ループ分割**，および**アルゴリズム選択**の AT 機能が強化されている．また，近年の CPU における階層メモリでの最適化適合するための**階層的 AT** 機能の研究開発がなされている [110].

7.3.3 AT のための効率的な探索手法と性能モデル

AT のためのユーザ知識が足りない，もしくは対象の問題が複雑な場合，AT による性能パラメタの組合せが増加する．性能パラメタの組合せが増加すると，AT の探索空間が増加するため AT 時間が増加する．したがって実行性能をモデル化し，効率よく最適パラメタを探索する必要がある．

性能モデル化のためには，一部の性能パラメタ値での測定結果を基に，未計測の性能パラメタ値での実行性能値を予測しなくてはならない．AT のための性能モデル化として，以下の 2 種が知られている．

- **ホワイトボックスモデル**：対象となるプログラムコードの構成（ループ構造や演算パターン）を見て性能モデル化する．
- **ブラックボックスモデル**：対象となるパラメタの出力（実行時間や電力など）を見て性能モデル化する．

ブラックボックスモデルのほうが汎用性が高い．また，ホワイトボックスモデルはアプリケーションに特化されている．例えば，ステンシル演算用の性能モデルである．

汎用的なブラックボックスモデルに分類される AT モデルの研究は，日本において活発に研究されている．例えば，d-Spline 近似を用いた性能モデルを採用し，実行時に低演算量で標本点を追加できる **d-Spline 法** [213, 152] がある．d-Spline 法は ppOpen-AT と連携し，AT 言語から用いることができる性能モデルである．また，ベイズ定理による統計情報を用いた性能モデルを提供する

AT 基盤として **ATMathCoreLib**[17]がある．

AT 技術は，人間しかできないチューニングの職人芸を計算機で実現する手法という意味で，Artificial Intelligence (AI) 技術との親和性が高い．今後，近年発展がめざましい**深層学習** (**Deep Learning**) 技術を融合して，人間の職人芸に迫る AT 技術開発がなされていくであろう．

7.4　エクサフロップスマシンへの展望

2018 年現在，1 秒間に 100 京回の演算が可能なエクサフロップスの計算機開発に向けて，さまざまな研究開発がなされている．現在，もっとも制約となる問題は電力といわれている．高い並列性を有するシステムを構築しても，計算機を稼働するための電力が膨大となっては，運用することができない．1 京の性能を有する京コンピュータにおける電力は 13 MW 程度とされており，国家レベルのスパコンセンターでも，運用を考えると 20 MW 程度が事実上の上限電力と推定される．この場合，冷却設備などすべてのすべての設備で考えて，50 GFLOPS/Watt 以上の性能を実現する計算機の開発が必要である．2018 年現在の技術では，最低でも冷却設備を除いた理論的な性能上限は 22 GFLOPS/Watt 程度である．そのため，さらに数倍以上の効率化が必要になる．また運用での電力を考えると，10 倍以上の技術革新が必要となると予想されている．

現在，主流となっている電力当りの演算性能の効率が良い計算機は Graphics Processing Unit (GPU) である．2018 年現在では，GPU は単体で演算できないため，CPU に付随する**演算加速器**として利用されている．そのため，主メモリから GPU のメモリ（デバイスメモリ）へのデータ送受信時間が無視できない．ただし今後は，CPU 内に GPU を搭載するハードウェアレベルでの融合のほか，主メモリからデバイスメモリへのデータ転送を計算機システムが自動で行う仕組みが提供されようとしている．このため，性能面と使いやすさの関連で改善されるトレンドにある．またいままでは，GPU 間でのデータ転送が直接行えず，通信時間の問題が生じていた．ところが，GPU 間で直接データ転送を行えるハードウェア技術の進展があり（例えば，NVIDIA 社の NVLINK[18]），

---

[17] http://olab.is.s.u-tokyo.ac.jp/~reiji/kiban_a/prod.html
[18] http://www.nvidia.com/object/nvlink.html

GPU 間の通信時間を削減する技術も普及して行くであろう．

一方，メニーコア技術の進展がある．従来の計算機の作り方では，高速化のためにクロック周波数を高めていたが，電力増加によりクロック周波数を高めることができなくなった．そこでクロック周波数を低下させる代わりに，CPU（**コア**）を多数ならべて演算能力を高める方針の CPU の作り方が主流になった．このような多数のコアを配置する CPU のことを**メニーコア計算機**と呼ぶ．2016 年現在では，Intel Xeon Phi に代表される，1 ノードあたり 60 物理コアの計算機が広く普及している．今後，ノード内 100 物理コア超のメニーコア計算機が普及していくものと予想される．

3 次元積層技術の進展も注目すべきである．メモリにおいて，2 次元での集積技術が限界に達しているので，3 次元に積み上げる方向での集積技術が進展している．このような 3 次元集積技術を利用したメモリを **3 次元積層メモリ**と呼ぶ．2018 年現在，従来よりも高いデータ転送能力を有する 3 次元積層メモリが普及している．例えば，富士通社の PRIMEHPC FX100 で採用されている Micron 製の **HMC** (Hybrid Memory Cube) では，読出しと書き込み双方別で 240 GB/秒（合計 480 GB/秒）[19]という性能を実現している．また，東京大学と筑波大学による JCAHPC で調達された 25 PFLOPS スパコン Oakforest-PACS に採用された Intel 社のメニーコア計算機である Intel Knights Landing (KNL) に搭載している **MCDRAM** (Multi-Channel DRAM) は，約 500 GB/s の高い実効データ転送能力を持つ．

FPGA (**Field-Programmable Gate Array**) と呼ばれる，回路をプログラムにより再構成できるハードウェアの進展がなされている．FPGA は回路容量の少なさと動作周波数の低さが問題であったが，14 nm 配線，500 万ロジック超，マルチコアで 1 GHz 以上で動作する製品も普及し始めた．そのため，演算対象を FPGA で専用回路化すると，高い FLOPS/Watt 演算が実現できるかもしれない．そのため，CPU に付随した演算加速器として FPGA を利用する計算機が出てくる可能性もある．

以上にかかわらず，多方面で計算機技術の進展がされている．これらのトレンドとして共通しているのが，**ヘテロジニアス環境**である．ヘテロジニアスと

---

[19] http://www.fujitsu.com/jp/products/computing/servers/supercomputer/primehpc-fx100/

は非均質の意味である．非均質の CPU やメモリで構成される計算機が普及している．そのため，エクサスケールに向けた計算機環境でもヘテロジニアス環境は避けて通れないと予想される．

いままで，**ムーアの法則**が成り立っていた．すなわち，ハードウェア技術の進展により 5 年で 10 倍の演算能力の向上が得られてきたため，何もしなくても高速化の恩恵を得られてきた．ところが，微細化技術の限界により，単位面積当りの演算性能の向上が望めなくなるという危機がある．いわゆる，ムーアの法則の崩壊（**ポストムーア時代**の到来）である．ポストムーア時代は，エクサスケールが達成されるであろう 2020 年代以降に到来すると言われており，2018 年現在，その真偽は定かではない．また，3 次元積層技術の進展により，演算性能の向上は見込めないが，データ転送能力の向上が見込めるという見識もある[20][128]．いずれにせよ，ハードウェアとソフトウェアの両面でポストムーア時代の到来を予測し，革新的な技術進展をねらう研究がますます重要になることは疑いようがない．

以上のようなエクサスケールコンピューティングに向けたトレンドを鑑みると，計算機ハードウェアとソフトウェアの専門家（コンピュータ科学者・エンジニア）と，計算機を利用するユーザの専門家（計算科学者・エンジニア）との協調作業はますます重要になる．つまり，よりいっそう複雑になってきている計算機システムと，物理的限界に到達しようとしているハードウェアにおいて計算目的を達成するシステム開発には，計算機の内面と利用に関する知識（アプリケーション知識）をフル動員しない限り達成できない．これらは，2018 年現在，**コ・デザイン**の必要性として認識され，いくつかの研究開発がすでに行われている[21]．エクサスケールに向けた計算機開発でも，コ・デザインは推進されていくであろう．

---

[20] http://www.cspp.cc.u-tokyo.ac.jp/p-moore-201512/

[21] 例えば，理研 R-CCS の「フラッグシップ 2020 プロジェクト」(http://www.aics.riken.jp/jp/overview/post-kcomputer/).

参考文献

[1] K. Abe and S.-L. Zhang: A variable preconditioning using the SOR method for GCR-like methods, *Int. J. Numer. Anal. Model.*, **2** (2005), pp. 147–161.

[2] 相島健助：特異値計算アルゴリズムの基礎理論—dqds 法の収束性解析,『応用数理』, **22** (2012), pp. 115–127.

[3] K. Aishima, T. Matsuo, K. Murota, and M. Sugihara: On convergence of the dqds algorithm for singular value computation, *SIAM J. Matrix Anal. & Appl.*, **30** (2008), pp. 522–537.

[4] K. Aishima, T. Matsuo, K. Murota, and M. Sugihara: A Wilkinson-like multishift QR algorithm for symmetric eigenvalue problems and its global convergence, *J. Comput. Appl. Math.*, **236** (2012), pp. 3556–3560.

[5] A. H. Al-Mohy and N. J. Higham: A new scaling and squaring algorithm for the matrix exponential, *SIAM J. Matrix Anal. & Appl.*, **31** (2009), pp. 970–989.

[6] A. H. Al-Mohy and N. J. Higham: Improved inverse scaling and squaring algorithms for the matrix logarithm, *SIAM J. Sci. Comput.*, **34** (2012), pp. C153–C169.

[7] P. Amestoy, C. Ashcraft, O. Boiteau, A. Buttari, J.-Y. L'Excellent, and C. Weisbecker: Improving multifrontal methods by means of block low-rank representations, *SIAM J. Sci. Comput.*, **37** (2015), pp. A1451–A1474.

[8] 青山幸也：並列プログラミング虎の巻 MPI 版, 理化学研究所情報基盤センター. `http://accc.riken.jp/HPC/training/`

[9] W. E. Arnoldi: The principle of minimized iterations in the solution of the matrix eigenvalue problem, *Quart. Appl. Math.*, **9** (1951), pp. 17–29.

[10] J. Asakura, T. Sakurai, H. Tadano, T. Ikegami, and K. Kimura: A numerical method for nonlinear eigenvalue problems using contour integrals, *JSIAM Lett.*, **1** (2009), pp. 52–55.

[11] J. Asakura, T. Sakurai, H. Tadano, T. Ikegami, and K. Kimura: A numerical method for polynomial eigenvalue problems using contour integral, *Japan J. Indust. Appl. Math.*, **27** (2010), pp. 73–90.

[12] A. P. Austin and L. N. Trefethen: Computing eigenvalues of real symmetric matrices with rational filters in real arithmetic, *SIAM J. Sci. Comput.*, **37** (2015), pp. A1365–A1387.

[13] Z. Bai, D. Day, J. Demmel, and J. Dongarra: A test matrix collection for non-Hermitian eigenvalue problems, LAPACK Working Note, #123 (1997), pp. 1–45.

[14] Z. Bai, J. Demmel, J. Dongarra, A. Ruhe, and H. van der Vorst: *Templates for the Solution of Algebraic Eigenvalue Problems: A Practical Guide*, SIAM, Philadelphia, 2000.

[15] M. Benzi: Preconditioning techniques for large linear systems: a survey, *J. Comput. Phys.*, **182** (2002), pp. 418–477.

[16] M. Benzi and M. Tůma: A robust preconditioner with low memory requirements for large sparse least squares problems, *SIAM J. Sci. Comput.*, **25** (2003), pp. 499–512.

[17] A. Berman and R. J. Plemmons: *Nonnegative Matrices in the Mathematical Sciences*, SIAM, Philadelphia, 1994.

[18] W. J. Beyn: An integral method for solving nonlinear eigenvalue problems, *Linear Algebra Appl.*, **438** (2012), pp. 3839–3863.

[19] C. Bischof, B. Lang, and X. Sun: A Framework for symmetric band reduction, *AMC TOMS*, **26** (2000), pp. 581–601.

[20] Å. Björck: *Numerical Methods in Matrix Computations*, Springer International Publishing, 2015.

[21] T. Blumensath and M. E. Davies: Iterative thresholding for sparse approximations, *J. Fourier Anal. Appl.*, **14** (2008), pp. 629–654.

[22] M. Brandbyge, J.-L. Mozos, P. Ordejón, J. Taylor, and K. Stokbro: Density-functional method for nonequilibrium electron transport, *Phys. Rev. B*, **65** (2002), 165401 (17 pages).

[23] R. Bru, J. Marín, J. Mas, and M. Tůma: Preconditioned iterative methods for solving linear least squares problems, *SIAM J. Sci. Comput.*, **36** (2014), pp. A2022–A2022.

[24] J. F. Cai, E. J. Candès, and Z. Shen: A singular value thresholding algorithm for matrix completion, *SIAM J. Optimiz.*, **20** (2010), pp. 1956–1982.

[25] E. J. Candès and T. Tao: The power of convex relaxation: near-optimal matrix completion, *IEEE Trans. Inf. Theory*, **56** (2009), pp. 2053–2080.

[26] T. Chihara: *An Introduction to Orthogonal Polynomials*, Gordon and Breach, New York, 1978.

[27] X. Cui, K. Hayami, and J.-F. Yin: Greville's method for preconditioning least squares problems, *Adv. Comput. Math.*, **35** (2011), pp. 243–269.

[28] T. A. Davis: *Direct Methods for Sparse Linear Systems*, SIAM, Philadelphia, 2006.

[29] T. A. Davis: Suite Sparse Matrix Collection. `http://sparse.tamu.edu`

[30] A. Dax: The convergence of linear stationary iterative processes for solving singular unstructured systems of linear equations, *SIAM Rev.*, **32** (1990), pp. 611–635.

[31] J. W. Demmel: *Applied Numerical Linear Algebra*, SIAM, Philadelphia, 1997.

[32] J. Demmel, L. Grigori, M. Hoemmen, and J. Langou: Communication-optimal parallel and sequential QR and LU factorizations, *SIAM J. Sci. Comput.*, **34** (2012), pp. 206–239.

[33] S. Doi and T. Washio: Using multicolor ordering with many colors to strike a better balance between parallelism and convergence, In: *Proceedings of RIKEN Symposium on Linear Algebra and its Applications*, pp. 19–26, 1999.

[34] J. Dongarra, I. Duff, D. Sorensen, and H. A. van der Vorst: *Solving Linear Systems on Vector and Shared Memory Computers*, SIAM, Philadelphia, 1991.

[35] J. Dongarra and R. van de Geijn: Reduction to condensed form for the eigenvalue problem on distributed architectures, *Parallel Comput.*, **9** (1992), pp. 973–982.

[36] J. Dongara, S. Hammarling, and D. Sorensen: Block reduction of matrices to condensed forms for eigenvalue computations, *J. Comput. Appl. Math.*, **27** (1989), pp. 215–227.

[37] S. C. Eisenstat: Efficient implementation of a class of preconditioned conjugate gradient methods, *SIAM J. Sci. Stat. Comput.*, **2** (1981), pp. 1–4.

[38] J. Erhel, K. Burrage, and B. Pohl: Restarted GMRES preconditioned by deflation, *J. Comput. Appl. Math.*, **69** (1996), pp. 303–318.

[39] A. M. Erisman and W. F. Tinney: On computing certain elements of the inverse of a sparse matrix, *Commun. ACM*, **18** (1975), pp. 177–179.

[40] R. Fletcher: Conjugate gradient methods for indefinite systems, *Lecture Notes in Mathematics*, **506** (1976), pp. 73–89.

[41] D. R. Fokkema, G. L. G. Sleijpen, and H. A. van der Vorst: Jacobi–Davidson style QR and QZ algorithms for the reduction of matrix pencils, *SIAM J. Sci. Comput.*, **20** (1998), pp. 94–125.

[42] L. Foster: San Jose State University Singular Matrix Database. `http://www.math.sjsu.edu/singular/matrices/`

[43] J. G. F. Francis: The QR transformation, Part 1, *Comput J.*, **4** (1961), pp. 265–271.

[44] J. G. F. Francis: The QR transformation, Part 2, *Comput J.*, **4** (1962), pp. 332–345.

[45] 藤野清次，阿部邦美，杉原正顯，中嶋徳正：『線形方程式の反復解法』，丸善出版，2012.

[46] T. Fukaya, Y. Yamamoto, and S.-L. Zhang: A dynamic programming approach to optimizing the blocking strategy for the Householder *QR* decomposition, In: *Proceedings of iWAPT2008*, pp. 402–410, 2008.

[47] T. Fukaya, Y. Nakatsukasa, Y. Yanagisawa, and Y. Yamamoto: CholeskyQR2: A simple and communication-avoiding algorithm for computing a tall-skinny QR factorization on a large-scale parallel system, In: *Proceedings of ScalA'14*, pp. 31–38, 2014.

[48] T. Fukaya and T. Imamura: Performance evaluation of the EigenExa eigensolver on Oakleaf-FX: tridiagonalization versus pentadiagonalization, In: *Proceedings of PDSEC2015*, pp. 960–969, 2016.

[49] A. Fukuda, Y. Yamamoto, M. Iwasaki, E. Ishiwata, and Y. Nakamura: A Bäcklund transformation between two integrable discrete hungry systems, *Phys. Lett. A*, **375** (2011), pp. 303–308.

[50] A. Fukuda, Y. Yamamoto, M. Iwasaki, E. Ishiwata, and Y. Nakamura: On a shifted LR transformation derived from the discrete hungry Toda equation, *Monatsh. Math.*, **170** (2013), pp. 11–26.

[51] Y. Futamura, H. Tadano, and T. Sakurai: Parallel stochastic estimation method of eigenvalue distribution, *JSIAM Lett.*, **2** (2010), pp. 127–130.

[52] Y. Futamura, T. Sakurai, S. Furuya, and J.-I. Iwata: Efficient algorithm for linear systems arising in solutions of eigenproblems and its application to electronic-structure calculations, *Lecture Notes in Computer Science*, **7851** (2012), pp. 226–235.

[53] H. Gao, T. Matsumoto, T. Takahashi, and H. Isakari: Eigenvalue analysis for acoustic problem in 3d by boundary element method with the block Sakurai-Sugiura method, *Eng. Anal. Bound. Elem.*, **37** (2013), pp. 914–937.

[54] M. Gaska and J. M. Peña: Total positivity and Neville elimination, *Linear Algebra Appl.*, **165** (1992), pp. 25–44.

[55] A. George and J. W. H. Liu: *Computer Solutions of Large Sparse Positive Definite Systems*, Prentice Hall, 1981.

[56] D. Goldfarb and S. Ma: Convergence of fixed-point continuation algorithms for matrix rank minimization, *Found. Comput. Math.*, **11** (2011), pp. 183–210.

[57] G. H. Golub and U. von Matt: Generalized cross-validation for large-scale problems, *J. Comput. Graph. Stat.*, **6** (1997), pp. 1–34.

[58] G. H. Golub and C. F. Van Loan: *Matrix Computations*, 3rd ed., Johns Hopkins University Press, Baltimore, 1996.

[59] G. H. Golub and C. F. Van Loan: *Matrix Computations*, 4th ed., Johns Hopkins University Press, Baltimore, 2012.

[60] L. Grigori, J. W. Demmel, and H. Xiang H: CALU: A communication optimal LU factorization algorithm, *SIAM J. Matrix Anal. & Appl.*, **32** (2011), pp. 1317–1350.

[61] A. D. Gunawardena, S. K. Jain, and L. Snyder: Modified iterative methods for consistent linear systems, *Linear Algebra Appl.*, **154–156** (1991), pp. 123–143.

[62] F. G. Gustavson: Recursion leads to automatic variable blocking for dense linear-algebra algorithms, *IBM J. Res. Dev.*, **41** (1997), pp. 737–756.

[63] M. H. Gutknecht and B. N. Parlett: From qd to LR, or, how were the qd and LR algorithms discovered?, *IMA J. Numer. Anal.*, **31** (2011), pp. 741–754.

[64] S. Güttel, E. Polizzi, P. Tang, and G. Viaud: Zolotarev quadrature rules and load balancing for the FEAST eigensolver, *SIAM J. Sci. Comput.*, **37** (2015), pp. A2100–A2122.

[65] 塙敏博，中島研吾，大島聡史，伊田明宏，星野哲也，田浦健次朗：データ解析・シミュレーション融合スーパーコンピュータシステム Reedbush-U の性能評価，情報処理学会研究報告 (2016-HPC-156(10))，2016.

[66] T. Hasegawa, A. Imakura, and T. Sakurai: Recovering from accuracy deterioration in the contour integral-based eigensolver, *JSIAM Lett.*, **8** (2016), pp. 1–4.

[67] K. Hayami, J.-F. Yin, and T. Ito: GMRES methods for least squares problems, *SIAM J. Matrix Anal. & Appl.*, **31** (2010), pp. 2400–2430.

[68] M. T. Heath, E. Ng, and B. W. Peyton: Parallel algorithms for sparse linear systems, *SIAM Rev.*, **33** (1991), pp. 420–460.

[69] P. Henrici: *Elements of Numerical Analysis*, Wiley, New York, 1962.

[70] P. Henrici: *Applied and Computational Complex Analysis*, Vol. 1, John Wiley & Sons, New York, 1974.

[71] M. R. Hestenes and E. Stiefel: Methods of conjugate gradients for solving linear systems, *J. Res. Nat. Bur. Stand.*, **49** (1952), pp. 409–436.

[72] N. J. Higham: Newton's method for the matrix square root, *Math. Comput.*, **46** (1986), pp. 537–549.

[73] N. J. Higham: Factorizing complex symmetric matrices with positive definite real and imaginary parts, *Math. Comput.*, **67** (1998), pp. 1591–1599.

[74] N. J. Higham: *Accuracy and Stability of Numerical Algorithms*, 2nd ed., SIAM, Philadelphia, 2002.

[75] N. J. Higham: The scaling and squaring method for the matrix exponential revisited, *SIAM J. Matrix Anal. & Appl.*, **26** (2005), pp. 1179–1193.

[76] N. J. Higham: *Functions of Matrices: Theory and Computation*, SIAM, Philadelphia, 2008.

[77] Y. Hirota and T. Imamura: Parallel divide-and-conquer algorithm for solving tridiagonal eigenvalue problems on manycore systems, *Lecture Notes in Computer Science*, **10777** (2018), pp. 623–633.

[78] M. Hochbruck and C. Lubich: On Krylov subspace approximations to the matrix exponential operator, *SIAM J. Numer. Anal.*, **34** (1997), pp. 1911–1925.

[79] M. F. Hoemmen: Communication-avoiding Krylov Subspace Methods, Ph.D. Thesis, EECS Department, University of California, Berkeley, 2010.

[80] M. F. Hutchinson: A stochastic estimator of the trace of the influence matrix for laplacian smoothing splines, *Commun. Stat. Simulation Comput.*, **19** (1990), pp. 433–450.

[81] B. Iannazzo: A note on computing the matrix square root, *Calcolo*, **40** (2003), pp. 273–283.

[82] B. Iannazzo: On the Newton method for the matrix pth root, *SIAM J. Matrix Anal. & Appl.*, **28** (2006), pp. 503–523.

[83] T. Ide, K. Toda, Y. Futamura, and T. Sakurai: Highly parallel computation of eigenvalue analysis in vibration for automatic transmission using Sakurai-Sugiura method and K-Computer, SAE Technical Papers, 2016-01-1378 (2016) (on line).

[84] I. Ikegami, T. Sakurai, and U. Nagashima: A filter diagonalization for generalized eigenvalue problems based on the Sakurai-Sugiura projection method, *J. Comput. Appl. Math.*, **233** (2010), pp. 1927–1936.

[85] T. Ikegami, T. Sakurai, and U. Nagashima: Contour integral eigensolver for non-Hermitian systems: a Rayleigh-Ritz-type approach, *Taiwanese J. Math.*, **14** (2010), pp. 825–837.

[86] A. Imakura, L. Du, and T. Sakurai: A block Arnoldi-type contour integral spectral projection method for solving generalized eigenvalue problems, *Appl. Math. Lett.*, **32** (2014), pp. 22–27.

[87] A. Imakura, L. Du, and T. Sakurai: Error bounds of Rayleigh–Ritz type contour integral-based eigensolver for solving generalized eigenvalue problems, *Numer. Alg.*, **71** (2016), pp. 103–120.

[88] 今倉暁，曽我部知広，張紹良：GMRES(m) 法のリスタートについて，『日本応用数理学会論文誌』，**19** (2009)，pp. 551–564.

[89] A. Imakura, T. Sogabe, and S.-L. Zhang: An implicit wavelet sparse approximate inverse preconditioner using block finger pattern, *Numer. Linear Alg. Appl.*, **16** (2009), pp. 915–928.

[90] T. Imamura, T. Fukaya, Y. Hirota, S. Yamada, and M. Machida: CAHTR: Communication-Avoiding Householder TRidiagonalization, *Adv. Parallel Comput.*, **27** (2016), pp. 381–390.

[91] H. Isakari, T. Takahashi, and T. Matsumoto: Periodic band structure calculation by the Sakurai-Sugiura method with a fast direct solver for the boundary element method with the fast multipole representation, *Eng. Anal. Bound. Elem.*, **68** (2016), pp 42–53.

[92] S. Ito and K. Murota: An algorithm for the generalized eigenvalue problem for nonsquare matrix pencils by minimal perturbation approach, *SIAM J. Matrix Anal. & Appl.*, **37** (2016), pp. 409–419.

[93] M. Iwasaki and Y. Nakamura: On the convergence of a solution of the discrete Lotka-Volterra system, *Inverse Problems*, **18** (2002), pp. 1569–1578.

[94] M. Iwasaki and Y. Nakamura: An application of the discrete Lotka-Volterra system with variable step-size to singular value computation, *Inverse Problems*, **20** (2004), pp. 553–563.

[95] M. Iwasaki and Y. Nakamura: Accurate computation of singular values in terms of shifted integrable schemes, *Japan J. Indust. Appl. Math.*, **23** (2006), pp. 239–259.

[96] M. Iwasaki and Y. Nakamura: Center manifold approach to discrete integrable systems related to eigenvalues and singular valued, *Hokkaido Math. J.*, **36** (2007), pp. 759–775.

[97] M. Iwasaki and Y. Nakamura: Positivity of dLV and mdLVs algorithms for computing singular values, *Electron. Trans. Numer. Anal.*, **38** (2011), pp. 184–201.

[98] C. G. J. Jacobi: Üeber ein leichtes Verfahren, die in der Theorie der Säcularstörungen vorkommenden Gleichungen numerisch aufzulösen, *J. Reine Angew.*, **30** (1846), pp. 51–94.

[99] G. Karypis and V. Kumar: A fast and high quality multilevel scheme for partitioning irregular graphs, *SIAM J. Sci. Comput.*, **20** (1999), pp. 359–392.

[100] 片桐孝洋：『ソフトウエア自動チューニング―数値計算ソフトウエアへの適用とその可能性』，慧文社，2004.

[101] 片桐孝洋 編集：大特集：科学技術計算におけるソフトウェア自動チューニング，情報処理学会誌『情報処理』，**50** (6)，2009.

[102] 片桐孝洋 編集：特集：数値計算のための自動チューニング，日本応用数理学会誌『応用数理』（岩波書店），**20** (3), 2010.

[103] 片桐孝洋：『スパコンプログラミング入門：並列処理と MPI の学習』，東京大学出版会，2013.

[104] 片桐孝洋：『並列プログラミング入門：サンプルプログラムで学ぶ OpenMP と OpenACC』，東京大学出版会，2015.

[105] 片桐孝洋 編集：企画：エクサスケール時代に向けた数値計算処理の自動チューニングの進展，日本計算工学会誌『計算工学』，**20** (2)，2015.

[106] T. Katagiri, L. Cheng, R. Suda, S. Hirasawa, and S. Ohshima: Auto-tuning of computation kernels from an FDM code with ppOpen-AT, Special Session: Auto-Tuning for Multicore and GPU (ATMG-14), In: *Proceedings of IEEE MCSoC2014*, pp. 123–128, 2014.

[107] T. Katagiri, S. Ito, and S. Ohshima: Early experiences for adaptation of auto-tuning by ppOpen-AT to an explicit method, Special Session: Auto-Tuning for Multicore and GPU (ATMG-13), In: *Proceedings of IEEE MCSoC2013*, pp. 153–158, 2013.

[108] T. Katagiri, K. Kise, H. Honda, and T. Yuba: FIBER: A general framework for auto-tuning software, *The Fifth International Symposium on High Performance Computing (ISHPC-V), Lecture Notes in Computer Science*, **2858** (2003), pp. 146–159.

[109] T. Katagiri, K. Kise, H. Honda, and T. Yuba: ABCLibScript: A Directive to Support Specification of An Auto-tuning Facility for Numerical Software, *Parallel Comput.*, **32 (1)** (2010), pp. 92–112.

[110] T. Katagiri, M. Matsumoto, and S. Ohshima: Auto-tuning of hybrid MPI/OpenMP execution with code selection by ppOpen-AT, The Eleventh International Workshop on Automatic Performance Tuning (iWAPT2016), In: *Proceedings of IEEE IPDPSW2016*, pp. 1488–1495, 2016.

[111] T. Katagiri, S. Ohshima, and M. Matsumoto: Auto-tuning of computation kernels from an FDM code with ppOpen-AT, Special Session: Auto-Tuning for Multicore and GPU (ATMG-14), In: *Proceedings of IEEE MCSoC2014*, (2014), pp. 91–98.

[112] T. Katagiri, S. Ohshima, and M. Matsumoto: Directive-based auto-tuning for the finite difference method on the Xeon Phi, In: *Proceedings of IEEE IPDPSW2015*, pp. 1221–1230, 2015.

[113] T. Katagiri, T. Sakurai, M. Igai, S. Ohshima, H. Kuroda, K. Naono, and K. Nakajima: Control formats for unsymmetric and symmetric sparse matrix–vector multiplications on OpenMP implementations, In: *Proceedings of VECPAR 2012*, pp. 236–248, 2013.

[114] Khronos Group, OpenCL—The open standard for parallel programming of heterogeneous systems. `https://www.khronos.org/opencl/`

[115] K. Kimura, T. Yamashita, and Y. Nakamura: Conserved quantities of the discrete finite Toda equation and lower bounds of the minimal singular value of upper bidiagonal matrices, *J. Phys. A: Math. Theor.*, **44** (2011), 285207 (12pp).

[116] P. Koev: Accurate Computation with totally nonnegative matrices, *SIAM J. Matrix Anal. & Appl.*, **29** (2007), pp. 731–751.

[117] 河野敏行，新田敏弘，仁木滉：Gauss-Seidel 反復法に対する前処理の組み合わせによる影響について，『日本応用数理学会論文誌』，**20** (2010)，pp. 131–145.

[118] P. Kravanja, T. Sakurai, and M. Van Barel: On locating clusters of zeros of analytic functions, *BIT*, **39** (1999), pp. 646–682.

[119] V. N. Kublanovskaya: On some algorithms for the solution of the complete eigenvalue problem, *USSR Comput. Math. Math. Phys.*, **3** (1961), pp. 637–657.

[120] S. Kudo, Y. Yamamoto, M. Bečka, and M. Vajteršic: Performance analysis and optimization of the parallel one-sided block Jacobi SVD algorithm with dynamic ordering and variable blocking, *Concurrency Computat.: Pract. Exper.*, **29** (2016), e4059 (24pp).

[121] C. Lanczos: An iteration method for the solution of the eigenvalue problem of linear differential and integral operators, *J. Res. Natl. Bur. Stand.*, **45** (1950), pp. 255–282.

[122] B. Lang: A parallel algorithm for reducing symmetric banded matrices to tridiagonal form, *SIAM J. Sci. Comput.*, **14** (1993), pp. 1320–1338.

[123] 前田祥兵，阿部邦美，曽我部知広，張紹良：AOR 法を用いた可変的前処理付き一般化共役残差法，『日本応用数理学会論文誌』，**18** (2008)，pp. 155–170.

[124] Y. Maeda, Y. Futamura, A. Imakura, and T. Sakurai: Filter analysis for the stochastic estimation of eigenvalue counts, *JSIAM Lett.*, **7** (2015), pp. 53–56.

[125] Y. Maeda, Y. Futamura, and T. Sakurai: Stochastic estimation method of eigenvalue density for nonlinear eigenvalue problem on the complex plane, *JSIAM Lett.*, **3** (2011), pp. 61–64.

[126] 前田恭行，櫻井鉄也：周回積分を用いた固有値解法の円弧領域に対する拡張，情報処理学会論文誌『コンピューティングシステム』，**8** (2015), pp. 88–97.

[127] T. A. Manteuffel: An incomplete factorization technique for positive definite linear systems, *Math. Comput.*, **34** (1980), pp. 473–473.

[128] S. Matsuoka, H. Amano, K. Nakajima, K. Inoue, T. Kudoh, N. Maruyama, K. Taura, T. Iwashita, T. Katagiri, T. Hanawa, and T. Endo: From FLOPS to BYTES: disruptive change in high-performance computing towards the post-moore era, In: *Proceedings of 2016 ACM International Conference on Computing Frontiers*, pp. 274–281, 2016.

[129] T. G. Mattson, B. A. Sanders, and B. L. Massingill: *Patterns for Parallel Programming*, Software Patterns Series (SPS), Addison-Wesley, 2005.

[130] J. A. Meijerink and Henk A. van der Vorst: An iterative solution method for linear systems of which the coefficient matrix is a symmetric M-matrix, *Math. Comput.*, **31** (1977), pp. 148–162.

[131] Message Passing Interface Forum. `http://www.mpi-forum.org/`

[132] 三澤亮太，新納和樹，西村直志：Sakurai-Sugiura 法と境界要素法を用いた 2 次元導波路の共鳴周波数の数値計算について，『信学技報』，**115** (2015)，pp. 39–44.

[133] 宮田考史，杜磊，曽我部知広，山本有作，張紹良：多重連結領域の固有値問題に対する Sakurai-Sugiura 法の拡張，『日本応用数理学会論文誌』，**19** (2009)，pp. 537–550.

[134] T. Miyata, Y. Yamamoto, and S.-L. Zhang: A fully pipelined multishift QR algorithm for parallel solution of symmetric tridiagonal eigenproblems, *IMT*, **4** (2009), pp. 350–363.

[135] T. Miyata and T. Sogabe: On the convergence of the Jacobi–Davidson method—based on a shift invariance property, *RIMS Kôkyûroku*, **1733** (2011), pp. 78–84.

[136] S. Mizuno, Y. Moriizumi, T. S. Usuda, and T. Sogabe: An initial guess of Newton's method for the matrix square root based on a sphere constrained optimization problem, *JSIAM Lett.*, **8** (2016) pp. 17–20.

[137] T. Mizusaki, K. Kaneko, M. Honma, and T. Sakurai: Filter diagonalization of shell-model calculations, *Phys. Rev. C*, **82** (2010).

[138] C. Moler and C. van Loan: Nineteen dubious ways to compute the exponential of a matrix, twenty-five years later, *SIAM Rev.*, **45** (2003), pp. 3–49.

[139] C. Moler and G. Stewart: An algorithm for generalized matrix eigenvalue problems, *SIAM J. Numer. Anal.*, **10** (1973), pp. 241–256.

[140] A. Monakov, A. Lokhmotov, and A. Avetisyan: Automatically tuning sparse matrix-vector multiplication for GPU architectures, *Lecture Notes in Computer Science*, **5952** (2010), pp. 112–125.

[141] 森正武：『数値解析』第 2 版，共立出版，2002.

[142] 森屋健太郎，野寺隆：デフレーションを前処理とする GMRES(m) 法，『数理解析研究所講究録』，**1082** (1999)，pp. 72–86.

[143] 保國惠一，速水謙：NE-SOR 内部反復前処理付き AB-GMRES 法および NR-SOR 内部反復前処理付き BA-GMRES 法の実装．`http://researchmap.jp/KeiichiMorikuni/実装/?lang=japanese`

[144] K. Morikuni and K. Hayami: Inner-iteration Krylov subspace methods for least squares problems, *SIAM J. Matrix Anal. & Appl.*, **34** (2013), pp. 1–22.

[145] K. Morikuni and K. Hayami: Convergence of inner-iteration GMRES methods for rank-deficient least squares problems, *SIAM J. Matrix Anal. & Appl.*, **36** (2015), pp. 225–250.

[146] MPI Forum. `https://www.mpi-forum.org/`

[147] MPI-J メーリングリスト．`http://phase.hpcc.jp/phase/mpi-j/ml/`

[148] D. Mukunoki and D. Takahashi: Optimization of sparse matrix-vector multiplication for CRS format on NVIDIA Kepler architecture GPUs, In: *Proceedings of ICCSA 2013*, pp. 211–223, 2013.

[149] 村上弘：レゾルベントの線形結合によるフィルタ対角化法，情報処理学会論文誌『コンピューティングシステム』，**49** (2008)，pp. 66–87.

[150] 村上弘：固有値が指定された区間内にある固有対を解くための対称固有値問題用のフィルタの設計，情報処理学会論文誌『コンピューティングシステム』，**ACS31** (2010)，pp. 1–21.

[151] K. Murata and K. Horikoshi: A new method for the tridiagonalization of the symmetric band matrix, *Inf. Proc. Jpn.*, **15** (1975), pp. 108–112.

[152] R. Murata, J. Irie, A. Fujii, T. Tanaka, and T. Katagiri: Enhancement of incremental performance parameter estimation on ppOpen-AT, In: *Proceedings of MCSoC-15*, pp. 203–210, 2015.

[153] Y. Nagai, Y. Shinohara, Y. Futamura, Y. Ota, and T. Sakurai: Numerical construction of a low-energy effective Hamiltonian in a self-consistent Bogoliubov-de Gennes approach of superconductivity, *J. Phys. Soc. Jpn.*, **82** (2013) (on line).

[154] M. Naito, H. Tadano, and T. Sakurai: A modified Block IDR(s) method for computing high accuracy solutions, *JSIAM Lett.*, **4** (2012), pp. 25–28.

[155] K. Nakajima: Parallel iterative solvers of GeoFEM with selective blocking preconditioning for nonlinear contact problems on the earth simulator, In: *ACM/IEEE Proceedings of SC2003*, 2003.

[156] 中島研吾：OpenMP によるプログラミング入門 (I)，『スーパーコンピューティングニュース』（東京大学情報基盤センター）9-5，2007.

[157] 中島研吾：OpenMP によるプログラミング入門 (II)，『スーパーコンピューティングニュース』（東京大学情報基盤センター）9-6，2007.

[158] 中島研吾：T2K オープンスパコン（東大）チューニング連載講座（その 5）OpenMP による並列化のテクニック：Hybrid 並列化に向けて，『スーパーコンピューティングニュース』（東京大学情報基盤センター）11-1，2009.

[159] 中島研吾：前処理付きマルチスレッド並列疎行列ソルバー，情報処理学会研究報告 (2013-HPC-139(6))，2013.

[160] 中島研吾：拡張型 ELL 行列格納手法に基づくメニィコア向け疎行列ソルバー，情報処理学会研究報告 (2014-HPC-147(3))，2014.

[161] K. Nakajima: Optimization of serial and parallel communications for parallel geometric multigrid method, In: *Proceedings of ICPADS 2014*, pp. 25–32, 2014.

[162] 中村佳正 編：『可積分系の応用数理』，裳華房，2000.

[163] 中村佳正：『可積分系の機能数理』，共立出版，2006.

[164] Y. Nakatsukasa and N. J. Higham: Stable and efficient spectral divide and conquer algorithms for the symmetric eigenvalue decomposition and the SVD, *SIAM J. Sci. Comput.*, **35** (2013), pp. A1325–A1349.

[165] T. Nara: An algebraic method for identification of dipoles and quadrupoles, *Inverse Probl.*, **24** (2008), 025010 (19 pages).

[166] T. Nara: Algebraic reconstruction of the general-order poles of a meromorphic function, *Inverse Probl.*, **28** (2012), 025008 (19 pages).

[167] NERSC, Lawrence Berkeley National Laboratory. `http://www.nersc.gov/`

[168] H. Niki, T. Kohno, and M. Morimoto: The preconditioned Gauss-Seidel method faster than the SOR method, *J. Comput. Appl. Math.*, **219** (2008), pp. 59–71.

[169] 則竹渚宇，今倉暁，山本有作，張紹良：行列の指数関数に基づく連立線形常微分方程式の大粒度並列解法とその評価，『日本応用数理学会論文誌』，**19** (2009)，pp. 293–312.

[170] NVIDIA, CUDA Zone — NVIDIA Developer. `https://developer.nvidia.com/cuda-zone`

[171] 小国力 編：『行列計算ソフトウェア WS，スーパーコン，並列計算機』，丸善，1991.

[172] H. Ohno, Y. Kuramashi, H. Tadano, and T. Sakurai: A quadrature-based eigensolver with a Krylov subspace method for shifted linear systems for Hermitian eigenproblems in lattice QCD, *JSIAM Lett.*, **2** (2010), pp. 115–118.

[173] S. Ohshima, T. Katagiri, and M. Matsumoto: Performance optimization of SpMV using CRS format by considering OpenMP scheduling on CPUs and MIC, In: *Proceedings of MCSoC-14*, pp. 253–260, 2014.

[174] S. Ohshima, T. Katagiri, and M. Matsumoto: Utilization and expansion of ppOpen-AT for OpenACC, In: *Proceedings of IPDPSW2016*, pp. 1496–1505, 2016.

[175] 大島聡史，松本正晴，片桐孝洋，塙敏博，中島研吾：様々な計算機環境における OpenMP/OpenACC を用いた ICCG 法の性能評価，情報処理学会研究報告 (2014-HPC-145(21))，2014.

[176] OpenACC Home. `http://www.openacc.org/`

[177] OpenACC 2.0 Specification. `http://www.openacc.org/node/361`

[178] OpenMP Application Program Interface Version 4.0 — July 2013. `http://www.openmp.org/mp-documents/OpenMP4.0.0.pdf`

[179] OpenMP Architecture Review Board. `http://openmp.org/wp/`

[180] P. S. Pacheco（秋葉博 訳）：『MPI 並列プログラミング』，培風館，2001.

[181] C. C. Paige: An error analysis of a method for solving matrix equations, *Math. Comput.*, **27** (1973), pp. 355–359.

[182] B. N. Parlett: *The Symmetric Eigenvalue Problem*, SIAM, Philadelphia, 1998.

[183] B. N. Parlett and O. Marques: An implementation of the dqds algorithm (positive case), *Linear Algebra Appl.*, **309** (2000), pp. 217–259.

[184] D. パターソン，J. ヘネシー：『コンピュータの構成と設計』（下巻），第 5 版，日経 BP 社，p. 404，2014.

[185] E. Polizzi: Density-matrix-based algorithm for solving eigenvalue problems, *Phys. Rev. B*, **79** (2009), 115112.

[186] H. Rutishauser: *Lectures on Numerical Mathematics*, Birkhäuser, Boston, 1990.

[187] Y. Saad: *Iterative Methods for Sparse Linear Systems*, 2nd ed., SIAM, Philadelphia, 2003.

[188] Y. Saad and M. H. Schultz: GMRES: a generalized minimal residual algorithm for solving nonsymmetric linear systems, *SIAM J. Sci. Stat. Comput.*, **7** (1986), pp. 856–869.

[189] S. Saito, H. Tadano, and A. Imakura: Development of the block BiCGSTAB(ℓ) for solving linear systems with multiple right hand sides, *JSIAM Lett.*, **6** (2014), pp. 65–68.

[190] 櫻井鉄也：大規模固有値問題の並列解法，『応用数理』，**13** (2003)，pp. 308–317.

[191] T. Sakurai, J. Asakura, H. Tadano, and T. Ikegami: Error analysis for a matrix pencil of Hankel matrices with perturbed complex moments, *JSIAM Lett.*, **1** (2009), pp. 76–79.

[192] T. Sakurai, Y. Futamura, and H. Tadano: Efficient parameter estimation and implementation of a contour integral-based eigensolver, *J. Algo. Comput. Tech.*, **7** (2013), pp. 249–269.

[193] T. Sakurai, P. Kravanja, H. Sugiura, and M. Van Barel: An error analysis of two related quadrature methods for computing zeros of analytic functions, *J. Comput. Appl. Math.*, **152** (2003), pp. 467–480.

[194] 櫻井隆雄，直野健，恵木正史，猪貝光祥，木立啓之，小路将徳：高速性と信頼性を両立させる AC-IDR(s) 法の提案と評価，情報処理学会論文誌『コンピューティングシステム』，**2** (2009)，pp. 1–9.

[195] T. Sakurai and H. Sugiura: A projection method for generalized eigenvalue problems using numerical integration, *J. Comput. Appl. Math.*, **159** (2003), pp. 119–128.

[196] 櫻井鉄也，多田野寛人，早川賢太郎，佐藤三久，高橋大介，長嶋雲兵，稲富雄一，梅田宏明，渡邊寿雄：大規模固有値問題の master-worker 型並列解法，『情報処理学会 ACS 論文誌』，**46** (2005), pp. 44–51.

[197] T. Sakurai and H. Tadano: CIRR: a Rayleigh-Ritz type method with contour integral for generalized eigenvalue problems, *Hokkaido Math. J.*, **36** (2007), pp. 745–757.

[198] R. Schreiber and V. van Loan: A storage-efficient WY representation for products of Householder transformations, *SIAM J. Sci. Comput.*, **10** (1989), pp. 53–57.

[199] N. Shimizu, Y. Utsuno, Y. Futamura, and T. Sakurai: Stochastic estimation of nuclear level density in the nuclear shell model: An application to parity-dependent level density in ^{58}Ni, *Phys. Lett. B*, **753** (2016), pp. 13–17.

[200] G. L. G. Sleijpen and D. R. Fokkema: BiCGSTAB(ℓ) for linear equations involving unsymmetric matrices with complex spectrum, *Electron. Trans. Numer. Anal.*, **1** (1993), pp. 11–32.

[201] G. L. G. Sleijpen and H. A. van der Vorst: A Jacobi–Davidson iteration method for linear eigenvalue problems, *SIAM J. Matrix Anal. & Appl.*, **17** (1996), pp. 401–425.

[202] G. L. G. Sleijpen, H. A. van der Vorst, and E. Meijerink: Efficient expansion of subspaces in the Jacobi–Davidson method for standard and generalized eigenproblems, *Electron. Trans. Numer. Anal.*, **7** (1998), pp. 75–89.

[203] 曽我部知広，張紹良：大規模シフト線形方程式の数値解法：クリロフ部分空間の性質に着目して，『応用数理』，**19** (2009)，pp. 163–178.

[204] P. Sonneveld: CGS, a fast Lanczos-type solver for nonsymmetric linear systems, *SIAM J. Sci. Stat. Comput.*, **10** (1989), pp. 36–52.

[205] P. Sonneveld and M. B. van Gijzen: IDR(s): a family of simple and fast algorithms for solving large nonsymmetric systems of linear equations, *SIAM J. Sci. Comput.*, **31** (2008), pp. 1035–1062.

[206] G. W. Stewart, *Matrix Algorithms*, Volume I: Basic Decompositions, SIAM, Philadelphia, 1998.

[207] 杉原正顯，室田一雄：『線形計算の数理』，岩波書店，2009.

[208] M. Suzuki: Generalized Trotter's formula and systematic approximants of exponential operators and inner derivations with applications to many-body problems, *Commun. in Math. Phys.*, **51** (1976), pp. 183–190.

[209] H. Tadano and T. Sakurai: On single precision preconditioners for Krylov subspace iterative methods, *Lecture Notes in Computer Science*, **4818** (2007), pp. 708–715.

[210] H. Tadano, T. Sakurai, and Y. Kuramashi: Block BiCGGR: a new block Krylov subspace method for computing high accuracy solutions, *JSIAM Lett.*, **1** (2009), pp. 44–47.

[211] 多田野寛人，櫻井鉄也：複数右辺ベクトルをもつ連立一次方程式の数値解法，『応用数理』，**21** (2011)，pp. 276–288.

[212] M. Takata, M. Iwasaki, K. Kimura, and Y. Nakamura: An evaluation of singular value computation by the discrete Lotka-Volterra system, In: *Proceedings of PDPTA2005*, Vol. II, pp. 410–416, 2005.

[213] T. Tanaka, R. Otsuka, A. Fujii, T. Katagiri, and T. Imamura: Implementation of d-Spline-based incremental performance parameter estimation method with ppOpen-AT, *Scientific Programming*, IOS Press, **22** (4) (2014) pp. 299–307.

[214] M. Tanio and M. Sugihara: GBi-CGSTAB(s,ℓ): IDR(s) with higher-order stabilization polynomials, *J. Comput. Appl. Math.*, **235** (2010), pp. 765–784.

[215] F. Tatsuoka, T. Sogabe, Y. Miyatake, and S.-L. Zhang: A cost-efficient variant of the incremental Newton iteration for the matrix pth root, *J. Math. Res. Appl.*, **37** (2017), pp. 97–106.

[216] The University of Florida Sparse Matrix Collection. `https://www.cise.ufl.edu/research/sparse/matrices/`

[217] F. Tisseur and J. Dongarra: A parallel divide and conquer algorithm for the symmetric eigenbalue problem on distributed memory architectures, *SIAM J. Sci. Comput.*, **20** (1999), pp. 2223–2236.

[218] 冨岡亮太：スパース正則化学習の理論とアルゴリズム,『日本応用数理学会論文誌』, **23** (2013), pp. 485–515.

[219] L. N. Trefethen and D. Bau: *Numerical linear algebra*, SIAM, Philadelphia, 1997.

[220] L. N. Trefethen and R. S. Schreiber: Average-case stability of Gaussian elimination, *SIAM J. Matrix Anal. & Appl.*, **11** (1990), pp. 335–360.

[221] T. Tsuchimochi, M. Kobayashi, A. Nakata, Y. Imamura, and H. Nakai: Application of the Sakurai-Sugiura projection method to core-excited-state calculation by time-dependent density functional theory, *J. Comput. Chem.*, **29** (2008), pp. 2311–2317.

[222] S. Tsujimoto, Y. Nakamura, and M. Iwasaki: The discrete Lotka-Volterra system computes singular values, *Inverse Probl.*, **17** (2001), pp. 53–58.

[223] H. Umeda, Y. Inadomi, T. Watanabe, T. Uagi, T. Ishimoto, T. Ikegami, H. Tadano, T. Sakurai, and U. Nagashima: Parallel Fock matrix construction with distributed shared memory model for the FMO-MO method, *J. Comput. Chem.*, **31** (2010), pp. 2381–2388.

[224] B. Vandereycken: Low-rank matrix completion by Riemannian optimization, *SIAM Journal on Optimiz.*, **23** (2013), pp. 1214–1236.

[225] R. S. Varga: *Matrix Iterative Analysis*, 2nd ed., Springer, 2009.

[226] H. A. van der Vorst: Bi-CGSTAB: a fast and smoothly converging variant of Bi-CG for the solution of non-symmetric linear systems, *SIAM J. Sci. Stat. Comput.*, **13** (1992), pp 631–644.

[227] T. Washio, K. Maruyama, T. Osoda, F. Shimizu, and S. Doi: Efficient implementations of block sparse matrix operations on shared memory vector machines, In: *Proceedings of SNA2000*, 2000.

[228] J. H. Wilkinson: *The Algebraic Eigenvalue Problem*, Oxford University Press, Oxford, 1965.

[229] J. H. Wilkinson: *The Algebraic Eigenvalue Problem*, Revised ed. edition, Oxford University Press, Oxford, 1988.

[230] Y. Wu, P. Alpatov, C. Bischof, and R. van de Geijn: A parallel implementation of symmetric band reduction using PLAPACK, In: *Proceedings of Scalable Parallel Linear Conference*, Mississippi State University, 1996.

[231] 山本有作：キャッシュマシン向け対称密行列固有値解法の性能・精度評価, 情報処理学会論文誌『コンピューティングシステム』, **8** (2005), pp. 81–91.

[232] 山本有作：密行列固有値解法の最近の発展 (I)—Multiple Relatively Robust Representations アルゴリズム—,『日本応用数理学会論文誌』, **15** (2005), pp. 181–208.

[233] 山本有作：密行列固有値解法の最近の発展 (II)—マルチシフト QR 法—,『日本応用数理学会論文誌』, **16** (2006), pp. 507–534.

[234] 山本有作：疎行列連立一次方程式の直接解法,『計算工学』, **11** (2006), pp. 1458–1462.

[235] Y. Yamamoto: An algorithm for the nonlinear eigenvalue problem based on the residue theorem, *RIMS Kôkyûroku*, **1638** (2009), pp. 169–176.

[236] Y. Yamamoto, Y. Nakatsukasa, Y. Yanagisawa, and T. Fukaya: Roundoff error analysis of the CholeskyQR2 algorithm, *Electron. Trans. Numer. Anal.*, **44** (2015), pp. 306–326.

[237] T. Yamashita, K. Kimura, and Y. Yamamoto: A new subtraction-free formula for lower bounds of the minimal singular value of an upper bidiagonal matrix, *Numer. Alg.*, **69** (2014), pp. 893–912.

[238] T. Yamashita, K. Kimura, and Y. Nakamura: Subtraction-free recurrence relations for lower bounds of the minimal singular value of an upper bidiagonal matrix, *J. Math-for-Industry*, **4** (2012), pp. 55–71.

[239] I. Yamazaki, T. Ikegami, H. Tadano, and T. Sakurai: Performance comparison of parallel eigensolvers based on a contour integral method and a Lanczos method, *Parallel Comput.*, **39** (2013), pp. 280–290.

[240] 山崎育朗，今倉暁，多田野寛人，櫻井鉄也：残差最小性に基づく Krylov 部分空間反復法に対する疎行列用直接解法を用いた前処理のパラメータ推定，『日本応用数理学会論文誌』，**23** (2013)，pp. 381–404.

[241] 柳澤優香，深谷猛，中務佑治，Kannan Ramaseshan，山本有作，大石進一：シフト付きコレスキー QR 分解アルゴリズムの提案，『日本応用数理学会 2014 年度年会予稿集』，2014.

[242] J.-F. Yin and K. Hayami: Preconditioned GMRES methods with incomplete Givens orthogonalization method for large sparse least-squares problems, *J. Computat. Appl. Math.*, **226** (2009), pp. 177–186.

[243] S. Yokota and T. Sakurai: A projection method for nonlinear eigenvalue problems using contour integrals, *JSIAM Lett.*, **5** (2013), pp. 41–44.

[244] 張紹良，藤野清次：ランチョス・プロセスに基づく積型反復解法，『日本応用数理学会論文誌』，**5** (1995)，pp. 343–360.

[245] S.-L. Zhang and Y. Oyanagi: A necessary and sufficient convergence condition of Orthomin(k) methods for least squares problem with weight, *Ann. I. Stat. Math.*, **42** (1990), pp. 805–811.

[246] N. Zheng, K. Hayami, and J.-F. Yin: Modulus-type inner outer iteration methods for nonnegative constrained least squares problems, *SIAM J. Matrix Anal. & Appl.*, **37** (2016), pp. 1250–1278.

索　引

■た行

■な行

■は行

【編者紹介】

櫻井鉄也（さくらい てつや）
1986 年，名古屋大学大学院工学研究科情報工学専攻博士課程前期課程修了.
現在，筑波大学人工知能科学センター教授．博士（工学）.
著書として，『数値計算のわざ』（共著，共立出版，2006），『数値計算のつぼ』（共著，共立出版，2004），『MATLAB/Scilab で理解する数値計算』（東京大学出版会，2003），『数値計算法』（共著，オーム社，1998）ほか.
専門は固有値解析，データ解析，人工知能，大規模並列計算，応用数理，計算数学.

松尾宇泰（まつお たかやす）
1997 年，東京大学大学院工学系研究科物理工学専攻博士課程退学.
現在，東京大学大学院情報理工学系研究科教授．博士（工学）.
著書として，*Discrete Variational Derivative Method*（共著，CRC Press，2011），『常微分方程式の数値解法 II（発展編）』（共訳，シュプリンガー・ジャパン，2008）.
専門は数値解析学，特に微分方程式の構造保存数値解法.

片桐孝洋（かたぎり たかひろ）
2001 年，東京大学大学院理学系研究科情報科学専攻博士課程修了.
現在，名古屋大学情報基盤センター教授．博士（理学）.
著書として，『計算科学のための HPC 技術 1』（共著，大阪大学出版会，2017），『並列プログラミング入門』（東京大学出版会，2015），『スパコンを知る』（共著，東京大学出版会，2015），『並列数値処理』（共著，コロナ社，2010）ほか.
専門は並列数値計算，大規模固有値計算，高性能計算 (HPC)，自動チューニングソフトウエア工学.

シリーズ応用数理　第6巻
Industrial and Applied Mathematics Series Vol.6

数値線形代数の数理とHPC
Numerical Linear Algebra: Theory and HPC

2018 年 8 月 31 日　初版 1 刷発行

検印廃止
NDC 411.3, 418.1, 548.2

ISBN 978-4-320-01955-3

監　修　日本応用数理学会

編　者　櫻井鉄也
　　　　松尾宇泰　©2018
　　　　片桐孝洋

発行者　南條光章

発行所　**共立出版株式会社**
東京都文京区小日向 4 丁目 6 番 19 号
電話 (03) 3947-2511（代表）
郵便番号 112-0006
振替口座 00110-2-57035 番
URL http://www.kyoritsu-pub.co.jp/

印　刷　加藤文明社

製　本　ブロケード

一般社団法人
自然科学書協会
会員

Printed in Japan